高职高专系列教材

有机化学

第二版

程春杰　马翠萍　主编

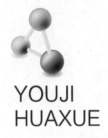

YOUJI
HUAXUE

化学工业出版社

·北京·

内 容 简 介

《有机化学》获中国石油和化学工业优秀出版物奖·教材奖。第二版按照有机化学的体系和规律,以官能团为主线讲授有机化合物的结构、性质和用途,强化有机化合物结构与性质的关系。

本书分为理论和实训两部分。理论部分包括烷烃、单烯烃、炔烃和二烯烃、旋光异构、脂环烃、芳香烃、卤代烃、醇酚醚、醛酮醌、羧酸及其衍生物、含氮和磷有机化合物、杂环化合物和生物碱、糖类化合物、脂类化合物、氨基酸和蛋白质;实训部分以任务单的形式精选了十六个实训案例。本书注重知识目标、能力、思政与职业素养目标培养,配有丰富的数字化资源,可扫描二维码学习观看,电子课件以及复习题答案可从 www.cipedu.com.cn 下载参考。

本书适合药品生产技术、药品生物技术、药品经营与管理、食品生物技术、食品加工技术、食品贮运与营销、食品营养与监测、应用化工技术等专业学生使用,也可作为成人教育教材和化学、生物技术等相关行业工作人员、生产人员的参考书。

图书在版编目(CIP)数据

有机化学/程春杰,马翠萍主编.—2版.—北京:化学工业出版社,2021.7(2022.4 重印)
高职高专系列教材
ISBN 978-7-122-38836-0

Ⅰ.①有… Ⅱ.①程…②马… Ⅲ.①有机化学-高等职业教育-教材 Ⅳ.①O62

中国版本图书馆 CIP 数据核字(2021)第 056170 号

责任编辑:迟 蕾 李植峰　　　　　文字编辑:李 玥
责任校对:宋 玮　　　　　　　　　装帧设计:王晓宇

出版发行:化学工业出版社(北京市东城区青年湖南街 13 号 邮政编码 100011)
印　　装:北京京华铭诚工贸有限公司
787mm×1092mm 1/16 印张 17 字数 440 千字 2022 年 4 月北京第 2 版第 2 次印刷

购书咨询:010-64518888　　　　　售后服务:010-64518899
网　　址:http://www.cip.com.cn
凡购买本书,如有缺损质量问题,本社销售中心负责调换。

定　价:49.80 元　　　　　　　　　　　　　　　版权所有　违者必究

《有机化学》（第二版）编写人员

主　　编　程春杰　马翠萍
副 主 编　闫生辉　张　田　王　鹏
参编人员　（以姓氏笔画为序）
　　　　　　马翠萍　济宁职业技术学院
　　　　　　王　鹏　青岛酒店管理职业技术学院
　　　　　　石　飞　山东轻工职业学院
　　　　　　代明花　潍坊职业学院
　　　　　　闫生辉　郑州职业技术学院
　　　　　　谷红敏　德州职业技术学院
　　　　　　张　田　济宁职业技术学院
　　　　　　曹镈雨　郑州职业技术学院
　　　　　　程春杰　郑州职业技术学院

前言

随着经济、科技和社会的发展，对人才培养提出了新的和更高的要求，高等职业教育教学改革向更深层次发展，对教材也提出了新的要求。同时多媒体技术和移动终端的广泛应用，需要与之适应的、适合高职高专学生使用的教材和教学参考书。为此，编者对《有机化学》进行编写再版。

本次编写按照教育部对职业教育国家规划教材建设的要求，体现高职教育的鲜明特色，实现高职教育的培养目标，以更好地适应我国高职教育改革和发展的需要。

在保持第一版特色基础上，本次编写主要内容如下：

1. 删除和调整了部分习题。删除了难度较大的习题，对每道习题进行分析解答，力求每道题目均不超越书中知识点覆盖的范畴。

2. 增加了多媒体资源，使教材立体化呈现。学生课上课下可反复在线学习教材重难点的数字化资源。

3. 注重能力、思政与职业素养目标培养。

有机化学作为一门公共基础学科，适合药品生产技术、药品生物技术、药品经营与管理、食品生物技术、食品加工技术、食品贮运与营销、食品营养与监测、应用化工技术等专业学生使用，也可作为成人教育教材和化学、生物技术行业工作人员、生产人员的参考书。

本书由程春杰和马翠萍担任主编并统稿，具体分工为：程春杰编写第一、第七、第十四章，马翠萍编写第三、第五、第十一、第十七章，张田编写第四章，闫生辉编写第九、第十、第十六章，王鹏编写第二章，曹镡雨编写第十三、第十五章，谷红敏编写第六章，石飞编写第八章，代明花编写第十二章。

各编者所在单位对本书的编写提供了很大的帮助，在此致以衷心的感谢！

由于编者水平所限，本教材不足之处在所难免，竭诚欢迎全国同行和读者提出宝贵意见。

编者
2021 年 2 月

第一版前言

近年来，我国的高等职业教育有了很大的发展，为祖国的现代化建设培养了大批急需的高端技能型人才。随着经济、科技和社会的发展对人才培养提出的更新的和更高的要求，就必然需要与之适应的、适合高职高专学生使用的教材和教学参考书，为此组织编写了本教材。

本书的编写按照教育部高职高专"十二五"规划教材建设的要求，体现高职教育的鲜明特色、实现高职教育的培养目标，以更好地适应我国高职教育改革和发展的需要。

本教材以培养高端技能型人才为指导方针，根据高职高专教学改革的需要和人才培养的需求，结合高职高专学生应具有的知识和能力结构及素质要求编写。理论部分按照"必需、够用为度，实用为先"的原则，注重"双基"知识的阐述，适当降低理论难度，加强了针对性和实用性。考虑多岗位需求和学生继续学习的要求，注重新知识、新技术在教材中的应用，体现与时俱进的原则。

教材实训、实习部分的编写，注重基本技能的训练，体现基础学科的特点；注重培养学生的实际操作能力及实际应用能力，体现以职业能力培养为主线的原则。为了满足不同专业的专业课教学需要，采用项目化教学编排了十六个任务，可供不同的专业选用。

在教材中设立的"知识目标"、"能力目标"、"问题与思考"和"本章小结"等模块，既可以提高学生的学习主动性和自觉性，又可以培养学生分析问题和解决问题的能力，为专业课的学习奠定坚实的基础；"知识链接"、"知识拓展"和"知识窗"等模块考虑多岗位需求和学生继续学习的需要，可供学生选择学习使用。

有机化学作为一门公共基础学科，适合作为生物类专业（如生物技术和生物实验技术等）、制药类专业（生物制药技术、药物制剂技术和中药制剂技术等）、食品类专业（食品加工技术和食品生物技术等）、化工类、轻工类及相关专业的教材，也可作为成人高校相关专业教材和从事有机化学、生物技术工作人员、生产人员的参考书。

本书由程春杰和陈新华担任主编并统稿，具体编写分工为：程春杰编写第一、第二、第七、第十四章和附录，陈新华编写第三、第五、第十一章，李淑红编写第四章，周小萍编写第六章，宋彦显编写第八章，高玉红编写第九、第十六章，马翠萍编写第十章，邓黎黎编写

第十二章,王继明编写第十三章,张玲丽编写第十五章,第十七章由程春杰、陈新华、高玉红、马翠萍共同编写。全书由吴发远审阅。

化学工业出版社和各编者单位对本书的编写提供了很大帮助,在此致以崇高谢意和衷心的感谢!

由于编者水平所限,本教材不足之处在所难免,竭诚欢迎全国同行和读者提出宝贵意见,以便修正、提高。

编者
2012年2月

目 录

第一章 有机化合物相关知识 ………………………………………………………… 1

【知识目标】 ……………………………………………………………………………… 1
【能力、思政与职业素养目标】 ………………………………………………………… 1
第一节 有机化合物的结构特征 ………………………………………………………… 1
 一、有机化合物和有机化学 ………………………………………………………… 1
 二、有机化合物的化学键特性 ……………………………………………………… 3
 三、有机化合物的结构式及其表示方法 …………………………………………… 6
第二节 有机化合物的分类和反应类型 ………………………………………………… 7
 一、有机化合物的分类 ……………………………………………………………… 7
 二、有机反应的基本类型 …………………………………………………………… 8
【复习题】 ………………………………………………………………………………… 9

第二章 烷烃 ……………………………………………………………………………… 10

【知识目标】 ……………………………………………………………………………… 10
【能力、思政与职业素养目标】 ………………………………………………………… 10
第一节 烷烃的通式和同系列 …………………………………………………………… 10
 一、烷烃的同系列 …………………………………………………………………… 10
 二、碳链异构 ………………………………………………………………………… 11
 三、碳、氢原子的类型 ……………………………………………………………… 11
第二节 烷烃的构型 ……………………………………………………………………… 12
 一、甲烷的分子结构 ………………………………………………………………… 12
 二、烷烃分子的形成 ………………………………………………………………… 13
第三节 烷烃的命名 ……………………………………………………………………… 14
 一、烷基 ……………………………………………………………………………… 14
 二、烷烃的命名法 …………………………………………………………………… 14
第四节 烷烃的构象 ……………………………………………………………………… 16

  一、乙烷的构象 ··· 16
  二、丁烷的构象 ··· 17
 第五节　烷烃的性质 ··· 18
  一、烷烃的物理性质 ·· 18
  二、烷烃的化学性质 ·· 20
 第六节　自然界中的烷烃 ·· 24
【复习题】 ··· 25

第三章　单烯烃 ·· 26

【知识目标】 ·· 26
【能力、思政与职业素养目标】 ·· 26
 第一节　烯烃的结构、异构和命名 ·· 26
  一、乙烯的结构 ··· 26
  二、烯烃的顺/反异构 ·· 28
  三、烯烃的命名 ··· 29
 第二节　烯烃的性质 ·· 31
  一、物理性质 ·· 31
  二、化学性质 ·· 32
 第三节　自然界中的烯烃 ··· 40
【复习题】 ··· 40

第四章　炔烃和二烯烃 ·· 41

【知识目标】 ·· 41
【能力、思政与职业素养目标】 ·· 41
 第一节　炔烃 ·· 41
  一、炔烃的结构、异构和命名 ·· 41
  二、炔烃的物理性质 ·· 43
  三、炔烃的化学性质 ·· 43
  四、乙炔 ··· 46
 第二节　二烯烃 ··· 46
  一、二烯烃的分类和命名 ··· 47
  二、共轭二烯烃的化学性质 ··· 48
【复习题】 ··· 52

第五章　旋光异构 ·· 54

【知识目标】 ·· 54
【能力、思政与职业素养目标】 ·· 54
 第一节　物质的旋光性 ··· 54
  一、平面偏振光和物质的旋光性 ·· 54
  二、旋光度和比旋光度 ·· 55
 第二节　分子的手性和对映体 ··· 57

  一、分子的手性 ……………………………………………………………………… 57
  二、对称因素 ………………………………………………………………………… 57
  三、对映体和外消旋体 ……………………………………………………………… 58
 第三节 含一个手性碳原子化合物的对映异构体 ……………………………………… 59
  一、手性碳的构型表示与标记 ……………………………………………………… 59
  二、D/L 构型标记法 ………………………………………………………………… 60
  三、R/S 构型标记法 ………………………………………………………………… 61
 第四节 含两个手性碳原子化合物的对映异构 ………………………………………… 62
  一、含两个不同手性碳原子的化合物 ……………………………………………… 62
  二、含两个相同手性碳原子的化合物 ……………………………………………… 64
 【复习题】……………………………………………………………………………………… 65

第六章 脂环烃 ……………………………………………………………………………… 67

 【知识目标】…………………………………………………………………………………… 67
 【能力、思政与职业素养目标】……………………………………………………………… 67
 第一节 脂环烃的分类和命名 …………………………………………………………… 67
  一、脂环烃的分类 …………………………………………………………………… 67
  二、脂环烃的命名 …………………………………………………………………… 67
 第二节 环烷烃的结构 …………………………………………………………………… 69
  一、环丙烷的结构 …………………………………………………………………… 69
  二、环丁烷的结构 …………………………………………………………………… 70
  三、环戊烷的结构 …………………………………………………………………… 70
  四、环己烷的构象 …………………………………………………………………… 70
 第三节 环烷烃的性质 …………………………………………………………………… 72
  一、物理性质 ………………………………………………………………………… 72
  二、化学性质 ………………………………………………………………………… 72
 【复习题】……………………………………………………………………………………… 74

第七章 芳香烃 ……………………………………………………………………………… 76

 【知识目标】…………………………………………………………………………………… 76
 【能力、思政与职业素养目标】……………………………………………………………… 76
 第一节 芳香烃的分类和命名 …………………………………………………………… 76
  一、芳香烃的分类 …………………………………………………………………… 76
  二、苯的结构 ………………………………………………………………………… 77
  三、单环芳烃的命名 ………………………………………………………………… 79
 第二节 单环芳香烃的性质 …………………………………………………………… 80
  一、物理性质 ………………………………………………………………………… 80
  二、化学性质 ………………………………………………………………………… 80
  三、苯环的亲电取代定位效应及其应用 …………………………………………… 83
 第三节 稠环芳烃 ………………………………………………………………………… 87
  一、萘 ………………………………………………………………………………… 87

二、蒽和菲 ·· 89
　　三、致癌烃 ·· 90
【复习题】 ··· 90

第八章　卤代烃 ·· 92

【知识目标】 ·· 92
【能力、思政与职业素养目标】 ··· 92
第一节　卤代烃的分类、命名及同分异构现象 ······················ 92
　　一、卤代烃的分类 ··· 92
　　二、卤代烃的命名 ··· 93
　　三、同分异构现象 ··· 94
第二节　卤代烷烃的性质 ··· 95
　　一、物理性质 ·· 95
　　二、化学性质 ·· 95
第三节　卤代烯烃和卤代芳烃 ·· 100
　　一、分类 ··· 100
　　二、物理性质 ·· 101
　　三、化学性质 ·· 101
第四节　重要的卤代烃 ·· 102
【复习题】 ··· 102

第九章　醇、酚和醚 ·· 105

【知识目标】 ·· 105
【能力、思政与职业素养目标】 ··· 105
第一节　醇 ·· 105
　　一、醇的分类和命名 ··· 105
　　二、醇的物理性质 ··· 107
　　三、醇的化学性质 ··· 108
　　四、重要的醇 ·· 112
第二节　酚 ·· 112
　　一、酚的分类和命名 ··· 112
　　二、酚的物理性质 ··· 113
　　三、酚的化学性质 ··· 114
　　四、重要的酚 ·· 117
第三节　醚 ·· 117
　　一、醚的分类和命名 ··· 117
　　二、醚的物理性质 ··· 118
　　三、醚的化学性质 ··· 119
　　四、重要的醚 ·· 119
第四节　硫醇、硫酚和硫醚 ·· 120
　　一、硫醇、硫酚 ··· 120

二、硫醚 ··· 121
【复习题】 ··· 122

第十章 醛、酮和醌 ··· 125

【知识目标】 ··· 125
【能力、思政与职业素养目标】 ··· 125
第一节 醛和酮的分类和命名 ··· 125
一、醛和酮的分类 ··· 125
二、醛和酮的命名 ··· 126
第二节 醛和酮的性质 ··· 127
一、醛和酮的物理性质 ··· 127
二、醛和酮的化学性质 ··· 128
第三节 醌 ··· 134
一、醌的命名 ··· 134
二、醌的性质 ··· 134
【复习题】 ··· 135

第十一章 羧酸及衍生物 ··· 137

【知识目标】 ··· 137
【能力、思政与职业素养目标】 ··· 137
第一节 羧酸 ··· 137
一、羧酸的分类和命名 ··· 137
二、羧酸的物理性质 ··· 138
三、羧酸的化学性质 ··· 140
四、重要的羧酸 ··· 143
第二节 羧酸衍生物 ··· 144
一、羧酸衍生物的命名 ··· 145
二、羧酸衍生物的物理性质 ··· 146
三、羧酸衍生物的化学性质 ··· 147
【复习题】 ··· 150

第十二章 含氮、磷有机化合物 ··· 152

【知识目标】 ··· 152
【能力、思政与职业素养目标】 ··· 152
第一节 硝基化合物 ··· 152
一、硝基化合物的分类和命名 ··· 152
二、硝基化合物的性质 ··· 153
第二节 胺 ··· 156
一、胺的分类和命名 ··· 156
二、胺的物理性质 ··· 159
三、胺的化学性质 ··· 160

四、重要的胺 ··· 165

　第三节　季铵盐和季铵碱及其应用 ··· 165

　第四节　重氮和偶氮化合物 ·· 166

　　一、重氮和偶氮化合物的命名 ··· 166

　　二、重氮盐 ··· 166

　　三、偶氮化合物 ··· 168

　第五节　腈 ··· 168

　第六节　含磷有机化合物 ··· 169

　　一、含磷有机化合物的分类和命名 ··· 169

　　二、含磷有机化合物的主要性质 ·· 171

　　三、生物体内含磷有机化合物 ··· 171

　【复习题】 ··· 172

第十三章　杂环化合物和生物碱 ·· 174

　【知识目标】 ·· 174

　【能力、思政与职业素养目标】 ·· 174

　第一节　杂环化合物 ·· 174

　　一、杂环化合物的分类 ·· 174

　　二、杂环化合物的命名 ·· 175

　第二节　五元杂环化合物 ·· 176

　　一、五元杂环化合物的物理性质 ·· 177

　　二、五元杂环化合物的化学性质 ·· 177

　第三节　六元杂环化合物 ·· 179

　　一、含有一个杂原子的六元杂环化合物——吡啶 ·· 179

　　二、含有两个氮原子的六元杂环化合物 ·· 181

　第四节　重要的杂环化合物 ··· 183

　第五节　生物碱 ·· 184

　　一、生物碱的一般性质 ·· 185

　　二、重要的生物碱 ·· 185

　【复习题】 ··· 186

第十四章　糖类 ·· 188

　【知识目标】 ·· 188

　【能力、思政与职业素养目标】 ·· 188

　第一节　概述 ··· 188

　第二节　单糖 ··· 189

　　一、单糖的结构 ··· 189

　　二、单糖的性质 ··· 194

　　三、重要的单糖 ··· 197

　第三节　二糖 ··· 197

　　一、还原性二糖 ··· 198

二、非还原性二糖 ·· 199
　第四节　多糖 ·· 200
　　一、淀粉 ·· 200
　　二、纤维素 ··· 201
　【复习题】··· 202

第十五章　脂类化合物 ·· 204

　【知识目标】··· 204
　【能力、思政与职业素养目标】··· 204
　第一节　油脂 ·· 205
　　一、油脂的组成 ·· 205
　　二、油脂的物理性质 ·· 207
　　三、油脂的化学性质 ·· 209
　第二节　磷脂 ·· 211
　　一、甘油磷脂 ··· 211
　　二、鞘氨醇磷脂类 ··· 212
　第三节　蜡 ··· 213
　【复习题】··· 214

第十六章　氨基酸和蛋白质 ·· 215

　【知识目标】··· 215
　【能力、思政与职业素养目标】··· 215
　第一节　氨基酸 ··· 215
　　一、氨基酸的分类和命名 ·· 215
　　二、氨基酸的结构 ··· 217
　　三、氨基酸的重要理化性质 ··· 217
　第二节　蛋白质 ··· 219
　　一、蛋白质的分类 ··· 219
　　二、蛋白质的结构 ··· 220
　　三、蛋白质的性质 ··· 222
　【复习题】··· 224

第十七章　有机化学实训 ·· 225

　【知识目标】··· 225
　【能力、思政与职业素养目标】··· 225
　项目一　有机化学实训基本操作技术 ·· 225
　　任务1-1　熔点的测定 ·· 225
　　任务1-2　普通蒸馏及沸点的测定 ·· 228
　　任务1-3　呋喃甲醛的精制 ··· 230
　　任务1-4　松节油的水蒸气蒸馏 ··· 232
　　任务1-5　三组分混合物的分离 ··· 234

    任务1-6 粗萘的提纯 ……………………………………………………………… 236
    任务1-7 植物色素的提取及色谱分离 …………………………………………… 237
    任务1-8 工业酒精的提纯 ……………………………………………………… 238
  项目二 有机化合物性质实训 …………………………………………………………… 240
  【知识目标】 ……………………………………………………………………………… 240
  【能力、思政与职业素养目标】 ………………………………………………………… 240
    任务2-1 醇和酚的性质 ………………………………………………………… 240
    任务2-2 醛和酮的性质 ………………………………………………………… 242
    任务2-3 羧酸及羧酸衍生物的性质 …………………………………………… 244
  项目三 综合应用实训 …………………………………………………………………… 245
  【知识目标】 ……………………………………………………………………………… 245
  【能力、思政与职业素养目标】 ………………………………………………………… 245
    任务3-1 肉桂酸的合成和提取 ………………………………………………… 245
    任务3-2 黄连素的提取 ………………………………………………………… 247
    任务3-3 乙酸乙酯的制备和含量测定 ………………………………………… 248
    任务3-4 阿司匹林（乙酰水杨酸）的制备与纯化 …………………………… 249
    任务3-5 从茶叶中提取咖啡因 ………………………………………………… 251

附录 …………………………………………………………………………………………… 253
  附录一 乙醇溶液相对密度与质量分数对应表 ………………………………………… 253
  附录二 常见共沸物 ……………………………………………………………………… 254
  附录三 常用有机溶剂的沸点及相对密度 ……………………………………………… 254
  附录四 常用有机溶剂在水中的溶解度 ………………………………………………… 255

参考文献 ……………………………………………………………………………………… 256

第一章 有机化合物相关知识

 知识目标

1. 能基本了解有机化学的研究对象和任务；
2. 熟练掌握共价键的性质；
3. 初步掌握有机化合物的分类及反应类型。

 能力、思政与职业素养目标

1. 能识别常见有机化合物的官能团；
2. 能准确判断常见有机化合物的类别；
3. 能分析工业生产中有机反应的类型；
4. 了解有机化学和有机化工的发展对人类文明的贡献。

第一节 有机化合物的结构特征

一、有机化合物和有机化学

1. 有机化学的研究对象和任务

有机化学是化学科学的一个重要分支，是与人类生活有着极其密切关系的一门学科。它研究的对象是有机化合物即有机物。什么是有机物呢？19 世纪初，有机物都是从生物体中分离出来的，有机物的含义是"有生机之物"。到了 19 世纪中期，人工合成不少有机化合物。人们把不论是从生物体取得的，还是合成来的，统称为有机物。自从 A. L. Lavoisier 和 J. F. Von Liebig 创造有机化合物的分析方法后，发现有机化合物均含有碳元素，大多数还含有氢元素，此外，很多有机化合物还含有氧元素、氮元素。于是 L. Gmelin、F. A. Kekule 认为碳是有机化合物的基本元素，把含碳化合物称为有机化合物，把有机化学定义为含碳化合物的化学。后来 C. Schorlemmer 在此基础上发展了这个观点，即含碳化合物都是由别的元素取代烃中的氢衍生出来的，因此，把有机化学定义为研究烃及其衍生物的化学。

有机化学作为一门基础科学，其主要任务之一是发现新的有机化学现象和认识新的有机化学规律。如发现新的有机化合物与有机化合物新的性质、新的有机反应等，以及认识新的反应历程、有机化合物结构与性质之间新的定量关系等。现在已知有机化合物有700万种以上，而且还在不断增加，几乎每天都有新的有机化合物被合成或被发现。究其原因，一是由于构成有机化合物的主体碳原子互相结合的能力很强，一个有机化合物分子中碳原子的数目可以很多，连接的方式可以多样化；二是有机化合物普遍存在同分异构现象。

有机化学的任务还表现在促进自身学科和其他学科的发展方面。化学的各个分支是相互联系、相互渗透和相互促进的，无论从事化学中哪一个领域的工作，都离不开有机化学的基本知识，因此，有机化学的发展将推动整个化学学科的发展。

有机化学还与人类文明的改善和提高有密切关系。有机化学今后的研究任务不再是盲目追求合成有机化合物的数量和理论研究，更重要的是要根据人类的需要进行分子设计与合成。有机化学是有机化学工业的理论基础。有机化学和有机化学工业愈发展，对人类文明的贡献也就愈大。

以从石油或煤焦油中取得的许多简单有机物为原料，通过各种反应，合成人们所需要的自然界存在或不存在的全新有机物，如维生素、药物、香料、食品添加剂、染料、农药、塑料、合成纤维、合成橡胶等各种工农业生产和人民生活的必需品。当今许多有机化学家进行复杂分子的合成，其目的就是寻找新的合成方法，提高合成的技巧，获得新的分子。在合成过程中往往还能发现重大的规则，为我们的生活领域开辟合成新物质的途径。

21世纪的有机化学，从实验方法到基础理论都有了巨大的进展，显示出蓬勃发展的强劲势头和活力。世界上每年合成的近百万个新化合物中约有70%以上是有机化合物。其中有些因具有特殊功能而用于材料、能源、医药、生命科学、农业、石油化工、交通、环境科学等与人类生活密切相关的行业中，直接或间接地为人类提供了大量的必需品。与此同时，人们也面对着天然的和合成的大量有机物对生态、环境、人体的影响问题。展望未来，有机化学将使人类优化使用有机物和有机反应过程，有机化学将会得到更迅速的发展。

2. 有机化合物的特性

有机化合物和无机化合物并没有严格的界限，因此，下面所谈到的所谓有机化合物的特性不是绝对的，只是大多数有机化合物的相对特性。

有机化合物的一般特性如下：

① 分子组成复杂。很多有机化合物在组成上比无机化合物复杂很多，如维生素 B_{12} 由 $C_{63}H_{88}N_{14}O_{14}PCo$ 组成，一般无机化合物只是由几个原子组成。

② 易燃。一般的有机化合物容易燃烧，大多数的无机化合物不易燃烧。人们日常生活中经常遇到的柴草、糖、油脂、棉花、煤油等都是有机物质，都容易燃烧，而食盐、石灰、陶瓷等无机物质就很难燃烧。故人们常用灼烧试验来区分有机化合物和无机化合物。

③ 熔点低、易挥发。有机化合物在常温下，绝大多数为气体、液体或低熔点的固体。固体有机化合物的熔点一般不超过400℃。由于有机化合物的熔点和沸点较低，容易测定，所以人们常利用测定有机化合物的熔点或沸点来鉴别。

④ 难溶于水。有机化合物一般极性较小，所以不易溶于极性大的水中，容易溶于极性小而结构相近的有机溶剂中，而很多无机化合物却溶于水。

⑤ 异构现象普遍。有机化合物中普遍存在着多种异构现象，如构造异构、顺反异构、构象异构、对映异构等。

⑥ 有机反应速率比较慢。因为它们不像多数无机化合物是离子间的反应，可以迅速完成。有机反应是分子间的反应，往往需要几个小时，有的反应需要几十个小时，甚至几十天才能完成。因此有机反应常常采用加热、搅拌、加催化剂等以便加速反应。

⑦ 有机反应副反应较多。因为有机化合物分子是由较多原子组成的复杂分子，故在与

试剂发生反应时，分子的各个部位均可能发生反应，不限定在分子某一特定部位上发生反应，导致反应产物往往是较复杂的混合物。

【问题与思考】

你已经知道了有机化合物和无机化合物在性质上的差异，你在生活中接触到的物质中哪些能体现这些差异？请举例说明。

3. 有机化学在其他领域中的重要作用

有机化学是有机化学工业的基础。染料、香料、医药、农药、燃料、日用化工、石油化工以及基本有机合成等很多有机化学工业都与有机化学有密切的关系。有机化学的发展对于这些工业有促进和指导作用。有机化学与农业有密切的关系，诸如高效低毒的杀虫剂、除草剂、植物生长激素、农用高分子材料、动物饲养添加剂等都与有机化学有关。有机化学与国防建设也有密切的关系。诸如炸药、一般动力燃料、高能燃料、火箭武器军用特殊材料等也都有赖于有机化学的发展。有机化学又是生物学和医学的基础，生命过程的每一环节都有有机化合物参与。人工合成的叶绿素、胰岛素、维生素 B_{12}、前列腺素、酵母丙氨酸转移核糖核酸等重要的生理活性物质，大大地促进了生物学和医学的发展。

4. 有机化学的学习方法

有机化学是一门重要的专业基础课，它是许多后继课程的基础。如植物生理学、土壤肥料学、微生物学、生物化学、药物化学、遗传学、动物生理学、病理学、药理学、药剂学、化学制药工艺、饲料与营养、食品安全与检测、农产品加工等课程的学习，都需要掌握比较扎实的有机化学基础知识和基本技能。

有机化学属于一门描述性科学，知识体系庞大、内容繁杂、信息量极大，这就给学生的学习带来了较大的困难。学好有机化学课程，至少应做到以下几点：

① 课前要认真预习。

② 课上要认真听讲，抓住重点，做好笔记。

③ 课后要对课堂内容认真回顾，掌握重点，并有效地利用每章后的思考题独立完成作业。

④ 对每一章的学习内容要经常复习和巩固。

⑤ 要充分利用各种资源（如图书馆、网络等）去阅读与课程学习内容相关的资料。

⑥ 要重视有机化学实验、实训，注重理论联系实际，通过实验、实训加深对理论知识的理解和记忆。

因此，只有学好有机化学，才能更好地为今后学习专业课程和毕业后的继续学习打下坚实的基础。

二、有机化合物的化学键特性

有机化合物中的化学键是形成有机化合物性质特点的根本原因，所以在学习有机化学之前必须先了解有机化合物中的化学键。有机化合物中的原子都是以共价键结合的，其中碳原子的共价键结合能力极强，可以形成4个共价键。从本质上来讲，有机化学是研究以共价键结合的化合物的化学。对于共价键形成的理论，解释最常用的是价键理论和分子轨道理论，这里简单介绍价键理论。

1. 共价键的形成

共价键的形成是原子轨道重叠或电子配对的结果，如果两个原子都有未成键电子，并且自旋方向相反就能配对形成共价键。由一对电子形成的共价键叫作单键，用一条短线表示，如果两个原子各用两个或三个未成对电子构成共价键，则构成的共价键为双键或三键。

2. 共价键形成的基本要点

（1）饱和性　一个未成对的电子一经配对成键，就不能再与其他未成对的电子配对。

（2）方向性　由于成键原子轨道不都是球形对称的，例如 p 原子轨道具有一定的空间取向，只有当它从某一方向互相接近时才能使原子轨道得到最大重叠，形成的分子才最稳定。如 s 轨道和 p 轨道的三种重叠情况如图 1-1 所示。

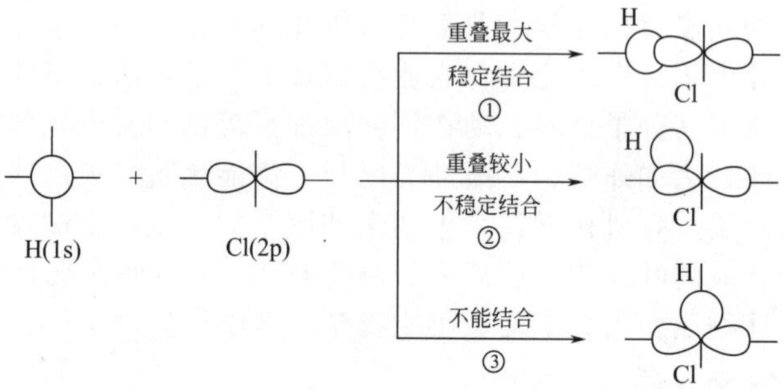

[图1-1 示意图]

图 1-1　s 轨道和 p 轨道的三种重叠情况

> 【问题与思考】
> 　　根据原子核外电子排布规律，碳原子核外有几个单电子？按照共价键形成的一般规律，它可以形成几个共价键？与上述结果吻合吗？

3. 共价键的种类

由于原子轨道重叠的方式不同，共价键可分为 σ 键和 π 键两种类型。成键的两个原子沿着键轴的方向发生原子轨道的相互重叠，电子云以键轴为轴呈圆柱形对称分布，在原子核间电子云密度最大，这样的共价键称为 σ 键。s 轨道和 s 轨道之间、s 轨道和 p 轨道之间、p 轨道和 p 轨道之间均可形成 σ 键，如图 1-2 所示。

若由两个相互平行的 p 轨道从侧面相互重叠，其重叠部分不呈圆柱形对称分布，而是具有一个对称面，由键轴的上下两部分组成，这样的共价键为 π 键，如图 1-3 所示。

图 1-2　σ 键的形成　　　　　　　　　　　　图 1-3　π 键的形成

由于 σ 键和 π 键的成键方式不同，两者之间存在着许多差异，σ 键和 π 键的一些特点见表 1-1。

4. 共价键的性质

（1）键能　在 298.15K 和 101kPa 下，将 1mol 气态的双原子分子 AB 拆开成气态的 A·和 B·所需要的能量，叫作 A—B 的解离能，通常也叫键能。但是对于多原子分子来说，键能和键的解离能是不同的。例如将 1mol 甲烷分解为 4 个氢原子和 1 个碳原子，需要打开 4

表 1-1 σ 键和 π 键的一些特点

特点	σ 键	π 键	特点	σ 键	π 键
形成	成键轨道沿键轴方向	成键轨道平行重叠	对称性	轴对称,可沿键轴旋转	面对称,不能沿键轴旋转
轨道重叠程度	较大	较小	稳定性	键能较大,较稳定	键能较小,不稳定
存在	可单独存在	不能单独存在,只能与 σ 键共存	键的极化	键的极化程度较小	键的极化程度大

个 C—H 键,需要吸收的能量为 1660kJ,通常简单认为打开一个 C—H 键所需要的能量为 $\dfrac{1660kJ}{4}=415kJ$。

因此 415kJ 这个数值是一个平均值,即平均键能,通常就叫作 C—H 键的键能。

键能是化学键强度的主要标志之一,在一定程度上反映了键的稳定性,相同类型的化学键,键能越大,键就越稳定。表 1-2 列出了常见共价键的键长和键能。

表 1-2 常见共价键的键长和键能

共价键	键长/nm	键能/(kJ/mol)	共价键	键长/nm	键能/(kJ/mol)
C—C	0.154	347.3	C—I	0.213	213.4
C—H	0.112	415.3	O—H	0.096	464.4
C—N	0.147	305.4	N—H	0.100	389.1
C—O	0.143	359.8	C=C	0.134	610.9
C—S	0.182	272.0	C≡C	0.120	836.8
C—F	0.142	485.3	C=O	0.122	748.9(酮)
C—Cl	0.177	338.9	C=N	0.130	615.0
C—Br	0.191	284.5	C≡N	0.116	891.2

(2) **键长** 分子中两个相邻的原子核之间的平均距离,称为键长(或核间距)。理论上用量子力学近似的方法可以算出键长,实际上对于复杂分子往往通过光谱或 X 射线衍射等实验方法来测定键长。键长与键的强度(即键能)有关,即键能越大,键长越短。同一种键在不同的化合物中,其键长的差别是很小的。例如,C—C 键在丙烷中为 0.154nm,在环己烷中为 0.153nm。

(3) **键角** 在分子中,由于共价键的方向性,键与键之间就有了夹角,称为键角。键长和键角确定了,分子的几何构型就确定了。图 1-4 列出了部分化合物分子中的键角。

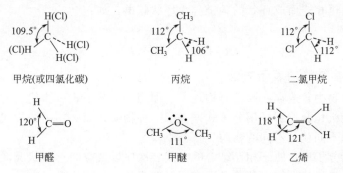

图 1-4 部分化合物分子中的键角

由图 1-4 可以看出,在不同的化合物中由同种原子形成的键角不一定完全相同,这是由于分子中各原子或基团相互影响所致。

(4) 键的极性 相同的原子形成共价键,由于两个原子的电负性相同,电子云对称地分布在两个原子核之间,这样的共价键就没有极性。但是不同的原子形成的共价键,由于成键原子的电负性不同,电子云靠近电负性较大的原子一端,使分子中电负性较大的原子一端带有部分负电荷(一般用 δ^- 表示),电负性较小的原子一端带部分正电荷(一般用 δ^+ 表示),这样该共价键就有了极性,例如 $H_3C^{\delta+}—Cl^{\delta-}$。

共价键的极性取决于成键两个原子的电负性之差,差值越大,键的极性就越大,反应活性就越强。共价键的极性大小用偶极矩(μ)表示。偶极矩具有方向性,通常规定其方向由正到负。分子的偶极矩是分子中各个极性共价键偶极矩的矢量和,双原子分子的偶极矩就是共价键的偶极矩。偶极矩是表示整个分子极性的重要数据,它有助于对有机化学反应机理和有机化合物性质的研究。

三、有机化合物的结构式及其表示方法

1. 有机化合物中碳原子的成键特性

有机化合物的基本构架由碳原子组成,因此碳原子的结构决定了有机化合物的性质。

碳元素位于周期表中第二周期第ⅣA族,电子排布式为 $1s^2 2s^2 2p^2$。在化学反应中既不易得电子也不易失电子,它往往通过共用 4 对电子来与其他原子相结合,因而显示 4 价。例如甲烷分子中碳原子与四个氢原子形成 4 个共价键,其结构式表示如下:

$$\begin{matrix} & H & \\ H & —C— & H \\ & H & \end{matrix}$$

在有机化合物中,碳原子不仅可以和 H、O、N 等原子形成共价键,而且也能通过共用一对或几对电子与另一碳原子结合生成碳碳单键、碳碳双键或碳碳三键。如:

$$—C—C— \quad —C=C— \quad —C≡C—$$
  碳碳单键   碳碳双键   碳碳三键

由碳原子相互结合后构成的有机化合物基本碳链骨架称为碳架。碳架可分为链状和环状两类。

碳原子之间连接成一条或长或短、首尾不相连的碳链称为链状碳链,如:

$$C—C—C—C \qquad {}^1C—{}^2C—{}^3C\overset{\overset{9}{C}}{\underset{{}^7C\;{}^8C}{—{}^4C—}}{}^5C—{}^6C$$

碳原子之间首尾相连而成环状的碳链称为环状碳链,如:

$$\begin{matrix} C \\ C \quad C \\ C—C \end{matrix} \qquad \begin{matrix} C \\ \| \\ C \quad C \\ C=C \end{matrix}$$

2. 有机化合物结构的表示方法

由于有机化合物中普遍存在同分异构现象,即同一个分子式可能代表的是几种不同的物质,因此不能像无机化合物那样用分子式来表示一种物质,而必须用结构式来表示某种有机化合物,分子结构不同就是不同的物质。

分子结构是指分子中各原子相互结合的方式、次序以及空间排布状况,它包括分子的构造、构型和构象。有机化合物中的分子通常用构造式(也叫结构式)表示(构型和构象在后续课程中讲述)。一般用结构式、结构简式、键线式表示有机化合物的结构。结构式是将分子中的每一个共价键都用一根短线表示出来。结构简式则是结构式的简化,不再写出碳氢之间的短线,将同一碳上相同原子或基团合并表达。键线式则更为简练、直观,只写出碳的骨

架和其他基团。有机化合物分子的结构式、结构简式和键线式的示例见表 1-3。

表 1-3 结构式、结构简式和键线式示例

分子式	结构式	结构简式	键线式
C_4H_{10}	(结构式图)	$CH_3—CH_2—CH_2—CH_3$	(键线式图)
C_3H_8O	(结构式图)	$CH_3—CH_2—CH_2—OH$	(键线式图)
C_6H_6	(结构式图)	(结构简式图)	(键线式图)

第二节 有机化合物的分类和反应类型

一、有机化合物的分类

1. 按碳架分类

（1）**开链化合物** 碳架成直链或带支链（无环），其中包括烷烃、烯烃、炔烃等。例如：

由于此类化合物最初是从油脂中发现的，也称为脂肪族化合物。

（2）**环状化合物**

① 脂环族化合物 碳碳连接成环，环内可有双键、三键，性质与脂肪族化合物相似。如：

环戊烷　　环己烯　　环己醇

② 芳香族化合物 分子中含有一个或多个苯环结构的环状化合物，在性质上与脂肪族化合物区别较大，具有特殊的芳香性。如：

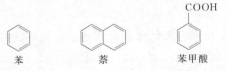

苯　　萘　　苯甲酸

③ 杂环化合物　由碳原子及其他原子（又称杂原子，如 S、O、N 等）共同组成的环状化合物。如：

　　呋喃 　　　噻吩 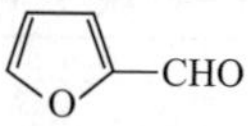　　　糠醛 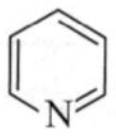　　　吡啶

2. 按官能团分类

所谓官能团，就是具有不同性质的原子或基团。有机化合物的化学反应主要发生在官能团上或受官能团影响较大的基团。具有相同官能团的化合物能发生相似的化学反应。按官能团分类更能反映出各类有机化合物的共性和个性。表 1-4 列出了一些比较重要的有机化合物和它们所含官能团的名称。

表 1-4　一些重要官能团的结构与名称

化合物	官能团	名称	化合物	官能团	名称
烯烃	C=C	烯键	羧酸	—COOH	羧基
炔烃	—C≡C—	炔键	硫醇	—SH	巯基
卤代烃	—X (X=F,Cl,Br,I)	卤原子	硝基化合物	—NO$_2$	硝基
醇、酚	—OH	羟基	胺	—NH$_2$	氨基
醚	—O—	醚键	偶氮化合物	—N=N—	偶氮基
醛	—CHO	醛基	重氮化合物	—N≡N$^+$·X$^-$	重氮基
			腈	—C≡N	氰基
			磺酸	—SO$_3$H	磺酸基
酮	>C=O	羰基			

二、有机反应的基本类型

有机分子之间发生的化学反应，包含这些分子中某些化学键的断裂和新化学键的形成。化学键的断裂方式主要有两种类型，即均裂和异裂。

1. 均裂反应

当键断裂时，成键的一对电子平均分配在断裂后的两个片断上，每个片断有一个未成对电子，这种断裂称为均裂。均裂生成的带一个未成对电子的原子或原子团称为自由基。这种经均裂生成自由基的反应称为自由基反应：

$$C : Y \longrightarrow C \cdot + Y \cdot$$

2. 异裂反应

当键断裂时，成键共用的一对电子留在断裂后的一个片断上。这种反应称为异裂反应，是一种离子型反应。

$$C : Y \longrightarrow \begin{cases} C^+ + : Y^- & 碳正离子 \\ C : ^- + Y^+ & 碳负离子 \end{cases}$$

【问题与思考】
　　有机化学中的离子型反应和无机化学中的离子反应的区别有哪些？

3. 协同反应

在反应过程中不生成游离基或离子型活性中间体，其特点是：反应过程中键的断裂与生成是同时发生的。

1. 说明有机化合物的特点。
2. 两个 p 轨道能以下列 A 或者 B 的方式重叠形成 π 键或 σ 键，哪一种重叠方式形成 π 键或 σ 键？两者如何区分？

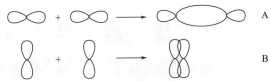

3. 根据下列化合物中所含官能团，指出它们属于哪类化合物？
   (1) CH_3CH_2Cl (2) CH_3OCH_3 (3) CH_3CH_2OH (4) CH_3CHO
   (5) $CH_3CH=CH_2$ (6) $CH_3CH_2NH_2$ (7) ⌬—CHO (8) ⌬—OH
   (9) ⌬—COOH (10) ⌬—NH_2

4. 下列物质中哪些是亲电试剂？哪些是亲核试剂？

H^+，Cl^-，H_2O，CN^-，RCH_2^-，RNH_3^+，NO_2^+，$R-\overset{+}{C}=O$，OH^-，NH_2^-，NH_3，RO^-

5. 写出符合下列条件且分子式为 C_3H_6O 的化合物的结构式：
   (1) 含有醛基 (2) 含有酮基 (3) 含有环和羟基 (4) 醚 (5) 环醚
   (6) 含有双键和羟基（双键和羟基不在同一碳上）

第二章 烷 烃

 知识目标

1. 熟练掌握烷烃的分类和命名；
2. 了解 sp³ 杂化的特点，掌握烷烃的结构特点和同分异构现象；
3. 掌握烷烃的物理化学性质。

 能力、思政与职业素养目标

1. 能准确用系统命名法命名未知有机化合物；
2. 能用理论知识解释日常生活现象；
3. 能独立完整地写出多碳原子个数烷烃的所有构造异构体；
4. 了解烷烃的工业用途，培养学以致用的职业习惯。

只含有碳和氢两种元素的有机化合物统称碳氢化合物，简称烃。开链的烃称链烃，链烃分子中只含有 C—C 单键和 C—H 键的，叫作烷烃，也称石蜡烃。

第一节 烷烃的通式和同系列

一、烷烃的同系列

最简单的烷烃是甲烷，含有一个碳原子和四个氢原子，其他烷烃随着分子中碳原子数的增加，氢原子数也相应地、有规律性地增加。

甲烷（CH_4）、乙烷（C_2H_6）、丙烷（C_3H_8）、丁烷（C_4H_{10}）等都是烷烃。从这几个烷烃的分子式中可以看出，在任何一个烷烃分子中，如果 C 原子数是 n，H 原子数则是 $2n+2$。因此，可以用一个共同的式子 C_nH_{2n+2}（n 表示 C 原子数）来表示烷烃分子的组成，这个式子叫作烷烃的通式。

具有同一个通式，组成上相差一个或若干个 CH_2 的一系列化合物叫作同系列。甲烷、乙烷、丙烷、丁烷等这一系列化合物组成烷烃同系列。同系列中的各化合物互为同系物，如甲烷、乙烷、丙烷、丁烷等互为同系物，CH_2 叫作同系列的系差。

同系物的物理性质（例如沸点、熔点、相对密度、溶解度等）一般是随着分子量的改变而呈现规律性的变化。同系物具有相似的化学性质。因此，当知道同系列中某些同系物的性质后，就可以推测其他同系物的性质。对于了解有机化合物的性质，这是很重要的。当然，在运用同系列概念时，除了要注意同系物的共性外，也要注意它们的个性，推测的结果是否正确还必须通过实践来验证。只有这样，才有可能全面了解物质，这是我们学习有机化学的基本方法之一。

二、碳链异构

分子中原子间互相连接的顺序和方式叫作分子构造。表示分子构造的化学式叫作构造式。分子构造用构造式表示最为简单明了。在有机化学中，分子构造是一个最重要、最基本的概念。分子组成相同，而构造式不同的化合物互为同分异构体，简称异构体，这种现象叫作异构现象。分子式相同，分子构造不同的化合物叫作构造异构体，这种现象叫作构造异构现象。

甲烷、乙烷、丙烷没有构造异构体，丁烷有两个构造异构体：正丁烷和异丁烷，戊烷有三个构造异构体：正戊烷、异戊烷和新戊烷。随着分子中碳原子数的增大，烷烃构造异构现象变得越来越复杂，构造异构体的数目也越来越大。烷烃构造异构体之间的差别是由于分子中的碳链的构造不同而产生的，又称烷烃的构造异构为碳链异构。表 2-1 给出 $C_5 \sim C_{10}$ 烷烃构造异构体的数目。

表 2-1 $C_5 \sim C_{10}$ 烷烃构造异构体的数目

碳原子数	烷烃	构造异构体的数目	碳原子数	烷烃	构造异构体的数目
5	戊烷	3	8	辛烷	18
6	己烷	5	9	壬烷	35
7	庚烷	9	10	癸烷	75

三、碳、氢原子的类型

从上述一些烷烃的分子构造可以看出，有的碳原子是与 1 个碳原子相连接，这种碳原子叫作伯碳原子，或一级碳原子，用 $1°C$ 表示；有的碳原子是与 2 个碳原子相连接，这种碳原子叫作仲碳原子，或二级碳原子，用 $2°C$ 表示；有的碳原子是与 3 个碳原子相连接，这种碳原子叫作叔碳原子，或三级碳原子，用 $3°C$ 表示；有的碳原子是与 4 个碳原子相连接，这种碳原子叫作季碳原子，或四级碳原子，用 $4°C$ 表示。例如：

$$\begin{array}{c} \text{H} \quad \text{H} \quad \text{CH}_3 \text{CH}_3 \\ | \quad | \quad | \quad | \\ \text{H--C--C--C--C--CH}_3 \\ | \quad | \quad | \quad | \\ \text{H} \quad \text{H} \quad \text{H} \quad \text{CH}_3 \\ \text{伯}(1°) \; \text{仲}(2°) \; \text{叔}(3°) \; \text{季}(4°) \end{array}$$

与伯、仲、叔碳原子相连接的氢原子相应地分别叫作伯、仲、叔氢原子，或一级、二级、三级氢原子，也分别用 $1°H$、$2°H$、$3°H$ 表示。

【问题与思考】
你知道为什么碳原子分为伯、仲、叔、季四种碳原子，而氢原子却只有伯、仲、叔三种氢原子吗？

第二节　烷烃的构型

构型是指具有一定构造的分子中原子在空间的排列状况。在讨论烷烃的构型时，van't Hoff 和 Le Bel 同时提出碳正四面体的概念。

一、甲烷的分子结构

甲烷是最简单的分子，实验证明，它的分子式为 CH_4，现代物理方法的研究表明甲烷分子的构型是正四面体。碳原子位于四面体的中心，四个 H 原子在四面体的四个顶点上，四个碳氢键的键长和键能都相等，所有的键角都是 $109°28′$。甲烷的分子结构可用分子模型表示，如图 2-1 所示。

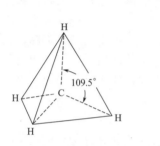 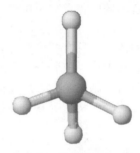 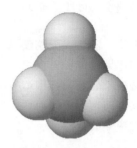

(a) 甲烷的正四面体模型　　(b) 球棍模型（凯库勒模型）　　(c) 比例模型（斯陶特模型）

图 2-1　甲烷的分子模型

【知识阅读】

碳原子的 sp³ 杂化

碳原子的电子排布为 $1s^2 2s^2 2p_x^1 2p_y^1 2p_z^0$，按照未成键电子的数目，碳原子应当是 2 价的。然而，实际上甲烷等烷烃分子中碳原子一般是 4 价，而不是 2 价。杂化轨道理论认为，碳原子形成烷烃时，碳原子 2s 轨道中的一个电子跃迁到 $2p_z$ 轨道上去，一个 2s 轨道和三个 2p 轨道进行杂化（混合起来重新组合），形成四个能量等同的杂化轨道，称 sp^3 杂化轨道。

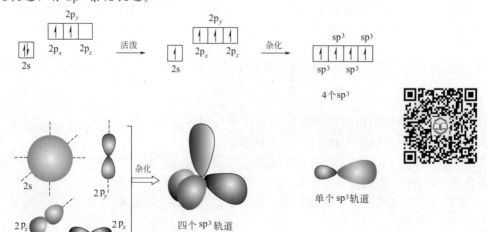

每一个 sp³ 杂化轨道的形状都不同于 s 轨道和 p 轨道，它相当于含 1/4s 成分和 3/4p 成分，为了使成键电子间的排斥力最小，形成的结构最稳定，它们的空间取向是分别指向四面体的顶点。sp³ 轨道的对称轴之间互成 109°28′，每个 sp³ 轨道在对称轴的一个方向上。

二、烷烃分子的形成

甲烷分子中碳原子以四个杂化的 sp³ 轨道分别与氢的 1s 轨道发生重叠形成四个 sp³-s σ 键。它们之间的夹角是 109°28′，所以甲烷分子具有正四面体结构，如图 2-2 所示。

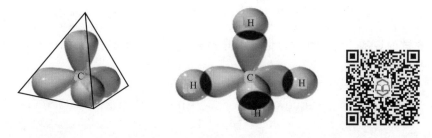

图 2-2　甲烷分子的空间结构

乙烷和其他烷烃分子中的碳原子均为 sp³ 杂化。两个碳原子的 sp³ 杂化轨道沿对称轴方向重叠形成 C—C σ 键。这些 C—C σ 键可在烷烃分子中构成长短不一的碳链，而其他 sp³ 杂化轨道则与氢原子形成 C—H σ 键，如图 2-3 所示。

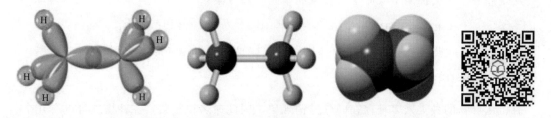

图 2-3　乙烷分子的空间结构

从上述原子轨道重叠图示中可以看出，成键原子绕轴作相对旋转时，并不影响电子云的重叠，也不会破坏 σ 键，这就是说单键可以绕轴自由旋转。

由于碳的价键分布呈四面体形，而且碳碳单键（C—C）可以旋转，所以三个碳原子以上的烷烃分子中的碳链不是像结构式那样表示的直线形，而是锯齿形，所谓的"直链"烷烃，"直链"二字的含义仅仅指不带支链。在烷烃分子中碳碳单键（C—C）的键长是 0.154nm，键能为 345.6kJ/mol。

甲烷的正四面体构型也可用楔型透视式表示：

$$\underset{\underset{H}{|}}{\overset{H}{\underset{|}{C}}}\text{—H}$$

实线表示处在纸平面上的价键，虚楔型线表示处在纸后面的价键，实楔型线表示处在纸面前的价键。

第三节　烷烃的命名

一、烷基

从烃分子中去掉一个氢原子后所剩下的基团叫作烃基。从烷烃分子中去掉一个氢原子后所剩下的基团叫作烷基，通式是 C_nH_{2n+1}— （烷基通常用 R—来表示）。烷基的名称是从相应的烷烃的名称衍生出来的。从直链（即不带支链的连续链）烷烃分子的末端碳原子上去掉一个氢原子后剩下的基团（即不带支链的烷基）叫作某基（系统命名法）或正某基（习惯命名法）。例如：

$CH_3(CH_2)_2CH_3$	$CH_3(CH_2)_2CH_2$—	$CH_3(CH_2)_5CH_3$	$CH_3(CH_2)_5CH_2$—
丁烷	丁基（系统名称） 或正丁基（习惯名称）	庚烷	庚基（系统名称） 或正庚基（习惯名称）

对于带支链的烷基，为了尊重习惯，国际纯粹与应用化学联合会（IUPAC）同意保留下列八个烷基的习惯名称。

$CH_3CH(CH_3)$—	$CH_3CH_2CH(CH_3)$—	$CH_3CH(CH_3)CH_2$—	$CH_3C(CH_3)_2$—
异丙基	仲丁基	异丁基	叔丁基
$CH_3CH(CH_3)CH_2CH_2$—	$CH_3CH_2C(CH_3)_2$—	$CH_3CH(CH_3)CH_2CH_2CH_2$—	$CH_3C(CH_3)_2CH_2$—
异戊基	叔戊基	异己基	新戊基

从烷烃分子中去掉两个氢原子后剩下的基团叫作亚某基。例如：

$CH_2\langle$	$CH_3CH\langle$	—CH_2CH_2—	—$CH_2CH_2CH_2CH_2$—
亚甲基	亚乙基	1,2-亚乙基或二亚甲基	1,4-亚丁基或四亚甲基

二、烷烃的命名法

有机化合物的种类繁多且存在同分异构现象，因此命名较复杂。一种物质可以有几个名称。但是，一个名称只能表示一种物质，才不会引起混乱。由于构造异构现象的普遍存在，导致有机化合物不能用分子式表示，只能用构造式表示。所以，有机化合物的名称必须表示出有机化合物的分子构造，这样才能根据名称，确切地、不混淆地知道它是哪一个有机化合物。常用的烷烃命名法有两种，分述如下。

1. 普通命名法（即习惯命名法）

在习惯命名法中，把直链烷烃叫作正某烷。分子中碳原子数在 10 以下的，依次用甲、乙、丙、丁、戊、己、庚、辛、壬、癸来表示碳原子数目；碳原子数在 10 以上的直接用十一、十二……数字表示。有时也以正、异、新前缀区别不同的同分异构体，正代表直链烷烃。例如：

$CH_3(CH_2)_2CH_3$	$CH_3(CH_2)_4CH_3$	$CH_3(CH_2)_{10}CH_3$
正丁烷	正己烷	正十二烷

对于带支链的烷烃，以“异”“新”前缀区别不同的构造异构体。直链构造一末端带有两个甲基，命名为异某烃。“新”是专指具有叔丁基构造的 C_5、C_6 的链烃化合物。例如：

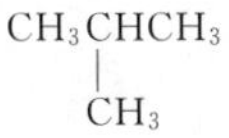

$$\underset{\text{异丁烷}}{CH_3CHCH_3 \atop |\ CH_3} \quad \underset{\text{异戊烷}}{CH_3CHCH_2CH_3 \atop |\ CH_3} \quad \underset{\text{异己烷}}{CH_3CHCH_2CH_2CH_3 \atop |\ CH_3} \quad \underset{\text{新戊烷}}{CH_3 \atop {|\ \atop CH_3CCH_3 \atop |\ CH_3}}$$

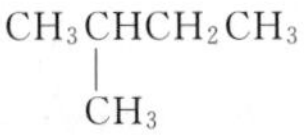

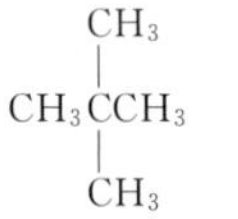

但是，IUPAC只同意保留上述四个带支链的烷烃的习惯名称。习惯命名法简单，不过它只能用于上述一些烷烃。在石油工业上，用作测定汽油辛烷值的基准物质之一的异辛烷（辛烷值定为100）是一个商品名称或俗名，不属于上述习惯名称。

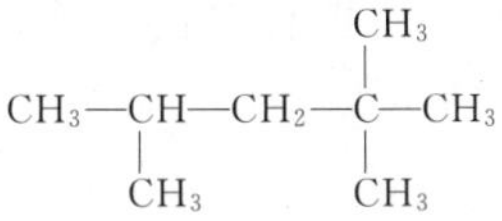

$$\underset{\text{异辛烷}}{CH_3-CH-CH_2-C-CH_3 \atop {|\ \qquad\qquad |\ \atop CH_3\qquad\ CH_3 \atop \qquad\qquad |\ \atop \qquad\qquad CH_3}}$$

2. 系统命名法

系统命名法是一种普遍适用的命名方法。它是采用国际上通用的IUPAC命名原则，结合我国文字特点制定的一种命名方法。

直链烷烃与习惯命名法相似，按照所含有的碳原子数叫某烷，不加"正"字。例如：

$$\underset{\text{己烷}}{CH_3-(CH_2)_4-CH_3} \qquad \underset{\text{壬烷}}{CH_3-(CH_2)_7-CH_3} \qquad \underset{\text{十二烷}}{CH_3-(CH_2)_{10}-CH_3}$$

对于带有支链的烷烃，则把它看作是直链烷烃的烷基衍生物，按照下列规定命名：

① 选主链。从构造式中选取包含支链最多的最长碳链作为主链，把支链看作取代基，根据主链上的碳原子数叫作某烷。

② 编号。从靠近支链的一端开始给主链上的碳原子编号，依次标以阿拉伯数字1、2、3…表示取代基的位置，由它所在的主链上碳原子的号数表示，当主链的编号有几种情况时采取最低系列原则。

③ 命名。把取代基的名称写在烷烃名称的前面，在取代基名称前面注明它所在的位置。例如：

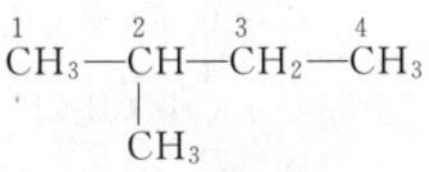

$$\underset{\text{2-甲基丁烷}}{\overset{1\quad 2\quad 3\quad 4}{CH_3-CH-CH_2-CH_3} \atop {|\ \atop CH_3}} \qquad \underset{\text{3-乙基己烷}}{\overset{6\quad 5\quad 4\quad 3\quad 2\quad 1}{CH_3-CH_2-CH-CH_2-CH_2-CH_3} \atop {|\ \atop CH_2-CH_3}}$$

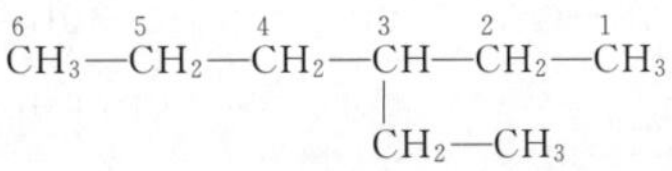

如果带有几个不同的取代基，则是把次序规则中"优先"的基团排在后面。例如：

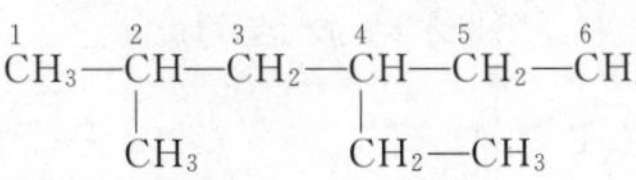

$$\underset{\text{2-甲基-4-乙基己烷}}{\overset{1\quad 2\quad 3\quad 4\quad 5\quad 6}{CH_3-CH-CH_2-CH-CH_2-CH_3} \atop {|\qquad\qquad |\ \atop CH_3\qquad\ CH_2-CH_3}}$$

如果分子中带有几个相同的取代基时，则在相同的取代基前面用数字二、三、四等表明其数目，其位置则需逐个注明。例如：

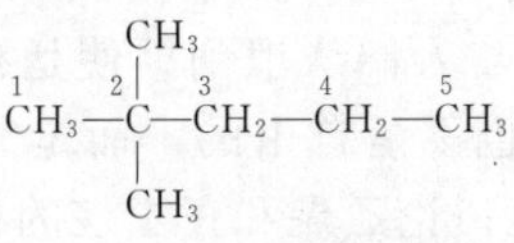

$$\underset{\text{2,2-二甲基戊烷}}{\overset{1\quad 2\quad 3\quad 4\quad 5}{CH_3-C-CH_2-CH_2-CH_3} \atop {|\ \atop CH_3 \atop |\ \atop CH_3}} \qquad \underset{\text{3,4-二甲基-5,5-二乙基辛烷}}{\overset{\qquad\quad CH_2-CH_3}{\overset{1\ 2\ 3\ 4\ 5\ 6\ 7\ 8}{CH_3-CH_2-CH-CH-C-CH_2-CH_2-CH_3}} \atop {\qquad\qquad\ |\quad\ |\quad\ |\ \atop \qquad\qquad CH_3\ CH_3\ CH_2-CH_3}}$$

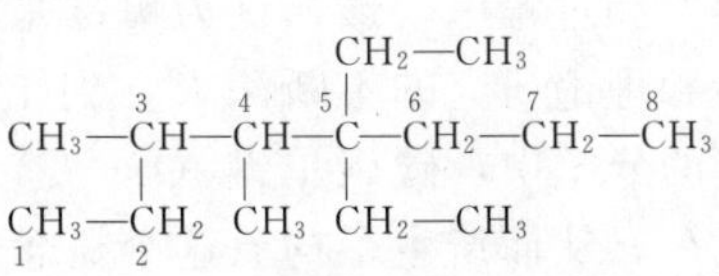

如果碳链从不同方向编号得到两种（或两种以上）不同编号系列时，则采用最低系列原则，即顺次逐项比较各系列的不同位次，最先遇到的位次最小者为最低系列。例如：

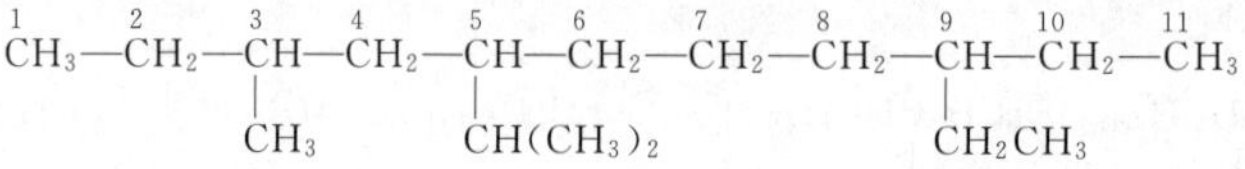

$$\overset{1}{C}H_3-\overset{2}{C}H_2-\overset{3}{C}H-\overset{4}{C}H_2-\overset{5}{C}H-\overset{6}{C}H_2-\overset{7}{C}H_2-\overset{8}{C}H_2-\overset{9}{C}H-\overset{10}{C}H_2-\overset{11}{C}H_3$$

从左端开始编号，命名为：3-甲基-9-乙基-5-异丙基十一烷（Ⅰ）

从右端开始编号，命名为：9-甲基-3-乙基-7-异丙基十一烷（Ⅱ）

对两个系列逐项比较，名称（Ⅰ）中第一个取代基的位次为3，名称（Ⅱ）中第一个取代基的位次也是3，两者相同，故需比较第二个取代基的位次。名称（Ⅰ）中第二个取代基的位次为5，名称（Ⅱ）中第二个取代基的位次为7，故名称（Ⅰ）是正确的选择。如果第二个取代基的位次也相同，则比较第三个取代基的位次，以此类推。

【问题与思考】

你能尝试着命名下列化合物吗？(2) 式可以称为2,4,4-三甲基戊烷吗？

(1) 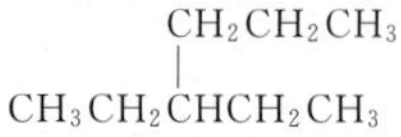 $CH_3CH_2\overset{\overset{CH_2CH_3}{|}}{C}HCH_2CH_3$　　　(2) $CH_3CH_2\overset{\overset{CH_3}{|}}{C}H\overset{\overset{CH_3}{|}}{\underset{\underset{CH_3}{|}}{C}}CH$

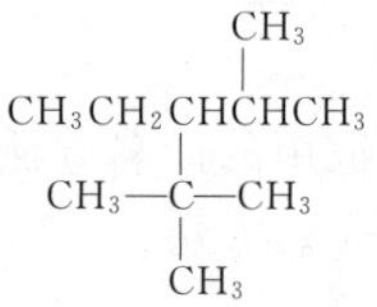

【知识拓展】

衍生物命名法

烷烃的衍生物命名法是以甲烷作为母体，把其他烷烃看作甲烷的烷基衍生物，即甲烷分子中的氢原子被烷基取代所得到的衍生物。命名时，一般是把连接烷基最多的碳原子作为母体碳原子；烷基则是按照立体化学中的"次序规则"列出的顺序：

$(CH_3)_3C\text{—}>CH_3CH_2(CH_3)CH\text{—}>(CH_3)_2CH\text{—}>(CH_3)_2CHCH_2\text{—}>CH_3CH_2CH_2\text{—}>$
$CH_3CH_2CH_2\text{—}>CH_3CH_2\text{—}>CH_3\text{—}$（符号"＞"表示"优先于"）

把优先的基团（也就是处于前面的基团）排在后面。例如：

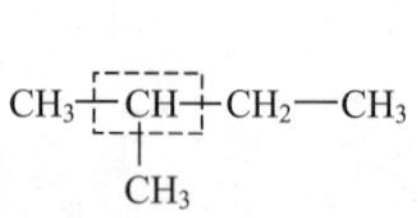

$CH_3\text{—}CH\text{—}CH_2\text{—}CH_3$　　$CH_3\text{—}C\text{—}CH_2\text{—}CH_3$　　$CH_3\text{—}C\text{—}C\text{—}CH_2\text{—}CH_3$
（二甲基乙基甲烷） 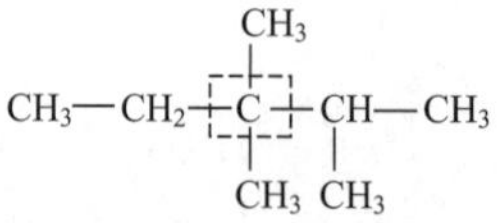　　（二甲基乙基异丙基甲烷） 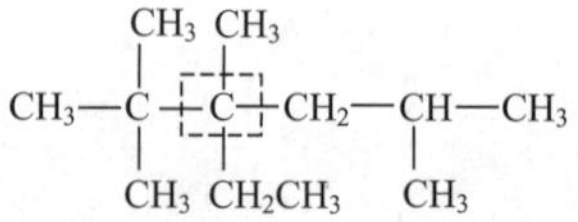　　（甲基乙基异丁基叔丁基甲烷）

衍生物命名法能够清楚地表示出分子构造，但是，对于复杂的烷烃，由于涉及的烷基比较复杂，常常是难以采用这种方法命名的。

第四节　烷烃的构象

在有机化学发展过程中，最初认为单键是可以自由转动的，也就是说，单键转动时不受阻碍。随着实验和理论研究的不断深入，到了1936年，人们认识到即使是在乙烷（CH_3-CH_3）这样简单的分子中，碳碳单键（C—C）的转动也不是自由的，而是需要克服一个具有一定高度的能垒，从而产生了构象这个概念。下面就讨论乙烷和正丁烷的构象。

一、乙烷的构象

如果将乙烷球棍模型中的一个甲基固定不动，而使另一个甲基绕 C—C 键旋转可以看到两个碳原子上的六个氢原子的相对位置在不断改变，从而产生多种不同的空间排列方式，使乙烷分子具有许多不同的空间形状。这种由于 C—C 单键的旋转，导致分子中原子或原子团在空间的不同排列方式称为构象。单键旋转而产生的异构体称为构象异构体，属于立体异构的一种。构象异构体之间的区别只是原子或原子团在三维空间的相对位置或排列方式不同。

乙烷分子中，由于 C—C σ 键的旋转，可以产生无数个构象异构体，但是从能量上来说只有一种构象的内能最低，因而稳定性也最大，这种构象叫优势构象。乙烷的优势构象称为交叉式，如图 2-4 所示；而内能最高的一种构象异构体，称为重叠式，如图 2-5 所示。

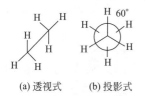

(a) 透视式　　(b) 投影式

图 2-4　乙烷交叉式构象

(a) 透视式　　(b) 投影式

图 2-5　乙烷重叠式构象

表示构象可以用透视式（也叫锯架式）[见图 2-4(a) 和图 2-5(a)]或纽曼投影式[见图 2-4(b) 和图 2-5(b)]。透视式比较直观，所有原子和键都能看见，但较难画好。投影式则是在 C—C 键延长线上观察，用圆圈表示距眼睛远的一个碳原子，其上连接的三个氢原子画于圆外。

在交叉式构象中，两个碳原子上的氢原子间距离最远，相互之间的排斥力最小，因而分子的内能最低。在重叠式构象中两个碳原子上氢原子两两相对，距离最近，相互间排斥力最大，因而内能最高，也就最不稳定。交叉式和重叠式是乙烷的两种极限构象，其他构象的内能都介于这二者之间。乙烷分子构象之间相互转化的能量关系如图 2-6 所示。

乙烷分子的重叠式和交叉式构象间能量相差为 12.5kJ/mol，室温下分子所具有的动能已超过此能量，足以使 C—C 键自由旋转，所以各种构象在不断迅速地相互转化，不可能分离出单一构象的乙烷分子。因此室温下的乙烷分子是各种构象动态平衡的混合体系，达到平衡时，稳定的交叉式构象（优势构象）所占的比例较大。

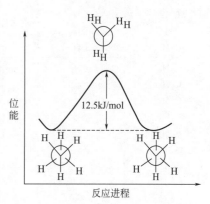

图 2-6　乙烷分子构象转化能量示意

二、丁烷的构象

丁烷分子中，有三个 C—C σ 键，每一个 C—C 单键的旋转，都可以产生无数个构象异构体。我们以正丁烷的 C_2—C_3 键的旋转来讨论丁烷的构象。固定 C_2，旋转 C_3 时可以得到四种典型的构象异构体，即对位交叉式、部分重叠式、邻位交叉式和全重叠式：

对位交叉式　　部分重叠式　　邻位交叉式　　全重叠式

在这四种典型构象中，对位交叉式因两个体积较大的甲基相距最远，排斥力最小，能量最低，也最稳定；其次是邻位交叉式，能量低，较稳定。全重叠式因两个体积较大的甲基相距最近，排斥力最大，能量最高，最不稳定；其次是部分重叠式能量较高、较不稳定。它们的稳定性顺序：对位交叉式＞邻位交叉式＞部分重叠式＞全重叠式。

与乙烷相似，丁烷分子也是许多构象异构体的动态平衡体系，在室温下以对位交叉式构象（优势构象）为主。

【问题与思考】
写出1,2-二氯乙烷的各种构象的纽曼式，并说明哪一种构象最稳定？为什么？

第五节 烷烃的性质

一、烷烃的物理性质

直链烷烃的物理性质，例如熔点、沸点、相对密度等，随着分子中碳原子数（或分子量）的增大而呈现规律性的变化。表2-2给出了一些直链烷烃的物理常数。

表2-2 一些直链烷烃的物理常数

分子式	名称	沸点/℃	熔点/℃	相对密度(d_4^{20})	状态
CH_4	甲烷	−161.7	−182.5	0.424	气
C_2H_6	乙烷	−88.6	−183.3	0.456	
C_3H_8	丙烷	−42.1	−187.7	0.501	
C_4H_{10}	丁烷	−0.5	−138.3	0.579	
C_5H_{12}	戊烷	36.1	−129.8	0.626	液
C_6H_{14}	己烷	68.7	−95.3	0.659	
C_7H_{16}	庚烷	98.4	−90.6	0.684	
C_8H_{18}	辛烷	125.7	−56.8	0.703	
C_9H_{20}	壬烷	150.8	−53.5	0.718	
$C_{10}H_{22}$	癸烷	174.0	−29.7	0.730	
$C_{11}H_{24}$	十一烷	195.8	−25.6	0.740	
$C_{12}H_{26}$	十二烷	216.3	−9.6	0.749	
$C_{13}H_{28}$	十三烷	235.4	−5.5	0.756	
$C_{14}H_{30}$	十四烷	253.7	5.9	0.763	
$C_{15}H_{32}$	十五烷	270.6	10.0	0.769	
$C_{16}H_{34}$	十六烷	287.0	18.2	0.773	
$C_{17}H_{36}$	十七烷	301.8	22.0	0.778	固
$C_{18}H_{38}$	十八烷	316.1	28.2	0.777	
$C_{19}H_{40}$	十九烷	329.0	32.1	0.777	
$C_{20}H_{42}$	二十烷	343.0	36.8	0.786	
$C_{22}H_{46}$	二十二烷	368.6	44.4	0.794	
$C_{32}H_{66}$	三十二烷	467.0	69.7	0.812	

1. 物质状态

在室温和常压下，$C_1 \sim C_4$直链烷烃是气体，$C_5 \sim C_{16}$直链烷烃是液体，C_{17}以上直链烷烃是固体。

2. 熔点

烷烃熔点的变化情况与沸点有所不同，从表2-2可以看出，随着碳原子数（或分子量）

的增大，直链烷烃（甲烷、乙烷和丙烷除外）的熔点逐渐升高。一般是从奇数碳原子变到偶数碳原子（如从庚烷变到辛烷），熔点升高得多些；而从偶数碳原子变到奇数碳原子（如从辛烷变到壬烷），熔点升高得少些。将直链烷烃的熔点对应碳原子作图，得到的不是一条平滑的曲线，而是折线，但若将奇数碳原子直链烷烃（甲烷除外）的熔点连接起来，则得到一条较为平滑的曲线；若将偶数碳原子直链烷烃的熔点连接起来，得到的也是一条较平滑的曲线。后者位于前者的上面，如图2-7所示。

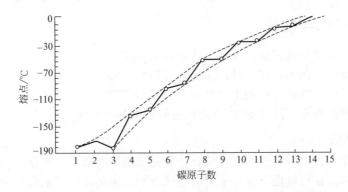

图 2-7　直链烷烃的熔点随分子中碳原子数变化的关系

3. 沸点

随着碳原子数（或分子量）的增大，直链烷烃的沸点逐渐升高。若将直链烷烃的沸点对应碳原子数作图，则得到一条平滑曲线，如图2-8所示。表2-3给出了丁烷和戊烷各构造异构体的熔点、沸点。

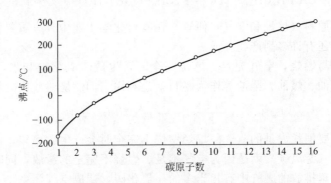

图 2-8　直链烷烃的沸点随分子中碳原子数变化的关系

表 2-3　丁烷和戊烷各构造异构体的熔点、沸点

名称	正丁烷	异丁烷	正戊烷	异戊烷	新戊烷
分子结构	∧∨	⅄	∧∨∧	⅄∨	✕
沸点/℃	-0.5	-10	36.7	27.9	9.5
熔点/℃	-138.4		-129.7	-159.9	-16.6

相同碳原子数的烷烃各异构体的沸点不同。其中直链烷烃的沸点最高，支链越多，沸点越低。

4. 相对密度

烷烃的相对密度（液态）小于1。随着碳原子数（或分子量）的增大，直链烷烃的相对密度逐渐增大，最后趋于一定值。

5. 溶解性

物质的溶解性与溶剂有关，结构相似的化合物彼此互溶，即"相似互溶"原理。非极性的烷烃不溶于水，但能溶解于某些有机溶剂，如四氯化碳、1,2-二氯乙烷等。

二、烷烃的化学性质

与其他各类有机化合物相比，烷烃（特别是直链烷烃）的化学性质最不活泼，也就是最不容易发生化学反应。例如，常温时，正己烷与强酸、强碱、强氧化剂、强还原剂等都不发生反应。但在高温时，特别是在催化剂存在下，烷烃能发生一系列化学反应——C—C 单键的断裂和 C—H 键的断裂，以及 H 原子被其他原子或基团取代。

1. 氧化和燃烧

在无机化学中，我们用电子得失，也就是氧化数升降来描述、判断氧化还原反应。在有机化学中，则经常把在有机化合物分子中引进氧或脱去氢的反应叫氧化反应，引进氢或脱去氧的反应叫还原反应。

常温下，烷烃一般不与氧化剂反应，也不与空气中的氧气反应。但是，在控制的条件下，用空气氧化烷烃可以生成醇、醛、酮、酸等含氧有机化合物。如工业生产乙酸的一个新方法就是以乙酸钴或乙酸锰为催化剂，于 150～225℃，约 5MPa 条件下，在乙酸溶液中用空气氧化正丁烷（液相氧化）：

$$CH_3CH_2CH_2CH_3 + \frac{5}{2}O_2 \longrightarrow 2CH_3COOH + H_2O \quad （产率约 50\%）$$

以上氧化反应原料（烷烃和空气）便宜，在有机化学工业中具有重要用途，但烷烃的氧化反应非常复杂，还有许多副产物生成。

烷烃在空气中易燃烧，空气充足、燃烧完全时，生成二氧化碳和水，同时放出大量的热。石油产品如汽油、煤油、柴油等作为燃料就是利用它们燃烧时放出的热能。

$$C_nH_{2n+2} + \frac{3n+1}{2}O_2 \longrightarrow nCO_2 + (n+1)H_2O$$

烷烃燃烧时需要消耗大量的氧气。烷烃燃烧不完全时会产生游离碳，汽油、煤油、柴油等燃烧时带有黑烟（游离碳）就是因为空气不足、燃烧不完全的缘故，同时还会产生一氧化碳等有毒气体。汽车排放的废气中有相当多的一氧化碳，造成空气污染。

应该指出，烷烃是易燃易爆物质。烷烃（气体或蒸气）与空气混合达到一定程度时（爆炸范围以内），遇到火花就发生爆炸。在生产和实验室中处理烷烃时必须注意安全。

2. 热裂

把烷烃的蒸气在没有氧气的条件下，加热到 450℃ 以上时，分子中的 C—C、C—H 键都发生断裂，形成较小的分子。这种在高温及没有氧气的条件下发生键断裂的反应称为热裂反应。例如：

$$CH_3-\underset{\underset{H}{|}}{C}H-CH_2 \xrightarrow{460℃} CH_3CH=CH_2 + H_2$$

$$CH_3 + CH_2-\underset{\underset{H}{|}}{C}H_2 \xrightarrow{460℃} CH_2=CH_2 + CH_4$$

烷烃在 800～1100℃ 的热裂产物主要是乙烯，其次为丙烯、丁烯、丁二烯和氢气。

热裂反应相当复杂，在热裂的同时，还有部分小分子烃又转变为较大的分子，有些甚至较原来烃分子更大。应用催化剂的热裂，称为催化热裂。

3. 卤代反应

烷烃的氢原子可被卤素取代，生成卤代烃和卤化氢，这种取代反应称为卤代反应。

$$RH + X_2 \xrightarrow{\text{高温或光照}} R-X + HX \qquad X = Cl、Br$$

氟、氯、溴、碘与烷烃反应生成一卤代烷和多卤代烷，其反应活性为：$F_2 > Cl_2 > Br_2$，碘通常不反应。除氟外，在常温和黑暗中不发生或极少发生卤代反应，但在紫外线漫射或高温下，氯和溴易发生反应，有时甚至剧烈到爆炸的程度。

(1) 甲烷的氯化　甲烷和氯的混合物当比例适当时，在日光照射下，会发生爆炸生成游离碳和氯化氢：

$$CH_4 + 2Cl_2 \xrightarrow{\text{强烈日光}} C + 4HCl$$

但是，控制好反应条件，例如，在 350～400℃，甲烷与氯反应可以生成一氯甲烷、二氯甲烷、三氯甲烷（氯仿）和四氯甲烷（四氯化碳）：

$$CH_4 + Cl_2 \xrightarrow{350\sim400℃} CH_3Cl + HCl$$
氯甲烷（沸点 -24℃）

$$CH_3Cl + Cl_2 \xrightarrow{350\sim400℃} CH_2Cl_2 + HCl$$
二氯甲烷（沸点 40℃）

$$CH_2Cl_2 + Cl_2 \xrightarrow{350\sim400℃} CHCl_3 + HCl$$
三氯甲烷（沸点 61℃）

$$CHCl_3 + Cl_2 \xrightarrow{350\sim400℃} CCl_4 + HCl$$
四氯化碳（沸点 77℃）

一般情况下，产物经常是这四种氯化物的混合物。调节甲烷和氯气的比例，使甲烷过量到一定程度（体积比为 10∶1 时），可以得到以氯甲烷为主的产物；甲烷与氯气的体积比为 0.26∶1 时，则可以得到以四氯化碳为主的产物。生产出来的混合物工业上用作溶剂。利用沸点的不同，采用精馏的方法把它们分开，便可得到一氯甲烷、二氯甲烷、三氯甲烷和四氯化碳。这是工业上生产这些化合物的一种方法。

【知识拓展】

其他烷烃的氯化

其他烷烃的氯化与甲烷相似，由于分子中能被氯原子取代的氢原子更多，产物也更复杂。丙烷和丙烷以上的烷烃发生一元氯化时，生成的氯代烷一般是两种或两种以上的构造异构体。例如：

$$CH_3CH_2CH_3 \xrightarrow[h\nu, 25℃]{Cl_2} CH_3CH_2CH_2-Cl + CH_3\underset{\underset{Cl}{|}}{CH}CH_3$$

丙烷　　　　　　　　　45%　　　　　　55%

$$CH_3-\underset{\underset{H}{|}}{\overset{\overset{CH_3}{|}}{C}}-CH_3 \xrightarrow[h\nu, 25℃]{Cl_2} CH_3-\underset{\underset{Cl}{|}}{\overset{\overset{CH_3}{|}}{C}}-CH_3 + CH_3-\underset{\underset{H}{|}}{\overset{\overset{CH_3}{|}}{C}}-CH_2Cl$$

异丁烷　　　　　　　　37%　　　　　　　63%

丙烷中有六个伯氢原子和两个仲氢原子。实验表明，在给定的氯化条件下，仲氢原子与伯氢原子的活性比是：

$$仲氢:伯氢 = \frac{55}{2} : \frac{45}{6} \approx 4:1$$

异丁烷分子中有九个等同的伯氢原子和一个叔氢原子。同样，叔氢原子与伯氢原子的活性比是：

$$叔氢:伯氢 = \frac{37}{1} : \frac{63}{9} \approx 5:1$$

对于自由基氯化，烷烃中氢原子的活性顺序是：叔氢原子＞仲氢原子＞伯氢原子，所以具有上述活性顺序是与这三种类型C—H键的解离能 E_d 的大小有关。例如：

$(CH_3)_3C—H \qquad E_d = 389.1 \text{kJ/mol}$

$(CH_3)_2CH—H \qquad E_d = 397.5 \text{kJ/mol}$

$CH_3CH_2—H \qquad E_d = 410.0 \text{kJ/mol}$

叔碳原子C—H键的解离能较小，较易断裂，从而导致叔氢原子较易被Cl·原子夺取。

【问题与思考】

等物质的量的甲烷和乙烷混合进行一氯代反应，得到 CH_3Cl 和 C_2H_5Cl 的比例为 $1:400$，为什么？

(2) **溴代反应** 溴代反应中，也遵循叔氢＞仲氢＞伯氢的反应活性，相对活性为 $1600:82:1$。溴的选择性比氯强，它可用卤原子的活泼性来说明。因为氯原子较活泼，有能力夺取烷烃中的各种氢原子而成为HCl。溴原子不活泼，绝大部分只能夺取较活泼的氢（$2°H$ 或 $3°H$）。

$$CH_3CH_2CH_3 \xrightarrow[光,127℃]{Br_2} CH_3CH_2CH_2Br + CH_3CHCH_3$$
$$\qquad\qquad\qquad\qquad\qquad\qquad\qquad\qquad\qquad\qquad\qquad |$$
$$\qquad\qquad\qquad\qquad\qquad\qquad\qquad\qquad\qquad\qquad\qquad Br$$
$$\qquad\qquad\qquad\qquad\qquad\qquad\quad 3\% \qquad\qquad\qquad 97\%$$

$$CH_3CH_2CH_2CH_3 \xrightarrow[光,127℃]{Br_2} CH_3CH_2CH_2Br + CH_3CH_2CHCH_3$$
$$\qquad\qquad\qquad\qquad\qquad\qquad\qquad\qquad\qquad\qquad\qquad\qquad\qquad |$$
$$\qquad\qquad\qquad\qquad\qquad\qquad\qquad\qquad\qquad\qquad\qquad\qquad\qquad Br$$
$$\qquad\qquad\qquad\qquad\qquad\qquad\qquad 2\% \qquad\qquad\qquad\qquad 98\%$$

$$\begin{array}{c} CH_3—CHCH_3 \\ | \\ CH_3 \end{array} \xrightarrow[光,127℃]{Br_2} \begin{array}{c} CH_3CH—CH_2Br \\ | \\ CH_3 \\ 痕量 \end{array} + \begin{array}{c} Br \\ | \\ CH_3—C—CH_3 \\ | \\ CH_3 \\ >99\% \end{array}$$

【知识拓展】

甲烷的氯代反应历程

化学反应方程式一般只表示反应原料和产物之间的数量关系，并没有说明原料是怎样变成产物的，以及在变化过程中经过了哪些中间步骤。然而这些却是人们所要知道的，也就是说不仅要知道发生了什么反应，而且也要知道它是怎样发生的。如：甲烷和氯在光照或热影响下生成氯甲烷和氯化氢的反应，到底是怎样从甲烷变成氯甲烷和氯化氢的？这个转变是否只是一步反应？如果不是这样，那么有哪几步？热和光在这里起了什么作用？对这些问题的回答，亦即对一个化学反应详细的、一步一步的描述，这就是反应历程（又称反应机理或反应机制）。

可是到目前为止，反应历程被基本上研究清楚的有机反应，数目还不多；已知的各种反应历程的可靠性也不尽相同，有待有机理论工作者的进一步努力。

甲烷的氯代反应，有下列诸多事实：

① 甲烷与氯在室温和暗处不起反应；
② 即使在暗处，若温度高于250℃时，反应会立即发生；
③ 室温时，紫外线影响下，反应也会发生；
④ 当反应由光引发时，每吸收一个光子可以得到许多个（几千个）氯甲烷分子。

有少量氧的存在会使反应推迟一段时间，这段时间过后，反应又正常进行，这段推迟时间与氧的用量有关。

目前认为甲烷氯化的反应历程为：

① 链引发

$$(a)\ Cl_2 \xrightarrow{\text{光或热}} 2Cl\cdot$$

② 链传递

$$(b)\ Cl\cdot + CH_4 \longrightarrow HCl + CH_3\cdot$$
$$(c)\ \cdot CH_3 + Cl_2 \longrightarrow CH_3Cl + Cl\cdot$$

③ 链终止

$$(d)\ Cl\cdot + Cl\cdot \longrightarrow Cl_2$$
$$(e)\ \cdot CH_3 + \cdot CH_3 \longrightarrow CH_3-CH_3$$
$$(f)\ \cdot CH_3 + Cl\cdot \longrightarrow CH_3Cl$$

第一步反应（a）断裂一条共价键需要的能量是由光或热提供的，生成的氯自由基很活泼。一方面因为它的孤单电子要配对，另一方面它具有形成时所获得的能量。那么它能起什么反应呢？有机化合物大多是共价键，很少有离子键，因此反应不是靠离子的吸引而是靠原子或分子的碰撞。

这时氯自由基和什么东西碰撞呢？它是和氯分子、甲烷分子还是和另一个氯自由基碰撞？由于总的氯自由基的浓度很小，因此$Cl\cdot$和$Cl\cdot$碰撞的可能性很小。与氯分子碰撞，结果是换了一个氯分子和氯自由基，等于没起反应。

只有和甲烷分子碰撞，夺取它中间的一个氢原子而形成氯化氢分子，即上面历程的第二步反应（b）。

$$Cl\cdot + H:CH_3 \longrightarrow H:Cl + \cdot CH_3$$

甲基自由基也是非常活泼的粒子，它和氯自由基一样，开始浓度很低，不大可能和氯自由基或另一个甲基自由基碰撞，只能和甲烷分子或氯分子碰撞。与甲烷分子碰撞，其结果也只是换了一个甲烷分子和甲基自由基，等于没有反应。

与氯分子碰撞则夺取一个氯原子而形成一个氯甲烷分子和一个新自由基$Cl\cdot$，

$$\cdot CH_3 + Cl:Cl \longrightarrow CH_3Cl + Cl\cdot$$

这就是上面历程中的第三步反应（c）。

这个氯自由基又可以进行上面的反应。这样反应（b）、（c）反复进行下去，一个氯自由基就可产生许多个氯甲烷分子。

但是这个重要过程不能永远进行下去。正如上面所说的，两个活泼而浓度较低的质点（新自由基）不可能互相碰撞，然而有时也会发生，像历程中的第四步反应(d)、第五步反应(e)和第六步反应(f)。它们一旦碰撞结合，自由基就被消耗掉，反应(b)和(c)就不能再发生。

上面这种每一步都生成一个新自由基，使下一步反应能够继续进行下去的反应叫作连锁反应。

反应(a)产生活泼质点，称链引发步骤。反应链的继续是依靠反应(b)、(c)的重复进行，因此反应(b)、(c)称链传递步骤。反应(d)、(e)、(f)使活泼质点失去活性，反应链不能继续发展，因此称为链终止步骤。

至此，这个链反应历程已能解释上面所讲的一些事实。下面解释一下当有氧的存在时会使反应推迟。这是由于氧极易与甲基自由基反应生成新的自由基。

$$\cdot CH_3 + O_2 \longrightarrow CH_3—O—O\cdot$$
$$CH_3—O—O\cdot + \cdot CH_3 \longrightarrow CH_3—O—O—CH_3$$

因为生成的甲基游离基先被氧夺去，从而链增长不能进行。只有当不再有氧时，反应才能正常进行。这种能使自由基反应减慢或停止的物质叫自由基抑制剂或阻止剂，抑制作用是自由基反应的一个特征。烷烃的卤化反应历程：

$$X_2 \xrightarrow{\text{光或热}} 2X \quad 链引发$$
$$\left. \begin{array}{l} X\cdot + R—H \longrightarrow HX + R\cdot \\ R\cdot + X_2 \longrightarrow R—X + X\cdot \end{array} \right\} 链传递$$
$$\left. \begin{array}{l} X\cdot + X\cdot \longrightarrow X_2 \\ R\cdot + R\cdot \longrightarrow R—R \\ R\cdot + X\cdot \longrightarrow R—X \end{array} \right\} 链终止$$

第六节　自然界中的烷烃

大量存在于自然界中的烷烃是甲烷，它是天然气、油田气、沼气、瓦斯的主要成分，是无色、无味、无毒且比空气轻的可燃气体，难溶于水。纯净的甲烷在空气中可安静地燃烧产生淡蓝色火焰，但甲烷与空气的混合物遇到火花就会发生爆炸，所以在煤矿中必须采取通风、严禁烟火等安全措施，以防止矿井内甲烷与空气的混合物发生爆炸事故（瓦斯爆炸）。

甲烷可作能源，也是重要的化工原料，用甲烷制得的二氯甲烷、三氯甲烷（氯仿）和四氯甲烷都是重要的有机溶剂，如甲烷不完全燃烧产生的炭黑可作为橡胶的补强剂和填料以及油墨的原料。

石油醚是分子量低的烃类混合物，主要成分是戊烷和己烷，是一种易燃、易挥发的无色透明的液体，可溶解大多数的有机物质但不溶于水，主要用作有机溶剂，使用时应注意安全。

石蜡的主要成分也是烷烃的混合物，是一种无臭无味，不溶于水、无刺激性的物质，具有化学性质稳定、不会酸败、可与多种药物配伍、在体内不易被吸收的特点，在医药上常用于肠道润滑的缓泻剂或滴鼻剂的溶剂及软膏中药物的载体（基质），固体石蜡还可用于蜡疗、中成药的密封材料和药丸的包衣等。在工业上可用于制造蜡烛、防水剂和电绝缘材料等。

【知识链接】

奥运会火炬使用的燃料

奥林匹克火炬是奥林匹克圣火的载体，从1936年柏林奥运会开始，每届奥运会都诞生一支体现主办国家文化特色并符合高科技要求的火炬。奥运会火炬都使用什么作燃料呢？

1936年的奥运会用金属镁作燃料，1960年开始用天然树脂作燃料，1976年变为橄榄油作燃料，近几届奥运会都用丙烷等混合气体作燃料。2008年北京奥运会火炬使用的燃料为丙烷，这是因为丙烷是一种价格低廉的常用燃料，它燃烧后只生成二氧化碳和水，不会对环境造成污染，符合绿色奥运的环保理念。更重要的是，丙烷可以适应比较宽的温度范围，在−40℃时仍能燃烧，而且产生的火焰呈亮黄色，火炬手跑动时，动态飘动的火焰在不同背景下都比较醒目，便于识别和满足电视转播、新闻摄影的需要。

复习题

1. 用中文系统命名法命名或写出结构式。

(1) $CH_3CH_2CHCH_2\underset{\underset{CH_3}{|}}{\overset{\overset{CH_3}{|}}{C}}CH_2CH_3$
  $\qquad\underset{H_3C}{|}\underset{CH_3}{|}$

(2) $CH_3\underset{\underset{CH_2}{|}}{\overset{\overset{CH_3}{|}}{C}}\underset{\underset{CH_2}{|}}{\overset{\overset{CH_3}{|}}{C}}CH_3$
  $\qquad\quad CH_3\;CH_3$

(3) $CH_3CHCH_2CH_2CHCHCH_3$
  $\qquad\;\;|\qquad\qquad|\;\;|$
  $\qquad\;CH_3\qquad CH_3\,CH_3$

(4) (结构式)

(5) 四甲基丁烷 (6) 异己烷

2. 不查表试将下列烃类化合物按沸点降低的次序排列。
(1) 2,3-二甲基戊烷 (2) 正庚烷 (3) 2-甲基庚烷 (4) 正戊烷 (5) 2-甲基己烷

3. 写出下列烷基的名称及常用符号。
(1) $CH_3CH_2CH_2-$ (2) $(CH_3)_2CH-$ (3) $(CH_3)_2CHCH_2-$
(4) $(CH_3)_3C-$ (5) CH_3- (6) CH_3CH_2-

4. 某烷烃的分子量为72，根据氯化产物的不同，试推测各烷烃的构造，并写出其构造式。
(1) 一氯代产物只能有一种 (2) 一氯代产物可以有三种
(3) 一氯代产物可以有四种 (4) 二氯代产物只可能有两种

5. 判断下列各对化合物是构造异构、构象异构，还是完全相同的化合物？

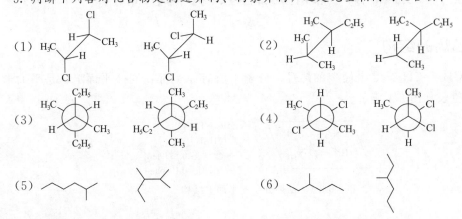

第三章 单烯烃

知识目标

1. 掌握烯烃的分类和各种命名法；
2. 了解 sp^2 杂化的特点，掌握形成 π 键的条件以及 π 键的特性；
3. 熟练掌握烯烃的物理化学性质。

能力、思政与职业素养目标

1. 能应用烯烃的化学特性鉴别不同有机物；
2. 能分析烯烃类有机物在工农业生产及日常生活中的应用；
3. 了解我国烯烃产业现状，培养学生民族自豪感。

在开链烃分子中，含有碳碳双键或碳碳三键的碳氢化合物称为不饱和链烃，简称不饱和烃。分子中含有碳碳双键（C=C）的链烃，叫作烯烃，只含有一个碳碳双键的烯烃叫作单烯烃。单烯烃的通式是 C_nH_{2n}（n 表示 C 原子数），碳碳双键（C=C）是烯烃的官能团。碳碳双键位于末端的烯烃通常叫作末端烯烃或 α-烯烃。

第一节 烯烃的结构、异构和命名

一、乙烯的结构

乙烯（CH_2=CH_2）是最简单的烯烃。分子中所有原子都在同一平面上，是平面形结构，键角和键长如图 3-1 所示。

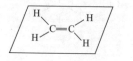

∠HCC=121.4°
∠HCH=117.3°
C=C 键长=0.1339nm
C—H 键长=0.1086nm

图 3-1 乙烯分子的平面形结构

【知识阅读】

碳原子的 sp^2 杂化

在乙烯分子中，C 原子是以两个单键和一个双键分别与两个 H 原子和另一个 C 原子相连接的。按照轨道杂化理论，以两个单键和一个双键分别与三个原子相连接的 C 原子是以 sp^2 杂化轨道成键的。C 原子的一个 s 轨道和两个 p 轨道（例如 p_x 和 p_y 轨道）杂化生成三个等同的 sp^2 杂化轨道（简称 sp^2 轨道），另一个 p 轨道（例如 p_z 轨道）未参与杂化。

在 sp^2 轨道中，s 轨道成分占 1/3，p 轨道成分占 2/3。因此，sp^2 轨道也可以形象地看成是由 1/3 的 s 轨道和 2/3 的 p 轨道"混合"而成的。sp^2 轨道的形状与 sp^3 轨道相似。

在乙烯分子中，C 原子的三个 sp^2 轨道在空间的分布如图 3-2（a）所示。三个 sp^2 轨道的对称轴经过 C 原子核处在同一个平面内，互成 120°角，大头一瓣指向正三角形的三个角顶。另一个未杂化的 p 轨道（例如 p_z 轨道）垂直于 sp^2 轨道对称轴所在的平面，如图 3-2（b）所示。

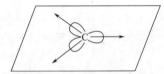
(a) C原子的三个sp^2轨道在空间的分布(小头一瓣未画出)

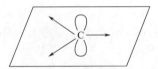
(b) C原子未杂化的p轨道

图 3-2　碳原子的 sp^2 轨道和 p 轨道

在乙烯分子中，C_1 和 C_2 两个原子各以 sp^2 轨道大头一瓣沿着对称轴方向"头顶头"地重叠——σ重叠，在重叠的轨道上有两个自旋相反的电子，形成 C—C σ键。C_1 和 C_2 两个原子又各以两个 sp^2 轨道大头一瓣沿着对称轴方向分别与四个 H 原子的 s 轨道重叠——σ重叠，在每一个重叠的轨道上有两个自旋相反的电子，形成四个 C—H σ键。这六个原子和五个 σ 键的键轴处在同一个平面内，如图 3-3 所示。

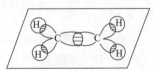
(a) C原子sp^2轨道之间及与H原子的s轨道之间的相互重叠

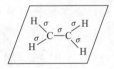
(b) 乙烯分子中的σ键

图 3-3　乙烯分子中的 σ 键

C_1 和 C_2 这两个原子还各自有一个未杂化的 p_z 轨道。这两个 p_z 轨道都垂直于乙烯分子所在的平面，互相平行，它们进行另一种方式的重叠——如图 3-4(a) 中所示"肩并肩"的重叠——π重叠。π重叠形成 π 轨道，π 轨道上有两个自旋相反的电子，这样，在 C_1 和 C_2 原子间又形成了一个共价键——π键。图 3-4(b) 给出上述 π 轨道的大致形状。

(a) 两个p_x轨道"肩并肩"的重叠　　　　(b) π轨道

图 3-4　乙烯分子中的 π 键

从 p 轨道的形状可以看出，当两个 p 轨道互相平行时，轨道重叠得最多；互相垂直时，重叠是零。轨道重叠形成共价键，重叠得越多，键越牢固。为了使两个 p 轨道"肩并肩"地达到最大重叠，形成最牢固的 π 键，乙烯分子中 C_1 和 C_2 原子的 p 轨道必须平行，也就是乙烯分子中的六个原子必须在同一个平面内。这就是乙烯分子为什么是平面形结构的原因。虽然 C_1 和 C_2 原子的三个 sp^2 轨道对称轴之间互成 120°角，但是乙烯分子中的键角（∠HCH 和∠CCH）并不是等同的，而是接近 120°。

综上所述可以看出，在 C═C 键中，一个是 σ 键，另一个是 π 键，不是两个等同的共价键。当 C═C 键绕键轴转动时，由于两个 p 轨道重叠部分变小，C═C 键中的 π 键就被破坏；转动 90°时，重叠部分变为零，π 键完全被破坏。实验测定，C—C 键的键能是 347.3kJ/mol，C═C 键的键能是 610.91kJ/mol，由此得出 C═C 键中 π 键的键能是 263.6kJ/mol。也就是说，C═C 键绕键轴转动时，π 键遭到完全破坏，需要克服一个高达 263.6kJ/mol 的能垒。能垒这样高，导致 C═C 键绕键轴转动严重受阻，一般情况下不能转动。

上述 σ 键和 π 键的键能数据表明，σ 键较强，而 π 键较弱，因而 π 键较易断裂。此外，π 电子也不像 σ 电子那样集中在两个 C 原子核之间，而是如图 3-4（b）所示处在乙烯分子所在平面的上面和下面，两个 C 原子核对 π 电子的"束缚力"就比较小，在外界的影响下，例如当试剂进攻时，π 电子就比较容易被极化，导致 π 键断裂而发生加成反应。

如果从与轨道相对应的电子云的观点来看，π 键的形成是来自两个互相平行的 p_z 电子云的"肩并肩"的重叠，如图 3-5（a）所示。图 3-5（b）是 π 电子云的大致形状。π 电子云有一个对称面，就是通过 C═C 键的键轴垂直于纸面的平面，也就是两个 C 原子和四个 H 原子所在的那个平面。在这个平面内 π 电子云密度等于零。在这个平面的上面和下面各有一片电子云，这两片电子云是不可分的，两片电子云在一起才表示一个 π 键，决不能把一片电子云看成是一个 π 键。

(a) 两个p_x电子云"肩并肩"重叠　　　　(b) π电子云

图 3-5　乙烯分子中的 π 电子云

二、烯烃的顺/反异构

烯烃由于碳链不同和双键在碳链上的位置不同而有各种构造异构体。由于烯烃中的 π 键存在，烯烃还会出现顺/反异构现象。

前面已经指出：①乙烯分子是平面形的；②C=C键不能绕键轴自由转动。由于这两个原因，在构造为abC=Cab这类分子中，连接在双键碳原子上的原子或基团在空间的排列就有两种不同的情况，即有两种不同的构型。对应于这两种不同的构型就有两种不同的化合物，如图3-6所示。

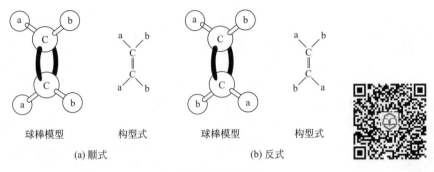

图3-6 abC=Cab分子的两种构型

第一种构型是相同的两个原子或基团在C=C键的同侧，叫作顺式；第二种构型是相同的两个原子或基团在C=C键的两侧，叫作反式。例如：

顺-2-丁烯　　反-2-丁烯

它们是两个异构体。这类异构体叫作顺/反异构体。这类异构现象叫作顺/反异构。从模型还可看出，存在顺/反异构体的条件是，双键碳原子上连接的必须是两个不相同的原子或基团，例如，abC=Cab、abC=Cac和abC=Ccd都有顺/反异构体。两个双键碳原子只要有一个连接的是相同原子或基团，就没有顺/反异构体，如 aaC=Cab 和 aaC=Cbc 都没有顺/反异构体。

三、烯烃的命名

1. 烯基

烯烃分子去掉一个氢原子后所剩下的基团叫作烯基。烯基必要时加以定位，定位数放在基团名称之前，定位前碳原子的编号以连接基的碳原子编号为1，常见的烯基有：

$CH_2=CH-$　　$CH_3-CH=CH-$　　$CH_2=CH-CH_2-$　　$CH_3-\underset{|}{C}=CH_2$

乙烯基　　丙烯基(1-丙烯基)　　烯丙基　　异丙烯基(2-丙烯基)

2. 构造异构体的命名

烯烃通常采用系统命名法来命名，只有个别烯烃才具有习惯名称。例如：

$CH_3-C=CH_2$
$\quad\quad\ |$
$\quad\quad CH_3$

异丁烯

烯烃的系统命名法是以含有双键的最长碳链作为主链，把支链当作取代基来命名。

① 烯烃的名称以主链中所含有的碳原子数而定。碳原子数少于10个时，称为某烯，碳原子数多于10个时，"烯"之前要缀"碳"字称为"某碳烯"。

② 由于双键的存在，必须指出双键的位置。从靠近双键的一端开始。将主链中的碳原

子依次编号。按照较优基团后列出的原则将取代基的位置、数目和名称也写在烯烃名称的前面，书写原则和格式与烷烃相同。例如：

$$\overset{5}{C}H_3-\overset{4}{C}H_2-\overset{3}{C}H_2-\overset{2}{C}H=\overset{1}{C}H_2 \qquad \overset{1}{C}H_2=\overset{2}{C}-\overset{3}{C}H_2-\overset{4}{C}H_3 \qquad \overset{1}{C}H_3-\overset{2}{C}H=\overset{3}{C}-\overset{4}{C}H-\overset{5}{C}H_3$$
$$\overset{\displaystyle |}{CH_3} \qquad\qquad \overset{\displaystyle |}{\underset{\displaystyle\underset{5}{CH_3}}{\underset{4}{CH_2}}} \qquad\qquad \overset{\displaystyle |}{CH_3}\;\;\overset{\displaystyle |}{CH_3}$$

3-甲基-1-戊烯　　　　　　2-乙基-1-戊烯　　　　　　2,4-二甲基-2-戊烯

$$\overset{1}{C}H_2=\overset{2}{C}-\overset{3}{C}H-\overset{5}{C}H_2-\overset{6}{C}H_3 \qquad CH_3(CH_2)_{15}CH=CH_2$$
$$\underset{\underset{CH_3}{|}}{\underset{4}{CH_2}}\;\;\overset{|}{CH_3}$$

3-甲基-2-乙基-1-己烯　　　　　1-十八碳烯

3. 顺/反异构体的命名法

(1) 顺/反命名法

对于 abC=Cab 和 abC=Cac 这两类化合物，经常用顺/反命名法命名。例如：

顺-2-戊烯　　　　　　　　　反-2-戊烯

但 abC=Ccd 这类化合物的顺/反异构体不适合用顺/反命名法命名，也就是说，顺/反命名法不是一个普遍适用的方法。命名顺/反异构体普遍适用的方法是 Z/E 命名法。

(2) Z/E 标注法

命名时，按照次序规则，比较双键碳原子上所连接的两个原子或基团哪一个优先，优先的两个原子或基团如果是位于双键的同侧，就叫作 Z 式；如果是位于双键的两侧，就叫作 E 式。Z，E 写在括号里放在化合物名称的前面。例如：

顺-1,2-二氯丙烯　　　　　　　　　　　反-1,2-二氯丙烯
或(Z)-1,2-二氯丙烯　　　　　　　　　　或(E)-1,2-二氯丙烯

(Z)-1-氟-1-氯-2-溴乙烷　　　　　　　　(E)-3-乙基-2-己烯

但是，必须指出，不能误认为 Z 式就一定是顺/反命名中的顺式，E 式也一定是顺/反命名中的反式。例如：

顺-3-甲基-4-乙基-3-庚烯　　　　　　　反-1,2-二氯-1-溴乙烯
或(E)-3-甲基-4-乙基-3-庚烯　　　　　　或(Z)-1,2-二氯-1-溴乙烯

【知识拓展】

次 序 规 则

次序规则是按照优先的次序排列原子或基团的几项规定，优先的原子或基团排列在前面。这几项规定可以概括如下。

① 按照与双键碳原子直接连接原子的原子序数减小的次序排列原子或基团；对

于同位素，按照质量数减小的次序排列；孤对电子排在最后。因此：

$$I>Br>Cl>S>F>O>N>C>D>H$$

这里，符号">"表示"优先于"。上述排列次序意味着，Br 原子优先于 Cl 原子，也优先于—SH 或—SR 等；—OH 或—OR 优先于—NH$_2$ 或—NHR 或—NR$_2$，也优先于—CH$_3$ 或—CH$_2$CH$_3$ 等。

② 如果与双键碳原子直接连接的原子的原子序数相同，就要从这个原子起向外进行比较，依次外推，直到能够解决它们的优先次序为止。例如，—CH$_3$ 和—CH$_2$CH$_3$ 直接连接的都是碳原子，但是，在—CH$_3$ 中与这个碳原子相连接的是三个氢原子；而在—CH$_2$CH$_3$ 中则是一个碳原子和两个氢原子，外推比较，碳的原子序数大于氢，所以—CH$_2$CH$_3$＞—CH$_3$。因此，几个简单烷基的优先次序是：

$$-C(CH_3)_3>-CH(CH_3)_2>-CH_2CH_3>-CH_3$$

同理：—CH$_2$OH＞—CH$_2$CH$_3$、—CH$_2$OCH$_3$＞—CH$_2$OH、—CH$_2$Br＞—CCl$_3$ 等。

③ 如果基团是不饱和的，也就是含有双键和三键，则把双键分开成为两个单键，每个键合原子重复一次，三键分开成为三个单键，每个键合原子重复两次，然后进行比较。通过下面的几个例子，很容易看出这种处理方法。

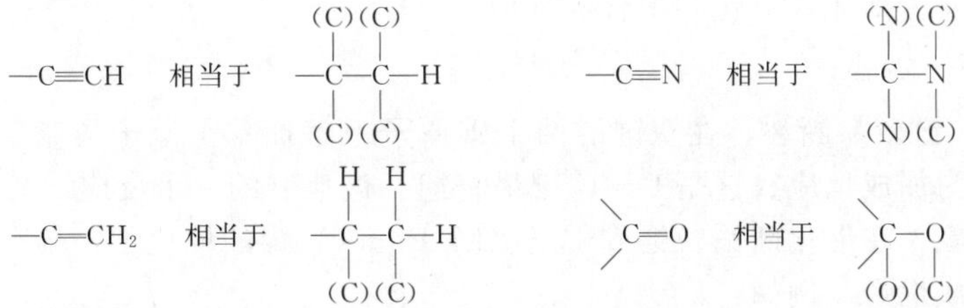

芳环则按照凯库勒构造式处理，例如：

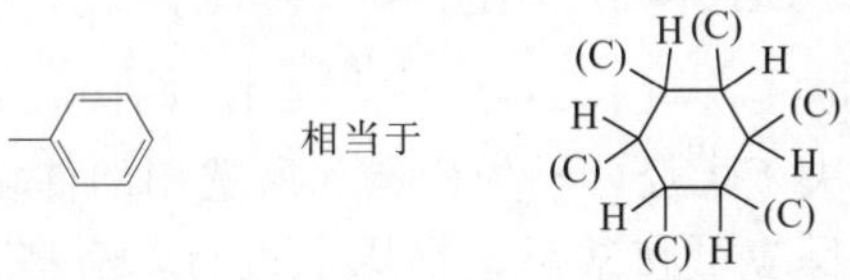

这样处理后，再进行比较。因此：

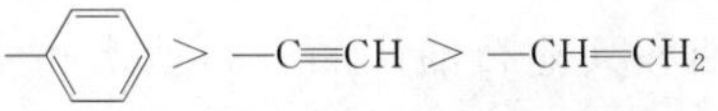

> —C≡CH > —CH=CH$_2$

【问题与思考】

请分析下列化合物属于 Z 构型，还是 E 构型？

(1) 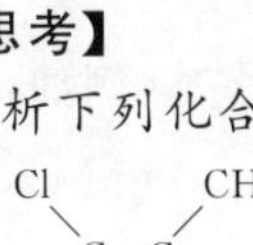 (2) 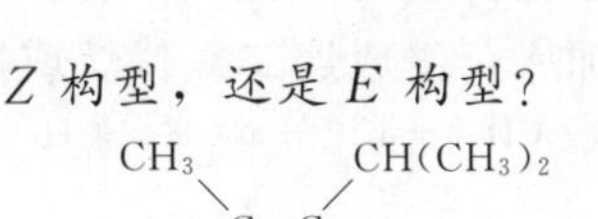 (3)

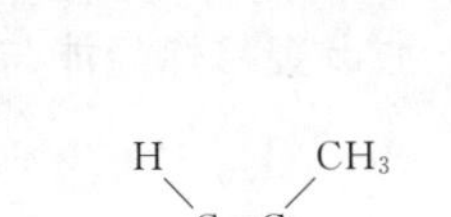

第二节 烯烃的性质

一、物理性质

烯烃的熔点、沸点、密度、折射率等在同系列的变化规律与烷烃相似。直链烯烃的沸点比支链的异构体略高；双键在链端的烯烃比双键在链中间的异构体略高；顺式异构体一般比反式异构体有较高的沸点和较低的熔点；烯烃的相对密度都小于1；烯烃几乎不溶于水，但易溶于苯、四氯化碳和乙醚等非极性和极性很弱的有机溶剂。一些常见烯烃的物理常数如表 3-1 所示。

表 3-1 常见烯烃的物理常数

名称	沸点/℃	熔点/℃	相对密度(d_4^{20})	名称	沸点/℃	熔点/℃	相对密度(d_4^{20})
乙烯	−103.9	−169.5	0.569(−103.9℃)	1-戊烯	30.1	−138.0	0.641
丙烯	−47.7	−185.1	0.514	1-己烯	63.5	−139.8	0.673
1-丁烯	−6.5	−185.4	0.594	1-庚烯	93.3	−119.0	0.697
顺-2-丁烯	3.5	−139.3	0.621	1-辛烯	123.1	−101.7	0.715
反-2-丁烯	0.9	−105.5	0.604	1-十八烯	180.0(2000Pa)	17.6	0.788
异丁烯	−6.9	−139.0	0.631(10℃)				

二、化学性质

烯烃的化学性质主要表现在官能团 C=C 键上，以及受 C=C 键影响较大的 α-碳原子上。因此烯烃易发生加成、氧化和聚合等反应。

1. 加成反应

C=C 键中 π 键较易断裂，在双键的两个碳原子上各加一个原子或基团，这种反应称为加成反应。这是 C=C 键最普遍、最典型的一个反应。

(1) 催化加氢 在催化剂铂、钯或雷尼（M. Raney）镍的催化下，烯烃能与氢加成生成烷烃。例如：

$$CH_2=CH_2 + H_2 \xrightarrow{催化剂} CH_3-CH_3$$

$$R-CH=CH_2 + H_2 \xrightarrow{催化剂} R-CH_2-CH_3$$

烯烃催化加氢的难易取决于烯烃分子的构造和所选用的催化剂。烯烃催化加氢的温度和压力变化的范围很大，有些反应可在常温、常压下进行，有些反应需要在 200～300℃、高于 10MPa 的条件下进行。工业上一般是用雷尼镍作为 C=C 键催化加氢的催化剂。

烯烃的加氢可用于精制汽油和其他石油产品。石油产品中的烯烃易受空气氧化，生成的有机酸有腐蚀作用；它还容易聚合生成树脂状物质，影响油品的质量。加氢后，因除掉烯烃，可以提高油品的质量。在某些精细合成中，常用加氢方法除去不需要的双键。

利用加氢反应，也可以测定某些化合物的不饱和程度。

(2) 加卤素 烯烃能与氯或溴加成，生成连二氯代烷或连二溴代烷。例如：

$$CH_2=CH_2 + Cl_2 \longrightarrow \underset{\underset{Cl}{|}}{CH_2}-\underset{\underset{Cl}{|}}{CH_2}$$

1,2-二氯乙烷

$$CH_3-CH=CH_2 + Br_2 \longrightarrow CH_3-\underset{\underset{Br}{|}}{CH}-\underset{\underset{Br}{|}}{CH_2}$$

1,2-二溴丙烷

C=C 双键与溴加成是检验 C=C 双键的一个方法。把红棕色的溴-四氯化碳溶液加到含有 C=C 双键的有机化合物或其溶液中，C=C 双键就迅速地与溴加成生成连二溴化合物，而使溴的红棕色消失，同时并不产生溴化氢气体。显然，在被检验的物质分子中，不能含有 C=C 键以外的可与溴起反应的其他官能团。

C=C 键与氯或溴加成时，烯烃的活性顺序是： $(CH_3)_2C=CH_2 > CH_3CH=CH_2 >$

$CH_2=CH_2$；卤素的活性顺序是：$Cl_2 > Br_2$。

> **【问题与思考】**
> 如果乙烯的溴化是在氯化钠的水溶液中进行，那么除了生成1,2-二溴乙烷外还生成什么？

(3) 加卤化氢 烯烃能与卤化氢（氯化氢、溴化氢或碘化氢）加成生成卤代烷。例如：

$$CH_2=CH_2 + HBr \longrightarrow CH_2(Br)-CH_2(H)$$
溴乙烷

$$CH_3-CH=CH_2 + HBr \longrightarrow CH_3-CH(Br)-CH_2(H)$$
2-溴丙烷

不对称烯烃与卤化氢加成时显然可以生成两种产物。例如：

$$CH_3-CH=CH_2 + HBr \longrightarrow \begin{cases} CH_3-CH(H)-CH_2(Br) & \text{1-溴丙烷} \\ CH_3-CH(Br)-CH_2(H) & \text{2-溴丙烷} \end{cases}$$

实验发现，生成的产物主要是 2-溴丙烷。也就是说，烯烃与卤化氢加成时，卤化氢分子中的氢原子主要加在 C=C 键含氢较多的那个碳原子上，卤原子则加在含氢较少的那个碳原子上。这是 1869 年马尔科夫尼科夫（V. Markovnikov）根据一些实验结果总结出来的一条经验规则，叫作马尔科夫尼科夫规则，简称马氏规则。

烯烃与氯化氢加成在工业上用来生产个别的氯代烷。例如，用乙烯与干燥的氯化氢加成来生产氯乙烷：

$$CH_2=CH_2 + HCl \xrightarrow[\text{在 } CH_3CH_2Cl \text{ 中}]{\text{无水 } AlCl_3, 30\sim 40℃, 0.3\sim 0.4MPa} CH_3-CH_2Cl$$

C=C 键与卤化氢加成时，烯烃的活性顺序与加卤素相同。卤化氢的活性顺序是：$HI > HBr > HCl$。

例如，乙烯不被浓盐酸吸收，但能与浓氢溴酸加成。

烯烃与溴化氢加成，如果是在过氧化物存在下进行时，得到的产物就与马尔科夫尼科夫规则不一致，它是反马尔科夫尼科夫加成，即过氧化物效应。例如：

$$CH_3-CH=CH_2 + HBr \begin{cases} \xrightarrow{\text{无过氧化物}} CH_3-CH(Br)-CH_2(H) & \text{马尔科夫尼科夫加成} \\ \xrightarrow{\text{有过氧化物}} CH_3-CH(H)-CH_2(Br) & \text{反马尔科夫尼科夫加成} \end{cases}$$

由于存在过氧化物而引起的加成定位的改变，叫作过氧化物效应。烯烃与卤化氢的加成，只有溴化氢有过氧化物效应。

(4) 加硫酸 烯烃与冷的浓硫酸作用，生成硫酸氢酯，硫酸氢酯水解得到醇，利用这一反应可由烯烃制取醇类。如果是不对称烯烃，产物遵守马尔科夫尼科夫规则。

$$R-CH=CH_2 + H_2SO_4 \longrightarrow R-CH(OSO_3H)-CH_3$$

$$R-CH(OSO_3H)-CH_3 + H_2O \longrightarrow R-CH(OH)-CH_3$$

(5) **加水** 在酸（常用磷酸或硫酸）的催化作用下，烯烃与水加成生成醇。

$$CH_2=CH_2 + H_2O \xrightarrow[\text{约300℃,约7MPa}]{\text{磷酸-硅藻土}} CH_3-CH_2-OH$$

$$CH_3-CH=CH_2 + H_2O \xrightarrow[\text{约250℃,约4MPa}]{\text{磷酸-硅藻土}} CH_3-\underset{CH_3}{\underset{|}{CH}}-OH$$

这是工业上生产乙醇、异丙醇最重要的一个方法，叫作烯烃直接水合法。

(6) **加次氯酸** 烯烃能与次氯酸（HClO）加成生成氯代醇。例如：

$$CH_2=CH_2 + \underset{\text{次氯酸}}{H-O-Cl} \longrightarrow \underset{\text{2-氯乙醇}}{\underset{OH\quad Cl}{\underset{|\quad\;\;|}{CH_2-CH_2}}}$$

$$CH_3-CH=CH_2 + H-O-Cl \longrightarrow \underset{\text{1-氯-2-丙醇}}{\underset{OH\quad Cl}{\underset{|\quad\;\;|}{CH_3-CH-CH_2}}}$$

乙烯与次氯酸的加成，是合成氯乙醇的一个方法。丙烯与次氯酸加成，是合成甘油的一个步骤。

综上所述，烯烃与卤素（Cl_2、Br_2）、卤化氢（HCl、HBr、HI）、硫酸、水、次氯酸等的加成，都是亲电加成。由于 π 电子受碳原子核的束缚力较小，易极化给出电子，因此易受缺电子的亲电试剂进攻而发生亲电加成反应。不对称烯烃与上述试剂所进行的亲电加成反应的定位均遵从马尔科夫尼科夫规则。

烯烃与溴化氢在过氧化物存在下进行的加成是自由基加成。它是由自由基试剂进攻 C═C 键的碳原子而发生的加成反应。不对称烯烃与溴化氢在过氧化物存在下的自由基加成定位是反马尔科夫尼科夫规则的。

【知识拓展】

C═C 双键亲电加成反应机理

1. 烯烃和卤素的加成——形成溴鎓离子中间体历程

实验证明，烯烃和溴或氯的加成反应历程为离子型反应，通过环正离子中间体的反式加成，分两步进行。其反应历程为：

第一步

$$\underset{H}{\overset{H}{\underset{|}{\overset{|}{C}}}}=\underset{H}{\overset{H}{\underset{|}{\overset{|}{C}}}} + \overset{\delta+}{Br}-\overset{\delta-}{Br} \longrightarrow \underset{H}{\overset{H}{\underset{|}{\overset{|}{C}}}}\cdots\underset{H}{\overset{H}{\underset{|}{\overset{|}{C}}}}\cdots Br-Br \longrightarrow \underset{CH_2}{\overset{CH_2}{|}}\overset{+}{Br} + Br^-$$

第二步

$$Br^- + \underset{CH_2}{\overset{CH_2}{|}}\overset{+}{Br} \longrightarrow \underset{Br-CH_2}{\overset{CH_2-Br}{|}}$$

第一步：溴分子受 π 电子的影响，极化成 $\overset{\delta+}{Br}-\overset{\delta-}{Br}$，它的正电端进攻 C═C 的 π 电子云，$\overset{\delta+}{Br}-\overset{\delta-}{Br}$ 键异裂，同时双键碳形成一个含溴的三元环状活性中间体——溴鎓离子。这是决定反应速率的一步。

第二步：溴负离子从溴鎓离子的背面进攻碳原子，生成反式加成产物。若反应介质中有 Cl^-，Cl^- 也可以进攻溴鎓离子，生成相应的产物。

反应过程是通过共价键的异裂，形成正负"离子"引发的，称为离子型反应，反应的最终结果是加成，所以称为离子型加成反应。由于决定加成反应的第一步，是极化了的溴分子中带正电荷的一端 $\overset{\delta+}{Br}$ 进攻 π 键，形成溴鎓离子，这种由于亲电试剂进攻而引起的加成反应称为亲电加成反应，又因两个溴原子分别从π键两侧加成，所以又称为反式加成。

2. 烯烃与卤化氢的加成——形成碳正离子中间体历程

实验证明，C=C双键与卤化氢的加成也是分两步完成的。第一步是烯烃与HX相互极化影响，π电子云偏移而极化，使一个双键碳原子上带有部分负电荷，更易于受极化分子HX带正电部分或H^+的进攻，结果生成了带正电的中间体碳正离子和卤素负离子（X^-）。第二步是碳正离子迅速与X^-结合生成卤烷。

与溴化反应不同的是第一步没有生成环状正离子，因而第二步X^-可以从反面进攻，也可以从正面进攻，H^+和X^-从π键的同侧加成，称为顺式加成。

C=C双键亲电加成反应历程很好地解释了马尔科夫尼科夫规则。实验证明，当丙烯与卤化氢加成时，由于丙烯分子甲基具有拉电子诱导效应（+I），使双键的π键电子云偏向箭头所指的一方：

$$CH_3 \rightarrow CH = CH_2$$
$$\quad\; 3 \qquad 2 \quad\; 1$$

从而使得C_1上电子云密度较高，而C_2上电子云密度较低，所以和卤化氢加成时，H^+必然加到电子云密度大的C_1上，形成碳正离子中间体，然后卤素负离子加到带正电荷的碳原子上。

另外，根据反应过程中生成的中间离子（碳正离子）的稳定性可以看出，当H^+加到C_1时，形成（Ⅰ），而H^+加到C_2上，则形成（Ⅱ）：

$$CH_3CH=CH_2 + H^+ \begin{array}{l} \longrightarrow CH_3\overset{+}{C}HCH_3 \quad (Ⅰ) \\ \longrightarrow CH_3CH_2\overset{+}{C}H_2 \quad (Ⅱ) \end{array}$$

对于（Ⅰ）来说，其正电荷受到两个甲基的排电子作用而得到分散，而在（Ⅱ）中，其正电荷只受到一个排电子乙基的影响。碳正离子上所连烷基越多，正电荷分散程度越高，稳定性越高，所以（Ⅰ）的稳定性要比（Ⅱ）高。因此生成（Ⅰ）比较有利，也就是氢加到含氢较多的碳原子上。在一般情况下，烯烃与不对称试剂的加成都遵守马尔科夫尼科夫规则。

3. 自由基加成反应历程

在讨论不对称烯烃的加成时，曾讲到过氧化物效应。那为什么在过氧化物存在时，HBr的加成方向会和一般的不同？现在人们知道这是反应历程的不同。因为有过氧化物参与反应时，此反应不是亲电加成反应而是自由基加成反应，它经历了链引发、链增长和链终止阶段。

首先，过氧化物受热分解成为自由基，促进溴化氢分解为溴自由基，这是链引发阶段。

(a) $R\text{—}O \cdot\cdot O\text{—}R(过氧化物) \xrightarrow{分解} 2RO\cdot$

(b) $RO\cdot + HBr \longrightarrow ROH + Br\cdot$

溴自由基与不对称烯烃加成后生成一个新的自由基,这个新自由基与另一分子 HBr 反应而生成产物一卤代烷和一个新的溴自由基,这是链增长阶段。

$$(c) \ Br\cdot + RCH=CH_2 \longrightarrow \underset{\underset{Br}{|}}{RCH}-\overset{\cdot}{CH_2}$$

2°自由基(稳定)

$$(d) \ \underset{\underset{Br}{|}}{RCH}-\overset{\cdot}{CH_2} + HBr \longrightarrow \underset{\underset{Br}{|}}{RCH}-\underset{\underset{H}{|}}{CH_2} + Br\cdot$$

或

$$(c') \ Br\cdot + RCH=CH_2 \longrightarrow \underset{\underset{Br}{|}}{\overset{\cdot}{RCH}}-CH_2 \quad \text{1°自由基(不稳定)}$$

或

$$(d') \ \underset{\underset{Br}{|}}{\overset{\cdot}{RCH}}-CH_2 + HBr \longrightarrow \underset{\underset{Br}{|}}{RCH}-\underset{\underset{H}{|}}{CH_2} + Br\cdot$$

} 不发生这两步反应

在链增长阶段,虽然溴的自由基不显正性,但是它缺少一个配对电子,而它是一种亲电试剂,进攻双键时也有两种可能性,以生成稳定自由基为主要取向,所以生成的产物与亲电加成产物不一样,即所谓反马尔科夫尼科夫规则。因此在上面这种历程中主要是发生在反应 (c) 和 (d),而不是反应 (c') 和 (d')。

烯烃和其他卤化氢(HCl、HI)加成时为什么没有过氧效应?由于 H—Cl 键较牢,H 不能被自由基夺去而生成氯自由基,所以不发生自由基加成反应。H—I 键虽然弱,较易产生 I·,但是所形成的 I·自由基活性较差,很难与双键发生加成反应,却容易结合生长成碘分子(I_2)。此外,HI 是一个还原剂,它能破坏过氧化物,这也抑制了自由基加成反应的发生。所以不对称烯烃与 HCl 和 HI 加成时都没有过氧化物效应,得到的加成产物仍服从马尔科夫尼科夫规则。

2. 氧化反应

烯烃比较容易被氧化。随氧化剂和氧化条件的不同,氧化产物各异。常用的氧化剂(例如高锰酸钾、重铬酸钾-硫酸、过氧化物等)都能把烯烃氧化生成含氧化合物。

(1) 氧化剂氧化

① 与高锰酸钾的反应 在非常缓和的条件下,例如,使用适量的稀高锰酸钾冷溶液(1%～5%或更稀),烯烃被氧化生成连二醇,高锰酸钾则被还原成为棕色的二氧化锰从溶液中析出。

$$3RCH=CHR' + 2KMnO_4 + 4H_2O \longrightarrow 3\underset{\underset{OH}{|}\ \underset{OH}{|}}{RCH-CHR'} + 2MnO_2 + 2KOH$$

连二醇

或简写为:

$$RCH=CHR' + [O] + H_2O \xrightarrow{KMnO_4} \underset{\underset{OH}{|}\ \underset{OH}{|}}{RCH-CHR'}$$

这个反应常用来检验 C=C 键。常温时,把高锰酸钾稀溶液滴加到含有 C=C 键的有机化合物或其溶液中振荡,C=C 键就与高锰酸钾反应而使溶液的紫色褪去,同时生成棕色的二氧化锰沉淀。显然,在被检验物质的分子中不能含有 C=C 键以外、可被高锰酸钾氧化的其他官能团。

在较剧烈的氧化条件下,例如,使用过量的高锰酸钾,并使反应在加热的条件下进行,烯烃被氧化的结果是在原来 C=C 键的位置上发生碳链断裂,生成氧化裂解产物。如果双键碳原子上没有氢原子，裂解后生成酮；有一个氢原子，生成羧酸；有两个氢原子（即末端烯碳原子）则生成二氧化碳。例如：

$$R-CH=CH-R' \xrightarrow{[O]} R-\underset{羧酸}{\underset{\|}{\overset{O}{C}}-OH} + R'-\underset{羧酸}{\underset{\|}{\overset{O}{C}}-OH}$$

$$R-\underset{}{\overset{R'}{\underset{\|}{C}}}=CH_2 \xrightarrow{[O]} R-\underset{酮}{\underset{\|}{\overset{O}{C}}-R'} + H-\underset{甲酸}{\underset{\|}{\overset{O}{C}}-OH} \xrightarrow{[O]} H_2O+CO_2$$

当用高锰酸钾-硫酸、重铬酸钾-硫酸作为氧化剂时，也发生上述氧化裂解反应。根据反应得到的氧化裂解产物，可以推测原来烯烃的构造。

> 【知识拓展】
>
> ### 烯烃的臭氧氧化反应
>
> 将含有臭氧（6%～8%）的氧气通入液态烯烃或烯烃的溶液时，臭氧迅速而定量地与烯烃作用，生成糊状的臭氧化合物，称为臭氧化反应。臭氧化合物具有爆炸性，在反应过程中不必把它从溶液中分离出来，可以直接在溶液中水解，在有还原剂存在下（如Zn/H₂O）得到的水解产物是醛和酮。如果在水解过程中不加还原剂，则反应生成的 H_2O_2 便将醛氧化为酸。
>
> (a) $\underset{}{\overset{}{C}}=\underset{}{\overset{}{C}} + O_3 \longrightarrow \underset{O-O}{\overset{O}{C-C}} \xrightarrow[\text{（或}H_2\text{）}]{Zn/H_2O} \underset{}{\overset{}{C}}=O + O=\underset{}{\overset{}{C}} + H_2O$
>
> (b) $\underset{R'}{\overset{R}{C}}=\underset{H}{\overset{R''}{C}} \xrightarrow{O_3} \underset{R'}{\overset{R}{\underset{}{C}}}\underset{O-O}{\overset{}{-}}\underset{H}{\overset{R''}{\underset{}{C}}} \xrightarrow{Zn/H_2O} \underset{R'}{\overset{R}{C}}=O + O=\underset{H}{\overset{R''}{C}}$
>
>   酮   醛
>
> ←──── 根据产物推测反应物的结构
>
> 例如反应（a）中，根据臭氧化物的还原水解产物，能确定烯烃中双键的位置和碳链中碳原子的连接方式，故臭氧化反应常被用来推测烯烃的结构。

> 【问题与思考】
>
> 烯烃与酸性高锰酸钾溶液反应，烯烃的碳碳双键发生断裂，可以通过对氧化反应生成物的分析，推断原来烯烃的结构。若某一烯烃经酸性高锰酸钾氧化后的产物为 CH_3CH_2COOH、CO_2 和 H_2O，是否能推断出原来烯烃的结构？

② 与过氧化物的反应 采用过氧化物作氧化剂，如过氧羧酸，能将烯烃氧化成环氧化合物。例如，过氧羧酸能将丙烯氧化成环氧丙烷：

$$CH_3-CH=CH_2 + R-\underset{过氧羧酸}{\underset{\|}{\overset{O}{C}}-O-O-H} \longrightarrow \underset{环氧丙烷}{CH_3-CH-CH_2 \atop \diagdown O \diagup} + RCOOH$$

(2) 催化氧化 烯烃催化氧化可以生成不同的产物。例如：

$$CH_2=CH_2 + \frac{1}{2}O_2 \xrightarrow[100\sim125℃]{PdCl_2\text{-}CuCl_2} CH_3CHO$$

$$CH_3-CH=CH_2 + \frac{1}{2}O_2 \xrightarrow[120℃]{PdCl_2\text{-}CuCl_2} CH_3-\underset{\underset{O}{\|}}{C}-CH_3$$

$$CH_2=CH_2 + \frac{1}{2}O_2(空气) \xrightarrow[220\sim280℃]{Ag} \underset{环氧乙烷}{CH_2-CH_2 \atop \diagdown O \diagup}$$

工业上就是用最后一个反应来生产环氧乙烷的。反应温度低于220℃，则反应太慢；超过300℃，便部分地氧化成二氧化碳和水，致使产率下降，所以严格控制反应温度十分重要。

3. 聚合反应

烯烃分子中含有 C═C 键。由于这个原因，烯烃不但能与许多试剂加成，而且还可以通过加成反应自身结合起来生成聚合物，这类反应叫作聚合反应。参加聚合反应的单分子称单体，聚合生成的产物叫作聚合物。例如，乙烯聚合生成聚乙烯、丙烯聚合生成聚丙烯等。

$$nCH_2=CH_2 \longrightarrow \pm CH_2-CH_2\pm_n$$
$$\text{乙烯} \qquad\qquad \text{聚乙烯}$$

$$n\underset{\underset{CH_3}{|}}{CH}=CH_2 \longrightarrow \pm\underset{\underset{CH_3}{|}}{CH}-CH_2\pm_n$$
$$\text{丙烯} \qquad\qquad \text{聚丙烯}$$

4. α-H 的反应

烯烃分子中的 α-H 原子因受双键的影响，表现出特殊的活泼性，容易发生取代反应和氧化反应。

丙烯（$CH_3-CH=CH_2$）分子中含有乙烯基（$CH_2=CH-$）和甲基（CH_3-），在一定条件下，C═C 键可以与氯加成，α-C 上的 H 原子可以被氯原子取代。因此，当丙烯与氯反应时，就会发生两个互相竞争的反应——加成与取代，生成两种不同的产物：

$$CH_3-CH=CH_2 + Cl_2 \begin{cases} \xrightarrow{<300℃,加成} CH_3-CHCl-CH_2Cl（主要反应）\\ \xrightarrow{>300℃,取代} ClCH_2-CH=CH_2（主要反应） \end{cases}$$

实验发现，温度越高，越有利于取代。300℃以下，主要发生的是加成反应；300℃以上，主要发生的反应变成了取代反应。当温度升高到500℃，丙烯与氯的加成大大被抑制，可以得到较高产率的取代产物。工业上就是采用这个方法，使干燥的丙烯在500～530℃与氯反应来生产 3-氯丙烯。

α-H 原子不仅易被卤素取代，也易被氧化。在不同的催化条件下，用空气或氧气作氧化剂，氧化产物不同。例如，丙烯在下列条件下，可氧化生成丙烯醛：

$$CH_2=CH-CH_3 + O_2(空气) \xrightarrow[350℃,0.25MPa]{Cu_2O} CH_2=CH-CHO$$

这是工业上生产丙烯醛的主要方法。

在钼酸铋或磷钼酸铋的催化下，丙烯高温气相氧化生成丙烯酸：

$$CH_2=CH-CH_3 + \frac{3}{2}O_2 \xrightarrow[300\sim400℃]{催化剂} CH_2=CH-COOH + H_2O$$

这是工业上生产丙烯酸的一种方法。

【问题与思考】

裂化汽油中含有烯烃，用什么方法能除去烯烃？

【知识链接】

诱 导 效 应

由于成键原子的电负性不同，而使整个分子的电子云沿着碳链向某一方向移动的现象叫诱导效应。用符号 I 表示，"→"表示电子移动的方向。例如，氯原子取代了烷烃碳上的氢原子后：

$$\overset{\delta\delta\delta+}{\underset{3}{C}} \longrightarrow \overset{\delta\delta+}{\underset{2}{C}} \longrightarrow \overset{\delta+}{\underset{1}{C}} \longrightarrow \overset{\delta-}{Cl}$$

由于氯的电负性较大，吸引电子的能力较强，电子向氯偏移，使氯带部分负电荷（$\delta-$）、碳带部分正电荷（$\delta+$）。带部分正电荷的碳又吸引相邻碳上的电子，使其也产生偏移，也带部分正电荷（$\delta\delta+$），但偏移程度小一些，这样依次影响下去。诱导效应沿着碳链移动时减弱得很快，一般到第三个碳原子后就很微弱，可以忽略不计。

为了判断诱导效应的影响和强度，常以碳氢化合物的氢原子作为标准。

一个原子或基团吸引电子的能力比氢强，就叫拉电子基团。由拉电子基团引起的诱导效应称为拉电子基团的诱导效应，用 $-I$ 表示；一个原子或基团吸引电子的能力比氢弱，就叫推电子基。由推电子基引起的诱导效应称为推电子的诱导效应，用 $+I$ 表示。

$$R_3C \leftarrow Y \qquad R_3C-H \qquad R_3C \rightarrow X$$
$$+I\text{ 效应} \qquad \text{比较标准} \qquad -I\text{ 效应}$$

下面是一些原子或基团诱导效应的大小次序：

拉电子基团 $\quad -NO_2 > -CN > -F > -Cl > -Br > -I > -C\equiv CH > -OCH_3 > -C_6H_5 > -CH=CH_2 > -H$

推电子基团 $\quad (CH_3)_3C- > (CH_3)_2CH- > CH_3CH_2- > CH_3- > -H$

上面讲的是由未起反应的分子所表现出来的诱导效应叫作静态诱导效应，它是分子固有的性质。在化学反应时，分子的反应中心如受到极性试剂的进攻，键的电子云分布将受到试剂电场影响而发生变化，即引起诱导极化或者说加深了键的极化而导致分子的活化。这种改变与外界电场强度和键的极化能力有关。分子在试剂电场影响下所发生的诱导极化是一种暂时现象，只有在进行化学反应的瞬间才表现出来。这种由于外界电场引起的诱导极化效应叫动态诱导效应。

诱导效应可以说明分子中原子间的相互影响。例如：氯原子取代乙酸的 α-H 后，生成氯乙酸，由于氯的拉电子作用通过碳链传递，使羟基中 O—H 键极性增大，氢更易以质子形式解离下去，从而酸性增强。

$$Cl-CH_2 \leftarrow C \leftarrow O \leftarrow H$$

所以 $ClCH_2COOH$ 的酸性强于 CH_3COOH 的酸性。

诱导效应不但能影响物质的酸碱性，而且能影响物质的物理性质和其他化学性质。例如：醛、酮羰基的特性反应是亲核加成反应，如连有拉电子基，使羰基碳上电子云密度减小，正性增大，更易发生亲核加成反应。如连有推电子基，羰基碳上电子云密度增大，正性减小，亲核加成活性减小，所以反应速率变慢。

$$\overset{R}{\underset{Cl}{C}}\overset{\delta+}{=}\overset{\delta-}{O} \qquad \overset{R}{\underset{CH_3}{C}}\overset{\delta+}{=}\overset{\delta-}{O}$$
$$\quad\text{快} \qquad\qquad\quad \text{慢}$$

第三节 自然界中的烯烃

烯烃在某些生物中有很重要的作用,例如许多热带树木中可以产生乙烯,乙烯可以加速树叶的死亡和脱落,从而使新叶得以生长。乙烯还可以使摘下来的未成熟的果实加速成熟。因此乙烯属于一种植物激素,即能控制或调节植物生长、代谢的物质,也叫植物生长调节剂。又如顺-9-二十三碳烯是雌家蝇的性信息素。此外,自然界中还存在许多结构较为复杂的烯烃,例如天然橡胶、植物中的某些色素以及香精油中的某些组分等,将分别在以后的章节中讨论。

1. 写出戊烯的所有开链烯烃异构体的构造式,用系统命名法命名之,如有顺/反异构体则写出构造式,并标以 Z/E。

2. 命名下列化合物,如有顺/反异构体则写出构型式,并标以 Z/E。

(1) $(CH_3)_2CHCH_2CCH_2CH_3$
                                   $\parallel$
                                     CH_2

(2) $CH_3(C_2H_5)C=C(CH_3)CH_2CH_2CH_3$

(3) $CH_3(C_2H_5)CHCH=CHCH_3$

(4) $(CH_3)_3CCH_2CH(C_2H_5)CH=CH_2$

(5) $CH_3CH=C(CH_3)C_2H_5$

(6)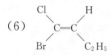

3. 写出下列化合物的构造式。

(1) (E)-3,4-二甲基-2-戊烯   (2) 2,3-二甲基-1-己烯

(3) 反-3,3-二甲基-2-戊烯   (4) (Z)-3-甲基-4-异丙基-3-庚烯

(5) (Z)-2,2,3,6-四甲基-5-乙基-3-庚烯

4. 用反应式表示异丁烯与下列试剂的反应。

(1) Br_2/CCl_4 (2) $KMnO_4$ 5%碱性溶液

(3) 浓 H_2SO_4 作用后,加热水解   (4) HBr

(5) HBr(有过氧化物)

5. 试举出区别烷烃和烯烃的两种化学方法。

6. 下列溴代烷脱 HBr 后得到多少产物,哪些是主要的?

(1) $BrCH_2CH_2CH_3$ (2) $CH_3CHBrCH_2CH_3$ (3) $CH_3CH_2CHBrCH_2CH_3$

7. 用指定的原料制备下列化合物,试剂可以任选(要求:用常用试剂)。

(1) 由 2-溴丙烷制 1-溴丙烷   (2) 由 1-溴丙烷制 2-溴丙烷

(3) 由丙醇制 1,2-二溴丙烷

第四章 炔烃和二烯烃

知识目标

1. 掌握炔烃和二烯烃的分类和命名;
2. 了解 sp 杂化的特点;
3. 熟练掌握炔烃和二烯烃的物理化学性质。

能力、思政与职业素养目标

1. 能利用炔烃的特性区别烯烃和炔烃;
2. 能分析 1,3-丁二烯与其他有机物发生聚合反应生成的产物;
3. 了解我国高分子材料产业现状,增强民族自信心。

第一节 炔 烃

分子中含有碳碳三键(C≡C)的链烃,叫作炔烃。C≡C 键是炔烃的官能团,炔烃是不饱和链烃,炔烃也形成一个同系列。炔烃的通式是 C_nH_{2n-2}(n 表示 C 原子数)。含相同碳原子数的炔烃和二烯烃是同分异构体。

在炔烃分子中,C≡C 键处于末端的,例如 HC≡CH、RC≡CH,叫作末端炔烃;处于中间的,例如 RC≡CR′,叫作非末端炔烃。在末端炔烃分子中,C≡C 键上的氢叫作炔氢。

一、炔烃的结构、异构和命名

1. 炔烃的结构

乙炔(HC≡CH)分子是直线型结构,键角(∠HCC)是 180°,C≡C 键的键长是 0.1205nm,C—H 键的键长是 0.1058nm,如图 4-1 所示。

$$\overset{180°}{H-C\equiv C-H}$$
0.1205nm 0.1058nm

图 4-1 乙炔分子的直线型结构

乙炔分子中的 C 原子是以一个三键和一个单键分别与另一个 C 原子和 H 原子相连接的。

【知识阅读】

碳的 sp 杂化

在乙炔分子中以一个三键和一个单键分别与两个原子相连接的 C 原子是以 sp 杂化轨道成键的。C 原子的一个 2s 轨道和一个 2p 轨道（例如 p_x 轨道）杂化生成两个等同的 sp 杂化轨道（简称 sp 轨道），另外两个 p 轨道（例如 p_y 和 p_z 轨道）未参与杂化。

在 sp 轨道中，s 轨道成分占 1/2，p 轨道成分占 1/2。两个 sp 轨道的对称轴的夹角为 180°，即两个 sp 轨道对称地分布在同一条直线上（见图 4-2）。碳原子剩下的两个未参与杂化的 p 轨道互相垂直，也垂直于两个杂化轨道的对称轴。

图 4-2 两个 sp 杂化轨道的分布图　　图 4-3 乙炔分子中的 σ 键

在乙炔分子中，两个 C 原子各以一个 sp 轨道相重叠，形成一个 C—C σ 键，而每个 C 原子上另外一个 sp 轨道分别与一个 H 原子的 s 轨道重叠，形成两个 C—H σ 键（见图 4-3）。在形成 σ 键的同时，两对相互平行的 p 轨道从侧面"肩并肩"地重叠，形成两个互相垂直的 π 键（见图 4-4）。一个是在 C≡C 键键轴的上面和下面，另一个是在前面和后面。从电子云来看，这两个 π 键的电子云是以 C—C σ 键的键轴为对称轴，对称地分布在 C—C σ 键的上、下、前、后，呈圆筒形，如图 4-5 所示。

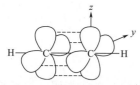

图 4-4 乙炔分子中的 π 键　　图 4-5 乙炔分子中的两个 π 键的电子云

至于在 CH_4、$CH_2=CH_2$ 和 $CH\equiv CH$ 分子中，C 原子为什么不是采用 s 轨道和 p 轨道生成 σ 键，而是采用 s 和 p 的杂化轨道生成 σ 键，则有两个原因：①采用 s 和 p 的杂化轨道成键，是用杂化轨道的大头一瓣与其他轨道重叠——σ 重叠，从而使轨道重叠得较多，导致生成的 σ 键较强；②采用 s 和 p 的杂化轨道成键，杂化轨道在空间分布的情况恰好是它们在空间相距最远，从而使重叠轨道上的 σ 电子对（或者说 σ 电子云）之间相距也最远，因而排斥力最小。这两个因素都使以 s 和 p 的杂化轨道生成 σ 键所形成的分子能量最低，稳定性最大。

2. 炔烃的异构和命名

炔烃的异构是由于碳链不同或官能团三键的位置不同引起的。三键是直型形结构，炔烃没有顺/反异构体，因此，炔烃的异构现象比烯烃简单。

炔烃的系统命名法是以含有三键的最长碳链作为主链，把支链当作取代基来命名。

① 炔烃的名称以主链中所含有的碳原子数而定。碳原子数少于 10 个时，称为某炔，碳

原子数多于10个时，"炔"之前要缀一"碳"字称为"某碳炔"。

② 从靠近三键的一端开始，将主链中的碳原子依次编号，以三键上位次较小的碳原子号数来表明三键的位置。按照较优基团后列出的原则将取代基的位次、数目和名称也写在炔烃名称的前面。书写原则和格式与烷烃相同。例如：

炔烃	衍生物命名法	系统命名法
CH≡CH		乙炔
CH₃—CH—C≡CH 　　　｜ 　　　CH₃	异丙基乙炔	3-甲基-1-丁炔
CH₃—CH₂—CH—C≡C—CH₃ 　　　　　｜ 　　　　　CH₃	甲基仲丁基乙炔	4-甲基-2-己炔

> 【问题与思考】
> 炔烃有没有顺/反异构体？

二、炔烃的物理性质

炔烃的物理性质与烯烃相似，也随着分子量的增加而呈现规律性变化。一般炔烃的沸点、熔点及密度比同碳数的烷烃和烯烃要高（沸点约高10～20℃）。炔烃在水中的溶解度比烯烃大，易溶于丙酮、石油醚、苯等有机溶剂。表4-1列出了一些炔烃的物理常数。

表 4-1　一些炔烃的物理常数

名称	沸点/℃	熔点/℃	相对密度(d_4^{20})	名称	沸点/℃	熔点/℃	相对密度(d_4^{20})
乙炔	−75.0	−81.8	0.618(−82℃)	2-戊炔	55.0	−101.0	0.714
丙炔	−23.2	−101.5	0.691(−40℃)	3-甲基-1-丁炔	29.35	−89.7	0.665
1-丁炔	9.0	−122.0	0.678	1-己炔	72.0	−124.0	0.719
2-丁炔	27.0	−24.0	0.694	2-己炔	84.0	−92.0	0.730
1-戊炔	40.2	−98.0	0.695	3-己炔	81.0	−51.0	0.725

三、炔烃的化学性质

炔烃分子中含有π键，化学性质与烯烃相似，可发生加成、氧化、聚合等反应。由于C≡C键的p轨道重叠程度比碳碳双键的p轨道重叠程度大，三键π电子与碳原子结合得更紧密，不易被极化，所以碳碳三键的活泼性不如碳碳双键。此外，末端炔烃还可发生一些特殊的反应——炔氢被取代生成金属炔化物。

1. 加成反应

(1) 催化加氢　与烯烃相似，在催化剂铂、钯或雷尼镍的催化下，炔烃与氢加成。根据反应条件，既可以加上一分子氢部分氢化生成烯烃，也可以加上两分子氢完全氢化生成烷烃。

$$R-C\equiv C-H \xrightarrow[\text{催化剂 Pd 或 Ni}]{H_2(\text{适量})} R-CH=CH_2 \xrightarrow{H_2}_{Pt} R-CH_2-CH_3$$

常常是第一步反应的速率比第二步快，因此在适当的条件下，炔烃的加成可以终止在第一步，生成烯烃衍生物。如在弱的氢化催化剂（Pd或Ni）和适量的氢气中，炔烃可以被氢化到烯烃。若在强的氢化催化剂（Pt）和过量的氢气中，则炔烃被氢化成烷烃。

$$R-C\equiv C-H + H_2(\text{过量}) \xrightarrow{Pt} R-CH_2-CH_3$$

如果选用合适的催化剂，能使炔烃的氢化停留在烯烃阶段，还可以控制产物的构型。如果选用活泼性较低的林德拉（Lindlar）催化剂（Pb-$BaSO_4$-喹啉），则可使加氢停留在生成烯烃阶段，获得顺式构型。

$$R-C\equiv C-R' + H_2 \xrightarrow{\text{Lindlar 催化剂}} \underset{H}{\overset{R}{\diagdown}}C=C\underset{H}{\overset{R'}{\diagup}}$$

例如：

$$C_6H_5-C\equiv C-C_6H_5 + H_2 \xrightarrow{\text{Lindlar 催化剂}} \underset{H}{\overset{C_6H_5}{\diagdown}}C=C\underset{H}{\overset{C_6H_5}{\diagup}}$$

在液氨中用钠或锂还原炔烃，主要得到反式烯烃：

$$C_3H_7-C\equiv C-C_3H_7 \xrightarrow{Na,NH_3(\text{液})} \underset{H}{\overset{C_3H_7}{\diagdown}}C=C\underset{C_3H_7}{\overset{H}{\diagup}} + NaNH_2$$

4-辛炔　　　　　　　　　　　　　　　　（E）-4-辛烯

（2）亲电加成　炔烃与烯烃一样，能与卤素和氢卤酸起亲电加成反应，其亲电加成是反式加成。

$$R-C\equiv C-R' + Br_2 \longrightarrow R-\overset{+}{C}\underset{}{-}\underset{R'}{C} \xrightarrow{Br^-} \underset{Br}{\overset{R}{\diagdown}}C=C\underset{R'}{\overset{Br}{\diagup}} \xrightarrow{Br_2} R-\underset{\underset{Br}{|}}{\overset{\overset{Br}{|}}{C}}-\underset{\underset{Br}{|}}{\overset{\overset{Br}{|}}{C}}-R'$$

$$R-C\equiv C-R' + HX \longrightarrow R-CH=\underset{X}{\overset{}{C}}-R' \xrightarrow{HX} R-\underset{\underset{H}{|}}{\overset{\overset{H}{|}}{C}}-\underset{\underset{H}{|}}{\overset{\overset{X}{|}}{C}}-R'$$

$R-C\equiv C-H$ 与 HX 加成时，产物遵循马尔科夫尼科夫规则：

$$R-C\equiv CH \xrightarrow{HX} R\underset{X}{\overset{}{C}}=CH_2 \xrightarrow{HX} R\underset{X}{\overset{X}{C}}-CH_3$$

$C\equiv C$ 键与溴加成后，溴的红棕色消失，因此可以通过溴（或溴水）的褪色来检验炔烃。

（3）与水反应　炔烃在催化剂（硫酸汞的硫酸溶液）存在下与水加成，生成不稳定的烯醇式中间体，然后立即发生分子内重排。如果炔烃是乙炔，则最终产物是乙醛，其他炔烃的最终产物都是酮。

$$R-C\equiv CH + H_2O \xrightarrow{Hg^{2+}} R-\underset{OH}{\overset{}{C}}=CH_2 \longrightarrow R\overset{O}{\overset{\|}{C}}CH_3$$

烯醇式结构　　　酮式结构

这种异构现象称为酮醇互变异构。例如：

$$HC\equiv CH + H_2O \xrightarrow[\text{约}100℃]{Hg^{2+},H_2SO_4} [H-\underset{O-H}{\overset{}{C}}=CH_2] \rightleftharpoons CH_3-\overset{O}{\overset{\|}{C}}H$$

这一反应是库切洛夫在1881年发现的，故称为库切洛夫反应。不对称炔烃与水的加成产物与马尔科夫尼科夫规则一致。

2. 氧化

与烯烃相似，炔烃也可以被高锰酸钾溶液氧化。末端炔烃氧化生成羧酸（盐）、二氧化碳和水。例如：

$$RC\equiv CH \xrightarrow{KMnO_4} R-COOH + CO_2$$
羧酸

如果是非末端炔烃，氧化的最终产物则是羧酸（C≡C 断裂）。

$$R-C\equiv C-R' \xrightarrow{KMnO_4} R-COOH + R'-COOH$$

炔烃被高锰酸钾氧化后高锰酸钾溶液的紫色褪去，生成棕褐色的二氧化锰，因此通过高锰酸钾溶液的紫色褪去也可以用来检验炔烃，也可用来推断三键的位置。

【知识拓展】

炔烃的臭氧氧化

炔烃被臭氧氧化时，三键断裂，生成两个羧酸：

$$R-C\equiv C-R' \xrightarrow[CCl_4]{O_3} \left[R-C\underset{O-O}{\overset{O}{\diagup\!\!\diagdown}} C-R' \right] \xrightarrow{H_2O} R-COOH + R'-COOH$$

此反应与烯烃臭氧化产物不同（烯烃得到醛或酮），可用来推断原炔烃的结构。

---

3. 金属炔化物的生成

（1）炔钠的生成——炔烃的制备 在液氨中，用氨基钠（1mol）处理乙炔是实验室中制备乙炔钠常用的方法：

$$CH\equiv CH + Na^+NH_2^- \xrightarrow[-33℃]{液氨} CH\equiv C^-Na^+ + NH_3$$
氨基钠　　　　　　乙炔钠

$CH\equiv C^-$ 是一个很强的亲核试剂（碳上带有孤对电子），在液氨中可与伯卤代烷发生取代反应生成烷基乙炔——乙炔的烷基化。例如：

$$CH\equiv CH \xrightarrow[-33℃]{NaNH_2, 液氨} CH\equiv CNa \xrightarrow[-33℃, 液氨]{CH_3CH_2CH_2CH_2Br} \underset{89\%}{CH_3CH_2CH_2CH_2C\equiv CH}$$

$$CH_3CH_2C\equiv CH \xrightarrow[-33℃]{NaNH_2, 液氨} CH_3CH_2C\equiv CNa \xrightarrow[-33℃, 液氨]{CH_3CH_2Br} \underset{75\%}{CH_3CH_2C\equiv CCH_2CH_3}$$

这是实验室中从乙炔制备其他炔烃普遍采用的一种方法。

（2）炔银和炔亚铜的生成——末端炔烃的鉴定 末端炔烃分子中的炔氢（以质子的形式）可被 Ag^+ 或 Cu^+ 取代生成炔银或炔亚铜。例如，把乙炔通入硝酸银的氨溶液中，立即生成白色乙炔银沉淀：

$$CH\equiv CH + 2[Ag(NH_3)_2]NO_3 \longrightarrow AgC\equiv CAg\downarrow + 2NH_4NO_3 + 2NH_3$$
硝酸银氨溶液　　　　　乙炔银（白色）

把乙炔通入氯化亚铜的氨溶液中，则立即生成棕红色乙炔亚铜沉淀：

$$CH\equiv CH + 2[Cu(NH_3)_2]Cl \longrightarrow CuC\equiv CCu\downarrow + 2NH_4Cl + 2NH_3$$
氯化亚铜氨溶液　　　　　乙炔亚铜（棕红色）

这是具有 R—C≡C—H 构造的末端炔烃的一个特征反应。反应非常灵敏，在实验室中和生产上经常用于乙炔以及其他末端炔烃的分析、鉴定。

炔银（$RC\equiv CAg$）和炔亚铜（$RC\equiv CCu$）不与水反应，也不溶于水。但是，它们可被稀盐酸分解，重新生成末端炔烃。这个性质在实验室中可用来分离、精制末端炔烃。

炔银、炔亚铜潮湿时比较稳定，干燥状态下，因撞击、振动或受热会发生爆炸。通常实验后,必须加硝酸处理分解,以免发生危险。

四、乙炔

乙炔是有机化学工业的一个基础原料,通常用电石法可以直接得到,但耗电量很大,精制耗费也大,成本较高。近年来,从轻油和重油裂解过程中通过适当的条件可以同时得到乙炔和乙烯。

纯乙炔是无色、无臭的气体,可溶于水,在0.1MPa下乙炔溶于等体积的水中,在丙酮中的溶解度更大,常压下1体积丙酮能溶解20体积的乙炔,在1.2MPa下则能溶解300体积的乙炔。乙炔易爆炸,高压下的乙炔、液态或固态的乙炔受到敲打或碰击时容易爆炸。乙炔的丙酮溶液稳定,故把乙炔溶于丙酮中可避免爆炸的危险。为了运输和使用安全,通常把乙炔在1.2MPa下压入盛满丙酮浸润饱和的多孔性物质(如硅藻土、软木屑或石棉)的钢筒中。

乙炔和空气的混合物(含乙炔3%~70%)遇火即爆炸。

乙炔用于生产乙醛、乙酸、乙酐、聚乙烯醇以及氯丁橡胶等。此外,乙炔在氧气中燃烧时生成的乙炔焰能达到3000℃以上的高温,工业上常用来焊接或切断金属材料。

【知识拓展】

烯 炔

分子中同时含有碳碳双键和碳碳三键的烃,称为"烯炔"。

命名时选择含C=C键和C≡C键在内的最长碳链为主链,根据主链中碳原子数目称"某烯炔";编号时使C=C键的位次最小且C=C键和C≡C键的位次符合"最低系列";命名时注明"C=C"和"C≡C"键的位次。例如:

$$\overset{1}{C}H=\overset{2}{C}H-\overset{3}{C}H-\overset{4}{C}H_2-\overset{5}{C}H=\overset{6}{C}H_3 \qquad \overset{5}{C}H=\overset{4}{C}H-\overset{3}{C}H_2-\overset{2}{C}H=\overset{1}{C}H_2$$
$$\qquad\qquad\quad |$$
$$\qquad\quad CH(CH_3)_2$$

3-异丙基-4-己烯-1-炔   1-戊烯-4-炔

烯炔同时具有烯烃和炔烃的双重性质,但发生亲电加成反应时反应首先发生在碳碳双键上。例如:

$$CH_2=CHCH_2C\equiv CH \xrightarrow[\text{低温}]{1\text{mol Br}_2} CH_2-CHCH_2C\equiv CH$$
$$\qquad\qquad\qquad\qquad\qquad\qquad\quad |\quad\;\;|$$
$$\qquad\qquad\qquad\qquad\qquad\qquad\;\, Br\;\; Br$$

4,5-二溴-1-戊炔

三键比双键更难以氧化。炔烃的氧化速率比烯烃的慢,如在某一化合物中,双键和三键同时存在时,氧化首先发生在双键上。例如:

$$HC\equiv C(CH_2)_7CH=C(CH_3)_2 \longrightarrow HC\equiv C(CH_2)_7CHO + CH_3COCH_3$$

$$CH_2=CHCH_2C\equiv CH \xrightarrow[\text{低温}]{1\text{mol Br}_2} CH_2-CHCH_2C\equiv CH$$
$$\qquad\qquad\qquad\qquad\qquad\qquad\quad |\quad\;\;|$$
$$\qquad\qquad\qquad\qquad\qquad\qquad\;\, Br\;\; Br$$

第二节 二烯烃

分子中含有两个C=C键的链烃,叫作二烯烃。二烯烃是不饱和链烃,通式是C_nH_{2n-2}(n表示C原子数)。

一、二烯烃的分类和命名

1. 二烯烃的分类

按照两个 C=C 键的相对位置，通常把二烯烃分为三类。

(1) 累积二烯烃 两个双键连接在同一个碳原子上的叫作累积双键，含有累积双键的二烯烃叫作累积双键二烯烃，简称累积二烯烃。例如：

$$\overset{3}{C}H_2=\overset{2}{C}=\overset{1}{C}H_2 \qquad \overset{4}{C}H_3-\overset{3}{C}H=\overset{2}{C}=\overset{1}{C}H_2$$

丙二烯　　　　　　　1,2-丁二烯

(2) 共轭二烯烃 两个双键被一个单键隔开的（也就是双键和单键相互交替的）叫作共轭双键，含有共轭双键的分子叫作共轭分子，含有共轭双键的二烯烃叫作共轭双键二烯烃，简称共轭二烯烃。例如：

$$\overset{4}{C}H_2=\overset{3}{C}H-\overset{2}{C}H=\overset{1}{C}H_2 \qquad \overset{4}{C}H_2=\overset{3}{C}-\overset{2}{C}H=\overset{1}{C}H_2 \\ \mid \\ CH_3$$

1,3-丁二烯　　　　　2-甲基-1,3-丁二烯

（俗名异戊二烯）

(3) 孤立二烯烃 两个双键被两个或两个以上单键隔开的叫作隔离双键，含有隔离双键的二烯烃叫作隔离双键二烯烃，或孤立双键二烯烃，简称隔离（或孤立）二烯烃。例如：

$$\overset{5}{C}H_2=\overset{4}{C}H-\overset{3}{C}H_2-\overset{2}{C}H=\overset{1}{C}H_2 \qquad \overset{6}{C}H_3-\overset{5}{C}H=\overset{4}{C}H-\overset{3}{C}(CH_3)_2-\overset{2}{C}H=\overset{1}{C}H_2$$

1,4-戊二烯　　　　　　　3,3-二甲基-1,4-己二烯

2. 二烯烃的命名

二烯烃的系统命名原则与烯烃相似。选择含有两个双键在内的最长碳链作为主链。根据主链的碳原子数称为某二烯。从靠近双键的一端开始将主链中碳原子依次编号，按照"较优基团后列出"的原则，将取代基的位次、数目、名称，以及两个双键的位次写在母体名称前面。例如：

$$\overset{6}{C}H_3-\overset{5}{C}H-\overset{4}{C}H=\overset{3}{C}H-\overset{2}{C}H=\overset{1}{C}H_2 \qquad \overset{5}{C}H_3-\overset{4}{C}=\overset{3}{C}H-\overset{2}{C}=\overset{1}{C}H_2 \\ \mid \mid \mid \\ CH_3 CH_3 C_2H_5$$

5-甲基-1,3-己二烯　　　　4-甲基-2-乙基-1,3-戊二烯

若有顺/反异构体，还需标明其构型。例如：

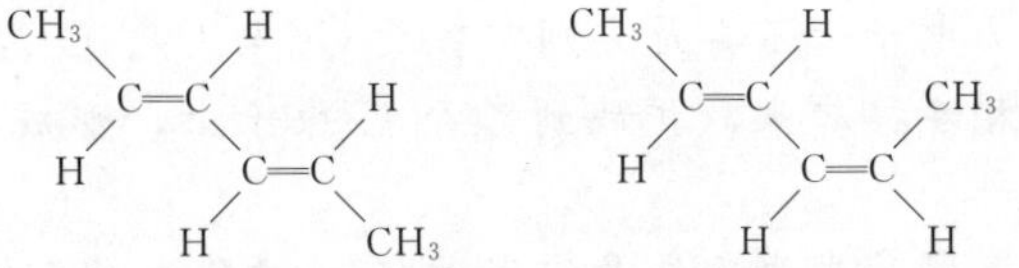

$$\begin{array}{cc} CH_3H & CH_3H \\ \diagdown\!\!\!/ & \diagdown\!\!\!/ \\ C=C & C=C \\ \diagup\diagdown & \diagup\diagdown \\ HC=CCH_3 & HC=CH \\ /\diagdown & /\diagdown \\ HH & HCH_3 \end{array}$$

反,反-2,4-己二烯　　　　顺,反-2,4-己二烯
或 (E,E)-2,4-己二烯　　或 (Z,E)-2,4-己二烯

【知识阅读】

共轭二烯烃的结构

最简单的共轭二烯烃是 1,3-丁二烯，实验测定，1,3-丁二烯（$CH_2=CH-CH=CH_2$）分子中的 4 个 C 原子和 6 个 H 原子都在同一个平面内，其键角和键长的数据如图 4-6 所示。

由于所有键角都接近 $120°$，所以这 4 个 C 原子是以 sp^2 轨道成键——互相以 sp^2 轨道形成 3 个 C—C σ键，并与 6 个 H 原子的 s 轨道形成 6 个 C—H σ键。4 个 C 原子、

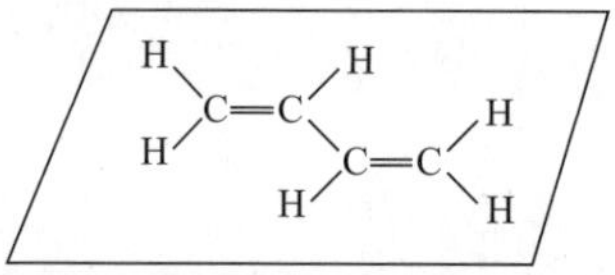

键角 ∠C═C—C 122°
键角 ∠C═C—H 125°
键长 C═C 双键 0.134nm
键长 C—C 单键 0.148nm

图 4-6　1,3-丁二烯分子的形状

6个H原子和9个σ键的键轴都在同一个平面内。每1个C原子还剩余1个p轨道（例如 p_z 轨道）和1个p电子（例如 p_z 电子）。这4个p轨道垂直于C原子核所在的平面，互相平行。结果是不仅 C_1 与 C_2 原子、C_3 与 C_4 原子的p轨道能够"肩并肩"地重叠，而且 C_2 与 C_3 原子的p轨道也能够"肩并肩"地重叠（虽然重叠得少些），使所有这4个C原子的p轨道都"肩并肩"地重叠起来，形成一个整体。在这个整体中有4个电子，形成一个包括4个原子、4个电子的共轭π键，如图4-7所示。

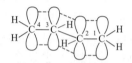 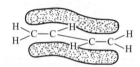

图 4-7　1,3-丁二烯分子中的共轭π键　　图 4-8　1,3-丁二烯分子中的π电子云

包括3个或3个以上原子的π键叫作共轭π键。共轭π键也叫作大π键。含有共轭π键的分子叫作共轭分子，共轭π键也叫作离域π键。这是因为形成共轭π键的电子并不是运动于相邻的两个原子之间，或者说，并不是定域于相邻的两个原子之间，而是离域扩展到共轭π键包括的所有原子之上。

如果从电子云的观点来看，在 $\overset{1}{C}H_2$═$\overset{2}{C}H$—$\overset{3}{C}H$═$\overset{4}{C}H_2$ 分子中，不仅 C_1 与 C_2 原子、C_3 与 C_4 原子的p电子云（例如 p_z 电子云）能够"肩并肩"地重叠，而且 C_2 与 C_3 原子的p电子云也能够"肩并肩"地重叠（虽然重叠得少些），从而使所有的p电子云都"肩并肩"地重叠起来，形成一个整体，如图4-8所示。也就是 C_1 与 C_2 原子、C_3 与 C_4 原子的π电子云不再是分别定域于 C_1 与 C_2、C_3 与 C_4 原子之间，而是发生了离域现象，互相连接起来，扩展到4个C原子上，形成一个共轭π键或离域π键。

由此可见，电子离域的先决条件是组成共轭π键的 sp^2 杂化碳原子必须共平面，否则离域将减弱，甚至不能产生。

1,3-丁二烯分子中虽然有共轭π键，但是1,3-丁二烯的分子构造一般仍用构造式 CH_2═CH—CH═CH_2 表示。当然采用这个构造式时，要知道1,3-丁二烯分子中具有共轭π键。

二、共轭二烯烃的化学性质

共轭二烯烃分子中含有 C═C—C═C 共轭π键。与 C═C 双键相似，C═C—C═C 共轭π键的化学性质主要是加成和聚合。以1,3-丁二烯为例，讲述共轭二烯烃的化学性质。

1. 加成反应

共轭二烯烃如1,3-丁二烯可以和卤素、卤化氢等发生亲电加成反应，也可以催化加氢。例如：

$$CH_2=CH-CH=CH_2 \begin{cases} \xrightarrow{Br_2} \underset{Br\ \ Br}{CH_2-CH-CH=CH_2} + \underset{Br\ \ \ \ \ \ \ \ \ \ Br}{CH_2-CH=CH-CH_2} \\ \xrightarrow{H_2} CH_3-CH_2-CH_2-CH_3 + CH_3-CH=CH-CH_3 \end{cases}$$

$$\qquad\qquad\qquad\qquad\quad 1,2\text{-加成} \qquad\qquad\qquad 1,4\text{-加成}$$

共轭二烯烃的加成产物有两种，一种是加到 C_1 和 C_2 上，称为1,2-加成；一种是加到 C_1 和 C_4 上，原来的双键消失，而在 C_2 和 C_3 间形成一个新的双键，称为1,4-加成。

共轭二烯烃加成时之所以有两种加成方式，是由于 π-π 共轭效应引起的。

【知识拓展】

动力学控制和热力学控制

共轭双键二烯烃发生的1,2-加成和1,4-加成是两个相互竞争的反应。温度较低时（-80℃），活性中间体碳正离子与 Br^- 的加成实际上是不可逆的。这时1,2-加成产物和1,4-加成产物的量决定于这两个反应的速率。1,2-加成的活化能较小，反应速率较大，所以1,2-加成产物生成的较多。对于两个互相竞争的不可逆反应，产物的量取决于反应的速率，这叫速率控制或动力学控制。

温度较高时（40℃），上述碳正离子与 Br^- 的加成变成可逆。此时生成的1,2-加成产物和1,4-加成产物互相转变，1,2-加成产物和1,4-加成产物最后以平衡混合物体系存在。由于1,4-加成产物分子中的超共轭作用较强，能量较低、较稳定，所以1,4-加成产物生成的较多。对于两个相互竞争的可逆反应，到达平衡时，产物的量决定于它们的能量。能量较低、稳定性较大的产物，其量较多，这叫平衡控制或热力学控制。

绝大多数的有机反应都是速率控制的。

---

2. 双烯合成（狄尔斯-阿尔德反应）

共轭二烯烃与含有碳碳双键（C=C）或碳碳三键（C≡C）的化合物可以发生1,4-加成反应，生成环状化合物，这叫作狄尔斯（O. Diels）-阿尔德（K. Alder）反应，或双烯合成。例如1,3-丁二烯与乙烯发生1,4-加成反应，生成环己烯：

$$\underset{}{\begin{matrix}CH_2\\ \|\\ CH\\ |\\ CH\\ \|\\ CH_2\end{matrix}} + \underset{}{\begin{matrix}CH_2\\ \|\\ CH_2\end{matrix}} \xrightarrow[17h]{165℃,90MPa} \text{环己烯（产率78%）}$$

在这个反应中，含有共轭双键的二烯烃叫作双烯体；含有 C=C（或 C≡C）键的烯类化合物（或炔类化合物）叫作亲双烯体。在亲双烯体的双键（或三键）碳原子上，如果带有强的拉电子的取代基（例如羰基、羧基等），反应则较易进行。例如：

$$\underset{}{\begin{matrix}CH_2\\ \|\\ CH\\ |\\ CH\\ \|\\ CH_2\end{matrix}} + \underset{\text{丙烯醛}}{\begin{matrix}CH=O\\ |\\ CH\\ \|\\ CH_2\end{matrix}} \xrightarrow{100℃} \underset{\text{产率100%}}{\text{[环己烯-CH=O]}}$$

$$\text{CH}_2=\text{CH}-\text{CH}=\text{CH}_2 + \text{顺丁烯二酸酐} \xrightarrow[\text{在苯中}]{20℃} \text{产率100\%}$$

狄尔斯-阿尔德反应是共轭二烯烃的一个特征反应。它既不是离子反应,也不是自由基反应,而是协同反应。其反应特征是:新键的生成和旧键的断裂同时发生并协同进行,不需要催化剂,一般只要求在光或热的作用下发生反应。上述反应可以用来制备六元环的环状化合物。

【知识链接】

共轭效应

1. 共轭效应

在单键和双键相互交替的共轭体系或其他共轭体系中,由于π电子的离域作用使分子更稳定、内能降低、键长趋于平均化,这种效应叫作共轭效应。

如乙烯中π键的两个p电子的运动范围局限在两个原子之间,这叫作定域的运动。在单双键交替出现的共轭分子如1,3-丁二烯中,可以看作两个孤立的双键重合在一起,p电子的运动范围不再局限在两个碳原子之间,而是扩充到四个碳原子之间,这叫作离域现象。

在这种共轭分子中任何一个原子受到外界试剂的作用,其他部分可以马上受到影响,如下所示:

$$\text{CH}_2=\text{CH}-\text{CH}=\text{CH}_2 \quad A^+$$

这种电子(以共轭效应的方式)通过共轭体系的传递,电子传递不受距离的限制。

共轭效应和诱导效应不同,诱导效应主要是通过键传递,而且传递二三个原子后迅速减弱到可以忽略不计;共轭效应主要通过π键传递,能从共轭体系的一端传递到较远的一端。共轭效应分静态共轭效应和动态共轭效应。静态共轭效应是在没有外界影响下表现出的一种内在性质。例如,苯分子中各碳原子共平面,相邻π键交叠而成共轭,使六个碳碳键的键长平均化,使体系趋于稳定。动态共轭效应是在外界条件(如试剂)影响下使分子中的电子云密度重新分配,分子的极性增大。例如,1,3-丁二烯跟卤化氢反应时,由于动态共轭效应使加成反应主要发生1,4-加成。如果共轭体系中的取代基能降低体系的电子云密度,则这些基团有拉电子共轭效应,也称为负共轭效应(-C),如$-NO_2$、$-CN$、$-COOH$、$-CHO$、$-COR$等。如果取代基能增加共轭体系的电子云密度,则这些基团有推电子的共轭效应,也称为正共轭效应(+C),如$-NH_2$、$-Cl$、$-OH$等。

$$\text{H}_2\text{C}=\text{CH}-\text{Cl} \qquad \text{H}_2\text{C}=\text{CH}-\text{CH}=\text{O}$$
正共轭效应(+C)　　　　　负共轭效应(-C)

2. 共轭效应与烷基的稳定性

在有机化学中,共轭是一个很重要的概念。应用共轭可以解释众多有机物种(如分子、离子和自由基)的稳定性,并通过它们来说明有机反应和反应机理。

(1) 碳正离子的稳定性

烷基正离子的稳定性顺序是:

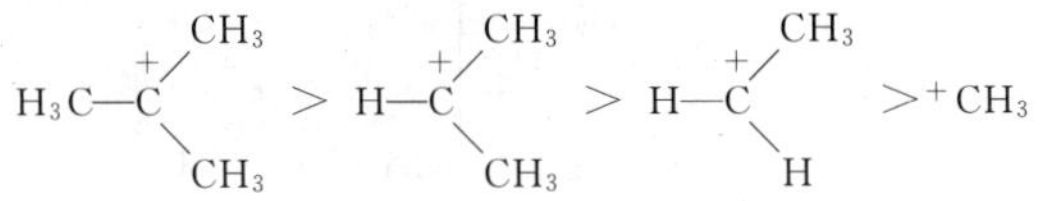

$$H_3C-\overset{CH_3}{\underset{CH_3}{\overset{|}{C^+}}} > H-\overset{CH_3}{\underset{CH_3}{\overset{|}{C^+}}} > H-\overset{CH_3}{\underset{H}{\overset{|}{C^+}}} > {}^+CH_3$$

即 $\quad 3°R^+ > 2°R^+ > 1°R^+ > {}^+CH_3$

可以用 CH_3 的推电子诱导效应进行说明。

实际上，碳正离子的稳定性既来自 CH_3 的推电子诱导效应，又来自 C—H 键推电子的超共轭效应（+C'）（正电荷被分散的程度次序）。

由 C—H 键+C' 效应分散了缺电子碳上的正电荷，降低了碳正离子的能量，从而稳定了碳正离子。超共轭作用越强，碳正离子的能量就越低，稳定性也就越大。这就解释了碳正离子的稳定性顺序。

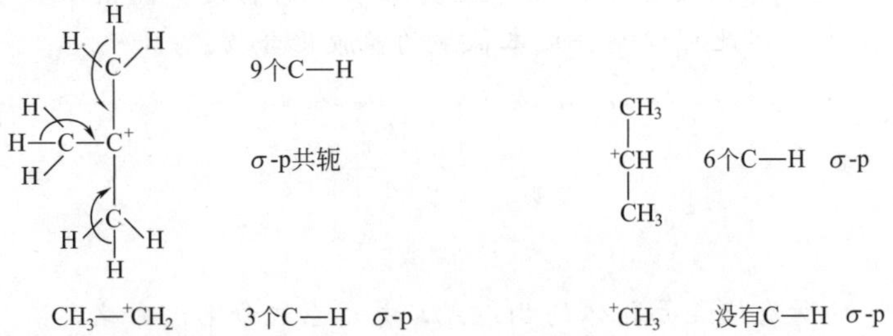

9个C—H   σ-p共轭

6个C—H   σ-p

$CH_3—{}^+CH_2$ 3个C—H   σ-p ${}^+CH_3$ 没有C—H   σ-p

（2）烷基自由基的稳定性

与烷基正离子相同，烷基自由基的稳定性顺序为：

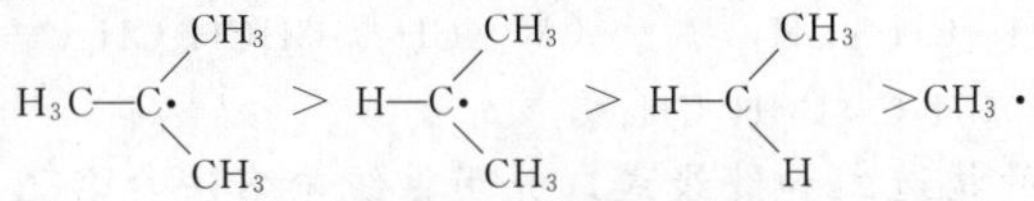

$$H_3C-\overset{CH_3}{\underset{CH_3}{\overset{|}{C\cdot}}} > H-\overset{CH_3}{\underset{CH_3}{\overset{|}{C\cdot}}} > H-\overset{CH_3}{\underset{H}{\overset{|}{C\cdot}}} > CH_3\cdot$$

即 $\quad 3°R\cdot > 2°R\cdot > 1°R\cdot > \cdot CH_3$

同理，烷基碳自由基的稳定性可由超共轭效应解释（碳自由基被分散的程度次序）。

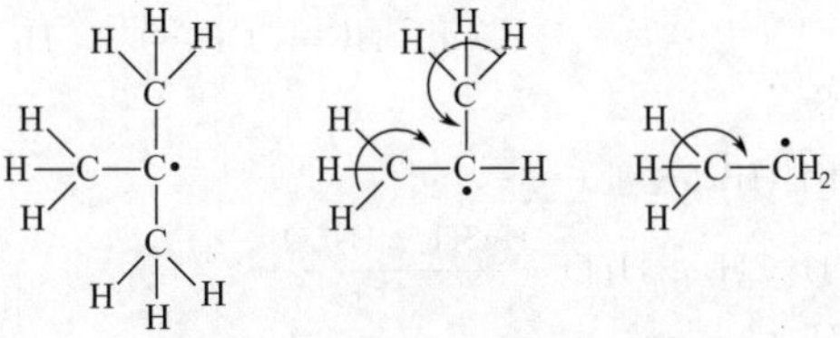

3. 聚合反应

共轭二烯烃可以进行聚合反应。1,4-聚合反应是生产合成橡胶的重要方法。

① 顺丁橡胶　在催化剂作用下，1,3-丁二烯聚合生成顺丁橡胶：

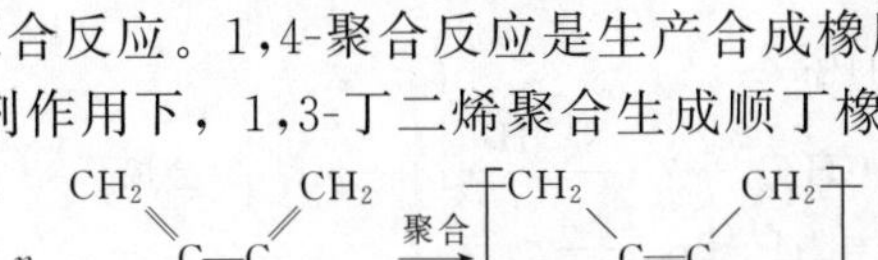

$$n\begin{array}{c}CH_2=CH-CH=CH_2\end{array} \xrightarrow{\text{聚合}} \left[\begin{array}{c}CH_2\\ \end{array}C=C\begin{array}{c}CH_2\\ \end{array}\right]_n$$

顺-1,4-聚丁二烯

【问题与思考】

1,3-丁二烯聚合时除 1,4-碳原子彼此连接外，还有别的连接方式吗？如何连接？

② 异戊橡胶 在催化剂作用下，异戊二烯聚合生成异戊橡胶：

$$n\begin{array}{c}CH_2\\\|\\C-C\\|\ \ \ \ \ |\\CH_3\ \ H\end{array}\begin{array}{c}CH_2\end{array}\xrightarrow{聚合}\left[\begin{array}{c}CH_2\ \ \ \ \ \ \ \ \ CH_2\\\ \ \ \ \diagdown\ \ \ \diagup\\C=C\\\diagup\ \ \ \ \ \diagdown\\CH_3\ \ \ \ \ \ \ \ H\end{array}\right]_n$$

顺-1,4-聚异戊二烯

【知识链接】

三元乙丙橡胶（EPDM）

三元乙丙橡胶（EPDM）是乙烯、丙烯以及非共轭二烯烃的三元共聚物，1963年开始商业化生产。每年全世界的消费量是 80 万吨。EPDM 最主要的特性就是其优越的耐氧化、抗臭氧和抗侵蚀的能力。由于三元乙丙橡胶属于聚烯烃家族，它具有极好的硫化特性。在所有橡胶当中，EPDM 具有最小的密度，能吸收大量的填料和油而对特性影响不大，因此可以制作成本低廉的橡胶化合物。

复习题

一、炔烃

1. 写出 C_6H_{10} 的所有炔烃异构体的构造式，并用系统命名法命名之。

2. 命名下列化合物。

   (1) $(CH_3)_3CC\equiv CCH_2C(CH_3)_3$ (2) $CH_3CH=CHCH(CH_3)C\equiv C-CH_3$

   (3) $HC\equiv C-CH=CH-CH=CH_2$ (4) $(CH_3)_2CHCH_2CH_2C\equiv C-CH_3$

   (5) $CH_3CH_2CH(CH_3)CH_2C\equiv CCH_2CH_3$

3. 写出下列化合物的构造式和键线式，并用系统命名法命名之。

   (1) 烯丙基乙炔 (2) 丙烯基乙炔 (3) 二叔丁基乙炔 (4) 异丙基仲丁基乙炔

4. 下列化合物是否存在顺/反异构体，如存在则写出其构造式。

   (1) $CH_3CH=CHC_2H_5$ (2) $CH_3CH=C=CHCH_3$

   (3) $CH_3C\equiv CCH_3$ (4) $HC\equiv CCH=CHCH_3$

5. 写出下列反应的产物。

   (1) $CH_3CH_2CH_2C\equiv CH + HBr(过量) \longrightarrow ?$

   (2) $CH_3CH_2CH_2C\equiv CCH_2CH_3 + H_2O \xrightarrow{HgSO_4 + H_2SO_4} ?$

   (3) $CH_3C\equiv CH + Ag(NH_3)_2^+ \longrightarrow ?$

   (4) $H_2C=C-CH=CH_2 \xrightarrow{聚合} ?$
       $\ \ \ \ \ \ \ |$
       $\ \ \ \ \ \ Cl$

   (5) $H_3C-C\equiv C-CH_3 + HBr \longrightarrow ?$

   (6) $CH_3CH=CH(CH_2)_2CH_3 \xrightarrow{Br_2} ? \xrightarrow{NaNH_2} ? \xrightarrow{?} 顺-2-己烯$

   (7) $H_2C=CH-CH_2-C\equiv CH + Br_2 \longrightarrow ?$

6. 用化学方法区别下列化合物。

   (1) 2-甲基丁烷、3-甲基-1-丁炔、3-甲基-1-丁烯

   (2) 1-戊炔、2-戊炔

7. 有一炔烃，分子式为 C_6H_{10}，当它加 H_2 后可生成 2-甲基戊烷，它与硝酸银溶液作用生成白色沉淀，请写出这一炔烃的构造式。

8. 某化合物的分子量为 82，每 1mol 该化合物可吸收 2mol H_2，当它和 $Ag(NH_3)_2^+$

溶液作用时，没有沉淀生成，当它吸收 1mol H_2 时，产物为 2,3-二甲基-1-丁烯，通过计算确定该化合物的构造式。

二、二烯烃

1. 用系统命名法命名下列化合物。

   (1) CH_2=$CHCH$=$C(CH_3)_2$ (2) CH_3CH=C=$C(CH_3)_2$

   (3) CH_2=$CHCH$=$\underset{\underset{CH_3}{|}}{C}$—$CH_3$ (4) 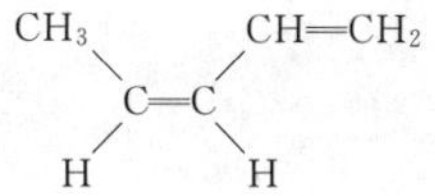 略

2. 下列化合物有无顺/反异构现象？若有，写出其顺/反异构体，并用 Z/E 命名法命名。

   (1) 2-甲基-1,3-丁二烯　(2) 1,3-戊二烯　(3) 3,5-辛二烯
   (4) 1,3,5-己三烯　(5) 2,3-戊二烯

3. 完成下列反应方程式。

   (1) 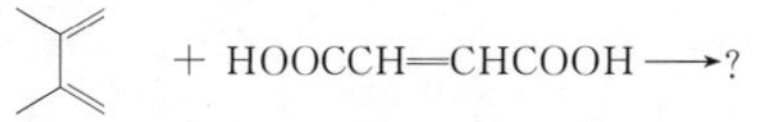 略 + HOOCCH=CHCOOH ⟶ ?

   (2) 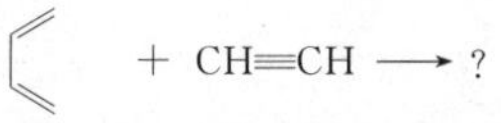 略 + CH≡CH ⟶ ?

   (3) 略 + $\underset{H}{\overset{H}{>}}C$=$C\underset{COOCH_3}{\overset{COOCH_3}{<}}$ ⟶ ?

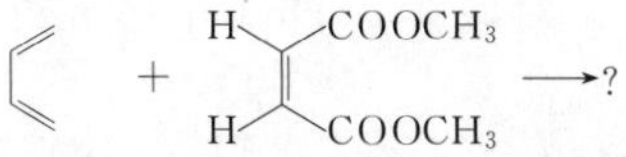

   (4) 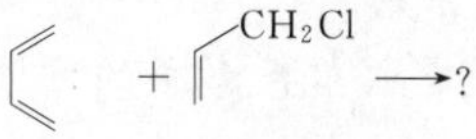 略 + CH_2Cl ⟶ ?

4. 1,2-丁二烯聚合时，除生成高分子聚合物外，还有一种二聚体生成。该二聚体可以发生如下的反应：

   (1) 还原后可以生成乙基环己烷；
   (2) 溴化时可以加上两分子溴；
   (3) 氧化时可以生成 β-羧基己二酸

   $$HOOCCH_2CHCH_2COOH$$
   $$\quad\quad\quad\quad|$$
   $$\quad\quad\quad COOH$$

   根据以上事实，试推测该二聚体的构造式，并写出各步反应式。

5. 某二烯烃和一分子 Br_2 加成的结果生成 2,5-二溴-3-己烯，该二烯烃经臭氧化还原分解而生成两分子 CH_3CHO 和一分子 H—$\overset{\overset{O}{\|}}{C}$—$\overset{\overset{O}{\|}}{C}$—$H$。

   (1) 写出该二烯烃的构造式。
   (2) 若上述二溴加成物再加一分子溴，得到的产物是什么？

第五章 旋光异构

 知识目标

1. 熟悉立体（光学）异构、对称因素、手性碳原子、对映体、内（外）消旋体等基本概念；
2. 了解物质产生旋光性的原因，对映异构与分子结构的关系；
3. 掌握构型的表示方法（D/L 和 R/S 标记法）；掌握书写费歇尔投影式的方法。

 能力、思政与职业素养目标

1. 能利用投影法和透视式表示分子构型；
2. 能利用 R/S 构型标记法标记化合物构型；
3. 能分析不同构型的同一化合物的性质区别；
4. 了解手性药物的研发，培养勇于创新的探索精神。

第一节 物质的旋光性

一、平面偏振光和物质的旋光性

1. 平面偏振光

光波是一种电磁波，它的振动方向与前进方向垂直（见图 5-1）。在光前进的方向上放一个棱镜或人造偏振片，只允许与棱镜镜轴互相平行的平面上振动的光线透过棱镜，而在其他平面上振动的光线则被挡住。这种只在一个平面上振动的光称为平面偏振光，简称偏振光或偏光，如图 5-2 所示。

 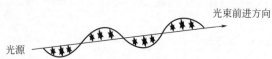

(a) 普通光的振动平面　　　　　　　　(b) 光的前进方向与振动方向

图 5-1　普通光的传播

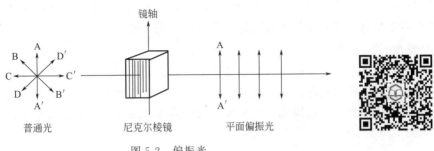

图 5-2 偏振光

2. 旋光物质和非旋光物质

若把偏振光透过一些物质（液体或溶液），有些物质如水、酒精等对光不发生影响，偏振光仍维持原来的振动平面，如图 5-3(a) 所示；但有的物质如乳酸、葡萄糖等，能使偏振光的振动平面旋转一定的角度（α）。如图 5-3(b) 所示。

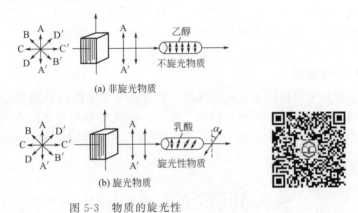

图 5-3 物质的旋光性

能使平面偏振光振动平面旋转的现象称为物质的旋光性，具有旋光性的物质称为旋光性物质（也称为光活性物质）。能使偏振光振动平面向右旋转的物质称为右旋体，能使偏振光振动平面向左旋转的物质称为左旋体，使偏振光振动平面旋转的角度称为旋光度，用 α 表示。

二、旋光度和比旋光度

1. 旋光仪

测定化合物的旋光度是用旋光仪。旋光仪主要由两个尼克尔棱镜（起偏棱镜和检偏棱镜）、一个盛液管、一个目镜、一个刻度盘和一个单色光源组装而成的，如图 5-4 所示。

图 5-4 旋光仪示意

若盛液管中为旋光性物质，当偏振光透过该物质时会使偏振光向左或向右旋转一定的角度，如要使旋转一定的角度后的偏振光能透过检偏镜光栅，则必须将检偏镜旋转一定的角度，目镜处视野才明亮，测其旋转的角度即为该物质的旋光度 α。

2. 比旋光度

旋光性物质的旋光度大小取决于该物质的分子结构，并与测定时溶液的浓度、盛液管的长度、测定时的温度、所用光源波长等因素有关。为了比较各种不同旋光性物质的旋光度大小，一般用比旋光度来表示。比旋光度与从旋光仪中读到的旋光度 α 的关系如下：

$$[\alpha]_\lambda^t = \alpha/cl$$

式中，c 为被测溶液的浓度，g/mL；l 为盛液管的长度，dm；t 为测定时的温度，一般为 15～30℃；λ 为光源波长。

在一定条件下，不同旋光性物质的比旋光度是一个常数。

当物质溶液的浓度为 1g/mL，盛液管的长度为 1dm 时，所测物质的旋光度即为比旋光度。若所测物质为纯液体，计算比旋光度时，只要把公式中的 c 换成液体的密度 d 即可。

最常用的光源是钠光（D），$\lambda = 589.3$nm，所测得的旋光度记为 $[\alpha]_D^{20}$，所用溶剂不同也会影响物质的旋光度。因此在不用水为溶剂时，需注明溶剂的名称，例如，右旋的酒石酸在 5% 的乙醇中其比旋光度为：$[\alpha]_D^{20} = +3.79$（乙醇，5%）。

3. 产生旋光性的原因

光是一种电磁波，平面偏振光也是电磁波，它可以看作是由两种圆偏振光合并组成的。它们都围绕着光前进方向的轴呈螺旋形向前传播，一般规定若先沿 OE 方向传播，从 E 点向 O 点看过去，螺旋前进是顺时针时，称为右旋圆偏振光；反之，称为左旋圆偏振光，如图 5-5 所示。

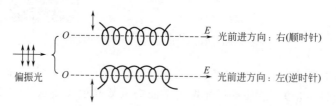

图 5-5 右旋圆偏振光与左旋圆偏振光

这两种光互为不能重叠的镜像关系。

当偏振光经过一个对称的区域时，这两种圆偏振光受到分子的阻碍相等，所以它们以相同的速率经过这个区域，因此，合成光仍保持原来偏振光的振动平面，不表现出旋光性，如图 5-6 所示。

平面偏振光通过光学活性介质时，这两种圆偏振光受到分子的阻碍不等，它们以不同的速率经过这个区域，所以产生旋光，如图 5-7 所示。

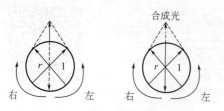

图 5-6 偏振光经过对称区域

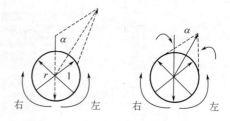

图 5-7 偏振光经过光学活性介质

由上述讨论可知，旋光产生的根本原因是因为入射光的左旋圆、右旋圆偏振光在手性介质中的传播速率不同。如：右旋圆偏振光对右旋乳酸的折射率为 1.10011，而左旋圆偏振光对右旋乳酸的折射率为 1.10017。

第二节　分子的手性和对映体

一、分子的手性

把左手放到镜面前，左手的镜像与右手相同。左、右手的关系是实物与镜像的关系——相对映而不重合。这种物质与镜像相对映而不重合的特点称为手性或称为手性征，这种特点也存在于微观世界的分子中。某些化合物的分子也具有手性。

以乳酸（CH_3—CHOH—COOH）为例来讨论。乳酸分子中的 α-碳原子连接有四个不同的原子或基团，它在空间的排列有两种，如图 5-8 所示。

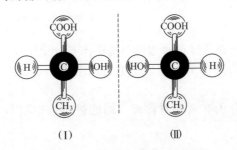

图 5-8　两种不同构型的乳酸球棒模型示意

这两种乳酸分子彼此不能重合，它们不是同一化合物。其中（Ⅰ）是从肌肉中得来的右旋乳酸，比旋光度 $[\alpha]_D^{20}=+3.82°$（水）；（Ⅱ）是蔗糖用芽孢杆菌发酵产生的左旋乳酸，比旋光度是 $[\alpha]_D^{20}=-3.82°$（水）。

乳酸（$CH_3C^*HOHCOOH$）分子中心碳原子上连有四个不同的原子和基团（H、CH_3、OH 和 COOH），这样的碳原子具有不对称性，称为不对称碳原子或手性碳原子，用"*"表示。乳酸分子具有手性，是手性分子。例如下面分子中，用"*"号标出的碳原子都是和四个不同的基团相连的，这个碳原子就叫手性碳原子。

$$CH_3-\overset{*}{C}H-CH_2-CH_3 \quad CH_3-\overset{*}{C}H-COOH \quad CH_3-\overset{*}{C}H-\overset{CH_3}{\underset{|}{C}}H-CH_3 \quad CH_3-\overset{*}{C}H-COOH \quad C_6H_5-\overset{*}{C}H-CH_3$$
$$Br OH OH NH_2 Cl$$

> **【问题与思考】**
> 利用球棍模型或橡皮泥和火柴棍，拼接乳酸、乙醇等分子结构，体会手性分子的概念。

二、对称因素

凡是含有一个手性碳原子的有机化合物分子都具有手性，是手性分子。

对复杂的分子，物质分子能否与其镜像完全重叠（是否有手性），可从分子中有无对称因素来判断，最常见的分子对称因素有对称面和对称中心。

1. 对称面

假设分子中有一平面能把分子切成互为镜像的两半，该平面就是分子的对称面，例如：甲烷有六个对称面，即通过四面体每条棱与中心碳原子的平面。三氯甲烷有三个对称面，即通过四面体和氢原子相连的每条棱与中心碳原子的平面（见图 5-9）。

(a) 甲烷
(六个对称面)

(b) 三氯甲烷
(三个对称面)

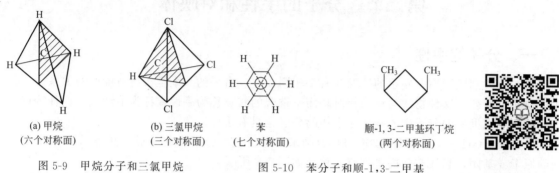

图 5-9 甲烷分子和三氯甲烷分子的对称面

苯
(七个对称面)

顺-1, 3-二甲基环丁烷
(两个对称面)

图 5-10 苯分子和顺-1,3-二甲基环丁烷分子的对称面

苯分子有七个对称面，即通过正六边形对边中点与分子平面垂直的三个平面，通过正六边形对角与分子平面垂直的三个平面，另一个是六个碳原子、六个氢原子所在的分子平面（见图 5-10）。

顺-1,3-二甲基环丁烷分子有两个对称面，即通过四边形对角与四边形平面垂直的两个平面。

2. 对称中心

若分子中有一点"i"，分子中任何一个原子或基团与 i 点连线，在其延长线的相等距离处都能遇到相同的原子或基团，i 点是该分子的对称中心，如图 5-11 所示。

苯　反-1, 3-二甲基环丁烷　反-2, 3-二氯-2-丁烯

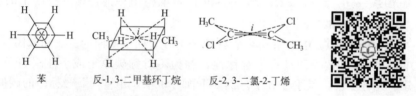

图 5-11 部分具有对称中心的分子

苯、反-1,3-二甲基环丁烷和反-2,3-二氯-2-丁烯都有对称中心。

具有对称面、对称中心的分子都是非手性分子，其与镜像能重合。物质分子在结构上具有对称面或对称中心的就无手性，因而没有旋光性。物质分子在结构上既无对称面，也无对称中心的，就具有手性，因而有旋光性。

三、对映体和外消旋体

1. 对映体

含有一个手性碳原子的化合物一定是手性分子，具有两种不同的构型，是互为物体与镜像关系的立体异构体，称为对映异构体（简称为对映体）。

对映异构体都有旋光性，其中一个是左旋的，一个是右旋的，所以对映异构体又称为旋光异构体。

对映异构体物理性质和化学性质一般都相同，例如乳酸的对映体的物理化学性质都相

同，如表 5-1 所示。

表 5-1 乳酸对映体的性质比较

化合物构型	熔点/℃	比旋光度$[\alpha]_D^{20}$（水）	pK_a（25℃）
（+）	53	+3.82°	3.79
（-）	53	-38.2°	3.79

对映体在手性环境条件下也会表现出某些不同的性质，如手性试剂、手性溶剂、手性催化剂存在下会表现出某些不同的性质。例如，当它们与手性试剂反应时，两个对映体的反应速率有差异。在有些情况下差异还很大，甚至有的对映体中的一个异构体一点反应也不发生。例如生物体中非常重要的催化剂酶具有很高的手性，因此许多可以受酶影响的化合物，其对映体的生理作用表现出很大的差异。如（+）葡萄糖在动物代谢中能起独特的作用，有营养价值，但其对映体（-）葡萄糖则不能被动物代谢；又如左旋氯霉素具有抗菌作用，其对映体则无疗效。

2. 外消旋体

等量的左旋体和右旋体的混合物称为外消旋体，它们对偏振光的作用相互抵消，所以没有旋光性，一般用（±）来表示。外消旋体的物理性质与左旋体和右旋体不同，例如（+）乳酸和（-）乳酸的熔点为53℃，而外消旋体的熔点为18℃；但其化学性质基本相同；在生理作用方面，外消旋体仍各自发挥其所含左旋体和右旋体的相应效能。例如：合霉素的抗生长能力仅为左旋氯霉素的一半。外消旋体与对映体的性质比较如表 5-2 所示。

表 5-2 外消旋体与对映体的性质比较（以乳酸为例）

项目	旋光性	物理性质	化学性质	生理作用
外消旋体	不旋光	熔点 18℃	基本相同	各自发挥其左右旋体的生理功能
对映体	旋光	熔点 53℃	基本相同	

许多旋光物质是从自然界生物体内分离出来的，但由合成方法得到的旋光物质，通常多是外消旋体。而具有光学活性的药物，常常只有一种旋光异构体有显著疗效，如氯霉素有四个旋光异构体，但只有左旋氯霉素（1R，2R）具有抗菌作用，其他对映体无作用。因此，需要进行外消旋体的拆分。外消旋体拆分的方法有多种，如化学拆分法、诱导结晶法、生化拆分法等。

第三节 含一个手性碳原子化合物的对映异构体

一、手性碳的构型表示与标记

手性碳的构型表示式要求能把分子中原子或基团在空间的排列清楚而简洁地表示出来。

1. 球棍式

如图 5-8 所示，把碳原子、与碳相连的原子或基团画成球，标出化学符号，用棒表示共价键。这种表示清楚、直观，但书写麻烦。

2. 立体透视式（楔形式和透视式）

如图 5-12 所示，把手性碳放在纸面上，用粗实楔线（━）连接的原子或基团在纸面前，用粗虚楔线（┈┈）连接的原子或基团在纸面后，用细实线（—）连接的原子与基团在纸面上。这种表示清楚、直观，但书写也很麻烦。如：

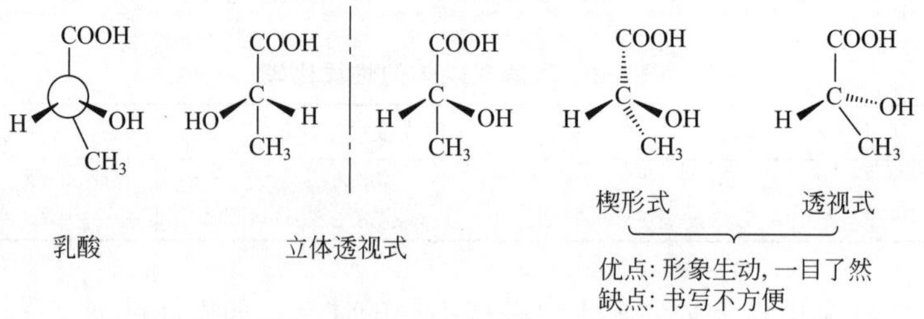

图 5-12 乳酸分子立体透视式

3. 费歇尔投影式（Fischer）

费歇尔投影式是采用投影的方法将分子的构型表示在纸面上。投影的规则是，手性碳原子置于纸面上，用横竖两线的交点代表这个手性碳原子，横向的两个原子或基团指向纸面的前面，竖向的两个原子或基团指向纸面的后面。投影时，把含手性碳原子的主链放在竖向方向，并把命名时编号最小的碳原子放在上端，如图 5-13 所示。

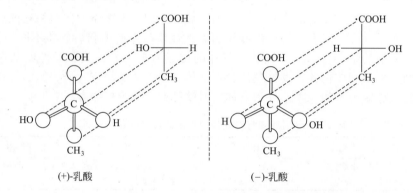

图 5-13 乳酸对映体的费歇尔投影式

使用费歇尔投影式时，要注意投影式不能离开纸面而翻转，可以在纸面上旋转 180°而不能旋转 90°或 270°，投影式在纸平面上旋转 180°，仍为原构型。

二、D/L 构型标记法

D/L（Dextro 和 Leavo 的字首，D 意为"右"，L 意为"左"）标记法是以甘油醛（2,3-二羟基丙醛，$CH_2OHCHOHCHO$）为参考标准。

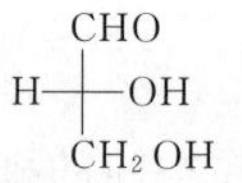

$$\begin{array}{cc} \text{CHO} & \text{CHO} \\ \text{H}\!\!-\!\!\!\!-\!\!\text{OH} & \text{HO}\!\!-\!\!\!\!-\!\!\text{H} \\ \text{CH}_2\text{OH} & \text{CH}_2\text{OH} \\ \text{I} & \text{II} \\ \text{D-(+)甘油醛} & \text{L-(-)甘油醛} \end{array}$$

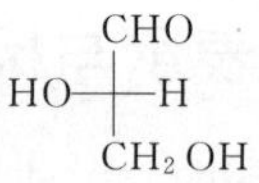

在费歇尔投影式中，手性碳上的—OH 在右边的（Ⅰ）规定为 D-构型，—OH 在左边的（Ⅱ）规定为 L-构型。

其他化合物在保持手性碳构型不变的化学转化过程中，可由 D-构型甘油醛转化来的化合物就是 D-构型的，可由 L-构型甘油醛转化来的化合物就是 L-构型的。

从 D-甘油醛氧化得到的甘油酸是 D-构型，从 L-甘油醛氧化得到的甘油酸是 L-构型。因为在氧化过程中不涉及手性碳的构型。

$$\underset{\text{D-(+)-甘油醛}}{\overset{\text{CHO}}{\underset{\text{CH}_2\text{OH}}{\text{H}{-}{-}\text{OH}}}} \xrightarrow[\text{水解}]{\text{HgO}} \underset{\text{D-(-)-甘油酸}}{\overset{\text{COOH}}{\underset{\text{CH}_2\text{OH}}{\text{H}{-}{-}\text{OH}}}}$$

D/L-构型标记法一直沿用至今，如糖和氨基酸的构型标记仍采用此法，但它有一定的局限性，有些化合物很难与标准化合物进行相互联系，如环状化合物。此外，分子中含有多个手性碳原子的化合物，进行构型标记时会得出相互矛盾的结果。

【知识拓展】

相对构型和绝对构型

以甘油醛为标准确定的 D-构型和 L-构型是人为规定的，并不是实际测出的，所以称为相对构型；1951 年比沃埃（J. M. Bijvoet）用 X 射线衍射法成功地测定了某些异构体的真实构型（绝对构型），发现人为规定的甘油醛的相对构型恰好与真实情况完全相符，所以相对构型也就成为它的绝对构型。

三、R/S 构型标记法

1970 年国际上根据 IUPAC 的建议，构型的命名采用 R/S 法，这种命名法根据化合物的实际构型或投影式就可命名。

R/S 命名规则：按次序规则将手性碳原子上的四个原子或基团排序。a＞b＞c＞d，把最不优的原子或基团 d 远离观察者，a、b、c 朝向观察者。观察其余三个基团由大→中→小的顺序，若是顺时针方向，则其构型为 R（拉丁文 *Rectus* 的字头，表示右）；若是反时针方向，则构型为 S（拉丁文 *Sinister* 的字头，表示左），如图 5-14 所示。R/S 标记法是广泛使用的方法。

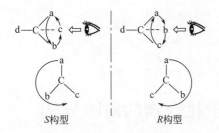

图 5-14 确定 R/S 构型的方法

若 a→b→c 是顺时针方向转，手性碳原子为 R-构型，用 R 表示；若 a→b→c 是逆时针方向转，手性碳原子为 S-构型，用 S 表示。

例如，用 D/L 标记的 D-甘油醛、L-甘油醛在 R/S 标记中分别为 S-构型和 R-构型：

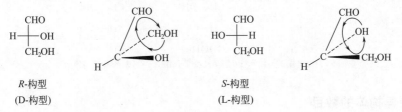

甘油醛的 R/S-构型

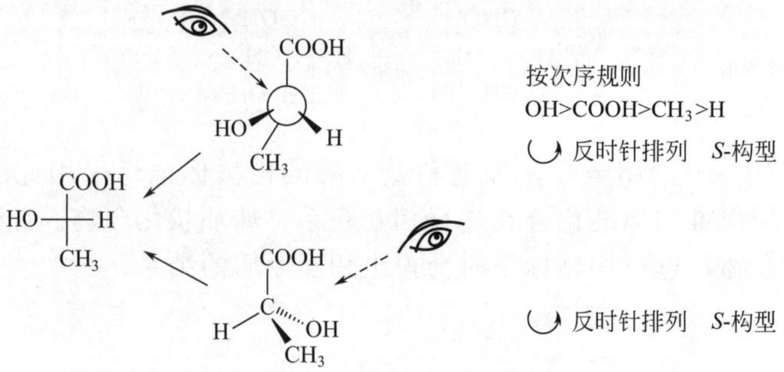

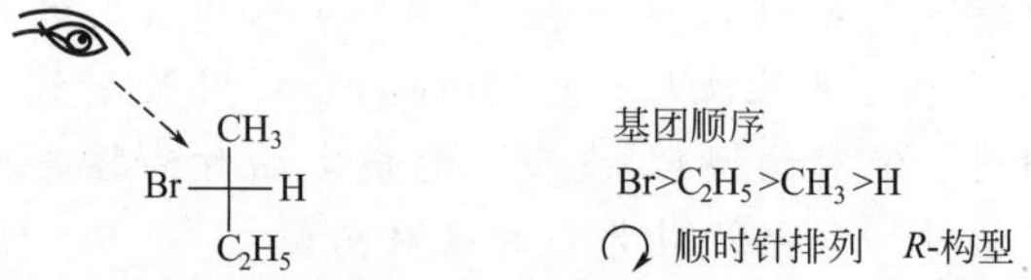

需要说明的是，D-构型不一定是 R-构型，L-构型也不全是 S-构型；D/L 构型标记中，在化学转化过程中手性中心构型不变化，产物构型标记不变化；R/S 构型标记中，在化学转化过程中即使手性中心构型不改变，产物构型的标记也有可能改变。如：

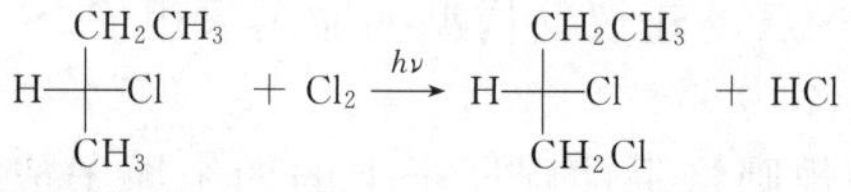

已明确构型的手性化合物在命名时要将（R）、（S）或 D、L 放到名称前并于名称间用半字线"-"隔开。

如果分子中有多个手性碳，要分别判断每个手性碳的构型是 R 或 S。命名时将手性碳位置与 R 或 S 一起放在括号内，写到名称前面。例如：

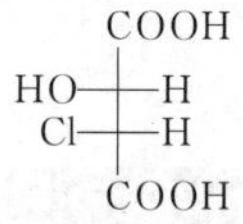

(2R,3S)-2-羟基-3-氯丁二酸 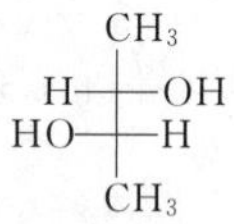   (2S,3S)-2,3-丁二醇

第四节　含两个手性碳原子化合物的对映异构

一、含两个不同手性碳原子的化合物

这类化合物中两个手性碳原子所连的四个基团不完全相同。例如：

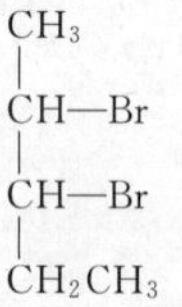

2,3-二溴戊烷 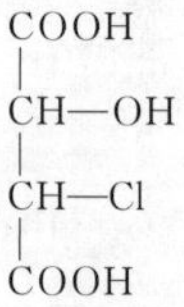　　2-羟基-3-氯丁二酸　　3-苯基-2-丁醇
　　　　　　　　（氯代苹果酸）

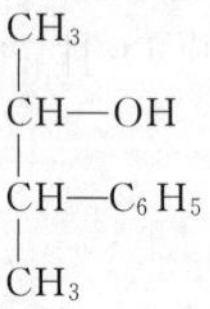

1. 对映异构体的数目

乳酸含有一个手性碳原子，有一对对映体。一般地说，分子中含手性碳原子的数目越多，旋光异构体也越多。如分子中含有两个不相同的手性碳原子时，与它们相连的原子或基

团，可有四种不同的空间排列形式，即存在四个旋光异构体。例如，三羟基丁醛（赤藓糖）是一种含有四个碳原子的糖类，分子中有两个不相同的手性碳原子。

$$\underset{OH}{CH_2}-\overset{*}{\underset{OH}{CH}}-\overset{*}{\underset{OH}{CH}}-\overset{O}{\underset{H}{C}}$$

C2：—H，—CHO，—OH，—CH(OH)CH₂OH
C3：—H，—CH₂OH，—OH，—CH(OH)CHO

它有四个对映异构体，其费歇尔投影式如下：

```
    O  H           H  O           O  H           H  O
     \\//           \\//           \\//           \\//
      C              C              C              C
 H—C—OH       HO—C—H         HO—C—H          H—C—OH
 H—C—OH       HO—C—H          H—C—OH         HO—C—H
     CH₂OH          CH₂OH          CH₂OH          CH₂OH
     （Ⅰ）           （Ⅱ）           （Ⅲ）           （Ⅳ）
  D-(−)-赤藓糖    L-(+)-赤藓糖    D-(−)-苏阿糖    L-(+)-苏阿糖
   (2R,3R)       (2S,3S)        (2S,3R)         (2R,3S)
   └──对映体──┘                └──对映体──┘
              └───────非对映体───────┘
```

由上可知，含有一个手性碳原子的化合物有两个旋光异构体，含有两个不相同手性碳原子的化合物有四个旋光异构体。依此类推，含有不相同手性碳原子的旋光异构体的数目应为 2^n（n 为不同手性碳原子的数目）。

在三羟基丁醛的四个旋光异构体中，（Ⅰ）和（Ⅱ）、（Ⅲ）和（Ⅳ）均存在实物和镜像关系，各构成一对对映体，对映体等量混合则各组成一个外消旋体。（Ⅰ）和（Ⅲ）或（Ⅳ），（Ⅱ）和（Ⅲ）或（Ⅳ）都不是实物和镜像关系，称"非对映异构体"，简称"非对映体"，非对映体的旋光度不同，其他物理性质如熔点、沸点、溶解度也不一样。

再如，氯代苹果酸也含有两个不相同的手性碳原子，其费歇尔投影式如下：

```
     COOH          COOH          COOH          COOH
  H—C—OH        HO—C—H        H—C—OH        HO—C—H
  H—C—Cl        Cl—C—H        Cl—C—H        H—C—Cl
     COOH          COOH          COOH          COOH
    （Ⅰ′）  对映体  （Ⅱ′）        （Ⅲ′）  对映体  （Ⅳ′）

熔点   173℃         173℃          167℃         167℃
[α]²⁰_D −7.1°       +7.1°         −9.3°        +9.3°

(±)    外消旋体 熔点145℃        外消旋体 熔点157℃
              └──────────非对映体──────────┘
```

同样（Ⅰ′）和（Ⅲ′）或（Ⅳ′），（Ⅱ′）和（Ⅲ′）或（Ⅳ′）都不是实物和镜像关系，也是非对映异构体。

2. 非对映体

不呈物体与镜像关系的立体异构体叫作非对映体。分子中有两个以上手性中心时，就有非对映异构现象。

非对映异构体的特征：物理性质不同（熔点、沸点、溶解度等）；比旋光度不同；旋光方向可能相同也可能不同；化学性质相似，但反应速率有差异。

二、含两个相同手性碳原子的化合物

在这类化合物中，两个手性碳原子所连的四个基团是完全相同的，例如：

$$\begin{array}{c} COOH \\ | \\ {}^*CHOH \\ | \\ {}^*CHOH \\ | \\ COOH \end{array} \quad 酒石酸$$

酒石酸分子中两个手性碳原子都和—H、—OH、—COOH、$\begin{array}{c}-CHOH\\|\\COOH\end{array}$ 四个基团相连接，它也可写出四个构型的费歇尔投影式：

COOH	COOH	COOH	COOH
H—OH	HO—H	H—OH	HO—H
HO—H	H—OH	H—OH	HO—H
COOH	COOH	COOH	COOH
Ⅰ 右旋体	Ⅱ 左旋体	Ⅲ 内消旋体	Ⅳ
		同一物体	

熔点/℃	170	170	140
溶解度/(g/100g)	139	139	125
$[\alpha]_D^{25}$(20%水)	+12°	−12°	—

Ⅰ和Ⅱ是对映体，它们等量混合可以组成外消旋体。Ⅲ和Ⅳ也呈镜像关系，似乎也是对映体，但如果把Ⅲ在纸面上旋转180°后即得到Ⅳ，因此它们实际上是同一种物质。

从化合物Ⅲ的构型看，如果在下列投影式虚线处放一镜面，那么分子上半部分正好是下半部分的镜像，说明这个分子内有一对称面。

$$\begin{array}{c} COOH \\ H—OH \\ \text{------镜面------对称面} \\ H—OH \\ COOH \end{array} \quad 实验测得此化合物不具有旋光性$$

像这种由于分子内含有相同的手性碳原子，分子的两个半部分互为物体与镜像关系，从而使分子内部旋光性相互抵消的非光学活性化合物称为内消旋体，用 meso 表示。因此酒石酸仅有三种异构体，即右旋体、左旋体和内消旋体。内消旋体酒石酸和左旋体或右旋体之间不呈镜像关系，属非对映体。内消旋体和外消旋体虽然都不具有旋光性，但它们有着本质不同，内消旋体是一种纯物质，它不像外消旋体那样可以分离成具有旋光性的两种物质。

【知识链接】

旋光异构体的性质差异

一对对映体之间有许多相同的性质。在化学性质上，除了与手性试剂反应外，对映体的化学性质是相同的，一对对映体分别与普通试剂（如酸碱等非手性试剂）作用，两者的反应速率是相同的。在物理性质方面，除了旋光方向相反外，其他物理性质均相同。非对映体的物理性质则不相同。外消旋体不同于任意两种物质的混合物，它具有固定的熔点，而且熔点范围很窄。各种酒石酸的一些物理常数见表 5-3。

一对对映体之间在生物活性、毒性等方面有很大的差别。例如，在人体细胞中，对映体中的一种构型能被人体细胞所识别而发生作用，是有生理活性的；但另一种构

表 5-3　酒石酸的一些物理常数

酒石酸	熔点/℃	$[\alpha]_D^{25}$（水）	溶解度/(g/100g)	pK_{a1}	pK_{a2}
左旋体	170	+12°	139	2.96	2.96
右旋体	170	-12°	139	2.96	4.16
外消旋体	204	0°	20.6	2.96	4.16
内消旋体	140	0°	125	3.11	4.80

型却不能被人体细胞所识别，没有生理活性，甚至是有害的。手性药物的两种构型，一种具有活性，另一种没有活性的现象是非常普遍的。例如，药物多巴（Dopa）分子中有一个手性碳原子，存在着两种构型：一种构型对人体无生理效应，另一种构型却被广泛用于治疗中枢神经系统的一种慢性病——帕金森病。

无疗效　　　　　　　有疗效

复习题

1. 将 500mg 的可的松溶解在 100mL 的乙醇中，在 25cm 的测定管中测得的旋光度为 +2.16°，请计算可的松的比旋光度。

2. 某物质溶于乙醇，质量浓度为 140g/L：①取部分溶液在 5cm 长的盛液管中，在 20℃用钠光作光源测得其旋光度为 +2.1°，试计算该物质的比旋光度；②把同样的溶液放在 10cm 长的盛液管中，预测其旋光度；③如果把 10mL 上述溶液稀释到 20mL，然后放在 5cm 的盛液管中，预测其旋光度。

3. 下列化合物有无手性碳原子？请用"*"标出。

(1) CH₃CH₂CHCH₂CH₂Cl　(2) CH₃CHOHCHClCHO　(3) 　(4) CH₂COOH|CHOH|CH₂COOH
　　　　　　　|
　　　　　　Cl

4. 下列化合物中哪些是同一物质？哪些是对映体？请命名。

5. 将 (S)-2-氯丙醛沿纸平面旋转 n 次 90°；或分子中基团位置任意互换奇数次，其构型有无变化？

6. 下列化合物中，哪些代表同一化合物，哪些互为对映体，哪些是内消旋体？

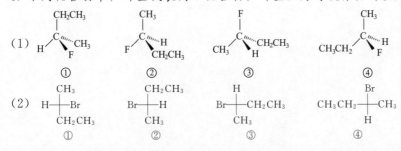

(3)

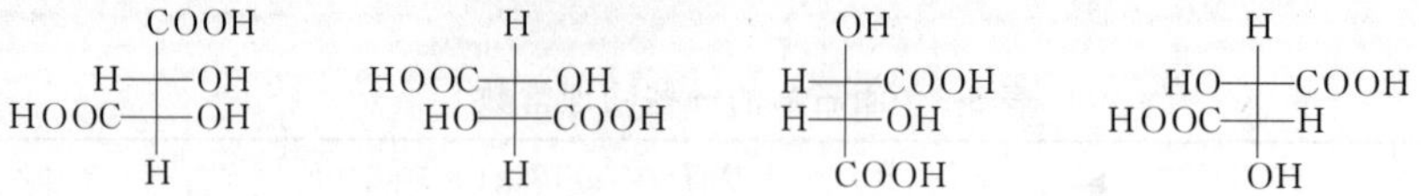

```
    COOH              H                OH               H
H ──┼── OH      HOOC ──┼── OH     H ──┼── COOH    HO ──┼── COOH
HOOC ──┼── OH     HO ──┼── COOH    H ──┼── OH     HOOC ──┼── H
     H                H               COOH             OH
     ①                ②                ③                ④
```

7. 写出下列化合物的费歇尔投影式。

(1) D-2-溴丁酸

(2) (R)-3-甲基-4-苯丁烯

(3) (2S,3R)-3-氯-2-溴己烷

(4) (2Z,4S,5S)-4,5-二甲基-3-碘-2-庚烯

8. 画出下列各化合物所有可能的光学异构体的构造式，标明成对的对映体和内消旋体，以 R、S 标定它们的构型。

(1)  $CH_3CH_2CHCH_2CH_3$
         $|$
         Br

(2) $CH_3CHBr-CHOH-CH_3$

(3) $C_6H_5-CH(CH_3)-CH(CH_3)-C_6H_5$

(4) $CH_3-CHOH-CHOH-CH_3$

第六章 脂环烃

 知识目标

1. 熟悉环烷烃的定义、同分异构体及简单命名；
2. 掌握环烷烃的性质；理解环烷烃分子结构与环的稳定性的关系；
3. 掌握环己烷及衍生物构象的概念，理解其构象的稳定性。

 能力、思政与职业素养目标

1. 能利用小环烷烃的结构特征解释其化学性质特性；
2. 能利用小环烷烃的化学特性鉴别有机物；
3. 能分析环烷烃在工业生产中的广泛用途；
4. 对环己烷两种空间构象稳定性比较，树立实事求是的科学态度；
5. 通过环烷烃主环碳原子的编码规则，培养学生懂得遵从秩序与规范的文明职业行为。

第一节 脂环烃的分类和命名

脂环烃是指由碳和氢元素组成且性质和脂肪烃相似的碳环化合物。

一、脂环烃的分类

1. 根据环上碳原子的饱和程度可分为：① 饱和脂环烃（环烷烃），如环己烷（ ）；② 不饱和脂环烃，如环烯烃，有环己烯（ ）；又如环炔烃，有环己炔（ ）。

2. 根据环上碳原子数目多少来分类。碳原子为 3~4 个的叫小环烃；碳原子数为 5~7 个的叫普通环烃；碳原子数为 8~12 个的为中环烃；碳原子数为 12 个以上的叫大环烃。

3. 根据环的数目，脂环烃分为单环烃、二环烃和多环烃。

二、脂环烃的命名

1. 根据分子中成环碳原子的数目，称为环某烷。例如：

环丙烷 CH₂—CH₂—CH₂ 简式 △

环己烷 (CH₂)₆ 简式 ⬡

2. 含简单支链的环烷烃命名时将环作母体，支链为取代基，编号时，使环上取代基的位次尽可能最小。有两个以上不同的取代基时，取代基位次按"最低系列"原则列出，基团顺序按"次序规则"小的优先列出。以含碳最少的取代基作为1位。把取代基的名称写在环烷烃的前面。例如：

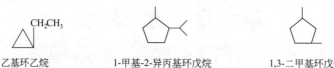

乙基环乙烷　　　1-甲基-2-异丙基环戊烷　　　1,3-二甲基环戊烷

3. 有顺/反异构体的要标明。例如：

1,4-二甲基环己烷

它有两种结构：

顺-1,4-二甲基环己烷　　　反-1,4-二甲基环己烷

4. 含不饱和键的脂环烃为环烯烃或环炔烃，在相应的烯烃名称前面加一"环"字，称为环某烯或环某炔。以双键或三键的位次和取代基的位置最小为原则，从双键开始编号。例如：

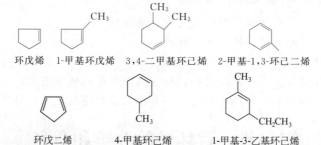

环戊烯　1-甲基环戊烯　3,4-二甲基环己烯　2-甲基-1,3-环己二烯

环戊二烯　　4-甲基环己烯　　1-甲基-3-乙基环己烯

5. 如环上取代基复杂，可把碳环当作取代基。例如：

CH₃CH₂CHCH₂CH₃

3-环己基戊烷

【问题与思考】

有一饱和烃，其分子式为 C_7H_{14}，并含有一个伯原子，写出该化合物可能的构造式。

【知识链接】

螺环烃和桥环烃

分子中两个碳环共用一个碳原子的环烃叫螺环烃。命名时从较小环中与螺原子相邻的一个碳原子开始，途经小环到螺原子，再沿大环至所有环碳原子。根据成环碳原子的总数称为螺某烷，在螺字后面的方括号中用阿拉伯数字标出各碳环中除螺碳原子以外的碳原子数目（小的数目排前，大的数目排后），数字之间用圆点隔开，其他同烷烃的命名。

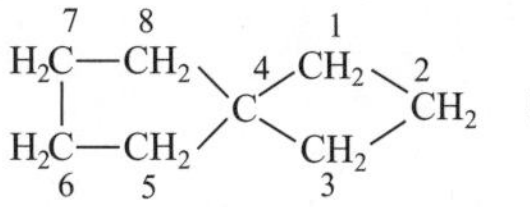

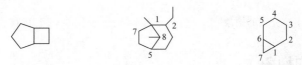

分子中两个或两个以上碳环共有两个以上碳原子的环烃叫桥环烃，共有的两个碳原子为桥头，两桥头之间的碳链为桥。桥环烃的命名，可用二环、三环等作词头，然后根据成环碳原子总数称为某烷，在环字后的方括号中用阿拉伯数字标出桥上两个桥头碳原子之间的碳原子数。二环桥环烃可以看作是两个桥头碳原子之间用三道桥连接起来的，因此方括号中有三个数字，按照它们由大到小的次序排列，数字之间下角用圆点隔开。编号是从一个桥头碳原子开始沿最长的桥到另一桥头碳原子，再沿次长的桥回到第一个桥头碳原子，最短的桥上的碳原子最后编号。

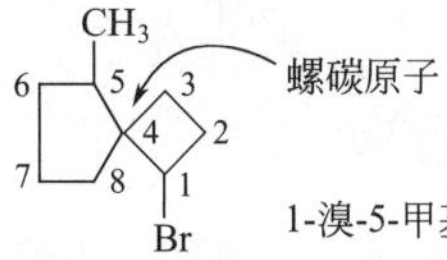

总结命名时编号顺序：1个桥头碳原子——较长的桥路——另1个桥头碳原子——较短的桥路。例如：

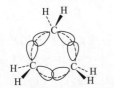

二环[3.2.0]庚烷   1,8-二甲基-2-乙基二环[3.2.1]辛烷   二环[4.1.0]庚烷

第二节　环烷烃的结构

一、环丙烷的结构

环丙烷分子中碳原子连线为正三角形，三个碳原子在一个平面上，碳原子之间的夹角为60°。为了实现最大重叠，必须将杂化轨道的夹角压缩，而量子力学计算结果表明，sp^3 杂化轨道的夹角不能小于104°。所以，环丙烷分子中成键的 sp^3 杂化轨道不能像开链烷烃那样从对称轴的方向实现最大重叠形成正常的σ键，而只能偏离一定的角度，在碳碳连线的外侧重叠，形成一种键能比较小、稳定性较差的弯曲键。如图6-1所示。

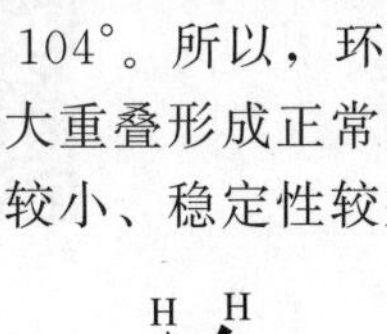

图 6-1　环丙烷分子中碳碳键的原子轨道重叠情况

物理方法测定结果表明，环丙烷分子中碳碳轨道间的夹角为105.5°，比正常的轨道夹角（109.5°）小，因而在环丙烷分子内存在一种恢复正常键角的角张力（即产生了"张力"），角张力的存在使环丙烷的稳定性也较小，因而较易发生开环反应。

二、环丁烷的结构

与环丙烷相似,环丁烷分子中存在着张力,但比环丙烷的小,因在环丁烷分子中四个碳原子不在同一平面上,环丁烷是以折叠式构象存在的,这种非平面型结构可以减少C—H的重叠,使扭转力减小。环丁烷分子中C—C—C键角为111.5°,角张力也比环丙烷的小,所以环丁烷比环丙烷要稳定些,总张力能为108kJ/mol。环丁烷的构象如图6-2所示。

三、环戊烷的结构

环戊烷分子中,C—C—C夹角为108°,接近sp^3杂化轨道间夹角(109.5°),环张力甚微,是比较稳定的环。现代结构分析表明,环戊烷是以折叠式构象存在的,为非平面结构,其中有四个碳原子在同一平面,另外一个碳原子在这个平面之外,这个结构很像信封,故将这种结构叫信封式构象。这种构象的张力很小,总张力能为25kJ/mol,扭转张力在2.5kJ/mol以下,因此,环戊烷的化学性质很稳定。环戊烷的构象如图6-3所示。

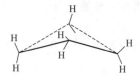

图 6-2 环丁烷分子的构象

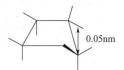

图 6-3 环戊烷分子的构象

四、环己烷的构象

环己烷也不是平面结构,在环己烷分子中,六个碳原子不在同一平面内,碳碳键之间的夹角可以保持109.5°,因此环很稳定。环己烷有两种构象:椅式和船式(见图6-4和图6-5)。

椅式构象中,相邻碳原子上的碳氢键全部为交叉式,因此椅式构象更稳定。

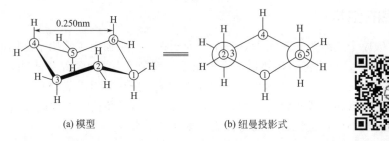

(a) 模型   (b) 纽曼投影式

图 6-4 椅式环己烷分子的构象

在船式构象中,相邻碳原子上的碳氢键全部为重叠式,故船式构象不稳定。

如果把船式构象模型的右端向下翻,则得到椅式模型的构象模型(见图6-6)。这一翻动只涉及绕着环己烷分子中的C—C单键的转动,所以"船式"和"椅式"环己烷分子的构象之间能相互转变。

在椅式构象中C—H键分为两类:第一类六个C—H键与分子的对称轴平行,叫作直立键或a键(其中三个向环平面上方伸展,另外三个向环平面下方伸展);第二类六个C—H键与直立键形成接近109.5°的夹角,平伏着向环外伸展,叫作平伏键或e键。如图6-7所示。

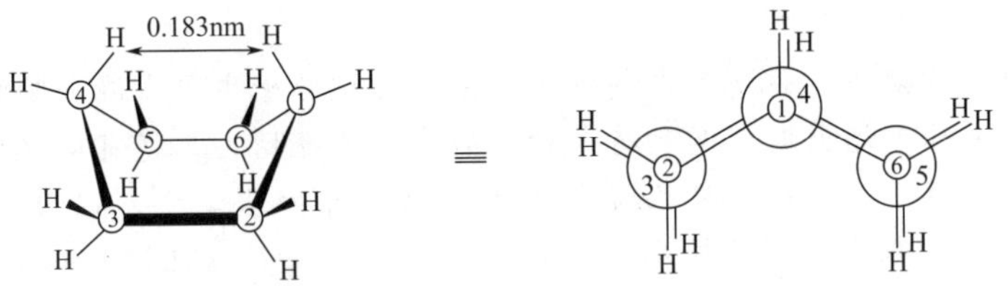

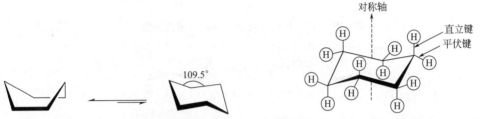

(a) 模型　　　　　　　　　　　　　(b) 纽曼投影式

图 6-5　船式环己烷分子的构象

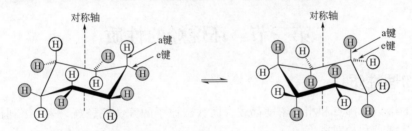

图 6-6　环己烷分子船式、椅式构象之间的相互转变　　图 6-7　椅式环己烷分子中的直立键和平伏键

在室温时，环己烷的椅式构象可通过 C—C 键的转动，由一种椅式构象变为另一种椅式构象，在互相转变中，原来的 a 键变成了 e 键，而原来的 e 键变成了 a 键。如图 6-8 所示。

当六个碳原子上连的都是氢时，两种构象是同一构象。连有不同基团时，则构象不同。

图 6-8　椅式环己烷分子中的直立键和平伏键的相互转变

【知识拓展】

取代环己烷的构象

环己烷分子中的一个氢原子被其他原子或原子团取代时，取代基可以占据竖键，也可以占据横键，这两个构象异构体可以互相转换，达到动态平衡，不能分离得到。但在平衡体系中，稳定的优势构象是取代基位于横键上的构象异构体。例如，甲基环己烷可以有两种不同的椅式构象，一种是甲基处于横键，另一种是甲基处于竖键，如图 6-9 所示。

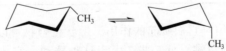

图 6-9　甲基环己烷的两种椅式构象

甲基处于竖键的构象中，甲基上的氢原子与 C_3、C_5 上的氢原子距离已小于其范德华半径之和，斥力较大，能量较高，稳定性差。甲基在横键的构象，斥力较小，稳

定性强。因此，室温下，甲基处在横键的甲基环己烷分子占平衡混合物的95%。

当取代基的体积增大时，两种椅式构象的能量差也增大，横键取代构象所占的比例就更高。如室温下，异丙基环己烷平衡混合物中异丙基处于e键的构象约占97%（见图6-10），叔丁基取代环己烷几乎完全以一种构象存在（见图6-11）。可见，取代环己烷中，大原子团处于e键的构象较稳定，为优势构象。

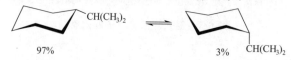

图6-10 异丙基环己烷分子的两种椅式构象

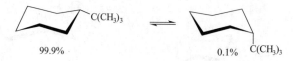

图6-11 叔丁基取代环己烷分子的两种椅式构象

当环己烷环上有几个取代基时，其优势构象遵从如下规律：①取代基相同，e键最多的构象最稳定；②取代基不同，大原子团在e键的构象最稳定。

第三节 环烷烃的性质

一、物理性质

环烷烃的熔点、沸点和相对密度都较含同数碳原子的开链烷烃高。表6-1列出了部分环烷烃的熔点、沸点和相对密度。

表6-1 部分环烷烃的熔点、沸点和相对密度

名称	熔点/℃	沸点/℃	相对密度(d_4^{20})
环丙烷	−126.7	−32.9	0.720(−79℃)
环丁烷	−80.0	12.0	0.703
环戊烷	−93.0	49.3	0.745
甲基环戊烷	−142.4	72.0	0.779
环己烷	6.5	80.8	0.779
甲基环己烷	−126.5	100.8	0.769
环庚烷	−12.0	118.0	0.810
环辛烷	11.5	148.0	0.836

从表6-1中可以看到结构对它们所起的作用。链状化合物可以比较自由地摇动，分子间"拉"得不紧，容易挥发，所以沸点低一些。由于这种摇动，它比较难以在晶格内作有次序的排列，所以它的熔点也低一些。环烷烃排列得紧密一些，所以相对密度高一些。

二、化学性质

在环烷烃中，五元环以上的环烷烃和链状烷烃的化学性质很相像，主要发生游离基取代反应；对一般试剂表现得不活泼。环丙烷和环丁烷由于弯曲键和角张力的存在，C—C键较

容易断裂发生开环加成反应，与烯烃相似，能与 H_2、X_2、HX 反应，因此小环可以比作一个双键。不过，随着环的增大，它的反应性能就逐渐减弱，五元环烷烃、六元环烷烃即使在相当强烈的条件下也不开环。

1. 取代反应

在高温或紫外线的作用下，环烷烃与烷烃相似，可以与卤素发生自由基取代反应。例如：

$$\text{环戊烷} + Br_2 \xrightarrow{h\nu \text{或} \Delta} \text{溴代环戊烷} + HBr$$

$$\text{环戊烷} + Cl_2 \xrightarrow{h\nu \text{或} \Delta} \text{氯代环戊烷} + HCl$$

2. 开环加成反应

(1) 催化氢化　在 Ni 催化剂条件下，进行催化加氢，乙烯在 40℃发生反应；环丙烷在 80℃时发生反应，生成丙烷；环丁烷在 200℃时发生反应，生成正丁烷；环己烷和环庚烷在 300℃时发生反应。例如：

$$\triangle \xrightarrow[80℃]{H_2, Ni} CH_3CH_3$$

$$\square \xrightarrow[200℃]{H_2, Ni} CH_3CH_2CH_3$$

$$\pentagon \xrightarrow[300℃]{H_2, Ni} CH_3CH_2CH_2CH_3$$

(2) 与卤素的加成反应　环丙烷常温时就可与卤素发生加成反应。环丁烷在加热的情况下也能反应。例如：

$$\underset{CH_2}{\overset{CH_2}{\diagup\!\!\!\diagdown}}CH_2 + Cl_2 \xrightarrow{FeCl_3} \underset{Cl}{CH_2}-CH_2-\underset{Cl}{CH_2}$$

$$\underset{CH_2-CH_2}{\overset{H_2}{\diagup\!\!\!\diagdown}} + Br_2 \xrightarrow{\text{室温}} BrCH_2CH_2CH_2Br$$

$$\underset{CH_2-CH_2}{\overset{CH_2-CH_2}{|\quad\quad|}} + Br_2 \xrightarrow{\Delta} BrCH_2CH_2CH_2CH_2Br$$

$$\underset{CH_3}{\overset{H_3C}{\diagup\!\!\!\diagdown}}\underset{}{\diagdown\!\!\!\diagup}CH_3 + Br_2 \longrightarrow \underset{CH_3}{\overset{H_3C}{\underset{|}{\overset{|}{C}}}}\underset{\underset{CH_3}{|}}{-CH}-CH_2Br \quad\text{(Br)}$$

(3) 与卤化氢反应　环烷烃在常温下即可与卤化氢加成反应。环丙烷的烷基衍生物与 HX 加成时，符合马尔科夫尼科夫规则，氢原子加在含氢较多的碳原子上，X^- 加在含氢最少的碳原子上。例如：

$$\underset{CH_2-CH_2}{\overset{CH_2}{\diagup\!\!\!\diagdown}} + HBr \longrightarrow BrCH_2CH_2CH_2H$$

$$\underset{CH_2-CH_2}{\overset{CH_2}{\diagup\!\!\!\diagdown}} + HI \longrightarrow \underset{H}{\overset{}{CH}}CH_2CH_2I$$

$$\underset{CH_2-CH_2}{CH_2-CH_2} + HI \longrightarrow CH_3CH_2CH_2CH_2I$$

$$\underset{H_3C}{\overset{H_3C}{>}}\underset{CH_3}{\overset{}{\triangle}}CH_3 + HBr \longrightarrow \underset{H_3C}{\overset{H_3C}{>}}C\underset{Br}{\overset{Br}{-}}CH-CH_3$$

3. 氧化反应

在常温下，环烷烃与一般氧化剂都不起反应，但在加热时，可以与强氧化剂作用，或在催化剂的作用下，与空气氧化。例如在醋酸钴的催化作用下，用空气氧化环己烷，则环被破坏，生成二元酸。

$$\bigcirc + O_2 \xrightarrow[95℃]{醋酸钴} HOOCCH_2CH_2CH_2CH_2COOH$$

复习题

1. 写出 C_6H_{12} 所代表的脂环烃的各种构造异构体（包括六元环、五元环和四元环）的构造式。

2. 命名下列化合物。

(1) 　　(2) 　　(3)

(4) 　　(5) 　　(6)

3. 把下列构造式改为构象式。

4. 写出下列反应式。
   (1) 环丙烷和环己烷分别与溴作用；
   (2) 1-甲基环戊烯与 HCl 作用；
   (3) 1,2-二甲基-1-乙基环丙烷与 HCl 作用；
   (4) 乙烯基环己烷与 $KMnO_4$ 溶液作用。

5. 完成下列反应。

(1) $CH_3-CH-CH_2 + \begin{matrix}HCl \\ H_2SO_4\end{matrix} \begin{matrix}? \\ ?\end{matrix}$
      $\quad\quad\quad\, CH_2$

(2) $\bigcirc + \begin{matrix}Br_2(CCl_4) \\ Br_2, 300℃\end{matrix} \begin{matrix}? \\ ?\end{matrix}$

(3) $\bigcirc + \underset{H}{\overset{H}{>}}C=C\underset{H}{\overset{H}{<}} \longrightarrow ?$

(4) $\bigcirc + \underset{O}{\overset{CH_3}{\underset{\|}{C}}} \longrightarrow ?$

(5) $CH_3CH=CH-CH=CH_2$ + (马来酸酐) ⟶ ?

(6) (环戊二烯) + (对苯醌) + (环戊二烯) ⟶ ?

6. 从环丙烷、甲基环丙烷出发，其他无机试剂可以任选，合成下列化合物。

(1) $CH_3CH_2\underset{\underset{CH_3}{|}}{C}HCH_2CH_3$ (2) $CH_3CH_2CH_2CH_2CH_3$ (3) $CH_3CH_2\underset{\underset{CH_3}{|}}{C}HCH_2CH_3$

7. 化合物 A 分子式为 C_4H_8，它能使溴溶液褪色，但不能使稀的 $KMnO_4$ 溶液褪色。1mol A 与 1mol HBr 作用生成 B，B 也可以根据 A 的同分异构体 C 与 HBr 作用得到。化合物 C 的分子式也是 C_4H_8，能使溴溶液褪色，也能使稀的 $KMnO_4$ 溶液褪色。试推测化合物 A、B、C 的结构式。

第七章　芳香烃

 知识目标

1. 熟练掌握芳香烃的分类和单环芳烃的命名方法；
2. 掌握苯的结构、单环芳烃的物理化学性质；
3. 理解亲电取代反应历程及定位规则以及其应用。

 能力、思政与职业素养目标

1. 能应用苯环和萘环上亲电取代反应的定位规律预测反应的主要产物；
2. 能利用苯环上的亲电取代反应的定位规律正确设计苯衍生物合成路线；
3. 能分析芳香烃工业生产中的安全隐患；
4. 了解我国煤炭、石油产业现状，培养对不可再生资源的保护意识，增强爱国主义精神。

芳香烃，也叫芳烃，最初是指从天然树脂（香精油）中提取而得到的、具有芳香气味的物质，它们一般都是含有苯环结构的碳氢化合物，所以把苯及苯的衍生物总称为芳香族化合物。但是随着有机化学的发展，发现一些不含苯环结构的环状烃也有与苯相似的性质，即芳香烃具有其特征性质——芳香性（易取代、难加成、难氧化）。因此现代芳烃的概念是指具有芳香性的一类环状化合物，它们不一定具有香味，也不一定含有苯环结构。但是人们通常所说的芳烃一般指分子中含有苯环结构的芳烃，而不含苯环的一般叫非苯芳烃。

第一节　芳香烃的分类和命名

一、芳香烃的分类

芳烃按分子中所含苯环的数目和结构可分为以下三大类。

1. 单环芳烃

分子中只含有一个苯环结构的芳烃。例如：

苯　　　　　乙苯　　　　　异丙苯　　　　　苯乙烯

2. 多环芳烃

分子中含有两个或两个以上独立的苯环结构的芳烃。例如：

联苯　　　　　二苯甲烷　　　　　对三联苯

3. 稠环芳烃

分子中含有两个或两个以上苯环彼此通过共用相邻的两个碳原子稠合而成的芳烃。例如：

萘　　　　　蒽

二、苯的结构

1. 苯的凯库勒式

1865年凯库勒从苯的分子式出发，根据苯的一元取代物只有一种，说明六个氢原子是等同的事实，提出了苯的环状构造式：

因为碳原子是四价，故把它写成：

简写为

这个式子虽然可以说明苯分子的组成以及原子间连接的次序，但这个式子仍存在着缺点，它不能说明下列问题：

第一，既然含有三个双键，为什么苯不起类似烯烃的加成反应？

第二，根据上式，苯的邻二元取代物应当有两种，然而实际上只有一种。

凯库勒曾用两个式子来表示苯的结构，并且设想这两个式子之间的振动代表着苯的真实结构：

两种不同的"环己三烯"
在迅速地相互转变

由此可见，凯库勒式并不能确切地反映苯的真实情况。

【知识阅读】

苯分子结构的价键观点

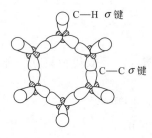

图 7-1　苯分子的形状

近代物理方法证明，苯（C_6H_6）分子中的六个碳原子和六个氢原子都在同一平面内，六个碳原子构成平面六边形，碳碳键的键长都是 0.140nm，比碳碳单键（0.154nm）短，比碳碳双键（0.134nm）长，碳氢键长都是 0.108nm，所有的键角都是 120°（见图 7-1）。

按照轨道杂化理论，苯分子中六个碳原子都以 sp^2 杂化轨道互相沿对称轴的方向重叠形成六个 C—C σ 键，组成一个正六边形。每个碳原子各以一个 sp^2 杂化轨道分别与氢原子 1s 轨道沿对称轴方向重叠形成六个 C—H σ 键。由于是 sp^2 杂化，所以键角都是 120°，所有碳原子和氢原子都在同一平面上。每个碳原子还有一个垂直于 σ 键平面的 p 轨道，每个 p 轨道上有一个 p 电子，六个 p 轨道组成了大 π 键（π_6^6），如图 7-2 和图 7-3 所示。

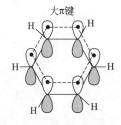

图 7-2　苯分子中的 σ 键

图 7-3　苯分子中的共轭 π 键

π_6^6 是离域的大 π 键，其离域能为 152kJ/mol，体系稳定，能量低，不易开环（即不易发生加成、氧化反应）。

处于 π_6^6 大 π 键中的 π 电子高度离域，电子云完全平均化，像两个救生圈分布在苯分子平面的上下侧，在结构中并无单双键之分，是一个闭合的共轭体系（见图 7-4）。

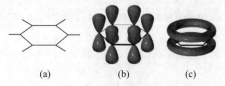

图 7-4　苯分子中的 π 电子云

2. 苯的构造式的表示法

自从 1825 年英国的法拉第（Faraday）首先发现苯之后，有机化学家对它的结构和性质做了大量研究工作，直到今日还有人把它作为主要研究课题之一。在此期间也有不少人提出过各种苯的构造式的表示方法，但都不能圆满地表达苯的结构。

目前一般仍采用凯库勒式，但在使用时不能认为具有单双键交替的结构。也有用一个带有圆圈的正六角形来表示苯环，在六角形的每个角上都表示每个碳连有一个氢原子，直线表示 σ 键，圆圈表示大 π 键（目前这种表示方法已废止）。

三、单环芳烃的命名

单环芳烃可以看作是苯环上的氢原子被烃基取代的衍生物。在命名时以苯为母体，烷基为取代基。

甲苯　　乙苯　　正丙苯　　异丙苯

苯的二元取代物有三种异构体。由于取代基位置不同，在命名时，可在名称前加邻、间、对等字或用阿拉伯数字 1,2-、1,3-、1,4-表示。

邻二甲苯　　间二甲苯　　对二甲苯
（1,2-二甲苯）　（1,3-二甲苯）　（1,4-二甲苯）

苯环上有三个相同的取代基时有三种异构体，命名时可分别用阿拉伯数字表示取代基的位置，也可用连、偏、均等字来表示它们位置的不同。

1,2,3-三甲苯　　1,2,4-三甲苯　　1,3,5-三甲苯
（连三甲苯）　　（偏三甲苯）　　（均三甲苯）

如果苯环上所连烷基不同，编号时选最小的支链为 1 位，然后使其他链的编号最小。当苯环上所连烷基碳原子多于苯环上的碳原子以及支链上有官能团的化合物，也可以把支链作为母体，把苯环当作取代基来命名。

1,2-二甲基-3-丙苯　　苯乙炔　　2-苯基-2-丁烯　　2-甲基-3-苯基戊烷

苯分子去掉一个氢原子后的基团（C_6H_5—）叫作苯基，也可以用 Ph—代表。芳烃分子的芳环上去掉一个氢原子后的基团叫作芳基，可用 Ar—代表。甲苯分子中苯环上去掉一个氢原子后所得的基团 $CH_3C_6H_4$—称为甲苯基；如果甲苯的甲基上去掉一个氢原子，$C_6H_5CH_2$—称为苯甲基，又称为苄基。

苯基(Ph—)　　邻甲苯基　　苯甲基(苄基)

第二节　单环芳香烃的性质

一、物理性质

单环芳烃具有特殊气味，并且有毒，其中与苯在组成上相差 n 个 CH_2，化学性质也相似的一类物质，和苯互称为同系物，通式为 C_nH_{2n-6}（$n \geq 6$）。苯及其同系物一般为无色液体，相对密度小于 1，但比分子量相近的烷烃和烯烃的相对密度大。和其他烃相似，它们都不溶于水，可溶于有机溶剂。一般地，苯环上有烷基取代时，其稳定性增加；烷烃越多，稳定性越大。另外，邻二甲苯比对二甲苯的稳定性稍差。这是由于两个邻位基团之间在空间比较拥挤造成的。表 7-1 列出了单环芳烃的一些物理常数。

表 7-1　单环芳烃的一些物理常数

名称	熔点/℃	沸点/℃	相对密度(d_4^{20})	名称	熔点/℃	沸点/℃	相对密度(d_4^{20})
苯	5.5	80.1	0.8787	异丙苯	−96.0	152.4	0.8618
甲苯	−9.5	110.6	0.8669	连三甲苯	−25.4	176.0	0.8944
邻二甲苯	−25.2	144.4	0.8802	偏三甲苯	−43.8	169.4	0.8758
间二甲苯	−47.9	139.1	0.8642	均三甲苯	−44.7	164.7	0.8652
对二甲苯	13.2	138.1	0.8611	丁苯	−88.0	183.8	0.8601
乙苯	−95.0	136.1	0.8670	异丁苯	−51.5	172.8	0.8532
丙苯	−99.5	159	0.8620	苯乙烯	−30.5	145.2	0.9060

二、化学性质

苯具有环状的共轭 π 键，它有特殊的稳定性，没有典型的 C=C 双键的性质，取代反应远比加成、氧化易于进行，这是芳香族化合物特有的性质，叫作芳香性。单环芳烃的化学性质主要发生在苯环及其附近，主要涉及 C—H 键的 H 原子被取代的反应，以及苯环侧链上 α-H 的活性引发的氧化反应、取代反应等，主要表现如下。

1. 苯环上的亲电取代反应

苯环上的 π 电子云暴露在苯环平面的上方和下方，容易受到亲电试剂的进攻，引起 C—H 键的 H 原子被取代，取代产物仍保持原有的环状共轭 π 键。

（1）卤化反应　在铁粉或路易斯酸（卤化铁、卤化铝等）的催化下，氯或溴原子可取代苯环上的氢，主要生成氯苯或溴苯：

$$\text{C}_6\text{H}_6 + \text{Cl}_2 \xrightarrow[\text{或 Fe}]{\text{FeCl}_3} \text{C}_6\text{H}_5\text{Cl} + \text{HCl}$$

$$\text{C}_6\text{H}_6 + \text{Br}_2 \xrightarrow[\text{或 Fe}]{\text{FeBr}_3} \text{C}_6\text{H}_5\text{Br} + \text{HBr}$$

卤素的活性顺序是：$F_2 > Cl_2 > Br_2 > I_2$。

氯苯和溴苯易继续反应生成二元取代物，且主要发生在卤原子的邻、对位：

$$\text{C}_6\text{H}_5\text{Cl} + \text{Cl}_2 \xrightarrow[\text{或 Fe}]{\text{FeCl}_3} \text{邻二氯苯} + \text{对二氯苯} + \text{HCl}$$

(2) 硝化反应 苯与浓硝酸及浓硫酸的混合物（混酸）共热后，苯环上的氢原子被硝基（—NO_2）取代，生成硝基苯：

$$\text{C}_6\text{H}_6 + \text{HO—NO}_2 \xrightarrow[50\sim 60℃]{\text{浓 H}_2\text{SO}_4} \text{C}_6\text{H}_5\text{NO}_2 + \text{H}_2\text{O}$$

在此反应中，浓硫酸除了起催化作用外，还是脱水剂。

硝基苯可以继续硝化生成二硝基苯，主要发生在硝基的间位，但反应比较难进行：

$$\text{C}_6\text{H}_5\text{NO}_2 + \text{发烟 HNO}_3 \xrightarrow[100℃]{\text{浓 H}_2\text{SO}_4} \text{间二硝基苯} + \text{H}_2\text{O}$$

烷基苯比苯容易硝化，如甲苯硝化得到硝基甲苯：

$$\text{C}_6\text{H}_5\text{CH}_3 + \text{HNO}_3 \xrightarrow[30℃]{\text{H}_2\text{SO}_4} \text{邻硝基甲苯} + \text{对硝基甲苯} \longrightarrow \text{TNT}$$

硝基甲苯进一步硝化可以得到 2,4,6-三硝基甲苯，即炸药 TNT。硝化反应是一个放热反应，因此必须使硝化反应缓慢进行。

(3) 磺化反应 苯与浓硫酸或发烟硫酸共热，苯环上的氢原子被磺酸基（—SO_3H）取代，生成苯磺酸：

$$\text{C}_6\text{H}_6 + \text{HO—SO}_3\text{H} \xrightleftharpoons{\triangle} \text{C}_6\text{H}_5\text{SO}_3\text{H} + \text{H}_2\text{O}$$

苯磺酸继续磺化时，需要用发烟硫酸及较高温度，产物主要为间苯二磺酸：

$$\text{C}_6\text{H}_5\text{SO}_3\text{H} + \text{H}_2\text{SO}_4(\text{SO}_3) \xrightarrow{200\sim 250℃} \text{间苯二磺酸} + \text{H}_2\text{O}$$

烷基苯的磺化反应比苯容易进行。例如，甲苯与浓硫酸在常温下即可发生磺化反应，主要产生的是邻甲苯磺酸及对甲苯磺酸，而在 100~120℃ 时反应，则对甲苯磺酸为主要产物：

$$\text{C}_6\text{H}_5\text{CH}_3 + \text{H}_2\text{SO}_4 \begin{cases} \xrightarrow{\text{常温}} \text{邻甲苯磺酸} + \text{对甲苯磺酸} \\ \xrightarrow{100\sim 120℃} \text{对甲苯磺酸} \end{cases}$$

> **【知识拓展】**
>
> **苯环的亲电取代反应历程**
>
> 苯与亲电试剂 E^+ 作用时，亲电试剂 E^+ 进攻苯环，与苯环的 π 电子作用生成配

合物，这种作用是很微弱的，并没有生成共价键。

$$\text{C}_6\text{H}_6 + \text{E}^+ \longrightarrow [\text{C}_6\text{H}_6\cdots\text{E}^+] \quad \pi\text{配合物}$$

紧接着 E^+ 从苯环的 π 体系中获得两个电子，与苯环的一个碳原子形成 σ 键生成 σ 配合物，碳原子由 sp^2 转变为 sp^3，不再有 p 轨道，这样，苯环的闭合共轭体系被破坏了，环上剩下四个 π 电子，只离域于环上五个碳原子使苯环呈正电荷。

$$\text{C}_6\text{H}_6 + \text{E}^+ \longrightarrow \text{[H, E 加成中间体]} \quad \sigma\text{配合物}$$

σ 配合物内能高且不稳定，寿命很短，容易从 sp^3 杂化态原子上失去一个质子，而恢复芳香结构。

$$\text{[σ配合物]} \longrightarrow \text{C}_6\text{H}_5\text{E} + \text{H}^+$$

实验证明：硝化、磺化和氯代是只形成 σ 配合物的历程。溴代是先形成 π 配合物，再转变为 σ 配合物的历程。

(4) 傅-克（Friedel-Crafts）反应

① **烷基化反应** 凡在有机化合物分子中引入烷基的反应，称为烷基化反应。反应中提供烷基的试剂叫烷基化剂，它可以是卤代烷、烯烃和醇。

$$\text{C}_6\text{H}_6 + \text{C}_2\text{H}_5\text{Br} \xrightarrow{\text{AlCl}_3} \text{C}_6\text{H}_5\text{C}_2\text{H}_5 + \text{HBr}$$

$$\text{C}_6\text{H}_6 + \text{CH}_2=\text{CH}_2 \xrightarrow{\text{AlCl}_3} \text{C}_6\text{H}_5\text{C}_2\text{H}_5$$

当烷基化剂含有三个或三个以上直链碳原子时，产物发生碳链异构：

$$\text{C}_6\text{H}_6 + \text{CH}_3\text{CH}_2\text{CH}_2\text{Cl} \xrightarrow{\text{AlCl}_3} \text{C}_6\text{H}_5\text{CH}(\text{CH}_3)_2 + \text{HCl}$$

② **酰基化反应** 凡在有机化合物分子中引入酰基（$R-\overset{O}{\underset{\parallel}{C}}-$）的反应，称为酰基化反应。反应中提供酰基的试剂叫酰基化剂，主要是酰卤和酸酐：

$$\text{C}_6\text{H}_6 + \text{CH}_3\text{COCl} \xrightarrow{\text{AlCl}_3} \text{C}_6\text{H}_5\text{COCH}_3 + \text{HCl}$$

苯乙酮

$$\text{C}_6\text{H}_5\text{CH}_3 + (\text{CH}_3\text{CO})_2\text{O} \xrightarrow{\text{AlCl}_3} \text{CH}_3\text{-C}_6\text{H}_4\text{-COCH}_3 + \text{CH}_3\text{COOH}$$

【问题与思考】

请同学们仔细想想，氯苯和硝基苯发生磺化反应的位置一样吗？—Cl 和 —NO_2 都是拉电子基，为何却有不同的定位效应？

2. 氧化反应

（1）苯环氧化 苯环一般较稳定，不能被高锰酸钾氧化，但在激烈的条件下也可发生氧化反应。例如：

$$2\ C_6H_6 + 9O_2 \xrightarrow[450℃]{V_2O_5} 2\ \text{(顺丁烯二酸酐)} + 4H_2O + 4CO_2$$

（2）侧链氧化 有 α-H 的烷基苯在强氧化剂（高锰酸钾、重铬酸钾）作用下，都能使侧链发生氧化反应，且无论侧链长短，氧化产物均为苯甲酸：

$$C_6H_5CH_3 \xrightarrow[H^+]{KMnO_4} C_6H_5COOH$$

$$\text{1-乙基-3-异丙基苯} \xrightarrow[H^+]{K_2Cr_2O_7} \text{间苯二甲酸}$$

对于侧链无 α-H 的烷基苯，则不能发生此类氧化反应。

用酸性高锰酸钾作氧化剂时，随着苯环侧链氧化的发生，高锰酸钾的紫色逐渐褪去，用此反应可鉴别苯环侧链有无 α-H。

3. 加成反应

芳烃容易起取代反应而难以加成，这就是化学家早期在实践中反复观察到的"芳香性"，但在一定条件下还是能加成的。

苯在高温和催化剂存在下，加氢生成环己烷：

$$C_6H_6 + H_2 \xrightarrow[180\sim 250℃]{Ni} C_6H_{12}$$

这是工业生成环己烷的方法，产品纯度高。

在日光或紫外线照射下，苯能与氯加成生成六氯环己烷，简称六六六。

$$C_6H_6 + 3Cl_2 \xrightarrow[40℃]{\text{紫外线}} C_6H_6Cl_6\ \text{(六氯化苯)}$$

六六六有七种异构体，其中 γ-异构体有杀虫作用，但其化学性质太稳定，残毒大，已被淘汰。

三、苯环的亲电取代定位效应及其应用

1. 取代基定位效应——三类定位基

在一元取代苯的亲电取代反应中，如果原取代基对后取代基没有影响，新进入的取代基可以取代原取代基的邻、间、对位上的氢原子，生成的产物是三种异构体的混合物，其中邻位取代物 40%（2/5）、间位取代物 40%（2/5）和对位取代物 20%（1/5）。实际上只有一种或两种主要产物。

① 将甲苯硝化，比苯容易进行，硝基主要进入邻、对位：

② 将硝基苯硝化，比苯难进行，硝基主要进入间位：

③ 将氯苯硝化，比苯较难进行，但硝基主要进入邻、对位。

通常把苯环上原有的取代基（—CH_3、—NO_2、—Cl）称为定位基。

根据原有取代基对苯环亲电取代反应的影响把定位基分成三类：

第一类定位基：邻、对位定位基，使反应容易进行，并使新导入取代基主要进入苯环上原有取代基的邻、对位。如：—O^-、—$N(CH_3)_2$、—NH_2、—OH、—OCH_3、—$NHCOCH_3$、—$OCOCH_3$、—R、—C_6H_5 等。

第二类定位基：间位定位基，使反应难以进行，并使新导入取代基进入苯环上原有取代基的间位。如：—$\overset{+}{N}R_3$、—NO_2、—CN、—SO_3H、—CHO、—COR、—COOH、—COOR、—$CONH_2$、—$\overset{+}{N}H_3$ 等。

第三类定位基：使反应较难进行，又使新取代基导入原有取代基的邻位或对位。如：—F、—Cl、—Br、—CH_2Cl 等。

以上三类定位基，第一类和第三类定位基与苯环直接相连的原子上只有单键，且多数有孤对电子或负离子；第二类定位基与苯环直接相连的原子上有重键，且重键的另一端是电负性大的元素或带正电荷。两类定位基中每个取代基的定位能力不同，其强度次序近似如上列顺序。

【问题与思考】

取代定位效应的解释

苯环是一个闭合的共轭体系，六个碳原子的 π 电子云分布是一样的。但当苯环上有一个取代基时，由于取代基的影响，电子云密度发生变化，使分子极化。诱导效应和共轭效应都能产生这种分子极化，不仅使苯环的电子云密度增加或降低，而且还决定了苯环上各个位次电子云密度的分布情况。现就对几个典型取代基的定位效应进行解释。

① X=—NO_2、—SO_3H、—CN、—CHO、—COOH、—CCl_3、—$\overset{+}{N}R_3$ 等这类定位基与苯环直接连接的原子都具有一定的正电荷，吸引苯环上的电子，使苯环上的电子云密度降低，使亲电取代反应较难进行。以硝基为例：

硝基的 π 轨道和苯环构成 π-π 共轭体系，由于氧、氮的电负性强于碳，使共轭体系的电子云移向硝基。诱导效应和共轭效应共同作用的结果，降低了苯环的电子云密度，其中以硝基的邻、对位为甚，而间位相对来说降低得少一些。量子化学计算结果表明，硝基苯中硝基的邻位、对位和间位的电荷密度分布如下所示：

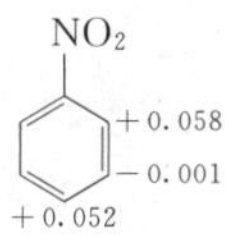

当硝基苯硝化时可能生成下列三种 σ 配合物：

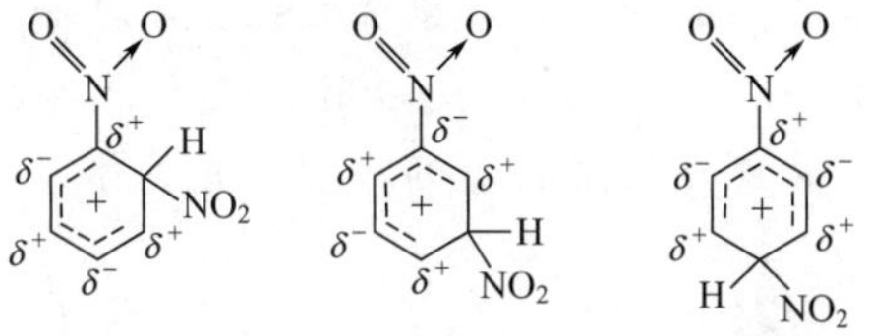

    (1)   (2)   (3)
  不稳定   稳定   不稳定

体系电荷越分散，体系就越稳定。硝基与带负电荷的碳相连，分散负电荷，σ 配合物稳定；硝基与带正电荷的碳相连，正电荷更集中，σ 配合物不稳定，因此（2）要比（1）和（3）稳定些。正离子进攻邻、对位所需要的能垒较间位要高，故产物主要是间位的。

这类定位基钝化苯环，从而减慢取代反应的速度。大体上为：

$$-\overset{+}{NR_3} < -NO_2 < -CN < -SO_3H < -CHO < -COOH < -CCl_3$$

② X=烷基、苯基。甲基是推电子的取代基，通过诱导效应增加苯环的电子云密度。同时，甲基的 C—H 键的 σ 电子和苯环形成了 σ-π 超共轭体系，这个 σ-π 共轭效应也使苯环活化。所以诱导效应和共轭效应都使苯环的电子云密度增加。量子化学计算结果，甲苯各碳原子上的电荷分布为：

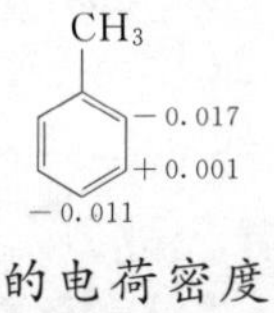

表明甲苯的甲基邻、对位碳原子的电荷密度都大于苯，因此，甲苯比苯易于发生亲电取代反应。如甲苯氯化较苯快。亲电试剂 E^+ 可以进攻甲基的邻位、对位或间位。反应的第一步可能生成三种不同碳正离子的 σ 配合物：

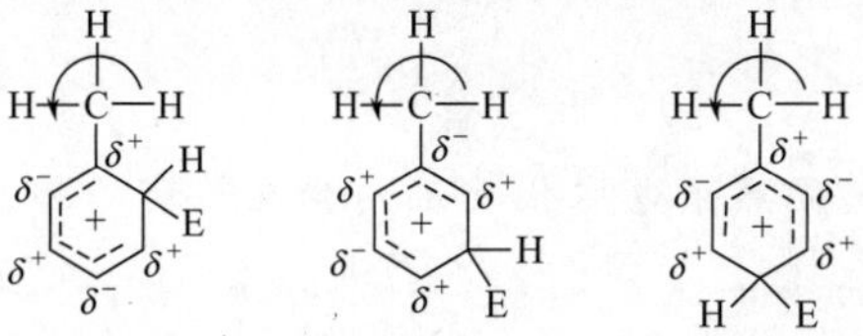

    (4)   (5)   (6)
  稳定   较不稳定   稳定

生成 σ 配合物的碳正离子的部分正电荷主要分布在苯环上的三个碳原子上，如上所示。反应生成的邻、间、对位三种异构体产量的比例，取决于这三个配合物的稳定性，即亲电反应慢的一步。哪一种最稳定（即能量最低）就越容易生成，也就是说生成稳定状态的速度最大，在产物中它所占的比例就越大。在（4）和（6）中甲苯直接与带部分正电荷的碳相连，超共轭效应使得（4）和（6）的正电荷得到分散，体系更稳定，而（5）就没有这种稳定作用，所以，反应中容易生成（4）和（6），反应产物主要为邻、对位异构体。

③ X＝—O—COR、—NH—COR、—OR、—OH、—NH$_2$、—NR$_2$ 等，这些定位基的氧原子或氮原子都直接与苯环连接。

从诱导效应来看，氧和氮的电负性强于碳，是拉电子的，使苯环的电子云密度降低，然而这些基团的氧原子或氮原子上具有孤电子对，它与苯环形成 p-π 共轭，氧或氮上的电子向苯环转移，这样，诱导效应和共轭效应发生了矛盾，在反应时，动态共轭效应占了主导，总的结果，电子云不是离开苯环，而是向苯环移动，邻、对位增加较多，使亲电取代反应比苯容易进行。反应时，生成三个 σ 配合物，像甲苯那样，邻、对位产物较为稳定，反应产物主要是邻、对位异构体。

这些定位基团活化苯环的顺序大体为：

$$—O^- > —NR_2 > —NH_2 > —OH > —OR > —NH—\underset{\underset{O}{\|}}{C}R > —O—\underset{\underset{O}{\|}}{C}R$$

④ X＝F、Cl、Br、I。卤素与氧原子、氮原子一样，较碳的电负性强，同时也有孤电子对，能与苯环形成 p-π 共轭。因此，它亲电取代产物主要也是邻、对位异构体，但反应速率较苯慢，即钝化了苯环。从诱导效应来考虑，卤素拉电子的顺序是 F＞Cl＞Br＞I。其共轭效应虽然与诱导的作用是相反的，它取决于原子的大小，取决于与碳原子 p 轨道重叠的程度。原子的 p 轨道大小相近，叠合就大。因此，共轭效应的顺序也是 F＞Cl＞Br＞I，作用相反，但是不一致。

因此，卤苯进行亲电取代反应的速度是诱导效应与共轭效应综合的结果。其顺序约为：

$$\text{C}_6\text{H}_5\text{F} > \text{C}_6\text{H}_5\text{Cl} \approx \text{C}_6\text{H}_5\text{Br} > \text{C}_6\text{H}_5\text{I}$$

氯苯的电子云密度和亲电试剂进攻邻、对位时的 σ 配合物电荷分布如下所示：

Cl －0.067
－0.017
－0.001
－0.015

在邻、对位上带负电荷，显然亲电取代反应发生在苯环的邻、对位上。

2. 取代定位效应的应用

苯环上的亲电取代反应定位规律对预测反应产物和选择正确的合成路线来合成苯的衍生物具有重大的指导作用。

(1) 预测反应的主要产物 根据定位基的性质，可判断新导入取代基的位置。如果苯环上已经有两个取代基时，第三个取代基进入苯环的位置就取决于原有两个取代基的性质和位置。

① 若原有两个取代基不是同一类的，则第三个取代基进入的位置一般受邻、对位定位基的支配，因为邻、对位基的反应速率大于间位基。

② 若原有两个取代基是同一类的，则第三个取代基进入的位置主要受强的定位基的支配。

—OH＞—CH₃　　—NH₂＞—Cl　　—NO₂＞—COOH

(2) 选择适当的合成路线　例如，由甲苯制备对硝基苯甲酸：

比较这两个结构，反应步骤必须是先硝化，后侧链氧化：

若把反应步骤颠倒一下，先氧化，后硝化，那么所得的产物是单一的间硝基苯甲酸：

不需要的异构体

所以如果希望获得所需的产物，使用正确的反应步骤是关键。

> 【问题与思考】
> 　　以甲苯为原料制备对硝基苯甲酸和间硝基苯甲酸的路线一样吗？说说你的想法？

第三节　稠环芳烃

一、萘

萘，分子式 $C_{10}H_8$，光亮的片状结构，熔点 80.2℃，沸点 218℃，有特殊气味，易升华，不溶于水，易溶于乙醇、乙醚、苯等有机溶剂，其化学性质与苯相似。

1. 取代反应

在萘环上，p 电子的离域并不像苯环那样完全平均化，而是在 α-碳原子上的电子云密度较高，β-碳原子上次之，中间共用的两个碳原子上更小，因此亲电取代反应一般发生在

α-位。

(1) 卤化反应 在 Fe 或 FeCl$_3$ 存在下，将 Cl$_2$ 通入萘的苯溶液中，主要得到 α-氯萘。α-氯萘为无色液体，沸点 259℃，可作高沸点溶剂和增塑剂。

$$\text{萘} + Cl_2 \xrightarrow[\triangle]{Fe, C_6H_6} \text{α-氯萘} + HCl$$

次氯酸叔丁酯负载到 SiO$_2$ 上是近年来开发的一种新的氯化剂，与芳烃反应条件温和，转化率高，选择性好。例如：

$$\text{萘} \xrightarrow{t\text{-}C_4H_9OCl/SiO_2}_{CCl_4, 40℃, 3h} \text{α-氯萘}\quad \text{转化率 93%，选择性 100%}$$

(2) 硝化反应 萘用混酸硝化主要生成 α-硝基萘，为了控制一取代物，所用混酸的浓度比苯硝化时低：

$$\text{萘} + HNO_3 \xrightarrow[30\sim60℃]{H_2SO_4} \text{α-硝基萘} + H_2O$$

(3) 磺化反应 萘在较低温度（60℃）磺化时，主要生成 β-萘磺酸；在较高温度（165℃）磺化时，主要生成 β-萘磺酸。α-萘磺酸与硫酸共热到 165℃ 时，也变成 β-萘磺酸：

$$\text{萘} + H_2SO_4 \underset{165℃}{\overset{60℃}{\rightleftarrows}} \text{α-萘磺酸 / β-萘磺酸} + H_2O$$

(4) 酰基化反应 萘的酰基化反应产物与反应温度和溶剂的极性有关。低温和非极性溶剂（如 CS$_2$）中主要生成 α-取代物，而在较高温度及极性溶剂中主要生成 β-取代物：

$$\text{萘} \xrightarrow[-15℃, CS_2]{CH_3COCl, AlCl_3} \text{α-COCH}_3\text{（75%）} + \text{β-COCH}_3\text{（25%）}$$

$$\text{萘} \xrightarrow[25℃, C_6H_5NO_2]{CH_3COCl, AlCl_3} \text{β-COCH}_3\text{（90%）}$$

2. 氧化反应

萘较苯容易被氧化，在低温下，用弱氧化剂氧化得 1,4-萘醌，但产率不高：

$$\text{萘} \xrightarrow[CH_3COOH, 10\sim15℃]{CrO_3} \text{1,4-萘醌}$$

在强烈条件下氧化，其中一个环破裂，生成邻苯二甲酸酐，这是工业上生产邻苯二甲酸酐的一种方法：

$$2\,\text{萘} + 9\,O_2 \xrightarrow[385\sim390℃]{V_2O_5, K_2SO_4} 2\,\text{邻苯二甲酸酐} + 4CO_2 + 4H_2O$$

取代萘氧化时,哪个苯环破裂取决于取代基的性质,取代基为第一类定位基时,使所在的环活化,氧化时同环破裂;取代基为第二类定位基时,使所在环钝化,氧化时异环破裂:

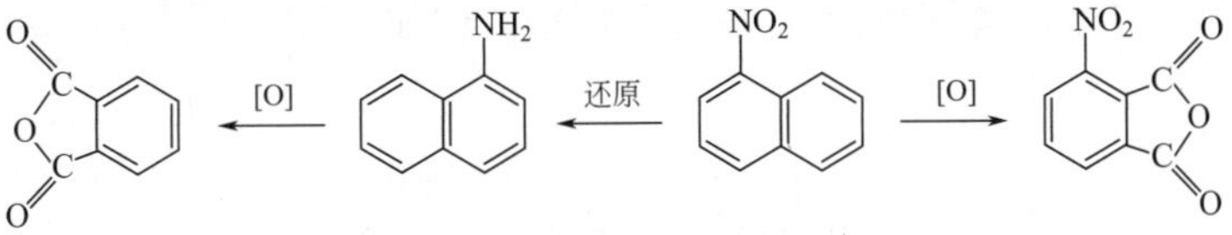

3. 加氢反应

萘与金属钠、醇在 NH_3 溶液中反应,生成二氢化萘和四氢化萘:

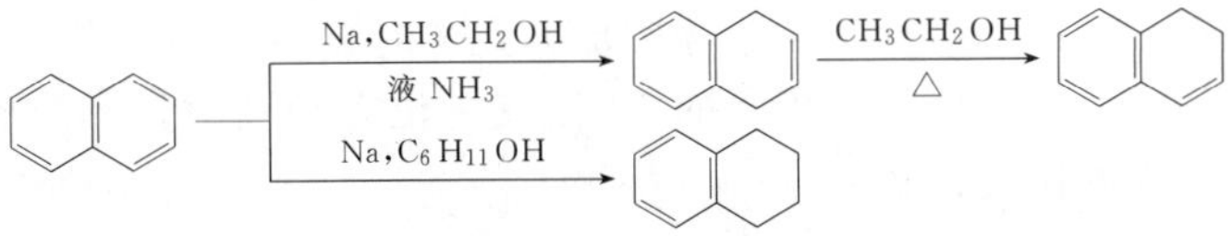

四氢化萘是高沸点(208℃)无色液体,能溶解硫黄、脂肪和其他化合物,是一种良好的溶剂,常用于涂料工业。工业上用催化加氢制备四氢化萘和十氢化萘:

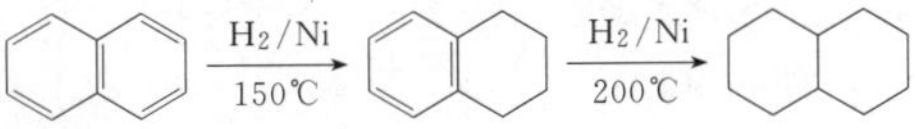

十氢化萘也是一种非常稳定的高沸点溶剂。

二、蒽和菲

蒽和菲主要存于煤焦油中,分子式 $C_{14}H_{10}$,互为同分异构体。1、4、5、8 位称 α-位;2、3、6、7 位称 β-位;9、10 位称 γ-位。

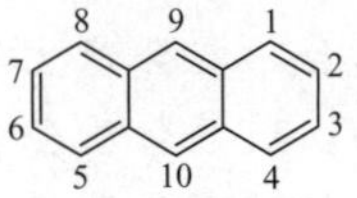

蒽 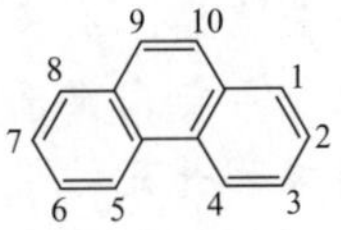　　　　菲

在菲环中,1 位和 8 位相同;2 位和 7 位相同;3 位和 6 位相同;4 位和 5 位相同;9 位和 10 位相同。蒽为白色晶体,具有蓝色的荧光,熔点 216℃,沸点 340℃,不溶于水,难溶于乙醇和乙醚,能溶于苯。菲是白色片状晶体,熔点 100℃,沸点 340℃,易溶于苯和乙醚,溶液呈蓝色荧光。

(1) 加成反应

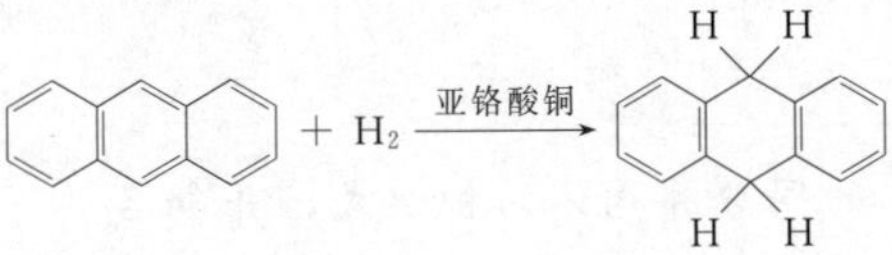

9,10-二氢蒽

(2) 氧化反应

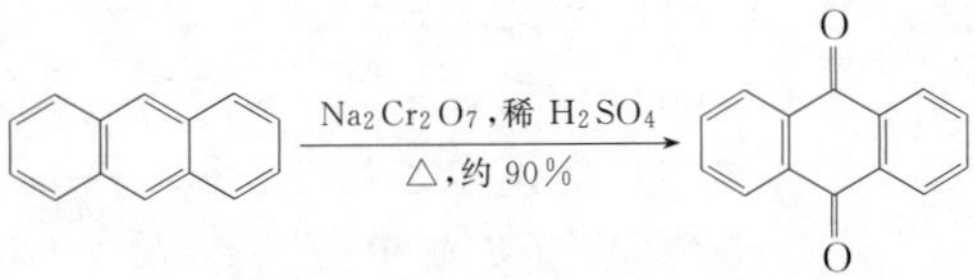

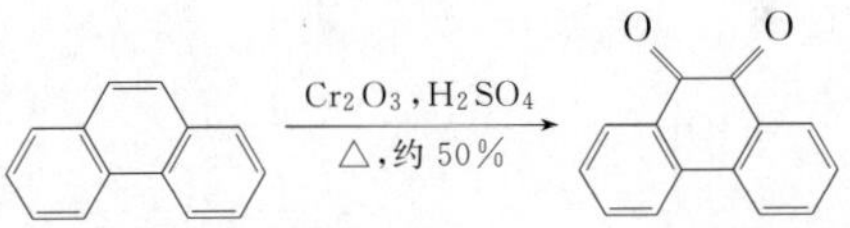

蒽醌是浅黄色晶体,熔点 275℃。蒽醌不溶于水,难溶于多数有机溶剂,易溶于浓硫酸。

三、致癌烃

在稠环芳烃中，有的具有致癌性，称为致癌烃。例如：

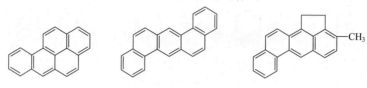

      1,2-苯并芘   1,2,5,6-二苯并蒽   3-甲基胆蒽

有些致癌烃在煤、石油、木材和烟草等燃烧不完全时能够产生。煤焦油中也含有某些致癌烃。致癌烃多为蒽和菲的衍生物，当蒽的 10 位或 9 位有烃基时，其致癌性增强。例如下列化合物都有显著的致癌作用：

    6-甲基-5,10-亚乙基-1,2-苯并蒽   10-甲基-1,2-苯并蒽

【知识链接】

烧烤食品——您身边的"隐形杀手"

    每到夏季，露天烧烤就会悄悄"火"起来。殊不知，在这些露天烧烤的食品中，藏匿着许多食品卫生安全隐患。有关专家分析称，由于肉直接在高温下进行烧烤，被分解的脂肪滴在炭火上，再与肉里面的蛋白质结合，就会产生一种叫苯并芘的致癌物质。人们如果经常食用被苯并芘污染的烧烤食品，致癌物质会在体内蓄积，有诱发胃癌、肠癌的危险。同时，烧烤食物中还存在另一种致癌物质——亚硝胺。亚硝胺的产生源于肉串烤制前的腌制环节，如果腌制时间过长，就容易产生亚硝胺。此外，据近年美国一项权威研究结果显示，食用过多的烧煮熏烤太过的肉食将受到寄生虫等疾病的威胁，甚至严重影响青少年的视力。因此，专家提醒您，烧烤食品应少吃，莫用健康解馋。

 复习题

1. 写出单环芳烃 C_9H_{12} 的同分异构体的构造式，并命名。
2. 写出下列化合物的构造式。
   - (1) 3,5-二溴-2-硝基甲苯
   - (2) 2,6-二硝基-3-甲氧基甲苯
   - (3) 2-硝基对甲苯磺酸
   - (4) 三苯甲烷
   - (5) 反二苯基乙烯
   - (6) 环己基苯
   - (7) 3-苯基戊烷
   - (8) 间溴苯乙烯
   - (9) 对溴苯胺
   - (10) 氨基苯甲酸
3. 写出下列反应物的构造式。
   - (1) $C_8H_{10} \xrightarrow[\triangle]{KMnO_4 \text{ 溶液}}$ ⌬—COOH
   - (2) $C_9H_{12} \xrightarrow[\triangle]{KMnO_4 \text{ 溶液}} C_6H_5COOH$

（3）$C_8H_{10} \xrightarrow[\triangle]{KMnO_4 \text{ 溶液}}$ HOOC—⟨⟩—COOH

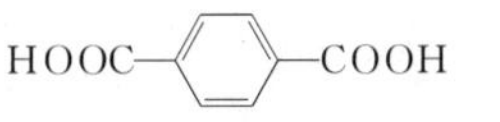

（4）$C_9H_{12} \xrightarrow[\triangle]{KMnO_4 \text{ 溶液}}$ 间-C₆H₄(COOH)₂ (间苯二甲酸结构)

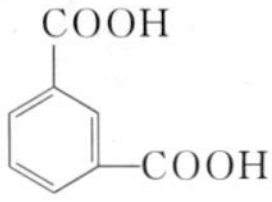

4. 写出下列反应主要产物的构造式和名称。

（1）$C_6H_6 + CH_3CH_2CH_2CH_2Cl \xrightarrow[100℃]{AlCl_3} ?$

（2）$m\text{-}C_6H_4(CH_3)_2 + (CH_3)_3CCl \xrightarrow[100℃]{AlCl_3} ?$

（3）$PhH + CH_3CHClCH_3 \xrightarrow{AlCl_3} ?$

5. 怎样由苯和脂肪族化合物制取丙苯？用反应方程式表示。

6. 试利用傅-克烷基化反应的可逆性，从甲苯制取1,2,3-三甲苯。

7. 比较下列各组化合物进行硝化反应时的难易程度。

（1）苯　1,2,3-三甲苯　甲苯　间二甲苯

（2）苯　硝基苯　甲苯

（3）$C_6H_5NHCOCH_3$　$C_6H_5COCH_3$　苯

（4）对苯二甲酸　对甲基苯甲酸　苯甲酸　甲苯

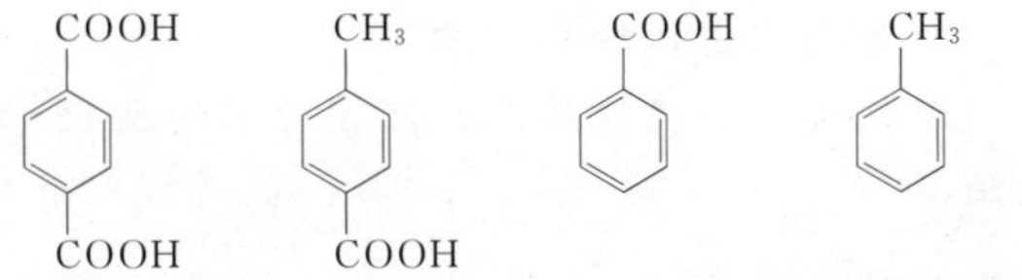

（5）硝基苯　苄基硝基（$C_6H_5CH_2NO_2$）　乙苯

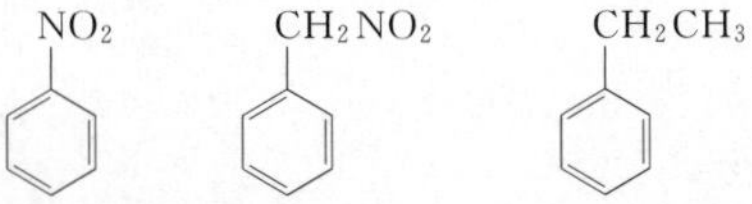

8. 某芳烃的分子式为 C_9H_{12}，用 $K_2Cr_2O_7$ 硫酸溶液氧化后得一种二元酸，将原来芳烃进行硝化所得的一元硝基化合物主要有两种，该芳烃的可能构造式如何？并写出各步反应式。

9. 甲、乙、丙三种芳烃的分子式同为 C_9H_{12}，氧化时甲得一元酸，乙得二元酸，丙得三元酸。但经硝化时甲和乙分别得到两种一硝基化合物，而丙只得到一种一硝基化合物。求甲、乙、丙三者的结构。

第八章 卤代烃

 知识目标

1. 了解卤代烃的分类、物理性质；了解重要的卤代烃的用途；
2. 掌握卤代烷烃的命名，化学性质（取代反应、消除反应和活泼金属的反应等）；
3. 掌握格氏试剂的制备、性质和应用。

 能力、思政与职业素养目标

1. 能应用扎伊采夫规则判断消除反应的主要产物；
2. 能利用卤代烃性质解释日常现象；
3. 能分析卤代烃在工农业生产中的用途；
4. 了解氟利昂对臭氧层的破坏，导致紫外线对地球生命的伤害，培养关爱人类健康、关爱生命的博爱意识。

烃分子中的一个或几个氢原子被卤素原子取代后生成的化合物，称为烃的卤素衍生物，简称卤代烃。含一个卤原子的卤代烃可用 RX 表示，卤原子是卤代烃的官能团。RX（X= F、Cl、Br、I）的性质比烃活泼得多，能发生多种化学反应，转化成各种其他类型的化合物。所以，引入卤原子往往是改造分子性能的第一步加工，在有机合成中起着桥梁的作用。自然界极少含有卤素的化合物，绝大多数是人工合成的。常见的卤代烃是烃的氯、溴和碘的取代物。由于氟代烃的制法和性质都比较特殊，和其他三种卤代烃不同，不在本书中讨论，本章重点讨论卤代烷烃的性质。

第一节 卤代烃的分类、命名及同分异构现象

一、卤代烃的分类

1. 根据烃基的不同，卤代烃分为脂肪族卤代烃、脂环族卤代烃和芳香族卤代烃。脂肪族卤代烃又可分为卤代烷烃、卤代烯烃、卤代炔烃。
2. 根据分子中卤原子的数目分为一卤代烃和多卤代烃。一卤代烷通常用 RX 表示。

3. 卤代烷烃还可根据卤原子直接相连的碳原子类型的不同分为：一级卤代烃（伯卤代烃），二级卤代烃（仲卤代烃），三级卤代烃（叔卤代烃）。例如：

　　伯卤代烷　　　　仲卤代烷　　　　叔卤代烷

二、卤代烃的命名

1. 简单的卤代烃

结构简单的卤代烃可以按卤原子相连的烃基的名称来命名，称为卤代某烃或某基卤。

$(CH_3)_2CHBr$　　　　$C_6H_5CH_2Cl$　　　　$CHCl_3$　　　　$CH_3CH_2CH_2Cl$

溴代异丙烷(异丙基溴)　氯代苄(苄基氯)　三氯甲烷(氯仿)　正丙基氯

$(CH_3)_2CHCl$　　　　$(CH_3)_3CBr$　　　　$CH_2=CH-CH_2Br$　　　　（苯环-CH_2Cl）

异丙基氯　　　叔丁基溴　　　烯丙基溴　　　氯化苄(苄基氯)

2. 复杂的卤代烃

较复杂的卤代烃按系统命名法命名。

(1) 卤代烷　以烷烃为母体，选取包含有卤原子所在碳原子在内的最长碳链作为主链，称为某烷。将卤原子或其他支链作为取代基。命名时，按"最低系列"原则给主链编号，取代基按顺序规则"较优基团后列出"来命名。例如：

$$CH_3-CH_2-\underset{H_3C}{\overset{|}{C}}H-\underset{Cl}{\overset{|}{C}}H-CH_3 \qquad CH_3-\underset{CH_3}{\overset{|}{C}}H-CH_2-\underset{Cl}{\overset{|}{C}}H-CH_2-CH_3$$

3-甲基-2-氯戊烷　　　　　　3-甲基-5-氯庚烷

$$CH_3-\underset{Cl}{\overset{|}{C}}H-CH_2-\underset{CH_3}{\overset{|}{C}}H-CH_2-CH_3 \qquad CH_3-CH_2-CH_2-\underset{Br}{\overset{|}{C}}H-\underset{Cl}{\overset{|}{C}}H-CH_3$$

4-甲基-2-氯己烷　　　　　　3-氯-4-溴己烷

(2) 卤代烯烃　以烯烃为母体，含双键的最长碳链为主链，以双键的位次最小为原则进行编号来命名。例如：

$$CH_2=CH-\underset{CH_3}{\overset{|}{C}}H-CH_2-Cl \qquad （环己烯-Cl, CH_3）$$

3-甲基-4-氯-1-丁烯　　　4-甲基-5-氯环己烯

(3) 卤代芳香烃　当卤原子在芳环上时，则以芳烃为母体，卤原子作为取代基来命名。例如：

（苯-CH_3,Cl）　　（苯-CH_3,Br）

2-氯甲苯　　　邻溴甲苯

卤原子在侧链上时，则以相应的链烃为母体，芳基和卤原子都作为取代基来命名。例如：

（苯-CH_2Cl）　　　（苯-$CHCH_2Cl$,CH_3）

苯氯甲烷(氯化苄)　　　2-苯基-1-氯丙烷

(4) 卤代脂环烃　一般以脂环烃为母体命名，卤原子及支链都看作是它的取代基。较小

93

的（原子序数小的）基团，编号最小。例如：

顺-1-甲基-2-溴环己烷　　　　反-2-苯基-1-氯环己烷

有些卤代烃也采用俗名，如三氯甲烷（$CHCl_3$）叫氯仿；三碘甲烷（CHI_3）叫碘仿。

【问题与思考】

依据不同的分类方法，一个化合物可能会属于不同类别的化合物。你能确定下列两个卤代烃属于什么类别吗？分类的依据是什么？

$$\mathrm{C_6H_5-CH_2-CH-CH_3} \atop \mathrm{Br} \qquad \mathrm{CH_2=CH-CH_2-CH_2} \atop \mathrm{Br}$$

三、同分异构现象

1. 卤代烷的同分异构现象

卤代烷的同分异构体数目比相应的烷烃的异构体数目多。如一卤代烷除了具有碳干异构体外，卤素原子在碳链上的位置不同，也会引起同分异构现象。例如丙烷没有同分异构体，而一氯丙烷则有两个同分异构体。

$$\mathrm{CH_3CH_2CH_2Cl} \qquad \mathrm{CH_3CHCH_3} \atop \mathrm{Cl}$$

1-氯丙烷　　　　　　2-氯丙烷

2. 不饱和卤代烃的同分异构现象

由于不饱和卤代烃的碳链不同、不饱和键的位置不同和卤素原子的位置不同都能引起同分异构现象，故其异构现象更为复杂。

【知识链接】

医药中重要的卤代烃

三氯甲烷俗称氯仿，是一种无色、有甜味的液体，早在1847年就用于外科手术的麻醉，因其对心脏、肝脏的毒性较大，目前临床已很少使用。

氯仿在光照条件下，能被逐渐氧化为剧毒的光气。所以，氯仿用棕色瓶盛装，并加入1‰的乙醇破坏光气。

$$\mathrm{CHCl_3 + O_2 \longrightarrow {Cl \atop Cl}\!\!>\!\!C=O + HCl}$$
　　　　　　　　　　　　光气

氟烷（$CF_3CHClBr$）的化学名称是1,1,1-三氟-2-氯-2-溴乙烷，为无色液体，无刺激性，性质稳定，可以与氧气以任意比例混合，不燃不爆。其麻醉强度比乙醚大2～4倍，比氯仿强1.5～2倍，对黏膜无刺激性，对肝、肾功能不会造成持久性的损害，是目前常用的吸入性全身麻醉药之一。

血防-846是一种广谱抗寄生虫病药，常用于治疗血吸虫病和肝吸虫病。其化学名称是对二（三氯甲基）苯，因其分子式为 $C_8H_4Cl_6$ 而得名。它是白色有光泽的结晶粉末，无味，易溶于氯仿，可溶于乙醇和植物油，不溶于水。

$$Cl_3C-\langle\!\bigcirc\!\rangle-CCl_3$$

第二节　卤代烷烃的性质

一、物理性质

在室温下，只有极少数低级卤代烷是气体，例如氯甲烷、溴甲烷、氯乙烷、氯乙烯等，其他常见的卤代烷大多是液体。纯净的卤代烷多数是无色的。溴代烷和碘代烷对光比较敏感，光照下能慢慢地分解出游离卤素而分别带棕黄色和紫色。

卤代烷不溶于水，但是，它们彼此可以相互混溶，也能溶于醇、醚、烃类等有机溶剂中。有些卤代烷本身就是有机溶剂。

卤代烷的沸点随分子量的增加而升高。烃基相同而卤原子不同的卤代烷中，碘代烷的沸点最高，溴代烷、氯代烷、氟代烷依次降低。直链卤代烷的沸点高于含相同碳原子数的支链卤代烷。这与烷烃类似。此外，氯代烷、溴代烷、碘代烷与分子量相近的烷烃的沸点相近。表 8-1 给出卤代烷的一些物理常数。

表 8-1　卤代烷的一些物理常数

名称	构造式	熔点/℃	沸点/℃	相对密度 (d_4^{20})	名称	构造式	熔点/℃	沸点/℃	相对密度 (d_4^{20})
氯甲烷	CH_3Cl	-97	-24	0.920	氯乙烷	C_2H_5Cl	-139	12	0.898
溴甲烷	CH_3Br	-93	4	1.732	溴乙烷	C_2H_5Br	-119	38	1.461
碘甲烷	CH_3I	-66	42	2.279	碘乙烷	C_2H_5I	-111	72	1.936
二氯甲烷	CH_2Cl_2	-96	40	1.326	1-氯丙烷	$CH_3CH_2CH_2Cl$	-123	47	0.890
三氯甲烷	$CHCl_3$	-64	62	1.489	2-氯丙烷	$CH_3CHClCH_3$	-117	36	0.860
四氯化碳	CCl_4	-23	77	1.594					

二、化学性质

卤素原子是卤代烷的官能团。卤代烷的化学性质主要表现在卤素原子上。卤素原子被其他原子或基团取代的反应称为亲核取代反应；从卤代烷分子中消去卤化氢生成 C=C 双键的反应称为消除反应。反应时，卤代烷的活性顺序是碘代烷＞溴代烷＞氯代烷。

1. 取代反应

由于碳卤键是极性共价键，较易断裂，在一定条件下，卤代烷分子中的卤素原子可被其他原子或基团所取代，生成其他类型的有机化合物。

(1) 水解　将卤代烷与氢氧化钠（或氢氧化钾）的水溶液共热，卤素原子被羟基取代生成醇：

$$RX + NaOH \xrightarrow{水} ROH + NaX$$

$$CH_3CH_2Cl + NaOH \xrightarrow[\triangle]{H_2O} CH_3CH_2OH + NaCl$$

(2) 醇解 卤代烷与醇钠作用,卤原子被烷氧基(RO—)取代生成醚,这是制备醚,特别是混合醚(即两个烃基不同的醚)的一种常用方法,称为威廉森(Williamson)合成法。

$$\overset{\delta^+\;\;\delta^-}{R-X} + R'O^-Na^+ \longrightarrow ROR' + NaX$$
伯卤烷　醇钠(强碱)　　单纯醚或混合醚

$$CH_3CH_2Br + NaOCH(CH_3)_2 \longrightarrow CH_3CH_2OCH(CH_3)_2 + NaBr$$
单纯醚或混合醚

$$CH_3CH_2Br + NaOC(CH_3)_3 \longrightarrow CH_3CH_2OC(CH_3)_3 + NaBr$$

R—X 一般为伯卤代烷(仲、叔卤代烷与醇钠反应时,主要发生消除反应生成烯烃)。尤其是叔卤代烷与醇钠作用不能制得醚,而是发生消除反应生成烯烃。

(3) 氰解 卤代烷与氰化钠(钾)的醇溶液共热,卤原子被氰基(—CN)取代生成腈。

$$RX + Na^+CN^- \xrightarrow{\text{醇}} RCN + NaX$$
$$\xrightarrow{H_2O} RCOOH$$

$$\underset{}{\text{PhCH}_2Br} + NaCN \longrightarrow \underset{}{\text{PhCH}_2CN} + NaBr$$

反应过程中生成的腈分子比原来的卤代烷分子增加了一个碳原子,它在有机合成中作为增长碳链的一种方法,也是制备腈的一种方法。由于—CN 水解生成—COOH、还原生成—CH$_2$NH$_2$,所以这也是制备羧酸和胺的一种方法。

(4) 氨解 伯卤代烷与氨发生取代反应生成伯胺。例如:

$$RX + \ddot{N}H_3 \longrightarrow [RNH_2·HX] \xrightarrow{\ddot{N}H_3} RNH_2 + NH_4X$$
伯卤烷　　　　　　　　　　　　伯胺

$$ClCH_2CH_2Cl + 4NH_3 \xrightarrow[115\sim120℃,5h]{\text{封闭容器}} H_2NCH_2CH_2NH_2 + 2NH_4Cl$$
乙二胺

(5) 与硝酸银作用 卤代烷与硝酸银的醇溶液反应得卤化银沉淀。

$$RX + AgNO_3 \xrightarrow{C_2H_5OH} RONO_2 + AgX\downarrow$$

$$CH_3CH_2CH_2Cl + AgNO_3 \xrightarrow{\text{乙醇}} CH_3CH_2CH_2ONO_2 + AgCl\downarrow$$

卤代烷的活性顺序为:叔卤代烷＞仲卤代烷＞伯卤代烷。

不同的卤代烷与硝酸银反应的速率不同,叔卤代烷生成卤化银沉淀最快——一般是立即反应;伯卤代烷最慢——常常需要加热。这个反应在有机分析中常用来检验卤代烷。

> **【问题与思考】**
> AgNO$_3$ 溶液可以用于区分氯、溴、碘三种不同的无机盐。是否可以用 AgNO$_3$ 区分仲丁基氯、仲丁基溴和仲丁基碘三种不同的卤代烃呢?

(6) 与碘化钠-丙酮溶液反应 由于氯化钠和溴化钠不溶于丙酮,而碘化钠易溶于丙酮,所以在丙酮中氯代烷和溴代烷可与碘化钠反应分别生成氯化钠沉淀和溴化钠沉淀:

$$R-X + NaI \longrightarrow R-I + NaX\downarrow \;(X=Cl\;或\;Br)$$

卤素原子相同,烷基不同的卤代烷(氯代烷和溴代烷)的活性顺序是:伯卤代烷＞仲卤代烷＞叔卤代烷,同卤代烷与硝酸银-乙醇溶液反应的活性顺序正好相反。这个反应除了在实验室中用来制备碘代烷外,在有机分析上还可用来检验氯代烷和溴代烷。

【知识拓展】

卤代烃的亲核取代反应历程

亲核取代反应是一类重要的反应。亲核取代反应历程可以用一卤代烷的水解为例来说明。在研究水解速率与反应物浓度的关系时，发现有些卤代烷的水解仅与卤代烷的浓度有关。而另一些卤代烷的水解速率则与卤代烷和碱的浓度都有关系。

例如：溴甲烷在碱性条件下水解的反应：

$$OH^- + CH_3-Br \longrightarrow CH_3OH + Br^-$$

$$v = k[CH_3Br][OH^-]$$

在动力学研究中，把反应速率公式中各浓度项的指数叫作级数，把所有浓度项指数的总和称为该反应的反应级数。对上述反应来说，反应速率相对于 $[CH_3Br]$ 和 $[OH^-]$ 分别是一级，而整个水解反应则是二级反应，而对叔丁基溴的碱性水解反应：

$$OH^- + CH_3-\underset{\underset{CH_3}{|}}{\overset{\overset{CH_3}{|}}{C}}-Br \longrightarrow CH_3-\underset{\underset{CH_3}{|}}{\overset{\overset{CH_3}{|}}{C}}-OH + Br^-$$

$$v = k[(CH_3)_3CBr]$$

反应速率只与卤代烷的浓度成正比，而与碱的浓度无关。反应速率对 $[(CH_3)_3CBr]$ 是一级反应，对碱则是零级，整个水解反应是一级反应。从上述实验现象和大量的事实说明：卤代烷的亲核取代反应是按照不同的历程进行的。

1. 双分子历程（S_N2）

对溴甲烷等这类水解反应，认为决定反应速率的一步是由两种分子参与的。反应过程可以这样认为：整个反应是一步完成的，亲核试剂是从反应物离去基团的背面向碳进攻。

$$^-OH + H-\overset{H}{\underset{H}{C}}-Br \rightleftharpoons \overset{慢}{\longrightarrow} \left[HO\overset{\delta^-}{\cdots}\overset{\delta^+}{\underset{H}{\overset{H}{C}}}\cdots\overset{\delta^-}{Br}\right] \overset{快}{\longrightarrow} HO-\overset{H}{\underset{H}{C}}-H + Br^-$$

这类反应进程中的能量变化如图 8-1 所示。

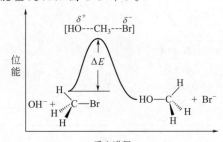

图 8-1　双分子历程中反应进程和体系能量的关系

在反应过程中，其决定反应速率的一步发生共价键变化的有两种分子，或者说有两种分子参与了过渡态的形成，因此，这类反应历程称为双分子亲核取代反应历程，简称双分子历程，用 S_N2 表示（S_N 代表亲核取代反应，substitution nucleophilic bimolecular，2 代表双分子）。

从轨道理论来看，S_N2 在反应的过渡态中，中心碳原子从原来的 sp^3 杂化轨道变

为 sp^2 杂化轨道，三个 C—H 键排列在同一平面上，互成 120°；另外还有一个 p 轨道与 OH—和 Br—部分键合（见图 8-2）。

如果—OH 从溴的同侧进攻，则形成的过渡态 C—OH 和 C—Br 势必处在同一侧，它们之间斥力较大，内能高，不稳定，难生成。

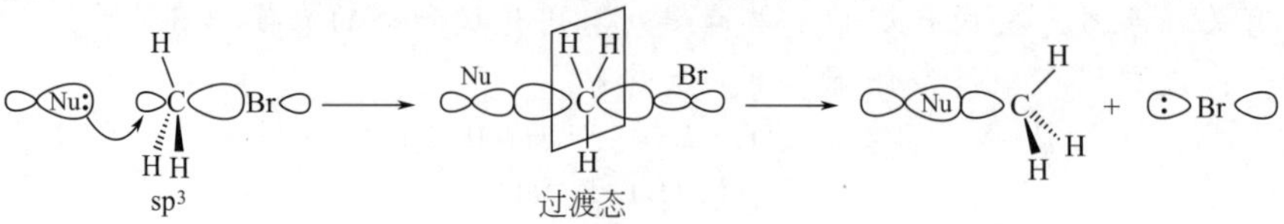

图 8-2 S_N2 在反应的过渡态中中心碳原子杂化态的变化（$Nu^- = OH^-$）

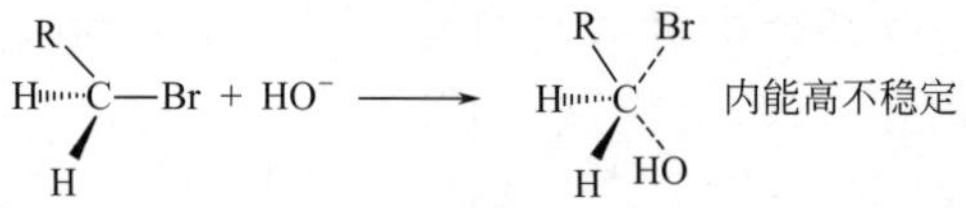

因此，在反应中亲核试剂只能从背面进攻碳原子。

2. 单分子历程（S_N1）

溴代叔丁烷的水解分以下两步：

第一步　$(CH_3)_3C—Br \xrightarrow{慢} [(CH_3)_3C \cdots Br] \longrightarrow (CH_3)_3\overset{+}{C} + Br^-$

第二步　$(CH_3)_3\overset{+}{C} + {}^-OH \xrightarrow{快} [(CH_3)_3C \cdots OH] \longrightarrow (CH_3)_3C—OH$

对于多步反应来说，生成最后产物的速率由速率最慢的一步来控制。叔丁基溴的水解反应中，C—Br 键的离解需要较大的能量，反应速率比较慢，而生成的碳正离子具有高度的活泼性，它生成后立即与 OH^- 作用，因为第一步反应所需活化能较大，是决定整个反应速率的步骤，所以整个反应速率仅与卤代烷的浓度有关。这类反应历程进行过程的能量变化如图 8-3 所示。

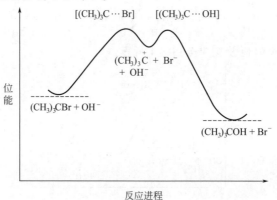

图 8-3 单分子历程中反应进程和体系能量的关系

S_N1 反应的特征是分步进行的单分子反应，并有活泼中间体碳正离子的生成。

2. 消除反应

卤代烷与氢氧化钠（或氢氧化钾）的醇溶液作用时，卤素常与 β-碳上的氢原子脱去卤化氢而生成烯烃或炔烃。例如：

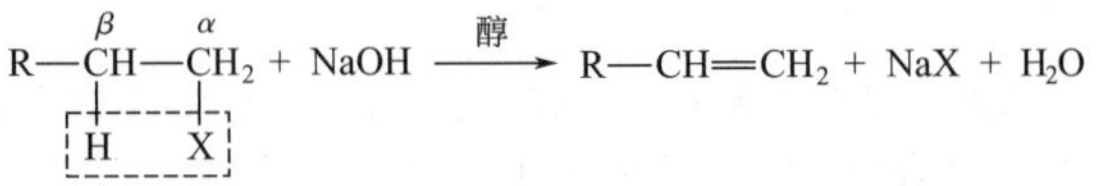

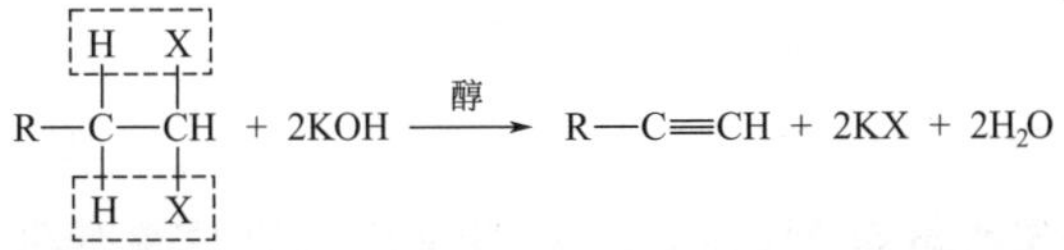

$$\underset{H\ \ X}{R-\underset{\beta}{C}H-\underset{\alpha}{C}H_2} + NaOH \xrightarrow{醇} R-CH=CH_2 + NaX + H_2O$$

$$\underset{H\ \ X}{\underset{|\ \ |}{R-C-CH}} + 2KOH \xrightarrow{醇} R-C\equiv CH + 2KX + 2H_2O$$

在卤代烷的分子中，由于卤原子的拉电子诱导效应，导致 β-氢原子带有一定的酸性，因而在强碱作用下，卤代烷分子中卤原子易和 β-氢原子进行消除反应（β-消除）生成烯烃。卤代烷的活性顺序：

叔卤代烷＞仲卤代烷＞伯卤代烷

在仲卤代烷和叔卤代烷的分子中，若存在几种不同的 β-氢原子，进行消除时总是消去含氢较少的碳原子上的氢原子，主要产物是双键碳原子上连有最多烃基的烯烃。这一经验规律称为扎伊采夫（Saytzeff）规则。例如：

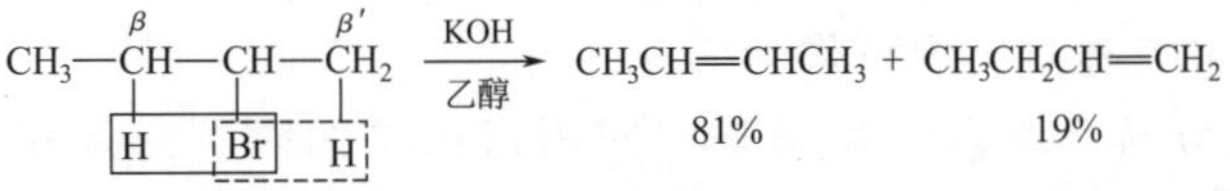

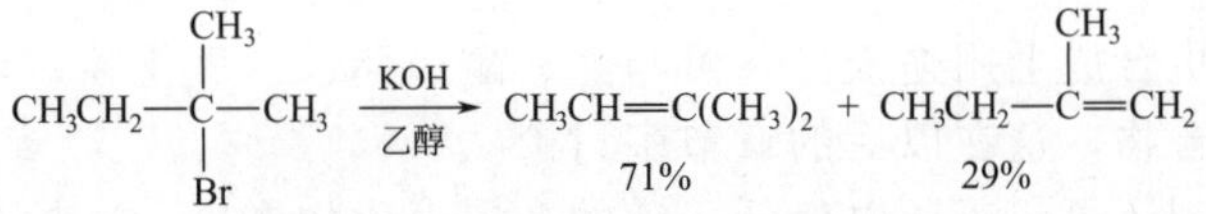

$$CH_3-\underset{H\ \ Br\ \ H}{\underset{\beta}{C}H-\underset{}{C}H-\underset{\beta'}{C}H_2} \xrightarrow[乙醇]{KOH} \underset{81\%}{CH_3CH=CHCH_3} + \underset{19\%}{CH_3CH_2CH=CH_2}$$

$$CH_3CH_2-\underset{\underset{Br}{|}}{\overset{\overset{CH_3}{|}}{C}}-CH_3 \xrightarrow[乙醇]{KOH} \underset{71\%}{CH_3CH=C(CH_3)_2} + \underset{29\%}{CH_3CH_2-\overset{\overset{CH_3}{|}}{C}=CH_2}$$

卤代烷的水解反应和脱去 HX 的反应都是在碱性条件下进行的，它们常常同时进行，相互竞争。反应中究竟哪一种反应占优势，取决于 RX 的结构和反应条件。

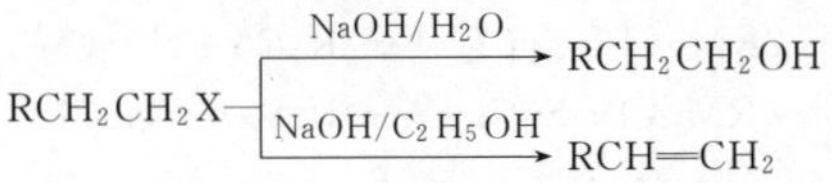

$$RCH_2CH_2X \begin{array}{c} \xrightarrow{NaOH/H_2O} RCH_2CH_2OH \\ \xrightarrow{NaOH/C_2H_5OH} RCH=CH_2 \end{array}$$

【知识拓展】

亲核取代反应和 β-消除反应的竞争

卤代烃的水解反应和消除卤化氢的反应都是在碱的作用下进行的。在取代反应中，试剂进攻的是 α-碳原子，在消除反应中，试剂进攻的是 β-碳原子上的氢原子。因此当卤代烃水解时，不可避免地会有消除卤化氢的副反应发生；同样，消除卤化氢时，也会有水解产物生成。

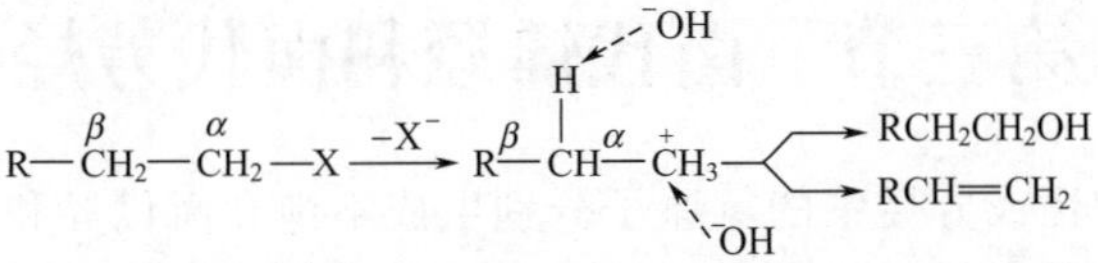

$$R-\underset{\beta}{C}H_2-\underset{\alpha}{C}H_2-X \xrightarrow{-X^-} R-\underset{\beta}{C}H-\underset{\alpha}{\overset{+}{C}}H_3 \begin{array}{c}\nearrow RCH_2CH_2OH \\ \searrow RCH=CH_2\end{array}$$

卤代烃的取代反应和消除反应同时发生，而且相互竞争。竞争的结果受许多因素影响，主要有以下四个因素：

① 卤代烃的结构　一般情况下，伯卤代烷与强亲核试剂之间主要发生取代反应，叔卤代烷与强碱性试剂之间主要发生消除反应。

② 亲核试剂的种类　亲核试剂的碱性越强，浓度越大，越有利于消除反应；反之，则有利于取代反应。

③ 反应的溶剂　弱极性溶剂有利于消除反应，而强极性溶剂有利于取代反应。
④ 反应温度　反应温度越高，越有利于消除反应。

3. 与金属的反应

卤代烷能与多种活泼金属如 Mg、Li、Al 等反应生成金属有机化合物（含有金属-碳键的化合物）。

卤代烷与镁作用生成有机镁化合物，该产物不需分离即可直接用于有机合成反应，这种有机镁化合物称格氏试剂（Grignard 试剂）。

$$RX + Mg \xrightarrow{\text{绝对乙醚}} \overset{\delta-}{R}\overset{\delta+}{MgX}$$

格氏试剂是由 R_2Mg、MgX_2、$(RMgX)_n$ 等多种成分形成的平衡体系混合物，一般用 RMgX 表示。

绝对乙醚是指无水、无乙醇的乙醚，它的作用是与格氏试剂配合生成稳定的溶剂化物。此外，苯、四氢呋喃和其他醚类也可作为溶剂。

格氏试剂遇水就分解，所以，在制备和使用格氏试剂时都必须用无水溶剂和干燥的容器。

格氏试剂在有机合成上用途极广，可与醛、酮、酯、二氧化碳、环氧乙烷等反应，生成醇、酸等一系列化合物，这在以后的章节中讨论。

此外，格氏试剂还可与还原电位低于镁的金属卤化物作用，这是合成其他有机金属化合物的一个重要方法。例如：

$$3RMgCl + AlCl_3 \longrightarrow R_3Al + 3MgCl_2$$
$$2RMgCl + CdCl_2 \longrightarrow R_2Cd + 2MgCl_2$$
$$4RMgCl + SnCl_4 \longrightarrow R_4Sn + 4MgCl_2$$

4. 还原反应

卤代烷中卤素可被还原成烷烃，还原剂一般采用氢化铝锂。

$$R{-}X \xrightarrow{LiAlH_4} R{-}H$$

$LiAlH_4$ 遇水立即反应，放出氢气。因此，反应只能在无水介质中进行。

硼氢化钠（$NaBH_4$）是比较温和的试剂，也可用于还原卤代烷。在还原过程中，分子内若同时存在羧基、氰基、酯基等，可以保留不被还原。硼氢化钠可溶于水，呈碱性，比较稳定，能在水溶液中反应而不被水分解。

第三节　卤代烯烃和卤代芳烃

卤原子取代不饱和烃或芳烃中的氢原子分别生成不饱和卤代烃和芳香卤代烃。不饱和卤代烃由于碳干不同，双键和卤原子位置不同，都可以产生异构体，因此，异构体数目比卤代烷多。下面以一卤代烯烃和一卤代芳烃为例进行讨论。

一、分类

根据一卤代烯烃和一卤代芳烃分子中卤原子和双键的相对位置可以分为三类。

1. 乙烯式卤代烃和苯基卤代烃

卤素与双键上或苯环上的碳原子直接相连，例如：

$$\text{CH}_2=\text{CHCl} \qquad \text{CH}_3\text{CH}_2\text{CH}=\text{CHCl} \qquad \text{C}_6\text{H}_5\text{-Cl}$$

氯乙烯　　　　　　　1-氯丁烯　　　　　　　氯化苯

2. 烯丙基式卤代烃和苄基卤代烃

卤素与双键相隔一个碳原子，例如：

$$\text{CH}_2=\text{CHCH}_2\text{Cl} \qquad \text{环己烯-Br} \qquad \text{C}_6\text{H}_5\text{CH}_2\text{Cl} \qquad \text{C}_6\text{H}_5\text{CHClCH}_3$$

3-氯丙烯　　　　3-溴环己烯　　　　苄氯　　　　α-氯代乙苯

3. 孤立式卤代烯烃

卤素与双键相隔两个以上的碳原子。例如：

$$\text{CH}_2=\text{CHCH}_2\text{CH}_2\text{Cl} \qquad \text{环己烯-Cl} \qquad \text{C}_6\text{H}_5\text{CH}_2\text{CH}_2\text{Br} \qquad \text{C}_6\text{H}_5\text{CH}_2(\text{CH}_2)_n\text{CH}_3$$

4-氯-1-丁烯　　　4-氯环己烯　　　β-溴代乙苯　　　$n \geq 1$

二、物理性质

一卤代烯烃中氯乙烯和溴乙烯为气体。一卤代芳烃为有香味的液体，苄基卤有催泪性，一卤代芳烃都比水重，不易溶于水，易溶于有机溶剂。

三、化学性质

烃基的结构对卤代烃的性质有很大的影响。烯丙基式卤代烃（以及苄基卤）活性最大，乙烯式卤代烃（以及苯环上的卤代芳烃）最不活泼，孤立式卤代烯烃的化学性质则与相应的卤代烷相似。它们的化学活性次序可归纳如下：

$$-\overset{|}{\underset{|}{\text{C}}}=\overset{|}{\underset{|}{\text{C}}}\text{CH}_2\text{X}, \quad \text{C}_6\text{H}_5\text{CX} > \text{RX} > -\overset{|}{\underset{|}{\text{C}}}=\overset{|}{\underset{|}{\text{C}}}\text{X}, \text{C}_6\text{H}_5\text{X}$$

三级卤代烷＞二级卤代烷＞一级卤代烷

1. 与 NaOH、NaOR、NaCN、NH₃ 的亲核反应

乙烯式卤代烃和苯基卤代烃很难发生亲核取代反应，但烯丙基式卤代烃和苄基卤代烃比较容易发生亲核取代反应。例如：

$$\text{CH}_2=\text{CHCl} + \text{NaOH} \xrightarrow{\text{H}_2\text{O}} \times (\text{不反应})$$

$$\text{CH}_2=\text{CHCH}_2\text{Cl} + \text{NaOH} \xrightarrow{\text{H}_2\text{O}} \text{CH}_2=\text{CHCH}_2\text{OH} + \text{NaOH} \quad (\text{易进行})$$

$$\text{C}_6\text{H}_5\text{-Cl} + \text{NaOH} \xrightarrow[300℃, 20\text{MPa}]{\text{H}_2\text{O}} \text{C}_6\text{H}_5\text{-OH} + \text{NaCl}$$

$$\text{C}_6\text{H}_5\text{-CH}_2\text{Cl} + \text{NaOH} \xrightarrow{\text{H}_2\text{O}} \text{C}_6\text{H}_5\text{-CH}_2\text{OH} + \text{NaCl}$$

2. 与硝酸银反应

乙烯式卤代烃和苯基卤代烃很难与 $AgNO_3$ 的醇溶液反应，但是烯丙基式卤代烃和苄基卤代烃容易与 $AgNO_3$ 的醇溶液反应，常用这一性质来鉴别烯丙基式卤代烃和苄基卤代烃等卤化物。表 8-2 中将烯丙基式卤代烃和苄基卤代烃、孤立卤代烯烃和卤代烷烃、乙烯式卤代烃和苯基卤代烃分别与 $AgNO_3$ 的醇溶液反应情况进行对比。

3. 与金属镁的反应

乙烯式卤代烃和苯基卤代烃在干醚中难以与金属镁反应，需在四氢呋喃中才能生成格氏试剂，但烯丙基式卤代烃和苄基卤代烃较容易生成格氏试剂。例如：

$$\text{C}_6\text{H}_5\text{-Cl} + \text{Mg} \xrightarrow{\text{四氢呋喃}} \text{C}_6\text{H}_5\text{-MgCl}$$

$$\text{C}_6\text{H}_5\text{-CH}_2\text{Cl} + \text{Mg} \xrightarrow{\text{干醚}} \text{C}_6\text{H}_5\text{-CH}_2\text{MgCl}$$

表 8-2　三种类型的卤代烃与硝酸银的醇溶液反应情况对比

类别	烯丙基式卤代烃和苄基卤代烃	孤立卤代烯烃和卤代烷烃	乙烯式卤代烃和苯基卤代烃
举例	$CH_2=CHCH_2-X$ $C_6H_5-CH_2-X$ $(CH_3)_3C-X$、$R-I$	R_2CH-X RCH_2-X $CH_2=CH(CH_2)_n-X (n \geq 2)$	$CH_2=CH-X$ C_6H_5-X
现象	室温下立即生成 AgX↓	加热时才能生成 AgX↓	加热也不能生成 AgX↓

第四节　重要的卤代烃

1. 氯乙烷

氯乙烷是带有甜味的气体，沸点是 12.2℃，低温时可液化为液体。工业上用作冷却剂，在有机合成上用以进行乙基化反应。施行小型外科手术时，用作局部麻醉剂，将氯乙烷喷洒在要施行手术的部位，因氯乙烷沸点低，很快蒸发，吸收热量，温度急剧下降，局部暂时失去知觉。

2. 三氯甲烷

三氯甲烷俗名氯仿，为无色具有甜味的液体，沸点 61.2℃，不能燃烧，也不溶于水。工业上用作溶剂，在医药上也曾用作全身麻醉剂，因毒性较大，严重损害肝脏，现已不再使用。

3. 氟氯烷

分子中同时含有氟和氯的多卤代烷，商品名为氟利昂（简称 CFC），氟利昂多指含有一个或两个碳原子的氟氯烷，常温下氟利昂是无色气体或易挥发液体，稍微有些香味但无毒，无腐蚀性，一般不易燃烧，具有较好的稳定性，主要用作制冷剂，例如二氟二氯甲烷。

二氟二氯甲烷（CCl_2F_2）是氟利昂的一种，为无色气体，加压可液化，沸点 $-29.8℃$，不能燃烧，无腐蚀和刺激作用，高浓度时有乙醚气味，但遇火焰或高温时，放出有毒物质。氟利昂可用作冷冻剂。

4. 四氟乙烯和聚四氟乙烯

四氟乙烯（$CF_2=CF_2$）为无色气体，沸点 $-76.3℃$，不溶于水，易溶于有机溶剂。在引发剂过硫酸铵等的作用下，同时加压，四氟乙烯可发生聚合反应，生成聚四氟乙烯。

聚四氟乙烯耐腐蚀，不被任何化学药品腐蚀（除熔融的碱金属钠、钾外），也不与强酸、强碱反应，即使在王水中煮沸也无变化。聚四氟乙烯不溶于任何试剂，也不燃烧，具有良好的耐磨性和绝缘性，耐高温耐低温，号称"塑料王"，因此它可用作管件、阀门、垫圈及耐热的电绝缘材料等。

1. 写出乙苯的各种一氯代物的构造式，用系统命名法命名，并说明它们在化学性质上相似于哪一类卤代烯烃？

2. 写出溴代丁烯的各种构造异构的构造式，哪些有顺/反异构体？这些异构体在结构上各属于哪一类卤代烯烃？

3. 用系统命名法命名下列各化合物。

(1) $(CH_3)_2CHCH_2C(CH_3)_3$
        |
        Br

(2) $\begin{array}{c} CH_3 \\ | \\ CH_3-C-CH_2CH_2CH-CH_3 \\ | \quad\quad\quad\quad | \\ Br \quad\quad\quad\quad Cl \end{array}$

(3) $(CH_3)_2C=CH-CH_2-CH=CH_2$

(4) $\begin{array}{c} H \quad\quad H \\ \diagdown \quad / \\ C=C \\ / \quad\quad \diagdown \\ CH_3 \quad Br \end{array}$

(5)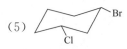

4. 写出符合下列名称的结构式。
(1) 叔丁基氯　　(2) 烯丙基溴　　(3) 苄基氯　　(4) 对氯苄基氯

5. 用方程式分别表示正丁基溴、α-溴代乙苯与下列化合物反应的主要产物。
(1) NaOH（水）　(2) KOH（醇）　(3) Mg、乙醚　(4) NaI、丙酮
(5) NH_3　(6) NaCN　(7) $AgNO_3$　(8) C_2H_5ONa

6. 写出下列反应的产物。

(1) 对氯-CHClCH$_3$-苯基 + H_2O $\xrightarrow{NaHCO_3}$?

(2) $OH-CH_2CH_2CH_2Cl + HBr \longrightarrow$?

(3) $OHCH_2CH_2Cl + KI \xrightarrow{丙酮}$?

(4) 对溴氯苯 + Mg $\xrightarrow{乙醚}$?

(5) 环己烯 + NBS $\xrightarrow{CCl_4}$?

(6) 甲苯 + HCHO + HCl $\xrightarrow{ZnCl_2}$?

(7) 邻-(CH=CHBr)(CH$_2$Cl)苯 $\xrightarrow{KCN}$?

(8) $CH_3C\equiv CH + CH_3MgI \longrightarrow$?

(9) 1-甲基环己烯 + Br_2 $\longrightarrow$ A $\xrightarrow[\triangle]{NaOH,乙醇}$ B $\xrightarrow{\text{顺丁烯二酸酐}}$ C

(10) CH_3-对溴苯$-Br$ $\xrightarrow{Mg, 无水乙醚}$ A $\xrightarrow{C_2H_5OH}$ B+C

(11) $(CH_3)_2HC-$对硝基苯$-NO_2 + Br_2 \xrightarrow{Fe}$ A $\xrightarrow[Cl_2]{光}$ B

7. 用简便化学方法鉴别下列几组化合物。

(1) $CH_3CH_2CH_2Br$ $(CH_3)_3CBr$ $CH_2=CH-CH_2Br$ $HBrC=CHCH_3$

(2) 对氯甲苯 氯化苄 β-氯乙苯

(3) 3-溴环己烯 氯代环己烷 碘代环己烷 甲苯 环己烷

8. 分子式为 C_4H_8 的化合物 A，加溴后的产物用 NaOH-醇处理，生成 C_4H_6(B)，B 能使溴水褪色，并能与 $AgNO_3$ 的氨溶液发生沉淀，试推出 A、B 的结构式并写出相应的反应式。

9. 某烃 C_3H_6（A）在低温时与氯作用生成 $C_3H_6Cl_2$(B)，在高温时则生成 C_3H_5Cl(C)，使 C 与碘化乙基镁作用得 C_5H_{10}(D)，后者与 NBS 作用生成 C_5H_9Br(E)，使 E 与氢氧化钾的酒精溶液共热，主要生成 C_5H_8(F)，后者又可与丁烯二酸酐发生双烯合成得 G，写出各步反应式，以及 A～G 的构造式。

10. 某卤代烃（A），分子式为 $C_6H_{11}Br$，用乙醇溶液处理得 C_6H_{10}(B)，B 与溴反应的生成物再用 KOH-乙醇处理得 C，C 可与 $CH_2=CH-\overset{\overset{O}{\|}}{C}H$ 进行狄尔斯-阿尔德反应生成 D，将 C 臭氧化及还原水解可得 $H-\overset{\overset{O}{\|}}{C}-CH_2CH_2-\overset{\overset{O}{\|}}{C}H$ 和 $HC-\overset{\overset{O}{\|}}{C}H$，试推出 A～D 的结构式，并写出所有的反应式。

第九章 醇、酚和醚

知识目标

1. 理解醇、酚和醚的结构特点；
2. 掌握醇、酚和醚的命名、化学性质；
3. 了解硫醇、硫酚、硫醚的命名和性质。

能力、思政与职业素养目标

1. 能根据醇的结构准确分析判断其发生反应的类型；
2. 能分析羟基与苯环相互影响所表现出来的化学特性；
3. 能将醇、酚和醚的性质用于鉴别、分离提纯和有机分析；
4. 了解酒驾的危害，培养安全意识与珍视生命的职业道德。

第一节 醇

醇分子可以看成是水分子中氢原子被烃基取代的产物或烃分子中氢原子被羟基（—OH）取代的产物，它的官能团是羟基。由于该官能团颇具化学活性，使醇类化合物成为制药和有机合成的重要原料。

一、醇的分类和命名

1. 醇的分类

① 根据和羟基相连的碳原子的类型，可以分为伯醇（1°醇，一级醇）、仲醇（2°醇，二级醇）和叔醇（3°醇，三级醇）。例如：

$$CH_3CH_2CH_2OH \qquad CH_3CH_2\underset{OH}{C}HCH_3 \qquad CH_3\underset{\underset{OH}{|}}{\overset{\overset{CH_3}{|}}{C}}CH_3$$

   伯醇   仲醇   叔醇

② 根据分子中烃基的类别，可以分为脂肪醇、脂环醇、芳香醇。例如：

CH_3CH_2OH 环己醇(OH)   苯甲醇(CH_2OH on benzene)

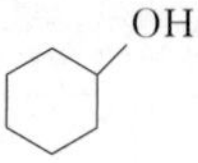

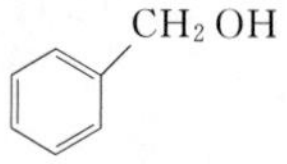

脂肪醇   脂环醇   芳香醇

③ 根据分子中烃基是否饱和还可分为饱和醇和不饱和醇。例如：

$R-CH_2CH_2OH$ $R-CH=CH-CH_2OH$
饱和醇   不饱和醇

④ 根据分子中羟基的数目，可以分为一元醇、二元醇、三元醇等。例如：

CH_3CH_2OH CH_2-CH_2（OH OH） $HOH_2C-\underset{\underset{CH_2OH}{|}}{\overset{\overset{CH_2OH}{|}}{C}}-CH_2OH$

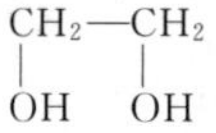

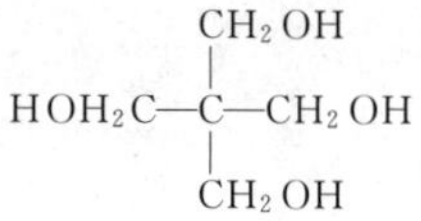

一元醇   二元醇   多元醇

2. 醇的命名

(1) 习惯命名法　根据和羟基相连的烃基命名，在"醇"字前加上烃基的名称，"基"字可省略。例如：

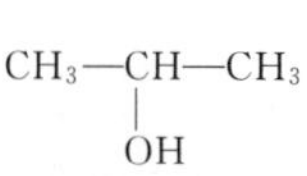

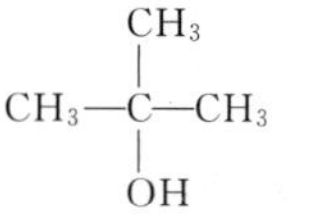

$CH_3-\underset{\underset{OH}{|}}{CH}-CH_3$ $CH_3-\underset{\underset{OH}{|}}{\overset{\overset{CH_3}{|}}{C}}-CH_3$

异丙醇   叔丁醇

(2) 系统命名法　选择含有羟基所连碳原子的最长碳链作主链，支链看作取代基，从离羟基最近的一端开始编号。按照主链碳原子的数目确定醇的名称，羟基的位次用阿拉伯数字标在醇的名称前面，羟基在1位时可以不标。例如：

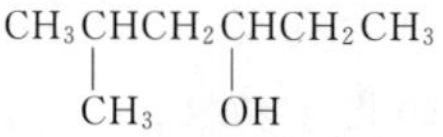

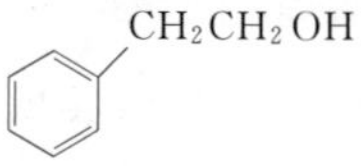

$CH_3CHCH_2CHCH_2CH_3$（CH_3 和 OH）   苯基CH_2CH_2OH

5-甲基-3-己醇   2-苯基乙醇

和卤代烃命名的不同之处是醇的命名必须使羟基的位次最小。例如：

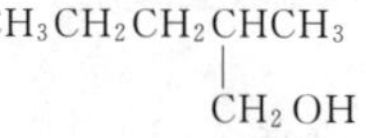

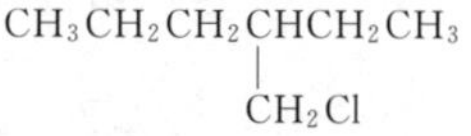

$CH_3CH_2CH_2CHCH_3$（CH_2OH） $CH_3CH_2CH_2CHCH_2CH_3$（CH_2Cl）

2-甲基戊醇   3-氯甲基己烷

不饱和醇应选择含不饱和键并直接连有羟基的最长碳链作主链，碳原子的编号从离羟基最近的一端开始，这和卤代烯烃、卤代炔烃也是不同的，名称中的1可以省略。例如：

$CH_2=CHCH_2OH$ $CH_3-C=CHCH_3$（CH_2OH on C_2）

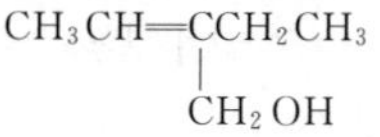

2-丙烯醇   2-乙基-2-丁烯-1-醇

羟基和碳环相连，则应以环醇为母体命名。例如：

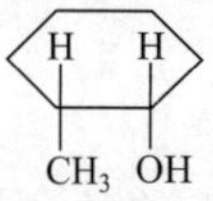

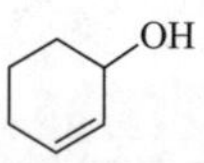

顺-2-甲基环己醇   2-环己烯醇

多元醇应选取尽可能多的带羟基的碳链为主链，羟基的数目用中文数字写在"醇"字前面，并标明羟基的位次。例如：

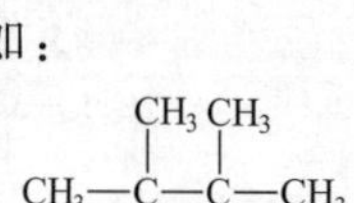

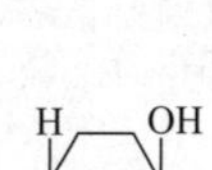

$CH_3-\underset{\underset{OH}{|}}{\overset{\overset{CH_3}{|}}{C}}-\underset{\underset{OH}{|}}{\overset{\overset{CH_3}{|}}{C}}-CH_3$ 反-1,4-环己二醇

2,3-二甲基-2,3-丁二醇   反-1,4-环己二醇

【问题与思考】

请想一想，命名乙二醇和丙三醇时，为什么可以不标明羟基的位次？

【知识阅读】

醇 的 结 构

和水分子一样，醇分子中氧原子也是 sp^3 杂化的，sp^3 杂化的氧原子分别与烃基和氢形成两个 σ 键，还有两对孤对电子，在两个 sp^3 杂化轨道上，因此醇分子不是直线形，而是角形的，所以醇分子是极性分子。

二、醇的物理性质

低级的直链饱和一元醇中，C_4 以下的是无色透明带酒味的流动液体。甲醇、乙醇和丙醇可与水以任何比例相溶；C_5～C_{11} 是具有不愉快气味的油状液体，仅部分溶于水；C_{12} 以上是无臭无味的蜡状固体，不溶于水。

由于液态醇分子间形成氢键，以缔合状态存在，而气态的醇是以单分子存在的，故从液态变成气态时，除克服分子间的引力外，还需要额外的能量去打开分子间的氢键，氢键的断裂约需 25.94kJ/mol 的能量，所以醇的沸点比分子量相近的烷烃高得多，而且也高于分子量相近的卤代烃和醛。二元醇和多元醇分子中有较多的羟基可形成氢键，所以它们的沸点更高。醇分子间的缔合如图 9-1 所示。

较大的烃基阻碍分子间氢键的形成，因此高级醇与分子量相近的烷烃相比，随着碳链的增长，其沸点的差别越来越小，如图 9-2 所示。

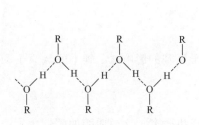

图 9-1　醇分子间缔合示意

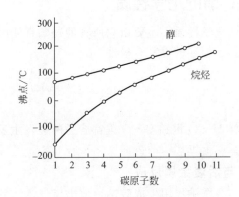

图 9-2　直链饱和一元醇的沸点曲线

直链饱和低级醇易溶于水。甲醇、乙醇和丙醇能与水混溶，从正丁醇开始，随着分子量的增大，醇的溶解度将大幅度降低，高级醇不溶于水。这是由于烃基（亲脂基）相应增大，羟基（亲水基）在分子中的比例减小，使得高级醇很难或不能与水形成氢键，因此水溶性愈来愈小，而愈溶于有机溶剂。在丁醇的四个异构体中，α-C 的支链愈多，则醇的溶解度愈大，这是因为推电子的烷烃使羟基的氧原子上电子云密度增加而有利于和水分子形成氢键。

低级醇可与一些无机盐（$MgCl_2$、$CaCl_2$、$CuSO_4$）形成结晶状的结晶醇，它们可溶于水，但不溶于有机溶剂。利用这一性质，可使醇与其他化合物分离，或从反应产物中除去少量醇。如工业用的乙醚中常含有少量乙醇，可利用乙醇与氯化钙生成结晶醇的性质，除去乙醚中少量的乙醇。但也正因如此不能用 $CaCl_2$ 干燥醇。某些醇的物理常数见表 9-1。

表 9-1 醇的物理常数

名称	构造式	熔点/℃	沸点/℃	相对密度(d_4^{20})	水中溶解度 (25℃)/(g/100mL)
甲醇	CH_3OH	−97.0	64.96	0.7914	∞
乙醇	CH_3CH_2OH	−144.3	78.5	0.7893	∞
1-丙醇	$CH_3CH_2CH_2OH$	−126.5	97.4	0.8035	∞
1-丁醇	$CH_3(CH_2)_3OH$	−89.5	117.25	0.8098	8.00
1-戊醇	$CH_3(CH_2)_4OH$	−79.0	137.3	0.8170	2.70
1-己醇	$CH_3(CH_2)_5OH$	−51.5	158.0	0.8186	0.59
1-癸醇	$CH_3(CH_2)_9OH$	7.0	231.0	0.8290	—
2-丙醇	$(CH_3)_2CHOH$	−89.5	82.4	0.7855	∞
2-丁醇	$CH_3CH_2CHOHCH_3$	−114.7	99.5	0.8080	12.50
2-甲基-1-丙醇	$(CH_3)_2CHCH_2OH$	−108.0	108.39	0.8020	11.10
2-甲基-2-丙醇	$(CH_3)_3COH$	25.5	82.20	0.7890	∞
2-戊醇	$CH_3(CH_2)_2CHOHCH_3$	—	118.9	0.8103	4.90
2-甲基-1-丁醇	$CH_3CH_2CH(CH_3)CH_2OH$	—	128.0	0.8193	
2-甲基-2-丁醇	$CH_3CH_2C(CH_3)OHCH_3$	−12.0	102.0	0.8090	12.15
3-甲基-1-丁醇	$CH_3CH(CH_3)CH_2CH_2OH$	−117.0	131.5	0.8120	3.00
2-丙烯-1-醇	$CH_2=CHCH_2OH$	−129.0	97.0	0.8550	∞
乙二醇	CH_2OHCH_2OH	−16.5	198.0	1.1300	∞
丙三醇	$CH_2OHCHOHCH_2OH$	20.0	290.0(分解)	1.2613	∞
环己醇	—OH	25.2	161.5	0.9624	3.60
苯甲醇	—CH_2OH	−15.3	205.35	1.0419	4.00

三、醇的化学性质

醇的化学性质，主要由它所含的羟基官能团决定。醇分子中，氧原子的电负性较强，使得与氧原子相连的键都有极性。

$$R-\overset{H}{\underset{H}{\overset{|}{C}}}-\overset{H}{\underset{H}{\overset{|}{\overset{\beta}{C}}}}\overset{\delta^+}{-}\overset{\delta^-}{O}-\overset{\delta^+}{H}$$

这样 H—O 键和 C—O 键都容易断裂发生反应。由于羟基的影响，α-碳上的氢原子和 β-碳上的氢原子也比较活泼。

1. 与活泼金属反应

醇与金属钠作用生成醇钠，放出氢气，但反应比水缓和得多，这说明醇的酸性比水弱。

$$2ROH + 2Na \longrightarrow 2RONa + H_2$$

醇也能和 Mg、Al 等反应。醇与金属的反应是随着分子量的加大而变慢。
在这类反应中醇的反应活性是：甲醇＞1°醇＞2°醇＞3°醇，这也是醇羟基的酸性顺序。

【问题与思考】
说明乙醇对 pH 试纸呈中性，而 CF_3CH_2OH 对 pH 试纸呈酸性的原因。

由于 RO^- 的碱性比 OH^- 强，因此醇钠在水中立即分解。

$$RONa + H_2O \longrightarrow ROH + NaOH$$

所以，实验室处理钠渣时，不用水而用工业酒精，将少量钠分解掉。工业上制备乙醇钠是通过乙醇和固体 NaOH 作用，并常在反应中加苯进行共沸蒸馏除去水，使反应向生成乙醇钠的方向移动。

> 【问题与思考】
>
> 列出 1-丁醇、2-丁醇、2-甲基-2-丙醇与金属钠反应的活性次序，再列出三种醇钠的碱性强弱顺序。

2. 卤代反应

（1）与氢卤酸反应 醇与卤化氢作用，发生亲核取代反应，生成卤代烃和水。

$$ROH + HX \rightleftharpoons RX + H_2O \quad (X=Cl, Br \text{ 或 } I)$$

这个反应是可逆的。为了增加醇的反应速率，需要在脱水剂无水氯化锌存在下，促进平衡向右移动，从而提高卤代烃的产量。这是实验室制取卤代烃的一种方法。

醇与氢卤酸的反应速率与醇的结构及氢卤酸的类型有关。氢卤酸的活性顺序是：HI＞HBr＞HCl；醇的活性顺序是：烯丙式醇（苄基醇）≈3°醇＞2°醇＞1°醇。

利用不同醇与盐酸反应速率的不同，可以用来区别 C_5 以下的伯、仲、叔醇。所用的试剂是用浓盐酸与无水氯化锌配成的试剂，称 Lucas 试剂。例如：

$$R_3COH \xrightarrow[20℃]{ZnCl_2} R_3CCl + H_2O \quad \text{立即浑浊}$$

$$R_2CHOH \xrightarrow[20℃]{ZnCl_2} R_2CHCl + H_2O \quad 3\sim5\text{min 浑浊}$$

$$RCH_2OH \xrightarrow[20℃]{ZnCl_2} RCH_2Cl + H_2O \quad \text{数小时后浑浊}$$

（2）与卤化磷或亚硫酰氯反应 醇与磷的卤化物或亚硫酰氯反应，分子中的醇羟基被卤原子取代，生成相应的卤代烷。

$$ROH + PCl_3 \longrightarrow RCl + HCl + P(OH)_3$$

$$ROH + PCl_5 \longrightarrow RCl + POCl_3 + HCl$$

$POCl_3$ 可继续与 ROH 反应，生成磷酸酯。

$$ROH + POCl_3 \longrightarrow RCl + H_3PO_4 + (RO)_3PO_4$$

醇与亚硫酰氯反应除生成氯代烷外，其余都是气体，给产物分离带来方便。

$$ROH + SOCl_2 \xrightarrow[\text{加热}]{\text{醚}} RCl + SO_2\uparrow + HCl\uparrow$$

3. 脱水反应

醇与强酸（常用的酸是 H_2SO_4 或 H_3PO_4）共热，发生脱水反应，有以下两种不同的脱水方式。

（1）分子内脱水 醇与强酸共热，发生分子内脱水生成烯烃。例如乙醇在硫酸存在下加热到 170℃ 或将乙醇的蒸气在 360℃ 通过氧化铝催化剂均可发生脱水生成乙烯：

$$\underset{\underset{H}{|}}{CH_2}\underset{\underset{OH}{|}}{CH_2} \xrightarrow[\text{或 } Al_2O_3, 360℃]{H_2SO_4, 170℃} CH_2=CH_2 + H_2O$$

不同结构的醇，发生分子内脱水的难易不同，叔醇最容易，仲醇次之，伯醇最难。例如：

$$CH_3-\underset{\underset{OH}{|}}{\overset{\overset{CH_3}{|}}{C}}-CH_3 \xrightarrow[85\sim90℃]{20\%H_2SO_4} \underset{CH_3}{\overset{CH_3}{>}}C=CH_2 + H_2O$$

$$CH_3CH_2\underset{\underset{OH}{|}}{C}HCH_3 \xrightarrow[90\sim100℃]{66\%H_2SO_4} CH_3CH=CHCH_3 + H_2O$$

$$CH_3CH_2CH_2CH_2OH \xrightarrow[140℃]{75\%H_2SO_4} CH_3CH_2CH=CH_2 + H_2O$$

分子内脱水的方向，遵守扎伊采夫规则，生成在双键碳上连有较多烃基的烯烃为主要产物。例如：

$$CH_3CH_2-\underset{\underset{OH}{|}}{\overset{\overset{CH_3}{|}}{C}}-CH_3 \xrightarrow[80℃]{H_2SO_4} \underset{90\%}{CH_3CH=C(CH_3)_2} + \underset{10\%}{CH_3CH_2\underset{\underset{CH_3}{|}}{C}=CH_2}$$

【知识链接】

发生在人体内的脱水反应

据资料显示，醇的分子内脱水反应也常发生在人体的代谢过程中，在酶的催化下某些含有羟基的化合物也会发生脱水反应，生成含有双键的化合物，如由柠檬酸转变成顺乌头酸，就是由分子内脱去一分子水后实现的。

(2) 分子间脱水 在较低温度（＜140℃）下，醇在酸的催化下发生分子间脱水反应生成醚。例如乙醇在酸存在下加热到140℃发生分子间脱水生成醚：

$$CH_3CH_2OH \xrightarrow[<140℃]{H_2SO_4} CH_3CH_2OCH_2CH_3$$

4. 酯的生成(酯化反应)

醇和含氧的无机酸或有机酸以及它们的酰卤作用，可生成酯。酯可看作是烷氧基取代酸分子中的羟基所生成的产物。硫酸是二元酸，醇与硫酸可以生成单酯或二酯。

$$CH_3OH + HO-\underset{\underset{O}{\|}}{\overset{\overset{O}{\|}}{S}}-OH \longrightarrow CH_3O-\underset{\underset{O}{\|}}{\overset{\overset{O}{\|}}{S}}-OH + H_2O$$
硫酸氢甲酯

$$2CH_3O-SO_2OH \xrightarrow{减压蒸馏} (CH_3O)_2SO_2 + H_2SO_4$$
硫酸二甲酯

硫酸二甲酯是无色油状液体，不溶于水，剧毒。它和硫酸二乙酯都是重要的烷基化试剂。

醇和硝酸作用生成硝酸酯，硝酸酯受热会发生爆炸。三硝酸甘油酯是一种烈性炸药，也可作为抗心绞痛药。

$$CH_3CH_2OH + HO-NO_2 \longrightarrow CH_3CH_2O-NO_2 + H_2O$$

$$\begin{matrix}CH_2OH\\|\\CHOH\\|\\CH_2OH\end{matrix} + 3HNO_3 \longrightarrow \begin{matrix}CH_2O-NO_2\\|\\CHO-NO_2\\|\\CH_2O-NO_2\end{matrix} + 3H_2O$$

醇和酰卤作用也可生成酯，酰卤是酸分子中的羟基被卤原子取代的衍生物。

$$CH_3-\text{C}_6\text{H}_4-SO_2-Cl + HOR \longrightarrow CH_3-\text{C}_6\text{H}_4-SO_2-OR + HCl$$

对甲苯磺酰氯　　　　　　　　对甲苯磺酸酯

醇与有机酸的酯化反应，将于后续的羧酸及其衍生物章节中讨论。

5. 氧化反应

在有机物分子中加入氧或脱去氢都属于氧化反应。醇可以被多种氧化剂所氧化。醇的结构不同，使用的氧化剂不同，其产物也各异。

(1) 氧化剂氧化　伯醇氧化先生成醛，醛再进一步氧化生成羧酸，要想得到醛，必须把生成的醛立即蒸出，否则会被继续氧化。仲醇氧化生成酮，叔醇在一般条件下不被氧化，只有在剧烈的条件下，如与 $K_2Cr_2O_7$ 和 H_2SO_4 一起加热回流，则断裂成小分子产物。

$$R-CH_2OH \xrightarrow{K_2Cr_2O_7} R-CHO \xrightarrow{K_2Cr_2O_7} R-COOH$$

$$R-\underset{\underset{OH}{|}}{CH}-R' \xrightarrow{K_2Cr_2O_7} R-\underset{\underset{O}{\|}}{C}-R'$$

【问题与思考】

叔醇一般不能被 $K_2Cr_2O_7$ 酸性溶液所氧化，但若所使用的 $K_2Cr_2O_7$ 溶液的酸度较大时，有时却能观察到叔醇的假氧化现象，你知道这是为什么吗？

(2) 醇的脱氢反应　将含 α-H 的伯醇、仲醇的蒸气在高温下通过活性催化剂铜（银或镍）进行脱氢反应，可分别生成醛或酮。例如：

$$CH_3CH_2OH \xrightarrow[300℃]{Cu} CH_3CHO + H_2$$

$$CH_3\underset{\underset{OH}{|}}{CH}CH_3 \xrightarrow[500℃/0.3MPa]{Cu} CH_3\overset{\overset{O}{\|}}{C}CH_3 + H_2$$

脱氢反应是可逆的，为了使反应向产物方向进行，需通入一些空气，将脱下的氢转化成水。脱氢反应得到的产品较纯，但设备条件要求比较苛刻。

【知识链接】

酒精分析仪

酒后驾车是一种非常严重的交通违章行为，交警常用酒精分析仪来检查司机呼出的气体，以判断他是否酒后驾车。这种分析仪的原理是什么？

酒精分析仪是利用乙醇能在硫酸存在的条件下，与红色的三氧化铬反应生成蓝绿色的硫酸铬这一性质而设计的。三氧化铬在酸性条件下有极强的氧化性，可把司机饮酒后呼出气体中的乙醇氧化，而自身被还原为硫酸铬，根据颜色变化的程度，就可以判断司机是否饮酒。其反应方程式为：

$$2CrO_3 + 3C_2H_5OH + 3H_2SO_4 \longrightarrow Cr_2(SO_4)_3 + 3CH_3CHO + 6H_2O$$

四、重要的醇

1. 甲醇

甲醇为无色透明有酒精味的液体，最初是由木材干馏得到，因此俗称木醇。甲醇能与水及许多有机溶剂混溶。甲醇有毒，内服10mL可致人失明，30mL可致死。

甲醇是优良的溶剂，也是重要的化工原料，可用来合成甲醛、羧酸甲酯等化合物，也是合成有机玻璃和许多医药产品的原料。

2. 乙醇

乙醇为无色易燃液体，俗称酒精。95.57%（质量分数）的乙醇与4.43%的水组成恒沸混合物，因此制备乙醇时，用直接蒸馏法不能将水完全去掉。

乙醇是重要的化工原料。70%~75%的乙醇杀菌效果最好，在医药上用作消毒剂。

3. 丙三醇

丙三醇为无色具有甜味的黏稠液体，俗称甘油，与水能以任意比混溶，具有很强的吸湿性，对皮肤有刺激性，作皮肤润滑剂时，应用水稀释。甘油在药剂上可作溶剂，制作碘甘油、酚甘油等。对便秘患者，常用50%的甘油溶液灌肠。

4. 苯甲醇

苯甲醇为具有芳香气味的无色液体，俗称苄醇，是最简单的芳香醇，存在于植物油中，微溶于水。苯甲醇具有微弱的麻醉作用和防腐性能，用于配制注射剂可减轻疼痛，10%的苯甲醇软膏或洗剂为局部止痒剂。

第二节 酚

酚是具有 Ar—OH 通式的化合物，羟基是酚的官能团，也称酚羟基。

一、酚的分类和命名

1. 分类

酚按照芳环上羟基的数目分为一元酚、二元酚、三元酚等，含有两个以上羟基的酚称为多元酚。

2. 命名

酚的命名是在酚羟基所取代的芳烃名称后加"酚"字，其他取代基的名称和位次，标在酚的名称前面。

苯酚　邻甲基苯酚　对甲氧基苯酚　间硝基苯酚　α-萘酚　β-萘酚

对苯二酚(1,4-苯二酚)　4-烯丙基-2-甲氧基苯酚(丁香酚)

若苯环上有比—OH 优先的基团，则—OH 作取代基。如：

邻羟基苯甲酸　　对羟基苯甲醛

【问题与思考】
　　醇和酚都含有羟基，它们的结构相同吗？

【知识阅读】

酚 的 结 构

　　酚羟基中氧原子为 sp² 杂化，氧上两对孤对电子，一对占据 sp² 杂化轨道，另一对占据未杂化的 p 轨道，并与苯环的大 π 键形成 p-π 共轭，如图 9-3 所示。

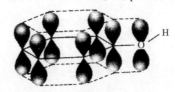

图 9-3　苯酚分子中的 p-π 共轭体系

　　一方面，p-π 共轭，使氧的 p 电子云向苯环移动，苯环电子云密度增加，受到活化而更易发生取代反应；另一方面，p 电子云的转移导致了氢氧之间电子云进一步向氧原子转移，使氢更易离去。

二、酚的物理性质

　　常温下，除少数烷基酚（如间甲基酚）为高沸点的液体外，大多数酚为结晶固体。纯净的苯酚（俗称石炭酸，煤焦油分馏产物之一）为无色有特殊气味的针状结晶，在空气中放置易因氧化而变成红色。由于酚分子中含有羟基，酚分子间或酚与水分子间能形成氢键。如图 9-4 和图 9-5 所示，因此酚的沸点和熔点比相应的芳烃高。邻位上有氯、羟基、硝基等的酚，由于形成分子内氢键，降低了分子间的缔合程度，如图 9-6 所示，所以其沸点比间位和对位异构体低。

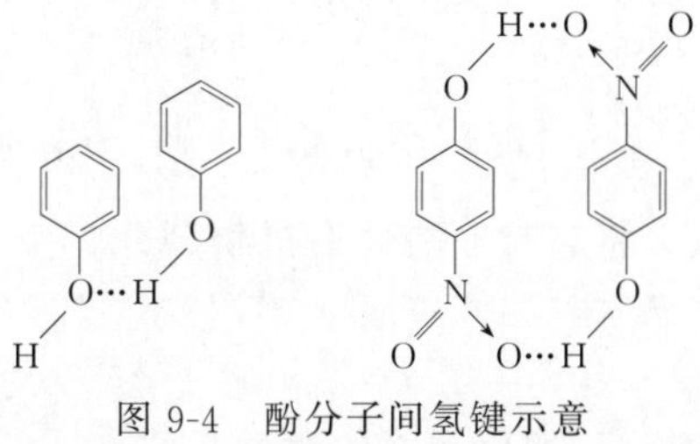

图 9-4　酚分子间氢键示意

　　酚能溶于乙醇、乙醚、苯等有机溶剂。苯酚、甲苯酚等能部分溶于水，酚在水中的溶解度随着羟基数目的增加而增大。酚有强烈的气味，具有腐蚀性和杀菌作用。常见酚的物理常数列于表 9-2。

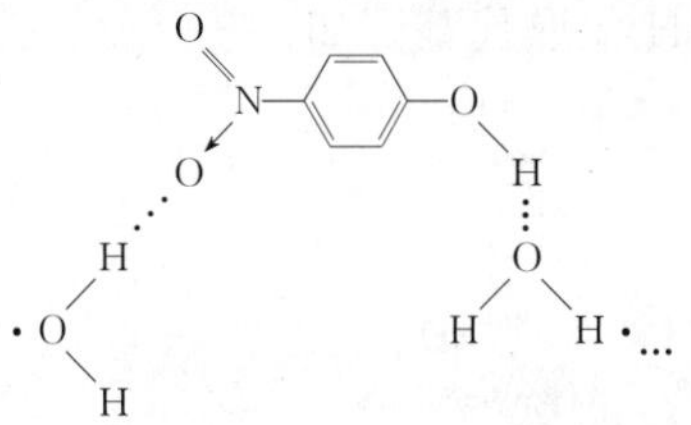

图 9-5 对硝基苯酚与水分子形成氢键示意 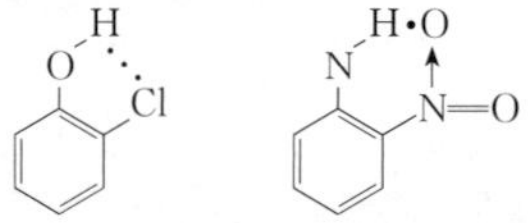　　图 9-6 酚分子内氢键示意

表 9-2 酚的物理常数

名称	熔点/℃	沸点/℃	溶解度/(g/100gH₂O)	pK_a(25℃)
苯酚	43.0	181	9.3	9.89
邻甲苯酚	30.0	191	2.5	10.20
间甲苯酚	11.0	201	2.3	10.17
对甲苯酚	35.5	201	2.6	10.01
邻硝基苯酚	44.5	214	0.2	7.23
间硝基苯酚	96.0	194(9.33kPa)	1.4	8.40
对硝基苯酚	114.0	279(分解)	1.6	7.15
2,4-二硝基苯酚	113.0	升华	0.56	4.00
2,4,6-三硝基苯酚	122.0	分解(300℃爆炸)	1.4	0.71
邻苯二酚	105.0	245	45.1	9.48
间苯二酚	110.0	281	123.0	9.44
对苯二酚	170.0	286	8.0	9.96
1,2,3-苯三酚	133.0	309	62.0	7.00
α-萘酚	94.0	279(升华)	难溶	9.31
β-萘酚	123.0	286	0.1	9.55

三、酚的化学性质

酚类分子中含有羟基和芳环，因此它们具有羟基和芳环特有的性质，酚羟基由于与芳环直接相连，受到芳环的影响，在某些性质上与醇羟基有明显的不同，酚类分子中的芳环由于受到羟基的影响，也比相应的芳烃更易起取代反应。

1. 酚羟基的反应

(1) 酸性　酚的酸性比醇强得多，能与氢氧化钠（钾）等强碱的水溶液作用形成盐。

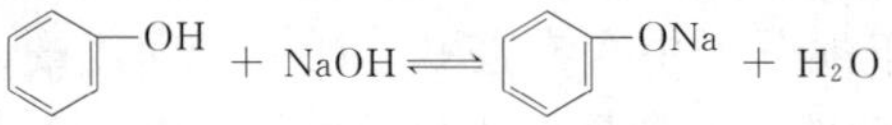

$$\text{C}_6\text{H}_5\text{OH} + \text{NaOH} \rightleftharpoons \text{C}_6\text{H}_5\text{ONa} + \text{H}_2\text{O}$$

而醇与氢氧化钠的水溶液几乎不反应。苯酚的酸性（pK_a=10）比水（pK_a=15.7）强，但比碳酸（pK_a=6.37）和醋酸（pK_a=5）弱。因此苯酚不溶于碳酸氢钠水溶液。向苯酚钠的水溶液中通入二氧化碳，可使苯酚游离出来。

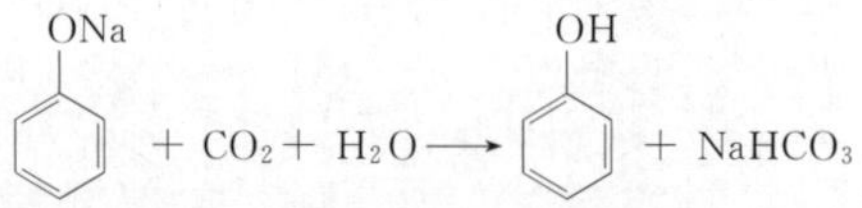

$$\text{C}_6\text{H}_5\text{ONa} + \text{CO}_2 + \text{H}_2\text{O} \longrightarrow \text{C}_6\text{H}_5\text{OH} + \text{NaHCO}_3$$

可以利用酚的弱酸性特点，将它与非酸性有机物分开。

【知识拓展】

取代酚类的酸性强弱

取代酚类酸性的强弱取决于结构。当芳环上连有拉电子取代基，使环上电子密度降低，酚的酸性增强；有推电子取代基存在时，使环上电子密度增强，酚的酸性减弱，所以硝基酚的酸性比苯酚强，甲酚的酸性比苯酚弱。例如下列化合物的酸性强弱顺序为：

$$\text{对硝基苯酚} > \text{对氯苯酚} > \text{苯酚} > \text{对甲苯酚} > \text{对甲氧基苯酚}$$

(2) 与 FeCl$_3$ 的显色反应 大多数酚和三氯化铁的水溶液作用，生成有颜色的配合物。例如：

$$6C_6H_5OH + FeCl_3 \longrightarrow \underset{\text{紫色}}{H_3[Fe(OC_6H_5)_6]} + 3HCl$$

不同的酚所产生的颜色不相同。

苯酚（蓝紫色）　邻苯二酚（深绿色）　对苯二酚（暗绿色结晶）　甲苯酚（蓝色）　间苯二酚（蓝绿色）　邻苯三酚（淡绿色）

这种特殊的显色反应可用来检验酚羟基的存在。除酚类外，凡具有烯醇结构的化合物与 FeCl$_3$ 都可发生这样的显色反应，苯酚也可看作是烯醇式结构的化合物。

(3) 酚醚的生成 酚也能生成醚，但酚分子间脱水生成醚比较困难：

$$C_6H_5\text{—OH} + \text{HO—}C_6H_5 \xrightarrow[450\ ^\circ C]{ThO_2} C_6H_5\text{—O—}C_6H_5 + H_2O$$

如果用酚钠与卤代烃作用的威廉森（Williamson）合成法可以得到酚醚：

$$C_6H_5\text{—ONa} + R\text{—X} \longrightarrow C_6H_5\text{—OR}$$

例如，苯甲醚常用苯酚与 CH$_3$I 或 (CH$_3$)$_2$SO$_4$ 在碱性条件下反应制得：

$$C_6H_5\text{—OH} + CH_3I \xrightarrow[NaOH/H_2O]{\text{或}(CH_3)_2SO_4} \underset{\text{苯甲醚（茴香醚）}}{C_6H_5\text{—O—}CH_3}$$

酚的稳定性差，易被氧化而破坏，成醚后稳定性增强。在有机合成上，常用酚醚来保护"酚羟基"，以免羟基在反应中被破坏，等反应终了后，再将醚分解为相应的酚。

(4) 酚酯的生成 酚类化合物直接与酸生成酯比较困难，一般需要酸酐或酰卤与其反应。例如苯酚与乙酸酐或乙酰氯反应生成乙酸苯酯。

$$C_6H_5\text{—OH} \xrightarrow[\text{或 } CH_3COCl]{(CH_3CO)_2O} C_6H_5\text{—O—COCH}_3 + CH_3COOH(HCl)$$

2. 芳环上的反应

羟基是邻、对位定位基，它使苯环活化，亲电取代反应比苯容易。

(1) 卤化 苯酚很容易发生卤化反应。苯酚与溴水作用，生成 2,4,6-三溴苯酚的白色沉淀。

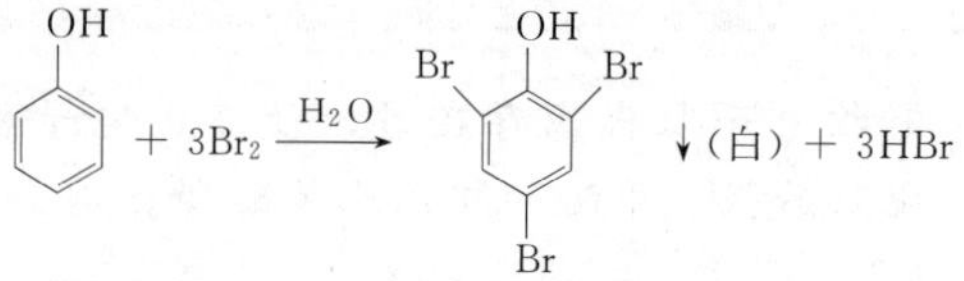

$$\text{C}_6\text{H}_5\text{OH} + 3\text{Br}_2 \xrightarrow{\text{H}_2\text{O}} \text{2,4,6-三溴苯酚} \downarrow (\text{白}) + 3\text{HBr}$$

三溴苯酚在水中的溶解度极小，含有 $10\mu g/g$ 苯酚的水溶液也能生成三溴苯酚沉淀，故这个反应常用于苯酚的定性检验和定量测定。

(2) 硝化 苯酚在室温下与 20％稀硝酸作用，生成邻硝基苯酚和对硝基苯酚的混合物：

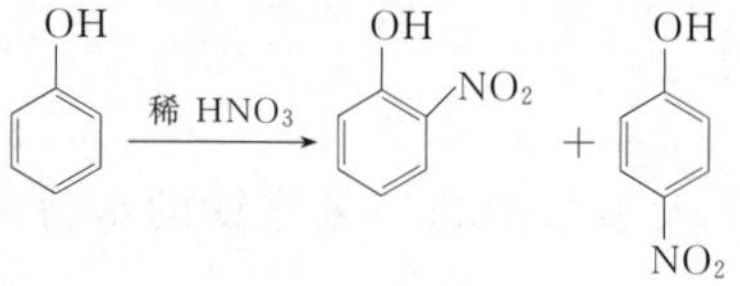

$$\text{C}_6\text{H}_5\text{OH} \xrightarrow{\text{稀 HNO}_3} \text{邻硝基苯酚} + \text{对硝基苯酚}$$

邻硝基苯酚和对硝基苯酚可用水蒸气蒸馏法分开，这是因为邻硝基苯酚可通过分子内氢键生成螯合物，对硝基苯酚能通过分子间氢键缔合（沸点高），因此可蒸出邻硝基苯酚：

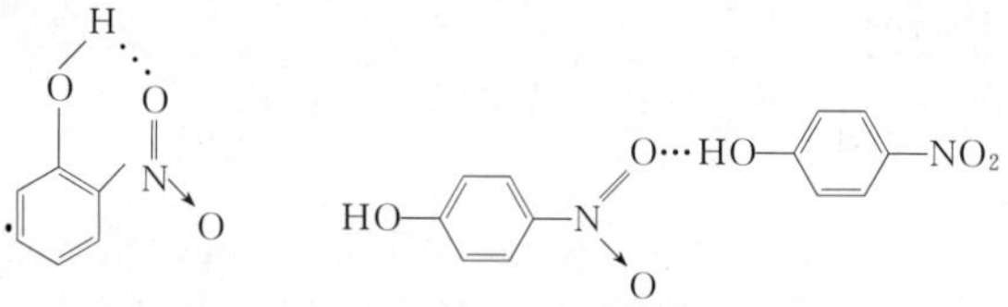

沸点低(216℃)　　　沸点高,279℃分解(气化时要打开氢键)

苯酚与浓硝酸作用，可得三硝基苯酚，但产率很低，大部分苯酚被浓硝酸氧化，因此三硝基苯酚一般用间接的方法制备。

(3) 磺化 浓硫酸容易使苯酚磺化，反应在室温下进行时，主要产物为邻羟基苯磺酸，在 100℃下进行时，主要产物为对羟基苯磺酸，将邻羟基苯磺酸与硫酸在 100℃下共热，也可以得到对羟基苯磺酸。

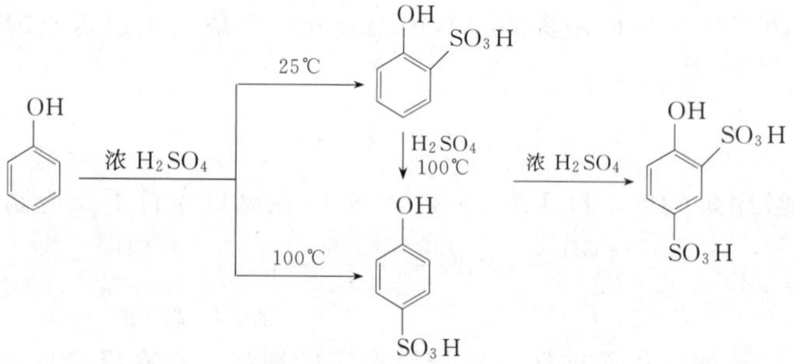

继续磺化，可得到二磺酸，在引入两个磺酸基后使苯环钝化，与浓硝酸作用时不易被氧化，同时由于磺化为可逆反应，两个磺酸基能被硝基置换，生成苦味酸：

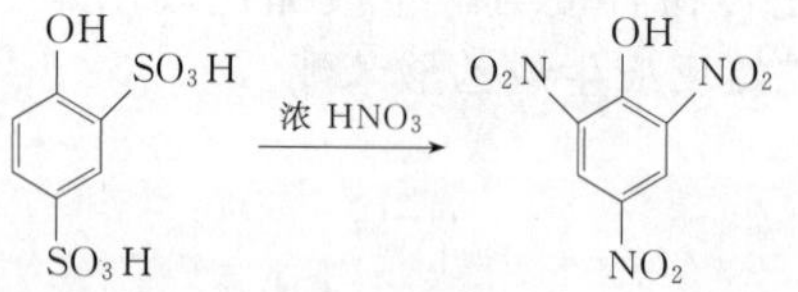

3. 氧化和加氢

(1) 氧化 酚易被氧化，产物较复杂。例如，在空气中，无色的苯酚被氧化而颜色逐渐变为粉红色、红色甚至暗红色。用重铬酸钾氧化苯酚，可得黄色的对苯醌。

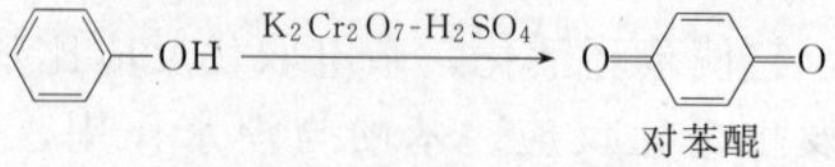

$$\text{C}_6\text{H}_5\text{OH} \xrightarrow{\text{K}_2\text{Cr}_2\text{O}_7\text{-H}_2\text{SO}_4} \text{对苯醌}$$

(2) 加氢 酚可通过催化加氢生成环烷基醇。例如苯酚在雷尼镍催化下于 140～160℃

通入氢气可生成环己醇。

$$\text{C}_6\text{H}_5\text{OH} + 3\text{H}_2 \xrightarrow[140\sim160℃]{\text{雷尼镍}} \text{C}_6\text{H}_{11}\text{OH}$$

环己醇是制备聚酰胺类合成纤维的原料。

四、重要的酚

1. 苯酚

苯酚俗称石炭酸，为无色针状结晶，有特殊气味。由于易氧化，应装于棕色瓶中避光保存。苯酚能凝固蛋白质，对皮肤有腐蚀性，并有杀菌作用。医药临床上，是使用最早的外科消毒剂，因为有毒，现已不用。

2. 甲苯酚

甲苯酚有邻、间、对三种异构体，它们的沸点相近，不易分离，在实际中常混合使用。甲苯酚有苯酚气味，毒性与苯酚相同，但杀菌能力比苯酚强，医药上用含47%～53%的甲苯酚（杂酚）消毒，这种消毒液俗称"来苏尔"，由于它来源于煤焦油，也称作"煤酚皂溶液"。它溶于水，可以杀灭细菌繁殖体和某些亲脂病毒。

第三节 醚

醇分子中的羟基氢被羟基所取代则成为醚，通式为：R—O—R′。

一、醚的分类和命名

1. 醚的分类

和氧原子相连的两个烃基相同时称为简单醚，不相同时称为混合醚，烃基可以是芳香烃基，也可以是脂肪烃基，两个烃基可以彼此相连形成环醚。

醚和碳原子数目相同的醇互为同分异构体，这种异构方式称为官能团异构。例如：

$$\text{CH}_3\text{OCH}_3 \quad \text{CH}_3\text{CH}_2\text{OH}$$
二甲醚　　　乙醇

2. 醚的命名

（1）**普通命名法** 开链醚以醚为母体，前面加上两个羟基的名称，较小的在前或芳香烃在前。例如：

$$\text{CH}_3\text{OC}_2\text{H}_5 \qquad \text{C}_6\text{H}_5\text{—OCH}_3$$
甲乙醚　　　　　　　苯甲醚

环醚则以烃为母体。例如：

氧杂环丁烷

（2）**系统命名法** 烷基醚以最长碳链为母体，烷氧基为取代基。例如：

$$\text{CH}_3\text{CH}_2\overset{\text{OC}_2\text{H}_5}{\underset{}{\text{CH}}}\text{CH}_2\text{CH}(\text{CH}_3)_2 \qquad \text{CH}_3\text{O—}\bigcirc\text{—C}_2\text{H}_5$$
2-甲基-4-乙氧基己烷　　　　　　4-甲氧基乙苯

环醚以烷烃为母体，并在烷烃名称前加"环氧"二字及氧原子所连的碳的编号，取尽可能小的编号。例如：

$$\underset{\text{1,2-环氧丙烷}}{CH_3CH-CH_2 \diagdown O \diagup} \qquad \underset{\text{1,4-环氧丁烷(四氢呋喃)}}{\bigcirc\!\!-\!\!O}$$

多元醇的醚，命名时先写出多元醇的名称，再写出另一部分烃基的数目和名称，最后加上"醚"字。例如：

$$\underset{\substack{\text{丙三醇三甲醚}\\(1,2,3-\text{三甲基丙烷})}}{\overset{\displaystyle CH_2-CH-CH_2}{\underset{\displaystyle OCH_3\ OCH_3\ OCH_3}{|\quad|\quad|}}} \qquad \underset{\text{乙二醇甲基乙基醚}}{\overset{\displaystyle CH_2-O-CH_2CH_3}{\underset{\displaystyle CH_2-O-CH_3}{|}}}$$

> 【知识阅读】
>
> ### 醚 的 结 构
>
> 醚分子是由两个烃基通过氧原子连接而成，氧原子为 sp^3 杂化，两个未共用电子对在 sp^3 杂化轨道中。分子中没有活性氢原子，性质不太活泼。

二、醚的物理性质

在常温下除了甲醚和甲乙醚为气体外，大多数醚为有香味的液体。醚分子中没有与强电负性原子相连的氢，因此分子间不能形成氢键。醚的沸点显著低于分子量的醇，如甲醚和乙醇的沸点分别为 −24.9℃ 和 78.5℃。部分醚的物理常数见表 9-3。

表 9-3　部分醚的物理常数

名称	熔点/℃	沸点/℃	d_4^{20}	n_D^{20}
甲醚	−141.5	−24.9	0.661	
乙醚	−116.2	34.5	0.714	1.3526
丙醚	−112.0	90.5	0.736	1.3809
异丙醚	−85.9	68.7	0.724	1.3679
丁醚	−95.3	142.4	0.769	1.3992
乙烯基乙醚	−115.3	35.5	0.763	1.3774
二乙烯基醚	−101.0	28.0	0.773	1.3989
苯甲醚	−37.5	155.0	0.996	1.5179
二苯醚	26.84	259.7	1.075	1.5787
环氧乙烷	−111.0	10.73(101325Pa)	0.882	1.3597
1,2-环氧丙烷	−104.0	33.9	0.859	1.3057
1,4-环氧丁烷	−65.0	66.0	0.889	1.4050
1,4-环氧六环	11.8	101.0(99992Pa)	1.037	1.4224

醚分子能与水分子形成氢键，使它在水中的溶解度与分子量相近的醇差别不大，如甲醚能与水混溶，乙醚和正丁醇在水中溶解度都约为 8g/100g 水。1,4-二氧六环分子中四个碳原子连有两个醚键氧原子，与水生成的氢键足以使它与水混溶。四氢呋喃分子中，虽然四个碳原子仅连有一个醚键氧原子，但因氧原子在环上，使孤对电子暴露在外，与乙醚相比较，它更易与水形成氢键，故也可以与水混溶。环醚的水溶液既能溶解离子化合物，又能溶解非离子化合物，为常用的优良溶剂。

$$\begin{array}{c} R \quad\quad O \quad\quad R \\ \diagdown\diagup \diagdown \diagup \\ O\cdots H \quad H\cdots O \\ \diagup \diagdown \\ R' R' \end{array}$$

醚和水分子间的氢键

三、醚的化学性质

醚是一类比较稳定的化合物（某些环醚例外），常温下一般不与氧化剂、还原剂、碱、稀酸、活泼金属等起反应。但由于醚键的存在，在酸性条件下也可发生以下反应。

1. 𰆅盐的生成

醚键上的氧原子具有未共用电子对，可以接受质子生成𰆅盐，所以醚能溶于强酸（如盐酸、硫酸等）中：

$$C_2H_5OC_2H_5 \xrightarrow{\text{浓 } H_2SO_4} C_2H_5\overset{+}{\underset{H}{O}}C_2H_5 HSO_4^-$$

醚的𰆅盐为强酸弱碱盐，仅存在于浓酸中，在水中立即分解。因此可以从烷烃或卤代烃混合物中分离和鉴别醚：

$$C_2H_5\overset{+}{\underset{H}{O}}C_2H_5 HSO_4^- \xrightarrow{H_2O} C_2H_5OC_2H_5 + H_2SO_4$$

2. 醚键的断裂

加热时，醚与浓的氢卤酸或 Lewis 酸作用可使醚键断裂，生成醇（酚）和碘代烷。其中，氢碘酸的效果最好。例如：

$$CH_3-O-CH_2CH_3 + HI \xrightarrow{\triangle} CH_3CH_2OH + CH_3I$$

$$\text{C}_6\text{H}_5-OCH_3 + HI \xrightarrow{\triangle} \text{C}_6\text{H}_5-OH + CH_3I$$

反应中若氢碘酸过量，则生成的醇可进一步转化为另一分子碘代烃。若生成酚，则无此转化。

$$CH_3CH_2OH + HI \longrightarrow CH_3CH_2I + H_2O$$

3. 过氧化物的生成

低级醚与空气长时间接触，会逐渐生成过氧化物。过氧化物不稳定，受热易分解爆炸。因此，醚类化合物应在深色玻璃瓶中存放，或加入抗氧化剂防止过氧化物的生成。久置的醚在蒸馏时，低沸点的醚被蒸出后，还有高沸点的过氧化物留在瓶中，继续加热便会爆炸，因此在蒸馏前必须检验是否有过氧化物存在。

检验的方法是用淀粉-碘化钾试纸，若试纸变蓝，说明有过氧化物存在，应加入硫酸亚铁、亚硫酸钠等还原性物质处理后再用。

四、重要的醚

1. 乙醚

乙醚是最常用、最重要的醚，为无色具有香味的液体。沸点 34.5℃，极易挥发和着火，其蒸气与空气以一定比例混合，遇火就会猛烈爆炸，使用时要远离明火。乙醚性质稳定，可溶解许多有机物，是优良的溶剂。另外，乙醚可溶于神经组织脂肪中引起生理变化而起到麻醉作用，早在 1850 年就被用于外科手术的全身麻醉，但大量吸入乙醚蒸气可使人失去知觉，甚至死亡。

2. 环氧乙烷

环氧乙烷是最简单的环醚，常温下为无色有毒气体。可与水互溶，也能溶于乙醇、乙醚等有机溶剂。沸点为11℃，可与空气形成爆炸混合物，常储存于钢瓶中。环氧乙烷的性质非常活泼，是一种重要的化工原料。

第四节 硫醇、硫酚和硫醚

硫醇和硫酚可分别看成是醇和酚分子中的氧原子被硫原子替代后形成的化合物。巯基（—SH）是硫醇和硫酚的官能团，其命名与醇和酚的命名相似，只是在母体名称之前加一个"硫"字。例如 CH_3SH 称为甲硫醇。

硫醚可以看成是醚分子中的氧原子被硫原子替代后形成的化合物，命名与醚相似，只需在"醚"字之前加一个"硫"字即可。例如 $CH_3—S—CH_3$ 称为甲硫醚。

一、硫醇、硫酚

1. 物理性质

由于硫的电负性比氧的电负性小，硫醇、硫酚、硫醚和二硫化物不易形成氢键，分子间无缔合作用，因此硫醇、硫酚的沸点比相应的醇低，与分子量相近的硫醚相差不大。例如，乙硫醇的沸点为37℃，甲硫醇的沸点为38℃，而乙醇的沸点为78.5℃。由于它们难与水形成氢键，故它们都难溶于水。

低级的硫醇有毒，具有难闻的臭味。乙硫醇在空气中的浓度达到 10^{-11} g/L 时即能为人感觉。黄鼠狼散发出的防护剂中就有丁硫醇。硫醇的臭味随分子量的增加而逐渐减弱，C_9 以上的硫醇已没有不愉快的气味。环境污染中硫醇为恶臭的主要来源。在煤气或天然气中加入痕量的乙硫醇，以便检查管道是否漏气。

2. 化学性质

（1）酸性 同醇酚类似，S—H 键也可以断裂，解离出质子。硫的最外层电子离核远，成键弱，S—H 键易断裂，故硫醇和硫酚的酸性比醇酚的酸性强。例如：

$$C_6H_5—SH \quad CH_3CH_2—SH \quad C_6H_5—OH \quad CH_3CH_2—OH$$
$$pK_a \quad\quad 7.8 \quad\quad\quad 9.5 \quad\quad\quad\quad 10 \quad\quad\quad\quad 17$$

硫醇和硫酚为弱酸性物质，可以溶解于氢氧化钠溶液中。硫醇溶于氢氧化钠，但通入 CO_2 又重新生成硫醇，硫酚可溶于氢氧化钠和碳酸氢钠水溶液。

$$RSH + NaOH \longrightarrow RSNa + H_2O$$
$$ArSH + NaHCO_3 \longrightarrow ArSNa + CO_2 + H_2O$$

硫中有孤电子对，可与金属离子配合形成配位键。含硫的化合物可与金属离子形成不溶于水的盐。重金属中毒就是这个原因，重金属进入人体内，与某些酶中的巯基结合，从而使其丧失活性，失去正常的生理作用，导致中毒。

对于重金属中毒者，利用同样的道理，可以向中毒者体内注入含巯基的化合物，作为解毒剂，因为含巯基的化合物进入体内可与金属离子配合，释放出酶，恢复酶的生理活性，从而起到解毒的作用。二巯基丙醇是常用的药物，它可以与体内的金属离子形成配盐从尿中排出。如：

$$\begin{matrix} H_2C—CH—CH_2 \\ |\quad\;\; |\quad\;\; | \\ SH\;\; SH\;\; OH \end{matrix} + Hg^{2+} \longrightarrow \begin{matrix} H_2C—CH—CH_2 \\ |\quad\;\; |\quad\;\; | \\ OH\;\; S\quad S \\ \quad\quad\;\; \backslash\;\; / \\ \quad\quad\;\; Hg \end{matrix}$$

（2）氧化反应 硫醇和硫酚易被氧化。在缓和的氧化剂（如空气中的氧、H_2O_2、I_2-NaOH 等）存在下，硫醇可被氧化生成二硫化合物。二硫化合物在一定条件下也可被还原成硫醇或硫酚。

$$R-SH \underset{[H]}{\overset{[O]}{\rightleftharpoons}} R-S-S-R$$

这一转化在生物体内是十分重要的。例如，胱氨酸与半胱氨酸之间的转化：

$$\underset{\text{半胱氨酸}}{\begin{matrix}CH_2SH\\|\\CHNH_2\\|\\COOH\end{matrix}} \xrightarrow[{[H]}]{[O]} \underset{\text{胱氨酸}}{\begin{matrix}CH_2-S-S-CH_2\\|\qquad\qquad\quad|\\CHNH_2\qquad CHNH_2\\|\qquad\qquad\quad|\\COOH\qquad\quad COOH\end{matrix}}$$

强氧化剂（如 HNO_3、$KMnO_4$）可以把硫醇、硫酚和二硫化合物氧化成磺酸：

$$\left.\begin{matrix}R-SH\\R-S-S-R\end{matrix}\right\} \xrightarrow[\text{强氧化剂}]{KMnO_4} R-SO_3H$$

二、硫醚

硫醚为无色液体，不溶于水，可溶于醇和醚中，它的沸点比相应的醚高。硫醚的性质很稳定，但其中的硫原子易被氧化为高价含硫化合物。例如，二甲硫醚在等物质的量的过氧化氢作用下，被氧化成亚砜；如用过量的过氧化氢并且在稍高温度下进行反应则亚砜进一步被氧化成砜。

$$\begin{matrix}CH_3\\|\\S\\|\\CH_3\end{matrix} \xrightarrow[HOAc]{30\%H_2O_2} \begin{matrix}CH_3\\|\\S=O\\|\\CH_3\end{matrix} \xrightarrow[HOAc]{30\%H_2O_2} \begin{matrix}CH_3\\|\\O=S=O\\|\\CH_3\end{matrix}$$

如使用 N_2O_4、$NaIO_4$ 及间氯过氧苯甲酸等作为氧化剂，可以防止进一步氧化，反应控制在生成亚砜阶段上。例如：

$$CH_3CH_2SCH_2CH_3 \xrightarrow[0℃]{N_2O_4,CHCl_3} CH_3CH_2-\overset{O}{\overset{\|}{S}}-CH_2CH_3$$

二甲基亚砜（DMSO）是一种极为有用的溶剂，它既能溶解有机物，也能溶解无机物，使有机反应在均相中进行。由于其结构特点，分子具有极大的偶极矩：

$$\begin{matrix}CH_3\\|\\S=O\\|\\CH_3\end{matrix}$$

所以，它是一种极性很强的溶剂，可以溶解极性有机物，但它不同于水、醇等质子性溶剂，它不具有形成氢键的氢，所以 DMSO 属于非质子传递溶剂或叫非质子性溶剂。由结构式可以看出，氧暴露在分子外部，它可以通过未共用电子对使正离子溶剂化，从而溶解离子化合物，两个甲基则起着非极性有机物的作用。

【知识链接】

磺胺类药物的合成与应用

磺胺类药物是一类用于预防和治疗细菌感染性疾病的化学治疗药物。德国生物化学家杜马克 1932 年首次发现了该类药物，并于 1939 年获得诺贝尔医学与生理学奖。至今，磺胺类药物品种已构成一个庞大的"家族"。目前常用的磺胺类药物有以下几种：

磺胺嘧啶(SD)　　　　　　　磺胺甲基异噁唑(SMZ)，新诺明

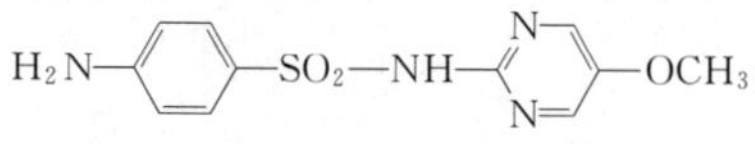

磺胺对甲氧基嘧啶(SMD)

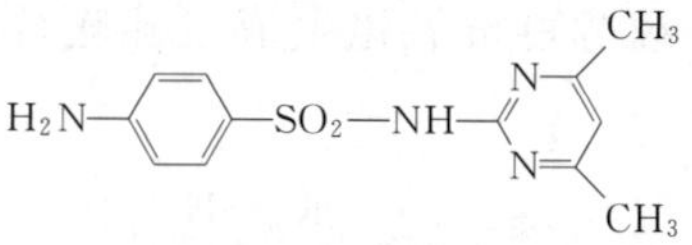

磺胺二甲嘧啶(SM₂)

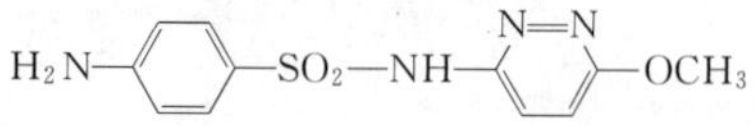

磺胺甲氧基哒嗪(SMP),长效磺胺

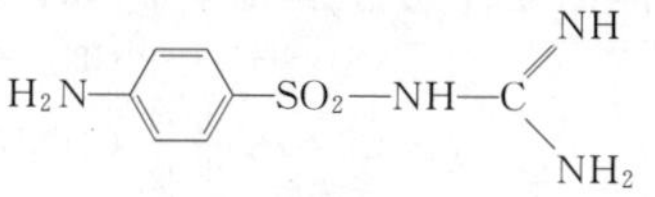

磺胺脒(SG)

它们从化学结构上都是一系列对氨基苯磺酰胺的衍生物。对氨基苯磺酰胺是磺胺类药物的母体，是抑菌的必需结构，也是最简单的磺胺类药物。对氨基苯磺酰胺的合成为：

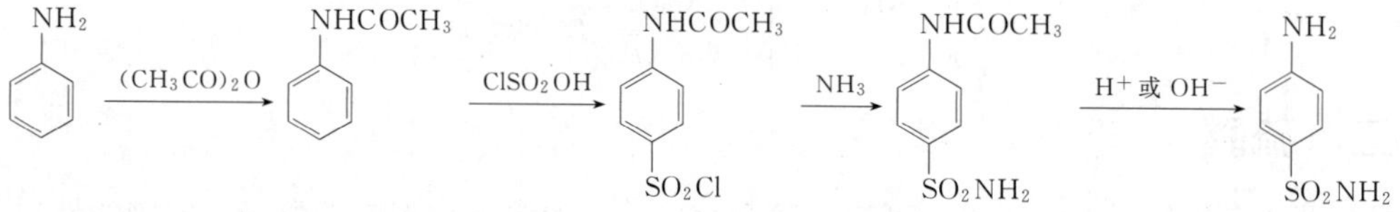

$$\underset{NH_2}{\bigcirc} \xrightarrow{(CH_3CO)_2O} \underset{NHCOCH_3}{\bigcirc} \xrightarrow{ClSO_3H} \underset{SO_2Cl}{\underset{NHCOCH_3}{\bigcirc}} \xrightarrow{NH_3} \underset{SO_2NH_2}{\underset{NHCOCH_3}{\bigcirc}} \xrightarrow{H^+ 或 OH^-} \underset{SO_2NH_2}{\underset{NH_2}{\bigcirc}}$$

所有这些磺胺类药的抗菌作用是由于对氨基苯磺酰胺干扰了细菌生长所必需的叶酸的合成所致。因为细菌需要对氨基苯甲酸来合成叶酸，而对氨基苯磺酰胺在分子的大小、形状及某些性质上与对氨基苯甲酸十分相似，细菌将其误认为对氨基苯甲酸而吸收，但它不是叶酸中的组成部分，所以叶酸的合成受阻，从而使细菌因缺乏叶酸而停止生长。

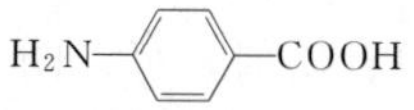

对氨基苯甲酸

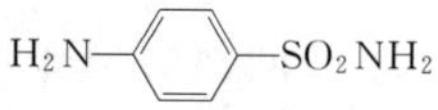

对氨基苯磺酰胺

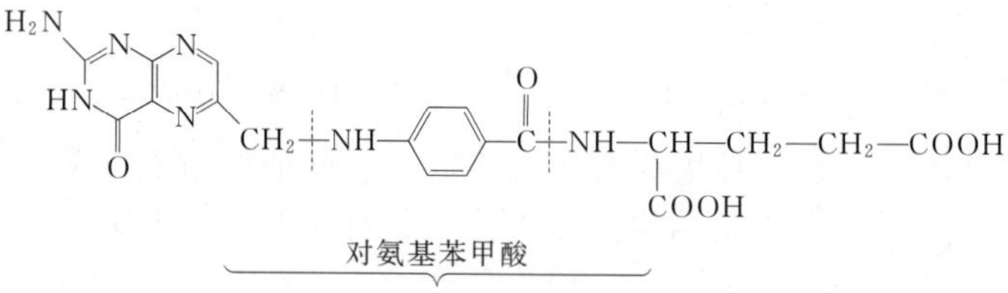

叶酸

叶酸也是人体一种必需维生素，但它不能在体内合成，而是由食物中摄取的，所以服用磺胺类药物对人不会造成叶酸缺乏症。

磺胺类药物具有较广的抗菌谱，而且疗效确切、性质稳定、使用简便、价格便宜，又便于长期保存，故目前仍是仅次于抗生素的一大类药物，特别是高效、长效、广谱的新型磺胺和抗菌增效剂合成以后，使磺胺类药物的临床应用有了新的广阔前景。

复习题

一、醇

1. 命名下列化合物或写出下列物质的结构式。

(1) 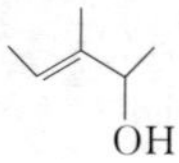
$$\underset{OH}{\diagup\diagdown\diagup}$$

(2) $CH_2=CHCH_2OH$

(3) 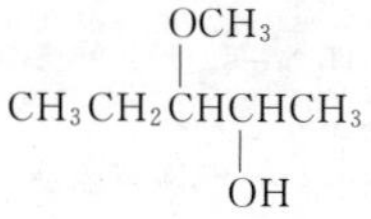 $CH_3CH_2\underset{OH}{\overset{OCH_3}{CH}}CHCH_3$

(4) CH₃CH₂CHCH₂OH (5) [structure: 1-hydroxy-1-methylcyclohexane] (6) (CH₃)₃CCH₂OH
        |
        C₆H₅ (phenyl)

(7) (CH₃)₂CHCHCH₂   (8) H—C(CH₂OH)(CH₃)(C₆H₅)   (9) (R)-2-苯基-1-丙醇
          | |
          OH OH

2. 写出1-丁醇与下列试剂反应的主要产物。
(1) H_2SO_4，170℃ (2) H_2SO_4，140℃ (3) $SOCl_2$ (4) $KMnO_4$，加热
(5) Na (6) CrO_3-HOAc (7) $(C_5H_5N)_2CrO_3/CH_2Cl_2$，回流

3. 有一化合物 A($C_5H_{11}Br$) 和 NaOH 共热生成 B($C_5H_{12}O$)，B 能和 Na 作用放出 H_2，在室温下易被 $KMnO_4$ 氧化，和浓 H_2SO_4 共热生成 C(C_5H_{10})，C 经 $K_2Cr_2O_7/H_2SO_4$ 溶液作用后生成丙酮和乙酸，推测 A~C 的结构式。

4. 化合物 A 分子式为 $C_6H_{14}O$，能与 Na 作用，在酸催化下可脱水生成 B，以冷 $KMnO_4$ 溶液氧化 B 可得到 C，其分子式为 $C_6H_{14}O_2$，C 与 HIO_4 作用只得到丙酮。试推测 A~C 的结构式，并写出有关反应式。

5. 化合物 A($C_6H_{14}O$) 可溶于 H_2SO_4，与 Na 反应放出 H_2，与 H_2SO_4 共热生成 B (C_6H_{12})，B 可使 Br_2/CCl_4 褪色，B 经强氧化生成一种物质 C(C_3H_6O)，试确定 A~C 的结构式。

二、酚

1. 命名下列化合物或写出下列物质的结构式。

(1) 2,4,6-三硝基苯酚 (2) 5-硝基-1-萘酚 (3) 3,5-二甲基苯酚

(4) 2-萘酚 (5) 8-氯-2-甲基-1-萘酚

2. 用化学方法将下列化合物分离成单一组分。
(1) 苯酚和环己醇   (2) 2,4,6-三硝基苯酚和2,4,6-三硝基甲苯

3. 解释下列现象。
(1) 酚中的 C—O 键长比醇中的 C—O 键长短。

(2) [邻苯二酚分子内氢键结构] 熔点(104℃)比 [对苯二酚结构] 熔点 (172℃) 小许多。

4. 用简便化学法分离 α-萘酚和 α-甲基萘的混合物。

5. 已知化合物 D 分子式为 $C_9H_{12}O$，与 NaOH、$KMnO_4$ 均不反应，与 HI 作用则生成 E 和 F，E 与溴水能很快反应产生白色浑浊，F 经 NaOH 水解后，与 $K_2Cr_2O_7$ 的稀硫酸溶液反应生成酮 G。试写出 D、E、F、G 的结构式。

三、醚

1. 命名下列化合物或写出下列物质的结构式。

(1) O_2N—⟨C₆H₄⟩—OCH_3 (2) [sec-butyl ethyl ether structure]   (3) $CH_3OC(CH_3)_3$

(4) C₆H₅—O—CH₂CH₃　　(5) $CH_3CH_2—O—C(CH_3)_3$　　(6) 甲异丙醚

2. 在使用乙醚过程中应注意哪些问题？

3. 化合物 A（C_7H_8O）不与 Na 反应，与浓 HI 反应生成 B 和 C，B 能溶于 NaOH，并与 $FeCl_3$ 反应显紫色，C 与 $AgNO_3$/乙醇作用，生成 AgI 沉淀，试推测 A、B、C 的结构。

4. 有两种液态有机物的分子式都是 $C_4H_{10}O$，一种在常温下不与 Lucas 试剂作用，但与浓的 HI 酸作用生成碘乙烷；另一种可与 Lucas 试剂作用生成 2-氯丁烷，与 HI 作用生成 2-碘丁烷。写出这两种化合物的结构式。

四、硫醇、硫酚和硫醚

1. 写出下列各化合物的结构式。
   (1) 硫酸二乙酯　　(2) 甲磺酰氯　　(3) 对硝基苯磺酸甲酯
   (4) 对氨基苯磺酰胺　　(5) 二苯砜　　(6) 环丁砜

2. 命名下列各化合物。

   (1) $HOCH_2CH_2SH$　　(2) $HSCH_2COOH$　　(3) HOOC—C₆H₄—SO_3H

   (4) CH_3—C₆H₄—SO_3CH_3　　(5) $HOCH_2SCH_2CH_3$　　(6) C₆H₁₁—$S^+(CH_3)_2 I^-$

   (7) $(HOCH_2)_4P^+Cl^-$　　(8) CH_3—C₆H₄—SO_2NHCH_3

   (9) $(C_2H_5O)_2P(=O)(C_6H_5)$　　(10) $CH_3CH_2—P(CH_3)(Cl)$

3. 把下列化合物按酸性大小顺序排列。

   (1) C₆H₁₁—SH　　(2) C₆H₅—SH　　(3) C₆H₁₁—OH　　(4) C₆H₅—OH　　(5) C₆H₅—SO_3H

4. 完成下列反应方程式。

   (1) $H_3C—S—CH_3 \xrightarrow{[O]}$?

   (2) $H_3C—CH_2—SH \xrightarrow{H_2O_2}$?

   (3) $H_3C—CH_2—SH + NaOH \longrightarrow$?

   (4) C₆H₅—$SO_3H \xrightarrow{SOCl_2}$? $\xrightarrow{CH_3—OH}$?

   (5) $H_2C(SH)—CH_2(SH) + HgO \longrightarrow$?

第十章 醛、酮和醌

知识目标

1. 熟悉醛、酮的结构特点；
2. 掌握醛、酮的化学性质；
3. 了解醌的结构、命名和性质。

能力、思政与职业素养目标

1. 能根据醛、酮的结构判断其发生反应的类型；
2. 能将醛、酮的性质用于鉴别、分离提纯和有机分析；
3. 能应用醛、酮、醌的性质解释、分析生化现象；
4. 了解室内污染的危害，培养环保与责任意识。

第一节 醛和酮的分类和命名

醛、酮和醌因分子中都含有羰基（ $\overset{\delta-}{\underset{\delta+}{C}}{=}O$ ），所以总称它们为羰基化合物。羰基是羰基化合物的官能团。羰基与一个烃基和一个氢原子相连的化合物叫醛，官能团是—CHO，称为醛基，通式为 RCHO 或 ArCHO。羰基与两个烃基相连的化合物称为酮，官能团也称酮基，通式为 RCOR′或 ArCOR(Ar_2CO)。

羰基化合物广泛存在于自然界中，这类物质性质非常活泼，有些是化学工业、制药工业中的重要原料，在生物体内也存在这种结构，具有重要的生理活性。

一、醛和酮的分类

醛、酮按照羰基连接的烃基不同，可分为脂肪醛、酮和芳香醛、酮；按照烃基是否含有不饱和键，分为饱和醛、酮和不饱和醛、酮；按照分子中羰基的数目，分为一元醛、酮和多元醛、酮；酮又可分为单酮和混酮。羰基连接两个相同烃基的酮，称为单酮；羰基连接两个不同烃基的酮，称为混酮。

二、醛和酮的命名

1. 普通命名法

(1) 醛 用前缀来区分醛的异构体。例如

$$CH_3CH_2CH_2CHO \quad (CH_3)_2CHCH_2CHO$$
正丁醛　　　　　　异戊醛

由于三个碳及三个碳以下的醛无异构体，因而不必加前缀"正"。

(2) 酮 把所有的酮看作是甲醛的两个氢原子被两个烃基取代的衍生物。命名时简单的烃基放在前面，但是烃基中有芳基时，芳基应放在前面，母体为甲酮。例如：

CH_3COCH_3　　　$CH_3CH_2COCH_3$　　　$CH_3COCH=CH_2$　　　$CH_3COC_6H_5$
二甲基甲酮　　　　甲基乙基甲酮　　　　甲基乙烯基甲酮　　　　苯基甲基甲酮
(二甲基酮,二甲酮)　(甲基乙基酮,甲乙酮)　(甲基乙烯基酮)　　　(苯基甲基酮,苯甲酮)

2. 系统命名法

醛和酮的命名与醇相似。选择含有羰基的最长碳链作为主链，从离羰基最近的一端开始，将主链碳原子编号，然后把取代基的位次、数目及名称写在醛、酮母体名称前面。此外，还需在酮名称前面标明羰基的位次。因醛基总在碳链一端，永远是1号，在命名醛时没有必要标出其位次。

主链碳原子位次除用阿拉伯数字1、2、3，…表示外，也可用希腊字母表示，与羰基直接相连的碳原子为 α-碳原子，其余依次为 β、γ、δ、…。酮分子中有两个 α-碳原子，可分别用 α、α' 表示，其余依次为 β、β' 等。例如：

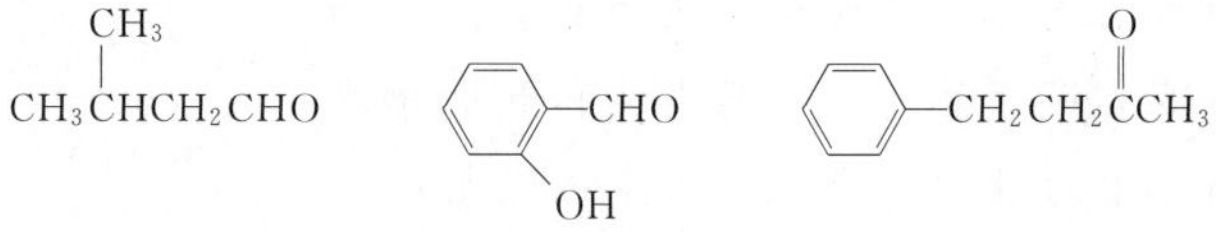

3-甲基丁醛　　　　邻羟基苯甲醛　　　　4-苯基-2-丁酮
(β-甲基丁醛)　　　(水杨醛)

不饱和醛、酮命名时，应选择同时含有羰基和不饱和键的最长碳链作为主链，主链编号时仍从靠近羰基的一端起始，称为某烯醛或某烯酮，并在名称中标明不饱和键的位次。例如：

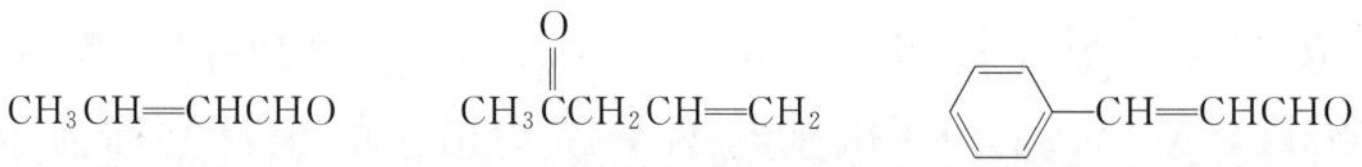

2-丁烯醛　　　　4-戊烯-2-酮　　　　3-苯基丙烯醛

【问题与思考】

麝香在《本草纲目》中被列为上品药，它具有芳香开窍、提神、活血通瘀等功效，外用还可以镇痛、消肿。麝香是雄麝香囊中的分泌物，有强烈的香气，是一种名贵的香料。麝香的有效成分麝香酮的结构式如下，你能用系统命名法给它命名吗？

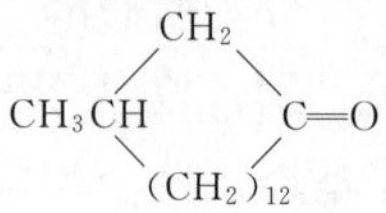

【知识阅读】

醛和酮的结构

在醛、酮分子中，羰基碳原子以 sp² 杂化状态与其他三个原子成键，其中碳氧双键与碳碳双键相似，一个是 σ 键，一个是 π 键。羰基碳原子的 p 轨道与氧原子上的 p 轨道以相互平行的方式侧面重叠形成 π 键，即羰基是一个平面构型的；与羰基碳原子直接相连的其他三个原子处于同一平面内，相互间的键角约为 120°，而 π 键是垂直于这个平面的。如图 10-1 所示。

在羰基中由于氧原子的电负性明显大于碳原子，所以羰基中双键的电子偏向氧原子一方，这种电子偏移造成了羰基具有极性，而且氧原子是富电子的，碳原子是缺电子中心。羰基是一个较强的极性基团，羰基的氧原子具有一定的碱性。

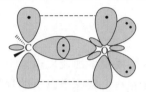

图 10-1　羰基中的电子云示意

羰基由碳氧双键组成，与乙烯的碳碳双键相似，但与乙烯有较大的差别，表现在：

① 电子云分布不同。由于碳氧的电负性差别较大，碳氧的吸电子能力差异较大，引起羰基的 π 电子云分布不均匀，更加偏向于氧原子一边，使氧原子带部分负电荷，碳原子带部分正电荷。因此，羰基碳原子易受带负电荷或未共用电子对的亲核试剂的进攻，因而亲核加成反应是醛、酮最重要的性质之一。

同时，由于羰基的电子云分布不均匀，使醛、酮分子呈现极性，因而羰基化合物都是极性分子。如甲醛的偶极矩为 2.27D，丙酮为 2.85D。

② 对相邻原子的影响不同。羰基碳原子上带有较多的正电荷，由于诱导效应，使羰基的 α-碳原子的 C—H 键产生极性，因 α-H 的酸性较强，即 α-H 具有较强的活泼性。从另一角度看，由于羰基碳原子带正电荷，可以容纳比 C=C 更多的正电荷，因而 α-H 电离所形成的共轭碱更稳定，故 α-H 的酸性较强。所以 α-H 的活性也是醛、酮的重要性质之一。

第二节　醛和酮的性质

一、醛和酮的物理性质

除甲醛在室温下是气体外，小于 12 个碳的脂肪醛、酮都是液体；由于羰基是一个极性官能团，醛、酮分子具有极性，故它们的沸点比分子量相近的非极性化合物高，但醛、酮分子不能形成氢键，沸点比相应醇低得多。

醛、酮的羰基氧能与水分子中的氢原子形成氢键，低级醛、酮在水中有相当大的溶解度。例如，甲醛、乙醛、丙酮可与水互溶，随着分子量的增大，醛、酮的水溶性减小。表 10-1 是一些醛、酮化合物的物理常数。

表 10-1　一些醛、酮化合物的物理常数

名称	熔点/℃	沸点/℃	d_4^{20}	溶解度/(g/100gH$_2$O)
甲醛	−92.0	−19.9	0.815	55
乙醛	−123.0	20.8	0.781	∞
丙醛	−81.0	18.8	0.807	20
苯甲醛	−26.0	178.1	1.046	0.33
丙烯醛	−87.7	53.0	0.841	可溶
丙酮	−94.8	56.1	0.792	∞
丁酮	−86.0	79.6	0.805	35.5
环己酮	−16.5	156.0	0.942	微溶
苯乙酮	19.8	202.0	1.026	微溶
丁二酮	−2.4	88.0	0.980	25

二、醛和酮的化学性质

1. 羰基上的加成反应

醛、酮羰基的碳氧双键可以与许多亲核试剂发生加成反应。

(1) 加氢氰酸　醛、脂肪族甲基酮和含有八个碳原子以下的环酮都能与氢氰酸作用，生成 α-羟基腈或称氰醇，其他的很难加成。

$$\underset{(CH_3)H}{\overset{R}{>}}C=O + H-CN \rightleftharpoons \underset{(CH_3)H}{\overset{R}{>}}C\underset{CN}{\overset{OH}{<}}$$

α-羟基腈

此反应是可逆的。由于引入的氰基与碳直接相连，使反应物增加了一个碳原子。这是有机合成增长碳链的方法之一。同时加成产物的氰基可以进一步水解生成 α-羟基羧酸。这个反应在有机合成上很有意义。例如：

$$\underset{CH_3}{\overset{CH_3}{>}}C=O + HCN \rightleftharpoons CH_3-\underset{CH_3}{\overset{OH}{\underset{|}{C}}}-CN \xrightarrow[H^+]{H_2O} CH_3-\underset{CH_3}{\overset{OH}{\underset{|}{C}}}-COOH$$

2-甲基-2-羟基丙腈　　　2-甲基-2-羟基丙酸

【知识拓展】

醛、酮的亲核加成反应历程

实验表明，若在羰基与氢氰酸的加成反应中加入少量碱，不但能大大加速反应速率，而且反应产率也能提高；若加入少量酸，则反应进行得非常慢。

碱的加入促进了 HCN 的电离。首先进攻羰基的是 CN$^-$。因为 CN$^-$ 进攻羰基碳，所形成氧负离子中间体比较稳定；若是 H$^+$ 先进攻羰基上的氧，所形成的碳正离子中间体很不稳定，同时酸能减慢这个反应，也说明首先进攻羰基的不是 H$^+$ 而是 CN$^-$。故一般认为，碱催化氢氰酸对羰基加成反应的历程是：

$$>C=O + CN^- \underset{}{\overset{慢}{\rightleftharpoons}} >\underset{CN}{\overset{O^-}{C}}<$$

$$>\underset{CN}{\overset{O^-}{C}}< + H^+ \underset{}{\overset{快}{\rightleftharpoons}} >\underset{CN}{\overset{OH}{C}}<$$

即反应分两步进行，首先由亲核试剂 CN⁻ 进攻羰基碳原子生成氧负离子中间体，这是决定反应速率的一步，然后是试剂带正电部分，通常是 H^+ 加到氧负离子上，这种由亲核试剂引起的加成反应叫作亲核加成反应。

其他亲核试剂与羰基的加成，其反应历程与此基本相似。醛、酮羰基上亲核加成反应的难易，一般认为与下列因素有关：

① 羰基碳上的正电性越大，亲核加成反应越容易进行。如果羰基上连着推电子的烷基，则羰基碳上的正电性会降低，不利于亲核加成反应的进行。如果羰基上连接着拉电子基团，则会提高羰基碳上的正电性，有利于亲核加成反应的进行。

② 空间位阻作用的影响。羰基碳连接烷基越多、越大，越不利于亲核试剂的进攻，加成反应就较难进行。所以不同结构的醛、酮在亲核加成反应时的难易程度是不同的，一般活性顺序为：

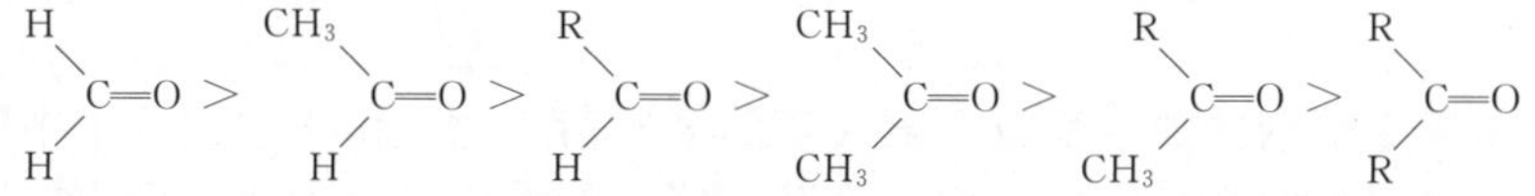

$$\underset{H}{\overset{H}{C}}=O > \underset{H}{\overset{CH_3}{C}}=O > \underset{H}{\overset{R}{C}}=O > \underset{CH_3}{\overset{CH_3}{C}}=O > \underset{CH_3}{\overset{R}{C}}=O > \underset{R}{\overset{R}{C}}=O$$

③ 试剂亲核性的影响。对于一种醛或酮，试剂的亲核性越强，则亲核加成反应就会越容易进行。

（2）加亚硫酸氢钠　醛、低级脂肪族甲基酮和低级的环酮都能与过量的亚硫酸氢钠饱和溶液发生加成反应，生成白色的 α-羟基磺酸钠：

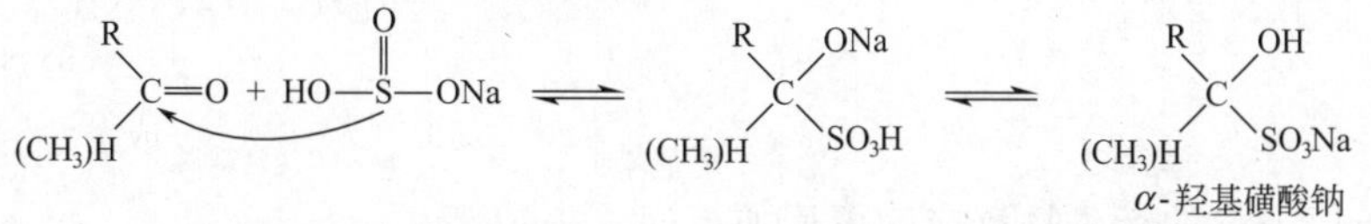

$$\underset{(CH_3)H}{\overset{R}{C}}=O + HO-\underset{\overset{\parallel}{O}}{\overset{\overset{O}{\parallel}}{S}}-ONa \rightleftharpoons \underset{(CH_3)H}{\overset{R}{\underset{SO_3H}{C}}}\overset{ONa}{} \rightleftharpoons \underset{(CH_3)H}{\overset{R}{\underset{SO_3Na}{C}}}\overset{OH}{}$$

α-羟基磺酸钠

反应是可逆的，加入过量的亚硫酸氢钠，可促使平衡向右移动。羟基磺酸钠易溶于水，但不溶于饱和的亚硫酸氢钠溶液，容易分离。羟基磺酸钠可以被酸或碱分解，得到原来的醛或酮，因此，此方法可用于醛、酮的分离和提纯。

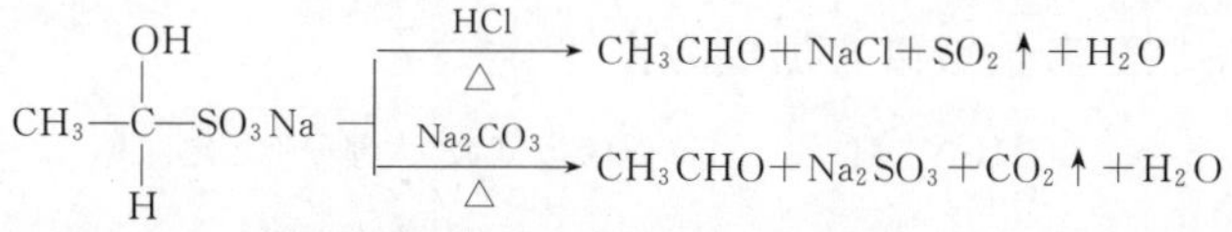

$$CH_3-\underset{H}{\overset{OH}{\underset{}{C}}}-SO_3Na \begin{array}{c} \xrightarrow[\triangle]{HCl} CH_3CHO + NaCl + SO_2\uparrow + H_2O \\ \xrightarrow[\triangle]{Na_2CO_3} CH_3CHO + Na_2SO_3 + CO_2\uparrow + H_2O \end{array}$$

（3）加醇　在无水氯化氢的催化下，醛与醇起加成反应，生成不稳定的半缩醛，半缩醛再与过量的醇发生缩合反应，生成稳定的缩醛：

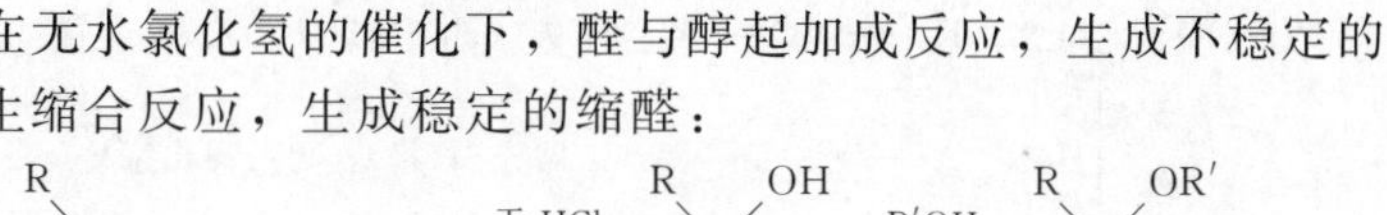

$$\underset{H}{\overset{R}{C}}=O + H-O-R' \underset{\mp HCl}{\overset{\mp HCl}{\rightleftharpoons}} \underset{H}{\overset{R}{\underset{OR'}{C}}}\overset{OH}{} \underset{\mp HCl}{\overset{R'OH}{\rightleftharpoons}} \underset{H}{\overset{R}{\underset{OR'}{C}}}\overset{OR'}{} + H_2O$$

缩醛可以看作是同碳二元醇的醚，性质和醚相似，对碱、氧化剂、还原剂都比较稳定，在酸性溶液中则容易水解成原来的醛和醇。因此，在有机合成中常利用此反应来保护醛基。例如，由 $CH_2=CHCH_2CHO$ 转化成 $CH_3CH_2CH_2CHO$：

$$CH_2=CHCH_2CHO + 2CH_3OH \xrightarrow{\text{无水 HCl}} CH_2=CH-CH_2-\underset{OCH_3}{\overset{H}{\underset{}{C}}}-OCH_3 \xrightarrow{H_2/Ni}$$

$$CH_3CH_2CH_2-\underset{OCH_3}{\overset{H}{\underset{}{C}}}-OCH_3 \xrightarrow[H^+]{H_2O} CH_3CH_2CH_2CHO + 2CH_3OH$$

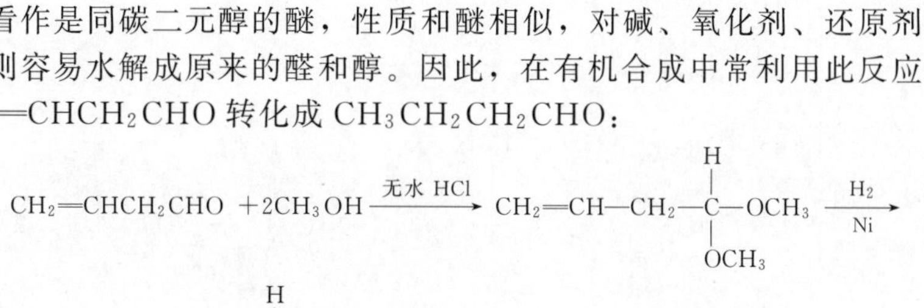

酮在同样条件下也会生成半缩酮、缩酮，但有的酮生成比较困难。

(4) 加格氏试剂　格氏试剂是含碳的亲核试剂，与镁相连的烃基有很强的亲核性，可与醛、酮进行亲核加成，加成产物经水解可得到醇，是制备醇和增碳合成中常用的反应。例如：

$$CH_3-CHO + C_6H_{11}-MgCl \xrightarrow{干醚} CH_3-\underset{\underset{H}{|}}{\overset{\overset{OMgCl}{|}}{C}}-C_6H_{11} \xrightarrow{H^+/H_2O} CH_3-\underset{\underset{H}{|}}{\overset{\overset{OH}{|}}{C}}-C_6H_{11} + Mg(OH)Cl$$

$$C_6H_5-MgBr + CH_3COCH_2CH_3 \xrightarrow{干醚} C_6H_5-\underset{\underset{CH_3}{|}}{\overset{\overset{OMgBr}{|}}{C}}-CH_2CH_3 \xrightarrow{H^+/H_2O} C_6H_5-\underset{\underset{CH_3}{|}}{\overset{\overset{OH}{|}}{C}}-CH_2CH_3 + Mg(OH)Br$$

【问题与思考】
　　格氏试剂与醛、酮加成产物水解时，有时使用硫酸溶液，有时使用氯化铵溶液，这是为什么？

(5) 与含氮亲核试剂的加成反应　氨及氨的某些衍生物，由于它们分子中的氮原子上都带有未共用电子对，因此都是亲核试剂，可以与醛、酮发生亲核加成。反应的第一步是羰基的亲核加成，但加成产物不稳定，立即进行第二步反应，即分子内失去一分子水，而生成具有 $\diagdown C=N-$ 结构的产物。最常用的氨及其衍生物有下列几种：

H_2N-H　H_2N-R　H_2N-Ar　H_2N-OH　H_2N-NH_2
　氨　　　伯胺　　芳伯胺　　　羟胺　　　　肼

$H_2N-NH-C_6H_5$　　$H_2N-NH-C_6H_3(NO_2)_2$　　$H_2N-NH-CO-NH_2$
　　苯肼　　　　　　2,4-二硝基苯肼　　　　　　氨基脲

醛、酮与以上氨的衍生物反应，可用如下通式表示：

$$\diagdown C=O + H_2N-Y \longrightarrow \diagdown \underset{\underset{H}{|}}{\overset{\overset{OH}{|}}{C}}-N-Y \xrightarrow{-H_2O} \diagdown C=N-Y$$

醛、酮与氨、伯胺、芳伯胺缩合加成为：

$$\diagdown C=O + \begin{cases} H_2N-H \longrightarrow \diagdown C=NH & 亚胺（大部分不稳定） \\ H_2N-R \longrightarrow \diagdown C=NR & 席夫(Schiff)碱（不稳定，易分解） \\ H_2N-Ar \longrightarrow \diagdown C=NAr & 席夫碱（稳定，可分离出来） \end{cases}$$

醛、酮与氨衍生物的加成产物分别为：

$$\diagdown C=O + \begin{cases} H_2N-OH \longrightarrow \diagdown C=N-OH & 肟 \\ H_2N-NH_2 \longrightarrow \diagdown C=N-NH_2 & 腙 \\ H_2N-NH-C_6H_5 \longrightarrow \diagdown C=N-NH-C_6H_5 & 苯腙 \\ H_2N-NH-C_6H_3(NO_2)_2 \longrightarrow \diagdown C=N-NH-C_6H_3(NO_2)_2 & 2,4-二硝基苯腙 \\ H_2N-NH-CO-NH_2 \longrightarrow \diagdown C=N-NH-CO-NH_2 & 缩氨脲 \end{cases}$$

反应结果，$\mathrm{\underset{}{\diagdown}C=O}$ 变成了 $\mathrm{\underset{}{\diagdown}C=N-}$，分别生成肟、腙、苯腙和缩氨脲等新的化合物。以上反应都是由碱性的氮原子进攻羰基显正电性的碳原子，故称亲核加成。上述氨的衍生物都是和羰基作用，所以又把它们称为羰基试剂。

醛、酮与氨衍生物的反应，其生成物大多数是固体，具有固定的结晶形状和熔点，因此可用来鉴别醛、酮。而肟、腙、苯腙及缩氨脲在稀酸作用下，可水解得到原来的醛、酮，因此又可用分离方法纯化醛和酮。

【问题与思考】
　　液晶是一类新型材料，MBBA 是一种研究得比较多的液晶化合物，它可以看作是由对甲氧基苯甲醛与对正丁基苯胺作用，脱水而成的化合物。请根据醛与羰基试剂的反应原理，推断 MBBA 的结构。

【知识拓展】

乌洛托品（Urotropine）

　　醛、酮与氨的反应，很难得到稳定的产物，只有个别的才形成稳定的复杂化合物，如甲醛与氨作用生成一个特殊的笼状化合物，叫环六亚甲基四胺，商品名称为乌洛托品（Urotropine）：

$$CH_2=O + NH_3 \rightleftharpoons \begin{bmatrix} OH \\ H-C-NH_2 \\ H \end{bmatrix} \xrightarrow{-H_2O} [H_2C=NH]$$

$$3H_2C=NH \rightleftharpoons \underset{\text{(三聚体)}}{\text{环}} \xrightarrow[NH_3]{3CH_2O} \underset{\text{乌洛托品}}{\text{结构}}$$

　　环六亚甲基四胺为白色结晶，熔点 263℃，易溶于水，有甜味，在医药上作为尿道消毒剂。另外它还是合成树脂和炸药的原料。

2. 醛和酮的其他反应

(1) α-H 的反应　　醛或酮分子中 α-碳上的氢原子称为 α-H，它受到羰基的影响酸性增强，这是由于羰基的拉电子性，使 α-碳上的碳氢键被削弱。且失去 α-H 后，α-碳上的负电荷因 p-π 共轭可以分散到羰基上。

$$-\overset{H}{\underset{|}{\overset{\alpha}{C}}}-C=O \xrightarrow{-H^+} -C=C-O \quad \left(-\overset{\delta^+}{C}\cdots\overset{\delta^-}{O}\right)$$

① 羰基式-烯醇式互变　　在溶液中，有 α-H 的醛或酮是以烯醇式和羰基式平衡存在的，醛或一元酮在平衡体系中，烯醇式的含量极少。

$$\underset{(H)}{R-\overset{O}{\overset{\|}{C}}-CH_2-R} \rightleftharpoons \underset{(H)}{R-\overset{OH}{\overset{|}{C}}=CH-R}$$

(80%) 　　　　(极少)

若烯醇式的双键能与其他不饱和基团共轭而稳定化，则平衡体系中的烯醇式会增多。烯醇式结构能与 $FeCl_3$ 起显色反应。

$$CH_3-\overset{O}{\underset{}{C}}-CH_2-\overset{O}{\underset{}{C}}-CH_3 \rightleftharpoons CH_3-\overset{O-H\cdots}{\underset{}{C}}=CH-\overset{O}{\underset{}{C}}-CH_3$$

② **卤代反应** 醛或酮分子中的 α-H 易被卤素取代，在碱性溶液中反应能顺利进行。

$$\overset{H}{\underset{|}{-C}}-\overset{}{\underset{|}{C}}=O \xrightarrow[-H_2O]{OH^-} -\overset{}{\underset{|}{C}}-\overset{}{\underset{|}{C}}=O \xrightarrow{\overset{\delta^+}{Br}-\overset{\delta^-}{Br}} -\overset{Br}{\underset{|}{C}}-\overset{}{\underset{|}{C}}=O$$

卤素取代一个 α-H 后，第二个 α-H 酸性更强，更容易被取代。乙醛或甲基酮与次卤酸盐作用时，三个 α-H 都被取代，所生成的三卤代衍生物在碱的作用下，碳碳键断裂，生成卤仿和羧酸盐。

$$X_2 + 2NaOH \longrightarrow NaOX + NaX + H_2O$$

$$\underset{(H)}{R}-\overset{O}{\underset{}{C}}-CH_3 \xrightarrow[OH^-]{NaOX} \underset{(H)}{R}-\overset{O}{\underset{}{\overset{\delta^-}{C}}}\overset{\delta^+}{\vdots}CX_3 \xrightarrow{OH^-} \underset{(H)}{R}-COO^- + CHX_3$$

这一反应称为卤仿反应，若使用的卤素是碘，就称为碘仿反应。碘仿是不溶于水的黄色固体，有特殊气味，因此常用碘仿反应来检验乙醛或甲基酮的存在。羟基在 2 位上的醇，可被次卤酸氧化成甲基酮结构，也能起碘仿反应。

$$R-\overset{OH}{\underset{|}{CH}}-CH_3 \xrightarrow{NaOI} R-\overset{O}{\underset{}{C}}-CH_3 \xrightarrow[OH^-]{NaOI} R-COONa + CHI_3$$

> 【问题与思考】
> 醛、酮 α-H 被卤素取代生成的一卤代醛、酮后，其余 α-H 更容易被卤素所取代，试说明其理由。

③ **羟醛缩合** 在稀酸或稀碱（常用）作用下，一分子醛 α-H 加到另一分子醛的氧原子上，其余部分加到羰基 C 上，生成 β-羟基醛，这个反应称为羟醛缩合反应。例如，在稀碱溶液中，两分子乙醛缩合生成 β-羟基丁醛，加热时 β-羟基丁醛易失去一分子水，变成 α,β-不饱和醛。

$$CH_3CHO \xrightarrow{\text{稀}OH^-} CH_3CHO \xrightarrow{CH_3CHO} CH_3\underset{OH}{\overset{}{CH}}CH_2CHO \xrightarrow[-H_2O]{\triangle} CH_3CH=CHCHO$$

除乙醛的羟醛缩合得到直链化合物外，其他醛的羟醛缩合产物都是带有支链的：

$$2CH_3CH_2CHO \xrightarrow{\text{稀}OH^-} CH_3CH_2\underset{OH}{\overset{CH_3}{\underset{|}{CH}}}CHCHO$$

如果使用两种带有 α-H 的不同的醛进行羟醛缩合，则产物较复杂，至少有四种产物，不适于在合成上应用，但若一种无 α-H 的醛，和另一种有 α-H 的醛进行羟醛缩合，则有合成价值。

$$C_6H_5CHO + CH_3CH_2CHO \xrightarrow{\text{稀}OH^-} C_6H_5CH=\underset{CH_3}{\overset{}{C}}CHO$$

$$CH_2O + CH_3CHO \xrightarrow{OH^-} HOCH_2-CH_2-CHO \xrightarrow{CH_2O} HOCH_2-\underset{CH_2OH}{\overset{}{CH}}-CHO \xrightarrow{CH_2O} HOCH_2-\underset{CH_2OH}{\overset{CH_2OH}{\underset{|}{C}}}-CHO$$

酮也能发生类似的缩合反应，但较醛的缩合困难。

(2) 还原反应 在不同的条件下，可以将醛或酮还原成醇、烃或胺。用催化加氢或金属氢化物如氢化铝锂、硼氢化钠等还原可以得到醇。例如：

① 催化加氢　应用催化加氢，醛可被还原成伯醇，酮被还原成仲醇。常用的金属催化剂为 Ni、Cu、Pt、Pd 等。

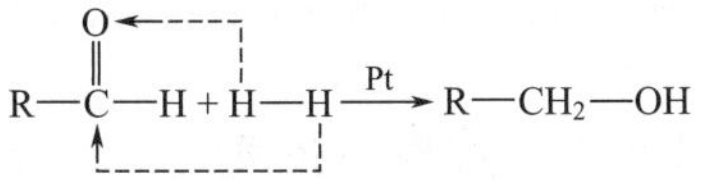

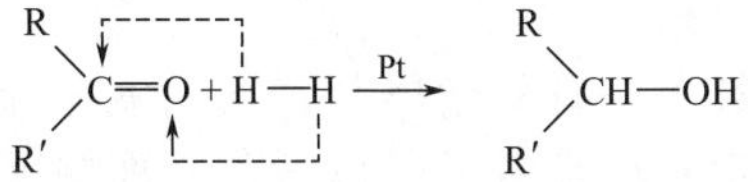

$$R-\overset{O}{\underset{|}{C}}-H + H-H \xrightarrow{Pt} R-CH_2-OH$$

$$\underset{R'}{\overset{R}{>}}C=O + H-H \xrightarrow{Pt} \underset{R'}{\overset{R}{>}}CH-OH$$

用催化加氢的方法还原羰基化合物时，当分子中还含有其他可被还原的基团，例如 $>C=C<$、$-C\equiv C-$、$-NO_2$、$-C\equiv N$ 等，这些基团同时也要被还原。例如：

$$CH_3CH=CHCHO \xrightarrow{H_2, Ni} CH_3CH_2CH_2CH_2-OH$$
$$\text{巴豆醛} \qquad\qquad\qquad \text{正丁醇}$$

醛、酮催化加氢虽然产率较高，但其缺点是催化剂较贵，并且还能将分子中的其他不饱和基团也同时还原。因此常采用其他还原剂将醛、酮还原成相应的醇。

② 用金属氢化物还原　金属氢化物是还原羰基最常用的试剂，其中选择性高和还原效果好的有硼氢化钠（$NaBH_4$）和氢化铝锂（$LiAlH_4$）。如硼氢化钠只对羰基起还原作用，而不影响孤立的 $>C=C<$、$-C\equiv C-$ 及其他可被催化加氢的基团。因此在还原不饱和醛、酮成为不饱和醇时是很有用的。例如：

$$CH_3CH=CHCH_2CHO \xrightarrow[\text{或 } NaBH_4]{LiAlH_4} CH_3CH=CHCH_2CH_2OH$$

3. 醛的特性反应

(1) 氧化反应　醛非常容易被氧化，生成羧酸，弱氧化剂就可以使醛氧化。

① 托伦（Tollens）试剂　用硝酸银的氨水溶液和醛作用时，生成的银沉淀在试管壁上，形成银镜：

$$RCHO + Ag(NH_3)_2^+ + OH^- \xrightarrow{50\sim60℃} RCOONH_4 + Ag\downarrow + NH_3 + H_2O$$

② 斐林（Fehling）试剂　用硫酸铜、氢氧化钠、酒石酸钾钠的溶液，和醛反应时生成砖红色的氧化亚铜沉淀。但芳醛不能和斐林试剂作用。例如：

$$RCHO + Cu(OH)_2 + NaOH \xrightarrow{100℃} RCOONa + Cu_2O\downarrow + H_2O$$

酮不能被这些弱氧化剂氧化，因此这两个反应常用来做醛的定性鉴别。但酮在强氧化剂长时间作用下，碳链断裂生成羧酸。例如：

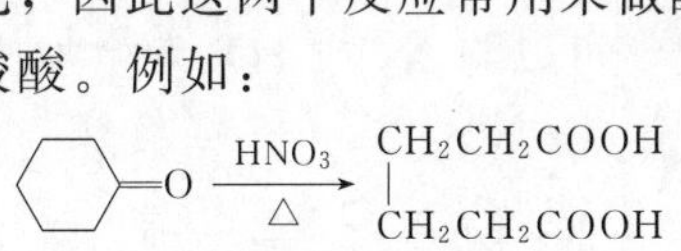

$$\text{环己酮} \xrightarrow[\triangle]{HNO_3} \begin{matrix}CH_2CH_2COOH\\|\\CH_2CH_2COOH\end{matrix}$$

(2) 歧化反应　没有 α-H 的醛和强碱的浓溶液共热，一分子醛被氧化成羧酸，另一分子醛被还原成醇，这类反应称为康尼扎罗（Cannizzaro）反应。

$$2HCHO \xrightarrow[\triangle]{NaOH} HCOONa + CH_3OH$$

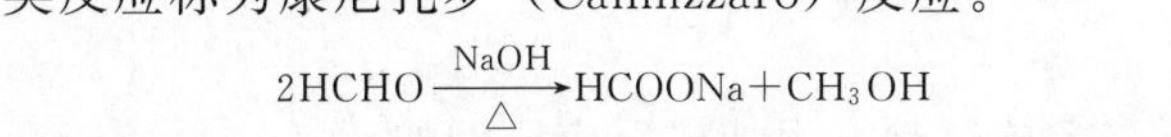

$$2\,\text{Ph}-CHO \xrightarrow[\triangle]{NaOH} \text{Ph}-COONa + \text{Ph}-CH_2OH$$

若甲醛和另一种无 α-H 的醛在强碱中共热，则甲醛被氧化成甲酸，另一种醛被还原为醇，称为交错康尼扎罗反应。

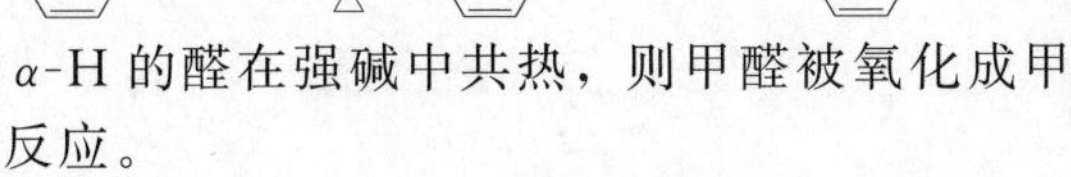

$$\text{Ph}-CHO + HCHO \xrightarrow[\triangle]{强碱} HCOOH + \text{Ph}-CH_2OH$$

$$\text{HOCH}_2-\underset{\underset{\text{CH}_2\text{OH}}{|}}{\overset{\overset{\text{CH}_2\text{OH}}{|}}{\text{C}}}-\text{CHO} + \text{HCHO} \xrightarrow[\triangle]{\text{强碱}} \text{C(CH}_2\text{OH)}_4 + \text{HCOOH}$$
季戊四醇

> 【问题与思考】
> 比较甲醛和乙醛在化学性质方面有哪些异同？你能用几种化学方法将甲醛与乙醛区分开？

(3) 与席夫试剂反应 品红是一种红色染料，通二氧化硫于其溶液中则得到无色的品红醛试剂（也叫席夫试剂）。醛与席夫试剂作用显紫色，而酮不能。这一显色反应非常灵敏，可用于醛类化合物的鉴别。使用这种方法时，溶液中不能存在碱性物质和氧化剂，也不能加热，否则会消耗亚硫酸，溶液恢复品红的红色，出现假阳性反应。

甲醛遇品红醛试剂所显的颜色加硫酸后不消失，而其他醛所显的颜色褪去。因此，品红醛试剂还可用于区别甲醛和其他醛。

第三节 醌

常见的醌类有苯醌、萘醌、蒽醌及其衍生物。

一、醌的命名

醌是作为芳烃的衍生物来命名的。由苯得到的醌叫苯醌，由萘得到的醌叫萘醌，由蒽得到的醌叫蒽醌，并应指明两个羰基的位置。例如：

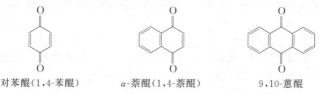

对苯醌(1,4-苯醌)　　α-萘醌(1,4-萘醌)　　9,10-蒽醌

二、醌的性质

醌是一类共轭的环二酮，它们都具有颜色。对位醌大多为黄色，邻位醌大多为红色或橙色。因此，醌类化合物是许多染料和指示剂的母体。

醌能够发生碳碳双键的亲电加成和羰基的亲核加成反应。

1. 亲电加成反应

对苯醌中存在两个碳碳双键，可以与 X_2 或 HX 发生加成反应。例如：

2. 亲核加成反应

对苯醌中的羰基可与亲核试剂发生加成反应。例如：

对苯醌单肟　　对苯醌二肟

3. 还原反应

在亚硫酸水溶液中对苯醌很容易还原成对苯二酚（氢醌）：

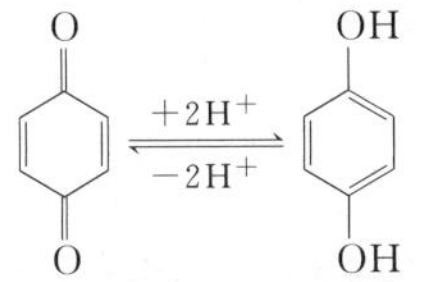

$$\text{对苯醌} \underset{-2H^+}{\overset{+2H^+}{\rightleftharpoons}} \text{氢醌}$$

反应是可逆的，如将等物质的量的氢醌和对苯醌混合，它们将结合成醌氢醌，是一个绿色晶体。在醌氢醌的饱和溶液中插入铂电极，可以组成醌氢醌电极，常用来测定溶液的 pH 值。

【知识链接】

维生素 K

维生素 K 具有促进凝血的功能，天然存在的维生素 K_1 和 K_2 是 2-甲基-1,4-萘醌的衍生物。维生素 K_1、维生素 K_2 的结构为：

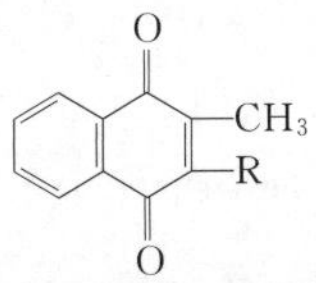

维生素 K_1 中 R：$-CH_2CH=C(CH_3)-(CH_2CH_2CH)_3-CH_3$（含 CH_3 支链）

维生素 K_2 中 R：$-(CH_2CH=C(CH_3)-CH_2)_5-CH=C(CH_3)_2$

在研究维生素 K_1、维生素 K_2 及其衍生物的化学结构与凝血作用的关系时发现，通过化学合成得到的 2-甲基-1,4-萘醌具有更强的凝血能力。它是不溶于水的黄色固体，但与亚硫酸氢钠反应生成的加成物溶于水，医药上称为维生素 K_3，其结构式为：

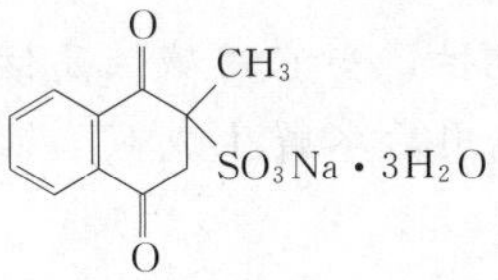

2-甲基-3-(亚硫酸氢钠基)-1,4-萘满二酮 · $3H_2O$

复习题

1. 用系统命名法命名下列化合物。

(1) $HOCH_2CH_2CHO$ (2) $C_6H_5CH_2COCH_3$ (3) $CH_3CH(C_6H_5)CHO$ (4) 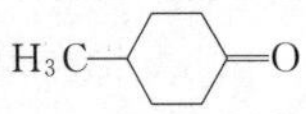 4-甲基环己酮

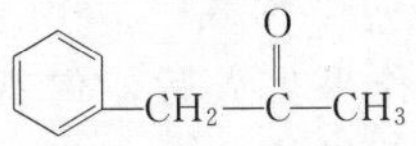

(5) 对甲氧基苯甲醛 (6) (结构式) (7) $(CH_3)_2CHCOCH_3$ (8) 2-氯-1,3-环己二酮

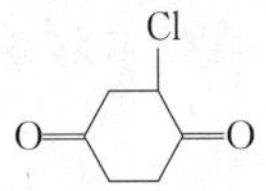

(9) $CH_3-C(CH_3)_2-CH(CH_3)-CHO$ (10) $(CH_3)_2C=N-OH$

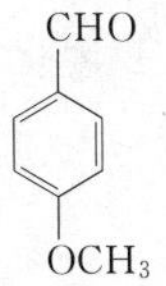

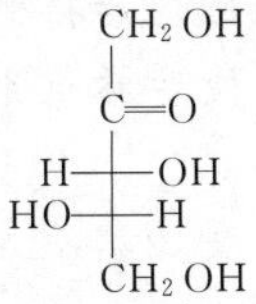

2. 选择合适的氧化剂或还原剂，完成下列反应。

(1) 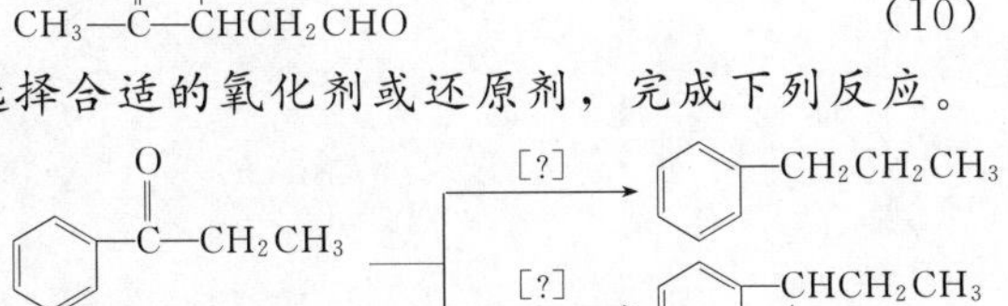 $C_6H_5COCH_2CH_3 \xrightarrow{[?]} C_6H_5CH_2CH_2CH_3$ 和 $C_6H_5CH(OH)CH_2CH_3$

(2) 环己烯酮 —[?]→ 环己烯醇 + 环己醇

(3) 环己烯-CHO —[?]→ 环己烯-COOH

(4) $CH_3CH(OH)CH_2CH_2COCH_3$ —[?]→ $HOOCCH_2CH_2COOH$

3. 完成下列反应方程式。

(1) $HOCH_2CH(CHO)H$ (甘油醛) $\xrightarrow{HCN}{OH^-}$?

(2) $C_6H_5CH=CH-CHO$ $\xrightarrow{① C_2H_5MgBr}{② H_3O^+}$?

(3) 环戊酮 + $2C_2H_5OH$ $\xrightarrow{干HCl}$?

(4) $CH_3COCH_2CH_3$ $\xrightarrow{H_2NCONHNH_2}$?

(5) CH_3-环己烯酮 $\xrightarrow{LiAlH_4}$?

(6) 环己基$-MgBr + HCHO$ $\xrightarrow{① 无水乙醚}{② 水}$?

(7) $OHC-CHO$ $\xrightarrow{① 浓NaOH}{② H^+}$?

(8) $HOCH_2CH_2CH_2CH_2CHO \longrightarrow$?

(9) $2 \text{ }C_6H_5CHO + CH_3COCH_3$ $\xrightarrow{5\% NaOH}$?

(10) $C_6H_5CH=CH-CO-CH(CH_3)_2$ $\xrightarrow{① C_2H_5MgBr}{② H_3O^+}$?

4. 用化学方法鉴别下列各组化合物。

(1) 环己烯　环己酮　环己醇

(2) 2-己醇　3-己醇　环己酮

(3) 乙醛　乙烷　氯乙烷　乙醇

5. 化合物 A ($C_5H_{12}O$) 有旋光性，当它用碱性高锰酸钾剧烈氧化时变成 B($C_5H_{10}O$)。B 没有旋光性，B 与正丙基溴化镁作用后水解生成 C，然后能拆分出两个对映体。试推导出化合物 A、B、C 的构造式。

6. 某化合物分子式为 $C_5H_{12}O$ （A），氧化后得分子式为 $C_5H_{10}O$ 的化合物 B。B 能和 2,4-二硝基苯肼反应得黄色结晶，并能发生碘仿反应。A 和浓硫酸共热后经酸性高锰酸钾氧化得到丙酮和乙酸。试推出 A 的构造式，并用反应式表明推导过程。

7. 某化合物 $C_8H_{14}O$ （A），可以很快地使溴水褪色，可以和苯肼发生反应，氧化后得到一分子丙酮及另一化合物 B。B 具有酸性，和次碘酸钠反应生产碘仿和一分子羧酸，其结构简式是 $HOOCCH_2CH_2COOH$。写出 A、B 的结构式。

8. 某化合物分子式为 $C_6H_{12}O$，能与羟胺作用生成肟，但不起银镜反应，在铂的催化下加氢得到一种醇。此醇经过脱水、臭氧化还原水解等反应后得到两种液体，其中之一能起银镜反应但不起碘仿反应，另一种能起碘仿反应但不能使斐林试剂还原。试写出该化合物的结构式。

第十一章 羧酸及衍生物

知识目标

1. 熟悉羧酸的结构、分类和命名，掌握羧酸的性质；
2. 掌握羧酸衍生物（酰卤、酸酐、酰胺和酯）的性质；
3. 掌握羧酸衍生物之间相互转化的关系。

能力、思政与职业素养目标

1. 能分析羧酸分子中羰基与羟基、羧基与烃基相互影响所表现出来的化学特性；
2. 能利用羧酸及其盐的酸碱性和溶解性分离、提纯和鉴别羧酸类有机物；
3. 能应用羧酸及其衍生物的性质解释、分析实际案例；
4. 了解食醋的工业生产方法，培养知行合一思想。

第一节 羧　　酸

一、羧酸的分类和命名

1. 羧酸的分类

① 根据和羧基相连的烃基的不同，可以分为脂肪族羧酸（脂肪酸）、脂环酸、芳香族羧酸（芳香酸）。

② 根据和羧基相连的烃基是否饱和可以分为饱和羧酸、不饱和羧酸。

③ 根据分子中羧基的数目，又可以分为一元酸、二元酸、多元酸等。

2. 羧酸的命名

（1）羧酸的俗名　许多羧酸最初是从天然产物中得到的，因此常根据它们的来源命名。高级直链饱和一元羧酸是从脂肪中得到的，因此，开链饱和一元酸又叫脂肪酸。例如：

$HCOOH$　　　　　　　CH_3COOH　　　　　　　$CH_3CH_2CH_2COOH$
甲酸（蚁酸）　　　　　　乙酸（醋酸）　　　　　　丁酸（酪酸）

$CH_3(CH_2)_{14}COOH$　　　　　　　　　　　　$CH_3(CH_2)_{16}COOH$
软脂酸　　　　　　　　　　　　　　　　　　硬脂酸

(2) 脂肪酸的命名 选含有羧基的最长碳链为主链,从羧基碳原子开始编号,根据主链上碳原子数目命名,并标明取代基的位次和名称。例如:

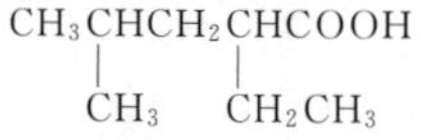

$$CH_3CHCH_2CHCOOH$$
       | |
      CH_3 CH_2CH_3
4-甲基-2-乙基戊酸

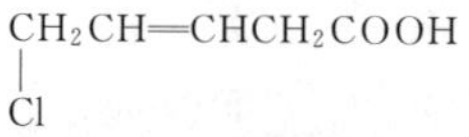

$$CH_2CH=CHCH_2COOH$$
 |
Cl
5-氯-3-戊烯酸

> 【问题与思考】
> 对于脂肪酸的命名,可以用阿拉伯数字和希腊字母两种方式来表示取代基的位置,请想一想这两种表示方式有什么区别?以上两个结构式中碳原子的位次若用 α、β、γ、ω…标注,其名称分别是什么?

当羧酸的分子中含有不饱和键时,常常选择含有羧基和不饱和键在内的最长碳链作为主链,编号仍从羧基碳原子开始,有时也用 △ 表示双键的位次。例如:

$$CH_3(CH_2)_7CH=CH(CH_2)_7COOH$$
9-十八碳烯酸($\triangle^9$-十八碳烯酸)

二元酸时选择含有两个羧基在内的最长碳链为主链,称为某二酸。例如:

$$HOOC-COOH$$
乙二酸

(3) 芳香酸的命名 简单的芳香酸,可当作苯甲酸的衍生物命名,复杂的芳香酸,可作为脂肪酸的芳香取代衍生物命名。例如:

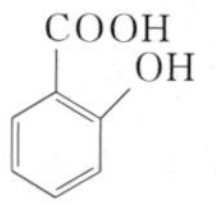

邻羟基苯甲酸(水杨酸) 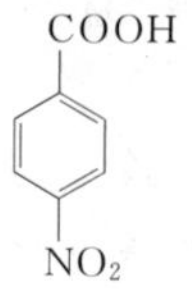   对硝基苯甲酸 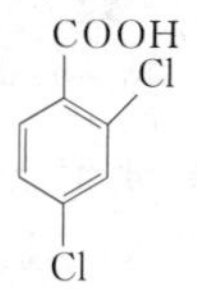   2,4-二氯苯甲酸

> 【知识阅读】
>
> **羧酸的结构**
>
> 羧酸中羧基的碳原子是 sp^2 杂化,三个 sp^2 杂化轨道在一个平面内,键角约 110°,与羰基氧原子、羟基氧原子、氢原子(甲酸)或碳原子(乙酸等)形成三个 σ 键。羰基碳原子的 p 轨道与羰基氧原子的 p 轨道都垂直于 σ 键所在平面,它们相互平行,在侧面交盖形成一个 π 键。同时,羟基氧原子的未共用电子对所在的 p 轨道与碳氧双键的 π 轨道平行在侧面交盖,形成共轭体系。

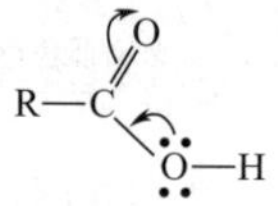

二、羧酸的物理性质

常温下,C_{10} 以下的饱和一元羧酸为液体,具有较强的刺激性气味或难闻的腥臭味;C_{10} 以上的饱和一元羧酸为蜡状固体;二元羧酸和芳香族羧酸都是结晶固体。

羧酸是极性分子,羧基是亲水基,可与水分子形成氢键,羧基比醇羟基更容易与水分子形成氢键,故羧酸的水溶性比相应的醇要大,低级羧酸($C_1\sim C_4$)可与水互溶。例如正丁酸能与水互溶,而正丁醇在水中的溶解度仅为 7.9%。随碳原子数增加,烃基(疏水基)的增大,羧酸的溶解度下降,如 C_5 酸部分溶解,而 C_{12} 以上的高级羧酸几乎不溶于水而较易溶于乙醇、乙醚、苯等有机溶剂。芳香族羧酸在水中的溶解度也不大，有许多还可以从水中进行重结晶。

从羧酸的结构可以看出羧酸分子具有极性，而且和醇一样能够形成氢键，如图 11-1 所示。在一对羧酸分子之间还可以形成两对氢键，这种由两对氢键形成的双分子缔合结构还具有较高的稳定性，故在固态、液态和中等压力的气态下，羧酸主要以二缔合体的形式存在，氢键长约 0.27nm。二缔合体还使羧酸的极性降低，如乙酸还可以溶于非极性的苯就与此有关。因为羧酸分子通过氢键形成二聚体，其沸点比分子量相近的醇高。

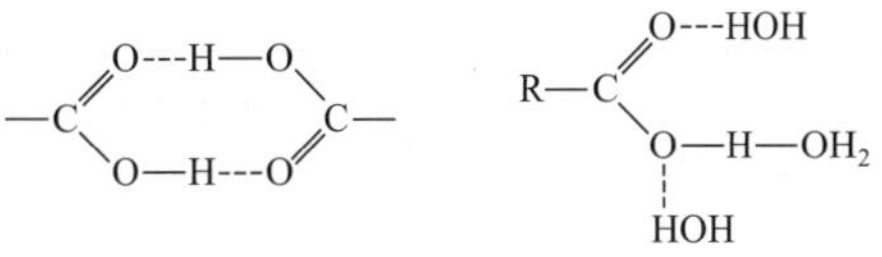

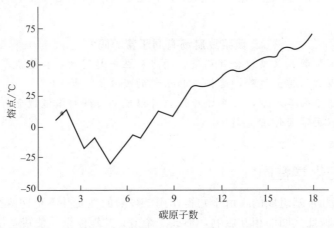

图 11-1　分子间氢键示意

羧酸的熔点与碳原子数的相关曲线呈锯齿形，即偶数碳原子羧酸的熔点明显比它相邻的前后两个同系物熔点高（见图 11-2）。此外，还有一个现象，即其熔点随分子量增加先降低后升高，五个碳原子的羧酸的熔点最低，这也可能与分子间缔合程度有关，当低级羧酸中烃基变大时，羧基间的缔合受到一定程度的阻碍，二聚体的稳定性降低导致熔点下降。乙酸的熔点只有 16.6℃，故秋、冬季节实验室里的乙酸凝固为冰状物结晶，因此，乙酸又称为冰乙酸、冰醋酸。

图 11-2　直链饱和一元羧酸的熔点变化

对长链羧酸，通过 X 射线衍射方法研究证明，两个羧酸分子间的羧基以氢键缔合。缔合的双分子有规则地一层层排列，层的中间是相互缔合的羧基，层与层之间相接触的是烃基。烃基之间的分子间作用力较小，故层间容易滑动，高级脂肪酸也具有一定的润滑性。一些羧酸的物理常数如表 11-1 所示。

表 11-1　一些羧酸的物理常数

名称	熔点/℃	沸点/℃	溶解度(25℃)/(g/100g 水)	pK_a(25℃) g/100g 水	pK_a 或 pK_{a1}
甲酸(蚁酸)	8	100.5	∞	3.76	
乙酸(醋酸)	16.6	118	∞	4.76	
丙酸(初油酸)	−21	141	∞	4.87	
丁酸(酪酸)	−6	164	∞	4.81	
戊酸(缬草酸)	−34	187	4.97	4.82	
己酸(羊油酸)	−3	205	1.08	4.88	
癸酸	31	269	0.015	4.85	
十二酸(月桂酸)	44	179(2399.8Pa)	0.006		

续表

名称	熔点/℃	沸点/℃	溶解度(25℃)/(g/100g 水)	pK_a(25℃) g/100g 水	pK_a 或 pK_{a1}
十四酸(肉豆蔻酸)	54	200(2666.4Pa)	0.002		
十六酸(软脂酸)	63	219(2666.5Pa)	0.0007		
十八酸(硬脂酸)	70	235(2666.4Pa)	0.0003		
苯甲酸(安息香酸)	112	250	0.34	4.19	
1-萘甲酸	160		不溶	3.70	
2-萘甲酸	185		不溶	4.7	
乙二酸(草酸)	189(分解)		10.2	1.23	4.19
丙二酸(缩苹果酸)	136		138	2.85	5.70
丁二酸(琥珀酸)	182	235(脱水分解)	6.8	4.16	5.60
己二酸(肥酸)	153	330.5(分解)		4.43	5.62
顺丁烯二酸(马来酸)	131		78.8	1.85	6.07
反丁烯二酸(富马酸)	287		0.70	3.03	4.44
邻苯二甲酸	210~211(分解)		0.70	2.89	5.41
间苯二甲酸	345 升华(350)		0.01	3.54	4.60
对苯二甲酸	384~420 升华(300)		0.003	3.51	4.82

【知识链接】

菠菜豆腐汤有利于营养吗？

菠菜中含有草酸，豆腐中含有钙质，两者放在一起同煮后会生成草酸钙，草酸钙进入体内不易吸收而排出体外，这样不利于钙的吸收。

草酸是最简单的二元酸，具有还原性，可以使高锰酸钾溶液褪色。衣服上有铁锈或墨水迹，可以用草酸作清洗剂。

三、羧酸的化学性质

羧基是由羰基和羟基组成的，由于共轭作用，羧酸的性质并不是这两类官能团特性的简单加和。由于它们彼此之间的相互影响，形成一个 p-π 共轭体系，使羧基中的羟基氧原子上的电子云向羰基移动，氧氢键的电子云更靠近氧原子，增强了 O—H 键的极性，有利于氢原子的离解，使羧基具有酸性。

根据羧酸分子结构的特点，羧酸的反应可以在分子的四个部位发生：

$$R-\underset{\underset{H}{|}}{\overset{\overset{O}{\|}}{C}}-C-O-H$$

从结构上可以预测，羧酸的主要反应有：①能电离出 H^+，具有酸性；②羟基被取代的反应；③脱羧反应；④α-H 的反应。

1. 羧酸的酸性

羧酸具有酸性，在水溶液中存在下列平衡：

$$RCOOH \rightleftharpoons RCOO^- + H^+$$

pK_a：甲酸为 3.75，乙酸为 4.76，其他一元酸都在 4.7~5。

羧酸的酸性小于无机酸而大于碳酸（H_2CO_3 的 pK_{a1} 为 6.73），因此羧酸能与碱作用生成盐，也可以分解碳酸盐。

$$RCOOH + NaOH \longrightarrow RCOONa + H_2O$$

$$RCOOH + \begin{matrix} Na_2CO_3 \\ NaHCO_3 \end{matrix} \longrightarrow RCOONa + CO_2 + H_2O$$

这一性质可以用于醇、酚、羧酸的鉴别和分离，不溶于水的羧酸既溶于 NaOH 也溶于 $NaHCO_3$，不溶于水的酚能溶于 NaOH 但不溶于 $NaHCO_3$，不溶于水的醇既不溶于 NaOH 也不溶于 $NaHCO_3$。

羧酸是弱酸，因此当向羧酸盐中加入酸性较强的无机酸时又可重新生成羧酸。

高级脂肪酸的钠盐是肥皂的主要成分，高级脂肪酸的铵盐是雪花膏的主要成分。

2. 羧基中羟基的取代反应

羧酸分子中，除去羟基剩下的部分称为酰基，羧基中的羟基可以被卤素、酰氧基、烷氧基、氨基等取代，分别生成酰卤、酸酐、酯、酰胺等衍生物。

$$R-\underset{酰基}{\underline{C-OH}}\overset{O}{\|}$$

（1）酯化反应 羧酸在酸催化下和醇作用脱水生成酯的反应，称为酯化反应。羧酸和同碳数的酯为同分异构体。

$$R-\overset{O}{\underset{\|}{C}}-OH + R'-OH \underset{}{\overset{H^+}{\rightleftharpoons}} R-\overset{O}{\underset{\|}{C}}-OR' + H_2O$$

酯化反应是可逆的，一般只有 2/3 的转化率。为了提高酯化率，可以增加反应物的浓度，一般是使醇过量，也可以从反应体系中移走产物，如蒸出沸点低的酯或蒸发出生成的水。

（2）酰氯的生成 羧酸（除甲酸外）与三氯化磷、五氯化磷、亚硫酰氯反应生成相应的酰氯，但 HCl 不能使羧酸生成酰氯。例如：

$$RCOOH + PCl_3 \longrightarrow R-\overset{O}{\underset{\|}{C}}-Cl + H_3PO_3$$

$$RCOOH + PCl_5 \longrightarrow R-\overset{O}{\underset{\|}{C}}-Cl + POCl_3 + HCl$$

$$RCOOH + SOCl_2 \longrightarrow R-\overset{O}{\underset{\|}{C}}-Cl + SO_2 + HCl$$

制取沸点低的酰氯应用 PCl_3，这是由于生成的 H_3PO_3 熔点为 74℃；制取沸点高的酰氯应用 PCl_5，这是由于生成的 HCl 为气体，$POCl_3$ 沸点也较低（107℃）；制取各种酰氯均可用 $SOCl_2$，原因是这个反应的产物中除酰氯外，SO_2 和 HCl 都是气体。

（3）酸酐的生成 低级的酸酐可由羧酸（除甲酸外）在脱水剂 P_2O_5 作用下，加热失水而得到。高级酸酐是将羧酸和乙酐共热得到。例如：

$$2CH_3COOH \xrightarrow[\triangle]{P_2O_5} CH_3-\overset{O}{\underset{\|}{C}}-O-\overset{O}{\underset{\|}{C}}-CH_3$$

$$2RCOOH + (CH_3CO)_2O \longrightarrow (RCO)_2O + 2CH_3COOH$$

因为乙酐的价格较便宜，生成的乙酸又容易除去，所以常用乙酐在制备酸酐的反应中作为脱水剂。含有五、六元环的酸酐，可由二元酸分子内失水得到。例如：

$$\text{顺-HOOCCH=CHCOOH} \xrightarrow{150℃} \text{(马来酸酐)} + H_2O$$

(4) 酰胺的生成 羧酸的铵盐热解失水，可变成酰胺。

$$RCOOH + NH_3 \longrightarrow RCOONH_4 \xrightarrow{\triangle} R-\underset{\underset{O}{\|}}{C}-NH_2 + H_2O$$

3. 脱羧反应

当 α-碳原子上有强拉电子基团时，使羧基变得不稳定，加热到 100～200℃时，容易发生脱羧反应。例如：

$$CCl_3COOH \xrightarrow{\triangle} CHCl_3 + CO_2$$

$$CH_3\underset{\underset{O}{\|}}{C}CH_2COOH \xrightarrow{\triangle} CH_3\underset{\underset{O}{\|}}{C}CH_3 + CO_2$$

$$HOOCCH_2COOH \xrightarrow{\triangle} CH_3COOH + CO_2$$

$$\text{(2-氧代环己基甲酸)} \xrightarrow{\triangle} \text{环己酮} + CO_2$$

羧酸的 α-碳原子上没有强拉电子基团时，直接加热不易脱羧，但在特殊条件下也可进行脱羧，例如无水乙酸钠和碱石灰共热，脱羧生成甲烷。

$$CH_3COONa + NaOH \xrightarrow[\triangle]{CaO} CH_4 + Na_2CO_3$$

该反应用于实验室制备甲烷。

4. 羧基的还原反应

羧酸一般不易被还原成相应的醛和醇，但用强还原剂氢化铝锂（$LiAlH_4$）还原可生成相应的伯醇，产率较高，且不影响碳碳不饱和键。但对其他可被还原的基团没有选择性，羰基、氰基等同时被还原。例如：

$$(CH_3)_3CCOOH \xrightarrow{LiAlH_4, 乙醚} \xrightarrow{H_2O} (CH_3)_3CCH_2OH$$

$$H_2C=CH-CH_2COOH \xrightarrow{LiAlH_4, 乙醚} \xrightarrow{H_2O} H_2C=CH-CH_2CH_2OH$$

5. α-H 的卤代

脂肪酸中的羧基和羰基一样能使 α-H 活化，但羧基的致活作用比羰基小得多，要在催化剂（常用红磷）作用下逐步卤代。例如：

$$R-CH_2-COOH \xrightarrow[P]{X_2} R-\underset{X}{\underset{|}{CH}}-COOH \xrightarrow[P]{X_2} R-\underset{X}{\underset{|}{\overset{X}{\overset{|}{C}}}}-COOH$$

$$X_2 = Cl_2, Br_2$$

$$CH_3COOH \xrightarrow[P]{Cl_2} CH_2COOH \xrightarrow[P]{Cl_2} \underset{Cl}{\underset{|}{CH}}COOH \xrightarrow[P]{Cl_2} Cl-\underset{Cl}{\underset{|}{\overset{Cl}{\overset{|}{C}}}}COOH$$

红磷的作用是生成卤化磷（PCl_3 和 PBr_3），它与羧酸作用生成酰卤，酰卤的 α-H 卤代要比羧酸容易得多。

四、重要的羧酸

1. 甲酸

甲酸俗称蚁酸，为无色有强烈刺激性气味的液体，沸点 100.5℃，能与水、乙醇、乙醚混溶。

甲酸酸性较强（$pK_a=3.76$），是饱和一元酸中酸性最强的。甲酸有腐蚀性，能刺激皮肤起泡。它存在于红蚂蚁体液中，也是蜂毒的主要成分。

甲酸的工业制法是将一氧化碳与氢氧化钠溶液在加热加压下反应生成甲酸钠，然后用浓硫酸处理，蒸出甲酸。

$$CO+NaOH \xrightarrow[0.6\sim 1MPa]{约210℃} HCOONa \xrightarrow{H_2SO_4} HCOOH$$

甲酸的构造特殊，羧基与氢原子相连，既有羧基构造，又有醛基构造。

$$H-\overset{\overset{O}{\|}}{C}-OH$$

因此甲酸具有还原性，是一个还原剂。它能被托伦试剂和斐林试剂氧化，也易被高锰酸钾氧化，使高锰酸钾溶液褪色。这些性质常用于甲酸的定性鉴别。

甲酸与浓硫酸共热分解生成一氧化碳和水，这是实验室制备纯一氧化碳的方法：

$$HCOOH \xrightarrow[60\sim 80℃]{浓 H_2SO_4} CO+H_2O$$

甲酸在工业上用作酸性还原剂、媒染剂、防腐剂、橡胶凝聚剂。

2. 乙酸

乙酸俗称醋酸，常温时为无色、透明、具有刺激性气味的液体，沸点 118℃，熔点 16.6℃。低于熔点时无水醋酸凝结成冰状固体，俗称冰醋酸。乙酸能与水、乙醇、乙醚、四氯化碳等混溶。

乙酸可以乙醛为原料，在醋酸锰或醋酸钴催化下用氧气（或空气）进行液相氧化而得：

$$CH_3CHO+\frac{1}{2}O_2 \xrightarrow[70\sim 80℃,0.2\sim 0.3MPa]{(CH_3COO)_2Mn} CH_3COOH$$

以低级烷烃为原料，以醋酸钴或醋酸锰为催化剂，用空气进行液相氧化是近年来制取乙酸的一种重要方法。例如：

$$CH_3CH_2CH_2CH_3+\frac{5}{2}O_2 \xrightarrow[150\sim 225℃,约5.5MPa]{(CH_3COO)_2Co} 2CH_3COOH+H_2O$$
$$75\%\sim 80\%$$

乙酸是人类最早使用的有机酸，可用于调味（食醋中约含 6%～8% 的乙酸）。乙酸在工业上应用很广，它是重要的有机化工原料，主要用于制取乙酸乙烯酯，也用于制造乙酐、氯乙酸及各种乙酸酯。乙酸不易被氧化，常用作氧化反应的溶剂。

3. 丙烯酸

丙烯酸是具有类似于醋酸的刺激性气味的无色液体，沸点为 141.6℃，溶于水、乙醇和乙醚等溶剂中。它的酸性较强，能腐蚀皮肤，其蒸气强烈刺激和腐蚀人体呼吸器官。

丙烯酸在光、热或过氧化物的影响下容易聚合，因此丙烯酸在储存、运输时需加入阻聚剂，如对苯二酚或对苯二酚一甲醚（用量均约为 0.1%），以防其自发聚合。

工业上，是以丙烯为原料催化氧化生产丙烯酸的。

$$CH_2=CH-CH_3 + O_2 \xrightarrow[350℃, 0.25MPa]{Cu_2O} CH_2=CH-CHO + H_2O$$

$$CH_2=CH-CHO + \frac{1}{2}O_2 \xrightarrow[200\sim300℃]{Cu_2O} CH_2=CH-COOH$$

丙烯酸兼有羧酸和烯烃的性质，易发生氧化和聚合反应。控制反应条件可得到分子量不同的、性质也不同的聚丙烯酸。丙烯酸树脂黏合剂广泛用于纺织工业。

4. 乙二酸

乙二酸俗称草酸，为无色透明单斜晶体，常含有两分子结晶水 $\left(\begin{array}{c}COOH\\|\\COOH\end{array}\cdot 2H_2O\right)$，熔点 101.5℃；加热至 100℃可失去结晶水而得无水草酸，熔点 189℃（分解），157℃时升华，易溶于水和乙醇，而不溶于乙醚。

工业上是用甲酸钠迅速加热至 400℃制得草酸钠，然后用稀硫酸酸化制得草酸。

$$HCOONa \xrightarrow[\text{迅速加热}]{400℃} \begin{array}{c}COONa\\|\\COONa\end{array} \xrightarrow{\text{稀}H_2SO_4} \begin{array}{c}COOH\\|\\COOH\end{array}$$

草酸是最简单的饱和二元羧酸，在二元羧酸中它的酸性最强（$pK_a=1.23$）。它除了具有羧酸的通性外，还有如下一些特殊性质。

草酸分子中两个羧基直接相连，碳碳键稳定性降低，易被氧化而断键生成二氧化碳和水，因此可用作还原剂。例如：

$$5HOOC-COOH + 2KMnO_4 + 3H_2SO_4 \longrightarrow K_2SO_4 + 2MnSO_4 + 10CO_2 + 8H_2O$$

上述反应是定量进行的，常用来标定高锰酸钾溶液的浓度。草酸急速加热易脱羧生成甲酸和二氧化碳。

草酸能与多种金属离子形成可溶性络盐，例如，草酸能与 Fe^{3+} 生成易溶于水的三草酸配铁负离子 $\left[Fe\left(\begin{array}{c}COO^-\\|\\COO^-\end{array}\right)_3\right]^{3-}$，因此草酸在纺织、印染、服装工业中广泛用作除铁锈用剂。

草酸大量用于稀土元素的提取，也是基于这一性质。草酸及其铝盐、锑盐可作为媒染剂。

5. 苯甲酸

苯甲酸常以苯甲酸苄酯形式存在于安息香胶中，故俗称安息香酸。苯甲酸为无色晶体，略有特殊气味，熔点 112℃，沸点 250℃，100℃时可升华，微溶于冷水，能溶于热水，溶于乙醇、乙醚、氯仿等有机溶剂中。苯甲酸的酸性（$pK_a=4.19$）比一般脂肪酸（除甲酸外）的酸性强。

苯甲酸的工业制法是甲苯氧化：

$$\text{C}_6\text{H}_5\text{CH}_3 \xrightarrow[\text{醋酸锰或醋酸钴，约}0.8MPa]{\text{空气}, 140\sim160℃} \text{C}_6\text{H}_5\text{COOH} + H_2O$$

苯甲酸用于制备香料等，它的钠盐可用作食品和药物中的防腐剂。

第二节 羧酸衍生物

羧酸分子中，羧基内的羟基被其他原子或基团取代而生成的化合物称为羧酸衍生物，主要有酰卤、酸酐、酯、酰胺，它们的分子中都含有酰基。

$$\underset{\text{酰卤}}{R-\overset{O}{\overset{\|}{C}}-X} \qquad \underset{\text{酸酐}}{R-\overset{O}{\overset{\|}{C}}-O-\overset{O}{\overset{\|}{C}}-R} \qquad \underset{\text{酯}}{R-\overset{O}{\overset{\|}{C}}-OR'} \qquad \underset{\text{酰胺}}{R-\overset{O}{\overset{\|}{C}}-NH_2}$$

一、羧酸衍生物的命名

1. 酰卤和酰胺

酰卤和酰胺的名称，可以从相应的羧酸名称导出。例如：

$$CH_3COCl \qquad CH_2=CHCOCl \qquad C_6H_5COCl$$
乙酰氯　　　　　　　　丙烯酰氯　　　　　　　苯甲酰氯

酰胺氮原子上的氢可以被烃基取代，称为取代酰胺，命名时应标出取代基的名称。例如：

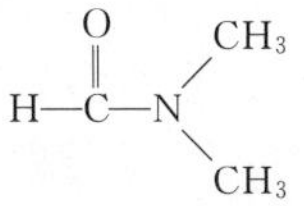

N,N-二甲基甲酰胺 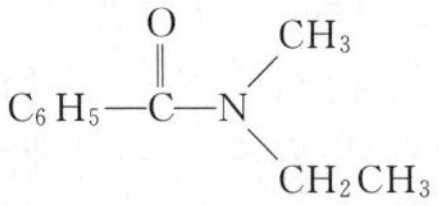　　　　　　N-甲基-N-乙基苯甲酰胺

2. 酸酐

酸酐是将羧酸的名称后加"酐"字。例如：

$$CH_3CO-O-COCH_3 \qquad CH_3CO-O-COCH_2CH_3$$
乙（酸）酐　　　　　　　　　乙（酸）丙（酸）酐

3. 酯

酯是羧酸和醇经酯化反应而得，命名时，酸的名称在前，醇的名称在后，再加"酯"字。例如：

$$CH_3COOCH_2CH_3$$
乙酸乙酯　　　　　　　　α-甲基丙烯酸甲酯

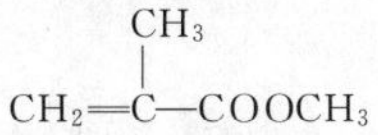

【问题与思考】

你能区分出下列化合物的类别，并说出它们的名称吗？

(1) $CH_3CH_2-\overset{O}{\underset{}{C}}-Cl$

(2) 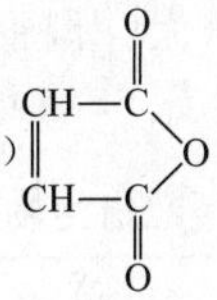 （结构图）

(3) 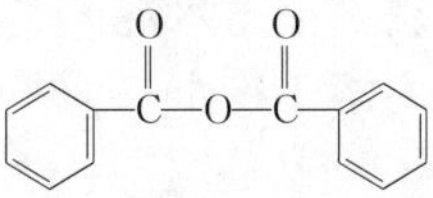 （结构图）

(4) $CH_3COOCH_2CH_2CH(CH_3)_2$

(5) 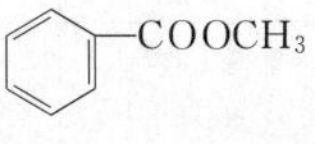 $C_6H_5-COOCH_3$

(6) 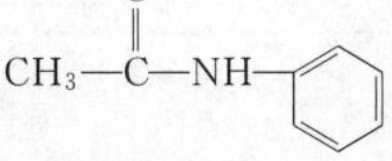 $CH_3-\overset{O}{\underset{}{C}}-NH-C_6H_5$

【知识阅读】

羧酸衍生物结构

羧酸衍生物在结构上的共同特点是都含有酰基，羧酸衍生物中酰基与所连的基团都能形成 p-π 共轭体系。

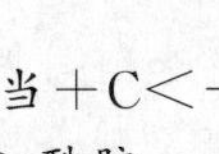

$$R-\overset{\overset{O}{\|}}{C}-\ddot{L}$$

与酰基相连的原子的电负性都比碳大，故有 $-I$ 效应，基团 L 和碳相连的原子上都有未共用电子对，故有 $+C$ 效应。

当 $+C > -I$ 时，反应活性降低，当 $+C < -I$ 时，反应活性增大。因此，羧酸衍生物的反应活性为：酰氯＞酸酐＞酯＞酰胺。

二、羧酸衍生物的物理性质

最简单的酰氯为乙酰氯,沸点为 52℃。甲酰氯在 -60℃ 以上是不稳定的,立即分解为一氧化碳和氯化氢。苯甲酰氯的沸点为 197℃。

酰氯的沸点比相应的羧酸低,低级酰氯遇水猛烈水解,水解产物能溶于水,表面上好像是酰氯溶解。酰氯的相对密度大于 1。

乙酐的沸点为 140℃,比乙酸高,苯甲酸酐和邻苯二甲酸酐为固体,熔点为 42℃ 和 131℃,丁二酸酐也是固体,熔点是 119℃。

酯的沸点比相应的酸和醇都低,与含同数碳原子的醛、酮差不多。酯在水中的溶解度较小,但能溶于一般的有机溶剂。挥发性的酯具有芬芳的气息,许多花果的香气就是由酯引起的。有些酯可用作食用香料。例如:乙酸异戊酯、戊酸异戊酯和丁酸丁酯分别具有与香蕉、苹果和菠萝相似的香气。

酰胺可以通过氮原子上的氢缔合,如图 11-3 所示。高度缔合使酰胺的沸点高于相应的酸。

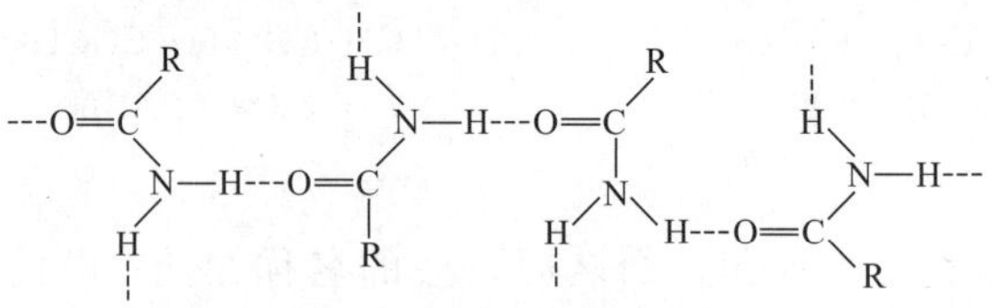

图 11-3 酰胺分子间的氢键示意

除甲酰胺外,其他 $RCONH_2$ 型的酰胺在室温下都是固体,氮原子上的氢被烃基取代,使缔合程度减小,沸点降低。例如:N,N-二甲基甲酰胺(沸点 153℃)、N-甲基甲酰胺(沸点 180~185℃)都比甲酰胺(210.5℃)低。

酰胺还能与溶剂分子缔合,低级的酰胺能溶于水,甲酰胺、N-甲基甲酰胺和 N,N-二甲基甲酰胺都能与水混溶。随着分子量的增大,酰胺在水里的溶解度迅速降低,N,N-二甲基乙酰胺不溶于冷水,而苯甲酰胺只溶于热水。一些羧酸衍生物的物理常数见表 11-2。

表 11-2 一些羧酸衍生物的物理常数

母体酸	酰氯		乙酯		酰胺		酸酐	
	熔点/℃	沸点/℃	熔点/℃	沸点/℃	熔点/℃	沸点/℃	熔点/℃	沸点/℃
甲酸	不存在		80	54	2	193	不存在	
乙酸	-111	52	-84	77.1	82	222	-73	104
丙酸	-94	80	-74	99	80	213	-45	168
丁酸	-89	102	-93	111	116	216	-75	198
苯甲酸	-1	197	-35	213	130	290	-42	360
邻甲苯酸		213	-10	221	147			
间甲苯酸	-25	218		226	97		70	
对甲苯酸	-2	226		235	155		98	
邻苯二甲酸①	11			296	219		131	284

① 指二酰氯、二酯和二酰胺。

【问题与思考】

许多酯类和酰胺类药物容易水解,如阿司匹林片剂、氨苄西林钠注射制剂等。请你想想在使用和储存该药物时,该如何控制条件防止其水解而失效?

三、羧酸衍生物的化学性质

1. 亲核取代反应

羧酸衍生物分子中都含有羰基,因此也能与亲核试剂(如水、醇、氨等)发生反应。

(1) 水解 酰氯、酸酐、酯、酰胺都可以和水反应,生成相应的羧酸:

$$\left. \begin{array}{l} \text{活}\\ \text{性}\\ \text{减}\\ \text{弱} \end{array} \right\downarrow \left\{ \begin{array}{l} \underset{\parallel}{\text{O}}\\ RC\!-\!Cl\\ (RCO)_2O\\ \underset{\parallel}{\text{O}}\\ RC\!-\!OR\\ \underset{\parallel}{\text{O}}\\ RC\!-\!NH_2 \end{array} \right\} + H_2O \longrightarrow \underset{\parallel}{\overset{O}{RC}}\!-\!OH + \left\{ \begin{array}{l} HCl\\ R\!-\!COOH\\ ROH\\ NH_3 \end{array} \right.$$

酰氯遇冷水即能迅速水解,酸酐需与热水作用,酯的水解需加热,并使用酸或碱作催化剂,而酰胺的水解则在酸或碱的催化下,长时间回流才能完成。

【知识拓展】

羧酸衍生物的亲核取代反应历程

羧酸衍生物的水解反应实质属于亲核取代反应,是按照加成、消除机理进行的,其反应历程表示如下:

$$\underset{\delta^+}{\overset{\overset{\delta^-}{O}}{R\!-\!C\!-\!L}} + :Nu^- \underset{}{\overset{\text{加成}}{\rightleftharpoons}} \left[\begin{array}{c} O^-\\ |\\ R\!-\!C\!-\!Nu\\ |\\ L \end{array} \right] \overset{\text{消除}}{\longrightarrow} \underset{\parallel}{\overset{O}{R\!-\!C}}\!-\!Nu + L^-$$

     羧酸衍生物   亲核试剂   氧负离子中间体

水解反应中水为亲核试剂。羧酸衍生物的醇解和氨解反应同样属于亲核取代反应,有着相同的反应历程,只是亲核试剂分别为醇和氨。

---

(2) 醇解 酰氯、酸酐、酯、酰胺都可以和醇反应,生成相应的酯。

$$\left\{ \begin{array}{l} \underset{\parallel}{\overset{O}{R\!-\!C}}\!-\!X\\ \underset{\parallel}{\overset{O}{R\!-\!C}}\!-\!O\!-\!\underset{\parallel}{\overset{O}{C}}\!-\!R'\\ \underset{\parallel}{\overset{O}{R\!-\!C}}\!-\!OR'\\ \underset{\parallel}{\overset{O}{R\!-\!C}}\!-\!NH_2 \end{array} \right\} + R''OH \longrightarrow \underset{\parallel}{\overset{O}{R\!-\!C}}\!-\!OR'' + \left\{ \begin{array}{l} HX\\ R'COOH\\ R'OH\\ NH_3 \end{array} \right.$$

酰卤的醇解常用来制备用其他方法难制备的羧酸酯。例如:

$$(CH_3)_3C\!-\!\underset{\parallel}{\overset{O}{C}}\!-\!OH \xrightarrow{SOCl_2} (CH_3)_3C\underset{\parallel}{\overset{O}{C}}\!-\!Cl \xrightarrow[\text{吡啶}]{C_6H_5OH} (CH_3)_3C\underset{\parallel}{\overset{O}{C}}\!-\!OC_6H_5$$

环状酸酐醇(或酚)解,可以得到二元酸的单酯。例如:

$$\text{邻苯二甲酸酐} + C_2H_5OH \longrightarrow \text{邻苯二甲酸乙酯单酸}$$

酰卤、酸酐的醇解反应又称为醇的酰化反应。

> **【知识链接】**
>
> **醇解反应在药物合成上的应用**
>
> 酯的醇解反应又称为酯交换反应，利用酯交换反应可以制备一些高级的酯或一般难以直接用酯化反应合成的酯，也常用于药物及其中间体的合成。例如，局部麻醉药物盐酸普鲁卡因的合成。
>
> $$\text{对氨基苯甲酸乙酯} + HOCH_2CH_2N(C_2H_5)_2 \xrightarrow{HCl} \text{盐酸普鲁卡因} + C_2H_5OH$$
>
> 乙酰氯或乙酸酐与水杨酸的酚羟基发生类似的醇解反应，得到解热镇痛药物阿司匹林。
>
> $$\text{水杨酸} + (CH_3CO)_2O \xrightarrow{\text{浓}H_2SO_4} \text{乙酰水杨酸（阿司匹林）} + CH_3COOH$$

（3）氨解 酰氯、酸酐和酯都可以顺利地与氨或胺作用生成相应的酰胺。

$$\left.\begin{array}{l}R-\underset{\underset{O}{\|}}{C}-Cl\\R-\underset{\underset{O}{\|}}{C}-O-\underset{\underset{O}{\|}}{C}-R'\\R-\underset{\underset{O}{\|}}{C}-OR'\end{array}\right\}+NH_3\longrightarrow R-\underset{\underset{O}{\|}}{C}-NH_2+\left\{\begin{array}{l}NH_4Cl\\R'COONH_4\\R'OH\end{array}\right.$$

由于氨（胺）具有碱性，其亲核性比水强，故氨解反应比水解反应更容易进行，不需酸或碱的催化。酯的氨解为放热反应，为了避免分子中其他活泼基团受到影响，常需冷却混合物以缓和反应。例如：

$$ClCH_2COOC_2H_5+NH_3(H_2O)\xrightarrow{0\sim5℃}ClCH_2CONH_2+C_2H_5OH$$

2. 还原反应

羧酸的衍生物通常比羧酸容易还原。催化加氢或用氢化铝锂均能使衍生物还原成醇，酰胺被还原成胺。

$$R-\underset{\underset{X}{\|}}{\overset{O}{C}}\xrightarrow[\text{或}H_2/Ni]{LiAlH_4}RCH_2OH$$

$$R-\underset{\underset{R''}{|}}{\overset{O}{\underset{\|}{C}}-N}-R'\xrightarrow{LiAlH_4}R-CH_2-\underset{\underset{R''}{|}}{N}-R'$$

【问题与思考】 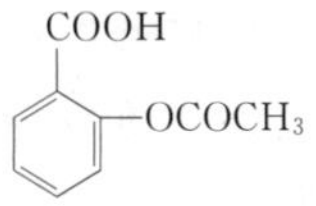
乙酰水杨酸结构式如右图,商品名为阿司匹林。阿司匹林具有解热、镇痛、抗血栓形成及抗风湿的作用,刺激性较小,是内服退热镇痛药。由阿司匹林、非那西丁和咖啡因三者配伍的制剂为复方阿司匹林,常称为APC。近年来,阿司匹林多用于治疗和预防心脑血管疾病,是典型老药新用的例子。它在干燥空气中较稳定,在潮湿空气中易水解,故应密闭储藏于干燥处,避免吸潮。请分析讨论,如何检验阿司匹林是否潮解变质?

3. 酯的重要反应

(1) 酯缩合反应 酯分子中的 α-H 比较活泼而显弱酸性,可被酯基活化。在强碱的作用下,一个酯分子可与另一个酯分子缩合,生成 β-酮酸酯,反应称为克莱森(Claisen)缩合。例如乙酸乙酯在乙醇钠的作用下,发生酯缩合反应生成乙酰乙酸乙酯:

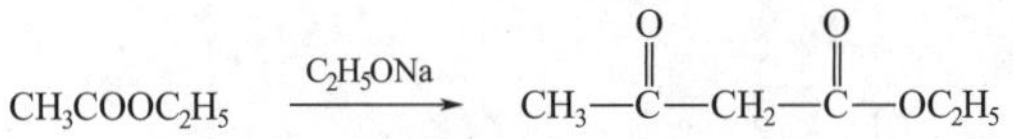

$$CH_3COOC_2H_5 \xrightarrow{C_2H_5ONa} CH_3-\overset{O}{\underset{}{C}}-CH_2-\overset{O}{\underset{}{C}}-OC_2H_5$$
乙酰乙酸乙酯

酯缩合反应与醛、酮的羟醛缩合十分相似,都是碳负离子对缺电子羰基的亲核进攻,但羟醛缩合是加成反应,为醛、酮的典型反应;而酯缩合反应总的结果是取代,是羧酸衍生物的典型反应。

(2) 酯与格氏试剂反应 酯与格氏试剂反应生成酮,由于格氏试剂对酮的反应比酯还快,反应很难停留在酮的阶段,故产物是第三醇。

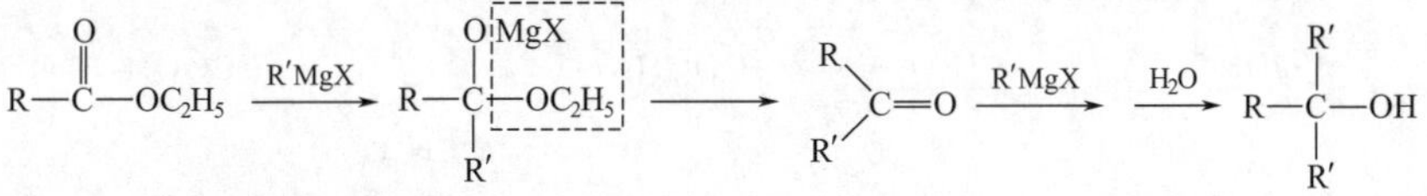

$$R-\overset{O}{\underset{}{C}}-OC_2H_5 \xrightarrow{R'MgX} R-\overset{OMgX}{\underset{R'}{C}}-OC_2H_5 \longrightarrow \overset{R}{\underset{R'}{C}}=O \xrightarrow{R'MgX} \xrightarrow{H_2O} R-\overset{R'}{\underset{R'}{C}}-OH$$

具有位阻的酯可以停留在酮的阶段。例如:

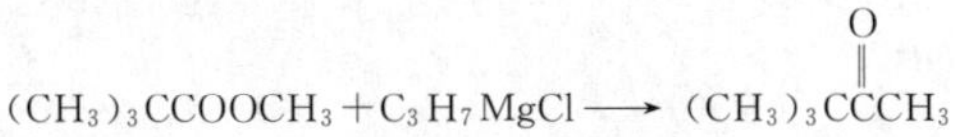

$$(CH_3)_3CCOOCH_3 + C_3H_7MgCl \longrightarrow (CH_3)_3C\overset{O}{\underset{}{C}}CH_3$$

4. 酰胺的重要反应

(1) 酰胺的酸碱性 酰胺的碱性很弱,接近于中性,与酸不能形成稳定的盐,只能与强酸生成盐,且遇水即分解。例如乙酰胺与硝酸反应生成硝酸乙酰胺。

$$CH_3CONH_2 + HNO_3 \longrightarrow (CH_3CONH_3)^+ NO_3^- \quad (遇水即分解)$$

(2) 霍夫曼(Hofmann)降解反应 酰胺与次卤酸钠的碱溶液作用,脱去羧基生成比原料少一个碳的胺的反应,称为霍夫曼降解反应:

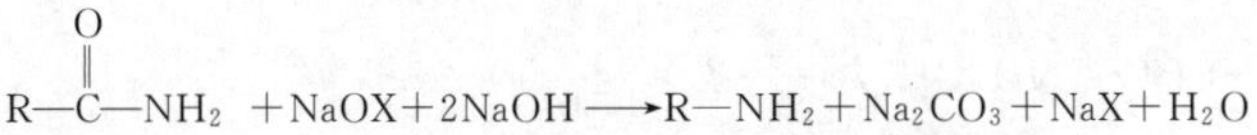

$$R-\overset{O}{\underset{}{C}}-NH_2 + NaOX + 2NaOH \longrightarrow R-NH_2 + Na_2CO_3 + NaX + H_2O$$

例如:

$$CH_3-CH_2-\underset{CH_3}{\underset{|}{CH}}-\overset{O}{\underset{}{C}}-NH_2 \xrightarrow[OH^-]{NaOCl} CH_3-CH_2-\underset{CH_3}{\underset{|}{CH}}-NH_2$$

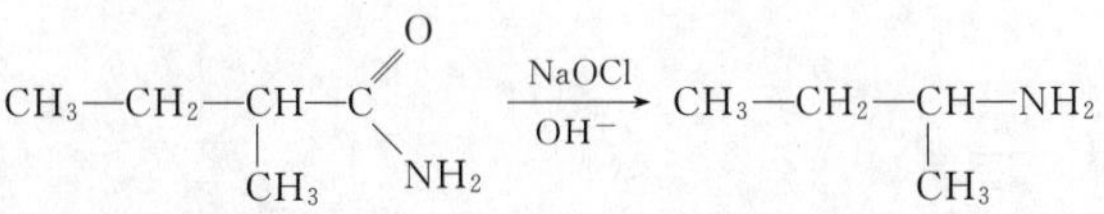

霍夫曼降解反应是制备纯伯胺的好方法。

(3) 酰胺脱水反应 酰胺与强脱水剂共热则脱水生成腈:

$$RCONH_2 + P_2O_5 \longrightarrow RCN + 2HPO_3$$

【知识链接】　　　　　　药物的改性

有些药物由于其溶解性过低或毒副作用大等原因限制了其在临床上的使用，此时就要想办法对药物进行改性。可以在其结构中引入一个基团，以增大其溶解性、降低其毒副作用，提高疗效。例如，对氨基苯酚具有解热、镇痛的作用，但分子中游离的氨基毒性较大，不能应用于临床。但可用酰化反应将氨基酰化，引入酰基后生成的对乙酰氨基酚与对氨基苯酚相比增大了稳定性和脂溶性，改善其在体内的吸收，延长疗效，降低毒性。多年来，对乙酰氨基酚作为很好的解热镇痛药应用于临床，即扑热息痛。

对氨基苯酚 + $(CH_3CO)_2O$ $\xrightarrow{CH_3COOH}$ 对乙酰氨基酚(扑热息痛) + CH_3COOH

复习题

1. 命名或写出结构式。

(1) $(CH_3CH_2)_2N-\overset{O}{\underset{}{C}}-OCH(CH_3)_2$　　(2) $HOCH_2CH_2CH_2CH_2COOH$　　(3) $H-\overset{O}{\underset{}{C}}-N(CH_3)_2$ (with two CH₃ groups on N)

(4) 3-羟基-3-羧基戊二酸　　(5) 对甲基苯甲酰氯　　(6) 顺丁烯二酸酐（顺酐）

2. 比较下列两组化合物的酸性大小。

(1) C₆H₅—COOH　　CH₃O—C₆H₄—COOH　　间-CH₃O—C₆H₄—COOH

(2) CH_3CH_2COOH　　$CH_2=CHCOOH$　　$HC\equiv CCOOH$

3. 用化学方法分离下列化合物。

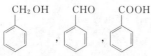

4. 区别下列各组化合物。

(1) 甲酸、乙酸、乙醛　　　　　　(2) 乙醇、乙醚、乙酸

(3) 乙酸、草酸、丙二酸　　　　　(4) 丙二酸、丁二酸、己二酸

5. 完成下列反应方程式。

(1) o-Cl-C₆H₄-CH₂CONH₂ $\xrightarrow[NaOH]{Br_2}$?

(2) $CH_3-CH_2-COCl + NH(CH_3)_2 \xrightarrow{\triangle}$?

(3) $CH_3CH_2COOC_2H_5 + C_6H_5COOC_2H_5 \xrightarrow{C_2H_5ONa}$? $\xrightarrow[\triangle]{H^+}$?

(4) α-甲基-γ-丁内酯 + NaOH $\xrightarrow[\text{加热}]{H_2O}$?

(5) $CH_3CHCHCH_2COOH \xrightarrow{\triangle}$?
　　　　　　|
　　　　　　OH
　　(with CH₃ on second carbon)

(6) [1,2,3,4-四氢萘] $\xrightarrow{\text{KMnO}_4}$? $\xrightarrow{\text{P}_2\text{O}_5}$?
       H^+ $\triangle$

(7) $\text{CH}_2\text{Cl}-\underset{\text{CH}_2\text{Cl}}{\overset{}{\text{C}}}=\text{O}$ $\xrightarrow{\text{HCN}}$? $\xrightarrow{\text{水解}}$? $\xrightarrow{\text{NaCN}}$? $\xrightarrow{\text{水解}}$?

(8) [邻-COOH, CH$_2$OH 苯] $+ (\text{CH}_3\text{CO})_2\text{O} \xrightarrow{\triangle}$?

(9) $\text{CH}_3\text{COCH}_2\text{COOC}_2\text{H}_5 \xrightarrow{\text{溴水}}$?

(10) $\text{CH}_3\text{CH}_2\text{COCl} \xrightarrow{\text{NH}_3}$?

(11) $\text{CH}_3\text{COOCH}=\text{CH}_2 + \text{H}_2\text{O} \underset{\triangle}{\overset{\text{H}^+}{\rightleftharpoons}}$?

(12) [苯] + [顺丁烯二酸酐] $\xrightarrow{\text{AlCl}_3}$?

6. 有两个二元酸 A 和 B，分子式都是 $C_5H_6O_4$。A 是不饱和酸，很容易脱羧，脱羧而生成 C，C 的分子式为 $C_4H_6O_2$；A 和 C 都没有顺/反异构体和旋光异构体；B 是饱和酸，不易脱羧，有顺/反异构体和旋光异构体。写出 A、B、C 的所有结构式。

7. 有三个化合物 A、B、C 分子式同为 $C_4H_6O_4$。A 和 B 都能溶于 NaOH 水溶液，和 Na_2CO_3 作用时都放出 CO_2；A 加热时失水成酸酐，B 加热时脱羧生成丙酸；C 不溶于冷的 NaOH 溶液，也不和 Na_2CO_3 作用，但和 NaOH 水溶液共热时，则生成两个化合物 D 和 E，D 具有酸性，E 为中性；在 D 和 E 中加酸和 $KMnO_4$ 再共热时，则都被氧化放出 CO_2。试推导出 A、B、C、D、E 的结构。

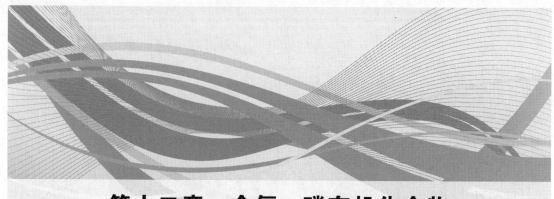

第十二章 含氮、磷有机化合物

 知识目标

1. 了解胺的结构、分类和命名；
2. 了解胺、酰胺、重氮盐和偶氮化合物的物理性质；
3. 掌握胺、酰胺、重氮盐和偶氮化合物的化学性质。

 能力、思政与职业素养目标

1. 能将重氮盐的反应用于有机合成；
2. 能利用含氮、磷有机化合物的化学特性鉴别、分离和提纯有机物；
3. 能利用含氮、磷有机化合物的化学特性解释、分析实际案例；
4. 了解水体富营养化的危害，培养关注环境质量的主人翁精神。

第一节 硝基化合物

烃分子中一个或多个氢原子被硝基（—NO_2）取代的化合物称为硝基化合物。

一、硝基化合物的分类和命名

1. 分类

① 根据烃基不同可分为脂肪族硝基化合物 R—NO_2 和芳香族硝基化合物 $ArNO_2$。
② 根据硝基的数目可分为一硝基化合物和多硝基化合物。
③ 脂肪族硝基化合物根据 C 原子不同可分为伯、仲、叔硝基化合物。

2. 命名（与卤代烃相似）

在命名时，以烃为母体，硝基为取代基。例如：

CH_3NO_2
硝基甲烷

$CH_3-\underset{\underset{NO_2}{|}}{CH}-CH_3$
2-硝基丙烷

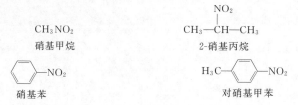

硝基苯　　　　　　　　　　对硝基甲苯

在多官能团的硝基化合物命名时，硝基也总是作为取代基。例如：

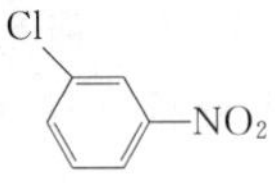

间硝基氯苯 　　　　　　　　　　对硝基苯酚

【知识阅读】

硝基化合物结构

硝基，一般表示为 $-N\overset{O}{\underset{O}{\Big\langle}}$（由一个 N＝O 和一个 N→O 配位键组成）。通过现代物理方法测试表明，两个 N—O 键长相等，这说明硝基的结构中存在 p-π 共轭体系（N 原子是以 sp^2 杂化成键），其结构表示如下：

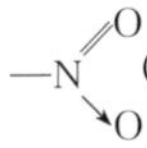

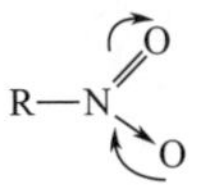

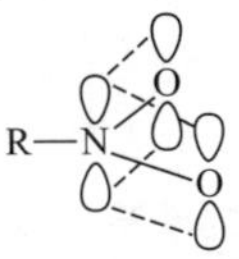

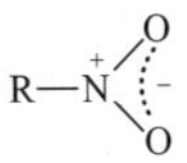

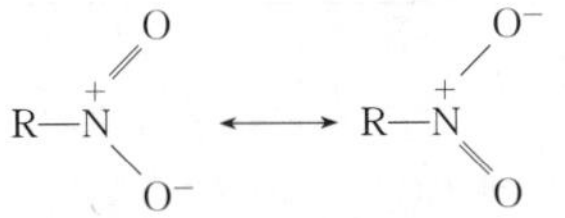

二、硝基化合物的性质

1. 物理性质

低级的一硝基烷是无色液体，微溶于水但易溶于醇、羧酸、酯等有机化合物，是常用的有机溶剂。例如，硝基甲烷、硝基丙烷是油漆、染料、蜡、纤维素酯和许多合成树脂等的良好溶剂，另外一硝基烷毒性不大，用作溶剂较好。虽然它们的分子间不能形成氢键，但和分子量相近的其他物质相比，却有较高的沸点。例如：

化合物	CH_3NO_2	CH_3COCH_3	$CH_3CH_2CH_2OH$
分子量	61	58	60
沸点/℃	101	56.5	97.2

芳香族的一硝基化合物一般是无色或淡黄色的液体或固体。多硝基化合物则多为黄色固体，都不溶于水，易溶于有机溶剂如乙醚、四氯化碳等；多硝基化合物具有爆炸性，可作炸药，如 2,4,6-三硝基甲苯（TNT）；有的多硝基化合物具有香味，如二甲苯麝香、酮麝香等可用作香料。

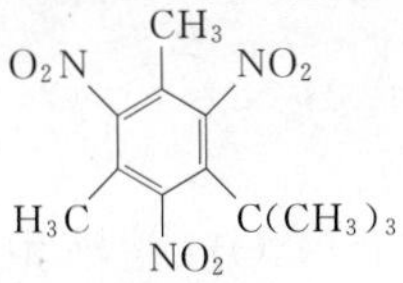

二甲苯麝香 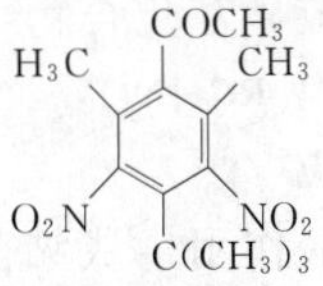　　　　　　　　　　酮麝香

硝基化合物的相对密度都大于1。硝基化合物均有毒，皮肤接触或吸收其蒸气均能和血液中的血红素作用而引起中毒。常见的硝基化合物的物理常数见表 12-1。

【知识链接】

黄 色 炸 药

2,4,6-三硝基苯酚，俗称苦味酸，由于其黄色十分浓厚，被广泛用作黄色染料。

1860年的一天,巴黎郊区的一家染料商店,一桶苦味酸由于铁桶生锈无法打开,伙计找来铁锤,用力砸去,随着一声巨响,火光冲天,黄色染料竟然大爆炸!染料商店顿时化作一片废墟。然而,军方得知了这个悲剧却欣喜若狂,因为根据现场调查,这桶黄色染料造成的破坏程度远远大于同质量的黑火药,他们发现了一种巨大威力的炸药。

经过测试,苦味酸的爆炸速度、爆破能量均远远高于黑火药,到1885年,法国开始将苦味酸用于装填弹药,应用于战争之中,但是,由于苦味酸的酸性很强,腐蚀弹壳,所以苦味酸装填的炮弹保存期很短;同时,其与金属反应生成的苦味酸铅、苦味酸亚铁等物质的稳定性很差,稍微加热或摩擦就可能引发爆炸。所以,尽管它是一种很好的单质炸药,但这些缺点还是限制了它的应用,因此不久就被TNT所取代。

表 12-1 常见的硝基化合物的物理常数

名 称	沸点/℃	熔点/℃	相对密度(d_4^{20})	名 称	沸点/℃	熔点/℃	相对密度(d_4^{20})
硝基甲烷	101.2	-28.5	1.125	间硝基甲苯	232.6	16.3	1.157
硝基乙烷	114.0	-90.0	1.045	对硝基甲苯	238.5	52.0	1.286
硝基苯	210.8	5.7	1.203	2,4,6-三硝基甲苯	分解	80.6	1.654
间二硝基苯	303.0	89.8	1.571	2,4,6-三硝基苯酚	—	121.8	1.763
邻硝基甲苯	222.0	-9.8	1.163	α-硝基萘	304.0	61.0	1.332

2. 脂肪族硝基化合物的化学性质

(1) 还原反应 硝基化合物还原可以生成胺。例如,在酸性还原系统中(如 Fe、Zn、Sn 和盐酸)或催化氢化(如 H_2 和 Ni)可生成第一胺:

$$R-NO_2 + 3H_2 \xrightarrow{Ni} RNH_2 + 2H_2O$$

(2) α-氢原子的酸性 在硝基化合物中,由于硝基(—NO_2)强的拉电子效应,从而导致含有 α-氢原子的硝基化合物具有酸性。例如,硝基甲烷、硝基乙烷、硝基丙烷的 pK_a 值分别为:10.2、8.5、7.8。所以,不溶于水的这类硝基化合物可以与强碱氢氧化钠反应生成钠盐而溶于氢氧化钠水溶液。

$$RCH_2NO_2 + NaOH \longrightarrow [RCHNO_2]^- Na^+ + H_2O$$
钠盐,溶于水

该钠盐酸化后,重新生成硝基化合物:

$$[RCHNO_2]^- Na^+ + HCl \longrightarrow RCH_2NO_2 + NaCl$$

(3) 与亚硝酸的反应

一级硝基烷与亚硝酸作用生成结晶的硝肟酸溶于 NaOH 溶液生成红色溶液;二级硝基烷与亚硝酸生成结晶的假硝醇不溶于 NaOH 溶液而蓝色不变。

$$R-CH_2-NO_2 + HONO \longrightarrow \underset{\underset{\text{蓝色结晶}}{}}{R-CH(NO)-NO_2} \xrightarrow{NaOH} [R-C(NO)-NO_2]^- Na^+$$
溶于 NaOH 呈红色

$$R-CH(R)-NO_2 + HONO \longrightarrow \underset{\underset{\text{蓝色结晶}}{}}{R-C(R)(NO)-NO_2} \xrightarrow{NaOH} \text{不溶于 NaOH 蓝色不变}$$

三硝基烷与亚硝酸不起反应,此性质可用于区别三类硝基化合物。不含 α-氢原子的硝基化合物也不发生此反应。

3. 芳香族硝基化合物的化学性质

芳香族硝基化合物由于没有 α-氢原子且氮原子处于高氧化态,硝基的强吸电子作用又使苯环钝化,所以芳香族硝基化合物性质比较稳定,与脂肪族硝基化合物性质有许多不同之处。其主要化学性质如下。

(1) 硝基的还原反应 芳香族硝基化合物在酸性介质中与还原剂作用或在一定温度和压力下通过催化加氢,可使硝基被还原成氨基,生成芳伯胺。常用的还原剂有铁与盐酸、锡与盐酸等。例如:

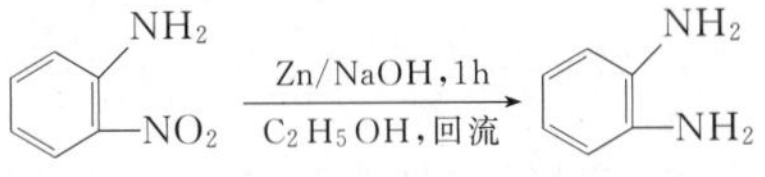

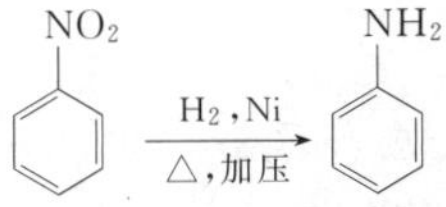

芳香族多硝基化合物用硫氢化铵、硫化铵、多硫化铵(或钠)等还原剂,可选择还原其中的一个硝基变成氨基。例如:

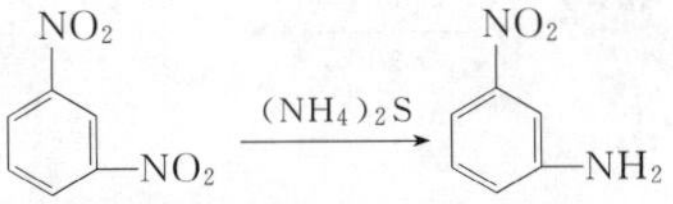

(2) 芳环上的取代反应 硝基是强钝化的间位定位基,所以,硝基苯苯环上的取代反应主要发生在间位且只能发生卤代、硝化和磺化,不能发生傅-克(Friedel-Crafts)反应。例如:

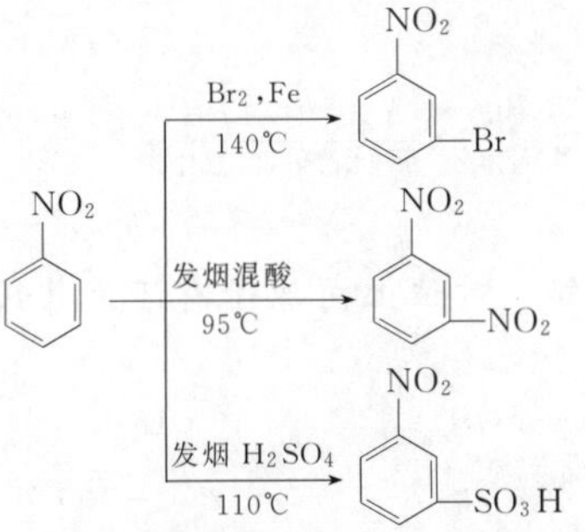

【知识拓展】

硝基对苯环上其他取代基的影响

硝基取代苯分子中的氢原子后,对苯环呈现出强的拉电子诱导效应和拉电子共轭效应,使处于它邻、对位的环碳原子的电子云密度大大降低,以至于这些环碳原子有可能接受亲核试剂的进攻而发生苯环上的亲核取代反应,同时硝基对其他取代基也产生极大的影响。

(1) 影响卤素的活泼性

在通常情况下氯苯很稳定,较难发生水解等亲核取代反应。然而,当氯原子的邻、对位有硝基存在时,受硝基的影响,水解反应变得容易了。当有两个或三个硝基处于氯原子的邻、对位时,水解反应甚至在常压下便可完成。例如:

$$\text{C}_6\text{H}_5\text{Cl} \xrightarrow[\text{② H}_3\text{O}^+]{\text{① Cu, 10\% NaOH, 400℃, 20MPa}} \text{C}_6\text{H}_5\text{OH}$$

$$o\text{-ClC}_6\text{H}_4\text{NO}_2 \xrightarrow[\text{② H}_3\text{O}^+]{\text{① 10\% NaOH, 130~160℃, 0.2~0.6MPa}} o\text{-HOC}_6\text{H}_4\text{NO}_2$$

$$2,4\text{-(NO}_2\text{)}_2\text{C}_6\text{H}_3\text{Cl} \xrightarrow[\text{② H}_3\text{O}^+]{\text{① 10\% NaOH, 90~105℃, 常压}} 2,4\text{-(NO}_2\text{)}_2\text{C}_6\text{H}_3\text{OH}$$

$$2,4,6\text{-(NO}_2\text{)}_3\text{C}_6\text{H}_2\text{Cl} \xrightarrow[\text{② H}_3\text{O}^+]{\text{① 10\% Na}_2\text{CO}_3\text{ 稀水溶液, 60℃}} 2,4,6\text{-(NO}_2\text{)}_3\text{C}_6\text{H}_2\text{OH}$$

除水解外，类似的亲核取代反应如氨解、烷氧基化等也同样变得容易进行。这些反应在工业生产上有广泛的应用。例如：

$$\text{C}_6\text{H}_5\text{Cl} + 2\text{NH}_3 \xrightarrow[200℃]{\text{CuO, 6MPa}} \text{C}_6\text{H}_5\text{NH}_2 + \text{NH}_4\text{Cl}$$

$$p\text{-ClC}_6\text{H}_4\text{NO}_2 \xrightarrow[175\sim185℃, 3.5\sim4.5\text{MPa}]{28\%\text{氨水, Cu}^{2+}} p\text{-H}_2\text{NC}_6\text{H}_4\text{NO}_2$$

$$o\text{-ClC}_6\text{H}_4\text{NO}_2 \xrightarrow[98℃, 0.2\sim0.3\text{MPa}]{\text{CH}_3\text{OH, NaOH}} o\text{-CH}_3\text{OC}_6\text{H}_4\text{NO}_2$$

（2）使酚的酸性增强

苯环上的硝基，除了使邻、对位上卤原子有活化作用外，还能增强环上邻、对位的羟基酸性。例如：

	C₆H₅OH	4-NO₂-C₆H₄OH	2,4-(NO₂)₂-C₆H₃OH	2,4,6-(NO₂)₃-C₆H₂OH
pK_a	9.89	7.15	4.09	0.38

第二节　胺

一、胺的分类和命名

1. 胺的分类

氨分子中的一个或几个氢原子被烃基取代的化合物称为胺。根据被取代的氢原子的个数可把胺分成伯胺（一个氢被取代）、仲胺（两个氢被取代）和叔胺（三个氢被取代）。伯胺、仲胺和叔胺，也分别称为一级胺（1°胺）、二级胺（2°胺）和三级胺（3°胺）。

NH_3	RNH_2	R_2NH	R_3N
氨	伯胺（1°胺）	仲胺（2°胺）	叔胺（3°胺）

应注意，这里伯、仲、叔胺的含义和以前醇、卤代烃等处的伯、仲、叔的含义不同，它是由氨中所取代的氢原子的个数决定，而不是由氨基（—NH_2）所连接碳原子的种类决定，它与氨基所连碳原子是伯、仲或叔无关。例如，异丙胺 [$(CH_3)_2CHNH_2$] 中，同氨基相连的碳原子是仲碳原子，但氨中仅有一个氢原子被烃基取代，所以异丙胺是伯胺，而异丙醇 [$(CH_3)_2CHOH$] 却是仲醇。

根据分子中氨基的个数，可把胺分为一元胺和多元胺。如，乙胺（$C_2H_5NH_2$）是一元胺，乙二胺（$H_2NCH_2CH_2NH_2$）是二元胺，联苯胺也是二元胺。

氨接受一个质子后生成铵离子，同样，胺接受一个质子的产物亦称为铵离子，类似的情况，叔胺接受一个烃基的产物称为季铵盐。

$(CH_3)_3N$ $(CH_3)_4N^+I^-$
叔胺   季铵盐

【问题与思考】

你能准确、迅速地判断下列哪些胺为伯胺？哪些胺为仲胺？哪些胺为叔胺？

(1) 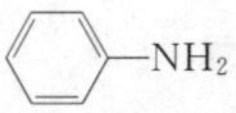 C₆H₅—NH₂   (2) $(CH_3)(C_2H_5)NH$ (3) $(CH_3)_3N$

(4) $CH_3CH(CH_3)CH(NH_2)CH_3$ (5) $(C_6H_5)_2NH$ (6) 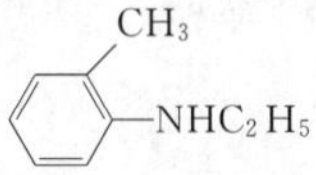 邻甲基苯胺 NHC₂H₅

2. 胺的命名

胺类的命名有两种。结构简单的胺一般用衍生物命名法命名。此时，把氨看作母体，烃基看作取代基，在命名时通常省去基字。例如：

CH_3NH_2 环己胺 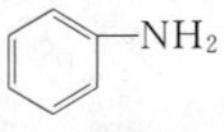   苯胺 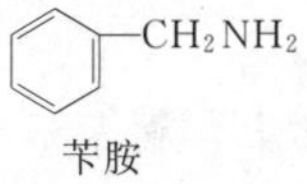   苄胺
甲胺

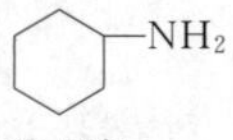

当取代基相同时，可在取代基前面用数字表示取代基数目。例如：

$(CH_3)_2NH$ $(C_2H_5)_3N$ 二苯胺
二甲胺   三乙胺

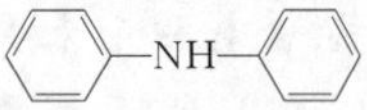

对于芳胺，如果苯环上有别的取代基，则应表示出取代基的相对位置。例如：

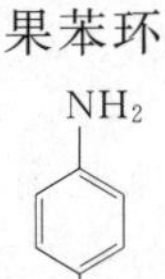

对甲基苯胺 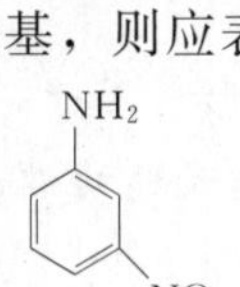   间硝基苯胺 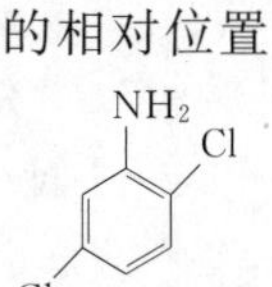   2,5-二氯苯胺

在芳胺命名时，按照多官能团化合物的命名原则，若氨基的优先次序低于其他基团时，氨基则作为取代基命名。例如：

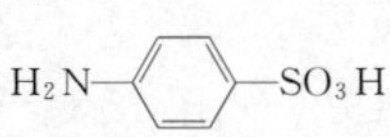

对氨基苯磺酸 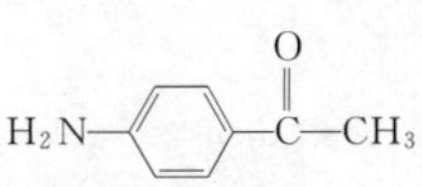   间氨基苯乙酮

在芳胺命名时,当氮上有脂肪族烃基取代基,则在取代基前应冠以 N-标记,表明脂肪族烃基是直接连在氨基的氮原子上的。例如:

N-甲基苯胺　　　　　　　N,N-二乙基苯胺　　　　　对溴-N-甲基-N-乙基苯胺

胺命名的第二种方法是系统命名法。对于结构比较复杂的胺常采用此法。命名时,以烃为母体,以氨基或烷氨基作为取代基。例如:

2,5-二甲基-3-氨基己烷　　　　　　　2-甲氨基戊烷

我国的系统命名法有时也将胺作为母体,用阿拉伯数字标明氨基的位次来命名。例如,对上面两个化合物也可命名如下:

2,5-二甲基-3-己胺　　　　　　　N-甲基-2-戊胺

命名胺的盐时,通常称为铵,并在前面加上负离子的名称。例如:

$(C_2H_5\overset{+}{N}H_3)_2SO_4^{2-}$　　　　　　　$(CH_3)_2\overset{+}{N}H_2Cl^-$

硫酸乙铵　　　　　　　　　　　　氯化二甲铵

同样季铵盐的命名也按照这一原则,例如:

$[(CH_3)_4N]^+I^-$　　　　　　　$[CH_3(CH_2)_{11}N(CH_3)_3]^+Br^-$

碘化四甲铵　　　　　　　　　　溴化三甲基十二烷基铵

【知识阅读】

胺 的 结 构

氨分子中,氮原子以 sp^3 杂化成键,四个 sp^3 杂化轨道指向四面体的四个顶点,其中三个 sp^3 杂化轨道(各含有一个电子)与氢原子的 s 轨道交叠,形成 N—H σ 键,第四个轨道中包含着两个未共用电子,氮原子处于四面体的中心,整个氨分子呈棱锥形结构,如图 12-1 所示。氨分子中的 H—N—H 键角是 107.3°,氮氢键的键长是 0.1008nm。

胺的结构同氨相似,分子也呈棱锥形。因此,胺中的氮原子也是 sp^3 杂化的。以三甲胺为例,C—N—C 键角是 108°,氮碳键的键长为 0.147nm(见图 12-2)。

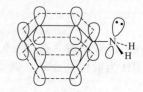

图 12-1　氨的分子结构　　图 12-2　三甲胺的分子结构　　图 12-3　苯胺的分子结构

季铵盐分子中的氮原子上连有四个基团。若这四个基团都不相同,那么和手性碳原子的情况相似,这种季铵盐也具有手性。因此,也有一对对映体,两者都具有旋光性,用适当的方法也可将这些对映体分离开来。胺分子中,N原子是以不等性sp^3杂化成键的,其构型呈棱锥形。

苯胺的分子也是棱锥形结构。它的H—N—H键角为112.9°,H—N—H平面同苯环平面的夹角为39.4°。苯胺分子的结构如图12-3所示。

同氨相比,苯胺的氮原子上未共用电子对所处的杂化轨道保留的p成分比较多。因此,苯胺虽然也是棱锥形结构,但它的H—N—H键角比氨大,同理,该轨道还能同苯环上的π电子轨道交叠,构成共轭体系。这个体系含七个中心原子和八个电子,共轭的结果,电子云向苯环偏移,并超过了氮原子对碳原子的拉电子诱导效应。因此,与苯环相连时,氨基起着推电子的作用,这就是氨基使苯环在亲电取代反应中活化的原因。

二、胺的物理性质

室温下,低级的脂肪胺是气体或易挥发的液体,其他胺均为液体或固体,低级胺的气味与氨相似,较高级的胺有明显的鱼腥味。例如,三甲胺有鱼腥味;1,4-丁二胺(腐肉胺)、1,5-戊二胺(尸胺)有恶臭味。高级脂肪胺是固体,无臭。芳香胺是高沸点的液体或低熔点的固体,有特殊的气味。芳香胺有毒,吸入其蒸气或与皮肤接触都可能引起中毒。有些芳香胺,例如联苯胺、口萘胺等还有强烈的致癌作用。与氨相似,伯胺、仲胺可以通过分子间氢键而缔合。例如:

氢键的存在,使伯胺和仲胺的沸点比分子量相近的醚的沸点高,但由于氮的电负性比氧小,形成的氢键比较弱,因此比分子量相近的醇或酸的沸点要低。例如:

	CH_3OCH_3	CH_3NHCH_3	$CH_3CH_2NH_2$	CH_3CH_2OH	$HCOOH$
分子量	46	45	45	46	46
沸点/℃	−24	7.5	17	78	101

叔胺分子间不能形成氢键,因此沸点比分子量相近的伯胺和仲胺低。伯胺、仲胺、叔胺都能与水形成氢键,因此,低级胺都可溶于水。胺也溶于醇、醚和苯。常见胺的一些物理常数见表12-2。

表12-2 常见胺的一些物理常数

名称	结构简式	熔点/℃	沸点/℃	相对密度(d_4^{20})
甲胺	CH_3NH_2	−92	−7.5	0.6628
二甲胺	$(CH_3)_2NH$	−96	7.5	0.6804(0℃)
三甲胺	$(CH_3)_3N$	−117	3	0.6356
乙胺	$CH_3CH_2NH_2$	−80	17	0.6829
二乙胺	$(CH_3CH_2)_2NH$	−39	55	0.7056
三乙胺	$(CH_3CH_2)_3N$	−115	89	0.7275

续表

名称	结构简式	熔点/℃	沸点/℃	相对密度(d_4^{20})
正丙胺	$CH_3CH_2CH_2NH_2$	-83	48.7	0.7173
正丁胺	$CH_3(CH_2)_2CH_2NH_2$	-50	77.8	0.7414
正戊胺	$CH_3(CH_2)_3CH_2NH_2$	-55	104.4	0.7547
乙二胺	$H_2NCH_2CH_2NH_2$	8	117	0.8995
丁二胺	$H_2N(CH_2)_4NH_2$	27~28	158~160	0.877(25℃)
戊二胺	$H_2N(CH_2)_5NH_2$	9	178~180	0.867(25℃)
己二胺	$H_2N(CH_2)_6NH_2$	41~42	204~205	
氢氧化四甲胺	$(CH_3)_4N^+OH^-$	63	125 分解	
苯胺	C₆H₅—NH₂	-6	184	1.02173
N-甲基苯胺	C₆H₅—NH—CH₃	-57	196	0.98912
N,N-二甲基苯胺	C₆H₅—N(CH₃)₂	3	194	0.9557
二苯胺	(C₆H₅)₂NH	53	302	1.160(25℃,20℃)
三苯胺	(C₆H₅)₃N	127	365	0.774(0℃)
联苯胺	H_2N—C₆H₄—C₆H₄—NH_2	125	400(740mmHg)	
α-萘胺	1-萘基-NH_2	50	300.8	1.1229(25℃,259nm)
β-萘胺	2-萘基-NH_2	112	306.1	1.0614(25℃)

三、胺的化学性质

胺的官能团是（—NH_2），它决定了胺类的化学性质。

1. 碱性

和氨相似，由于胺分子中含有孤对电子的氮原子能接受质子，所以胺都是弱碱，其水溶液呈弱碱性。

$$R—\ddot{N}H_2 + HCl \longrightarrow R—\overset{+}{N}H_3 Cl^-$$

$$R—\ddot{N}H_2 + HOSO_3H \longrightarrow R—\overset{+}{N}H_3\ OSO_3H^-$$

胺在水溶液中，存在下列平衡：

$$RNH_2 + H_2O \rightleftharpoons RNH_3^+ + OH^-$$

$$K_b = \frac{[RNH_3^+][OH^-]}{[RNH_2]}$$

一般脂肪胺的 pK_b 为 3~5，芳香胺的 pK_b 为 7~10（NH_3 的 pK_b=4.76）。

胺是一种弱碱，它同强无机酸反应，生成相应的盐。例如：

$$CH_3NH_2 + HCl \longrightarrow [CH_3NH_3]^+Cl^-$$
甲胺盐酸盐

$$\text{C}_6\text{H}_5-NH_2 + HCl \longrightarrow [\text{C}_6\text{H}_5-NH_3]^+Cl^-$$
苯胺盐酸盐

它们是强酸弱碱盐,遇强碱时,又生成原来的胺。例如:

$$[\text{C}_6\text{H}_5-NH_3]^+Cl^- \xrightarrow[H_2O]{NaOH} \text{C}_6\text{H}_5-NH_2 + NaCl + H_2O$$

利用这个性质,可以把胺从其他非碱性物质中分离出来,也可定性地鉴别。

【问题与思考】

请展开讨论,指出下列各组物质碱性强弱的顺序并解释原因。

物质	苯胺	二苯胺	三苯胺	N-甲基苯胺	N,N-二甲基苯胺
pK_b	9.40	13.21	中性	9.15	8.94

【知识拓展】

胺类的一般碱性规律

① 对于脂肪胺,在气态时,碱性强度通常是:

叔胺＞仲胺＞伯胺＞氨

但在水溶液中则有所不同,碱性强度是:

	$(CH_3)_2NH$	CH_3NH_2	$(CH_3)_3N$	NH_3
pK_b	3.27	3.8	4.1	4.76

这是因为除了电子效应外,在水溶液中碱性强度还与水的溶剂化作用有关。

② 对于芳香胺,碱性强度是:

	苯胺	二苯胺	三苯胺
pK_b	9.30	13.8	(中性)

	苯胺	N-甲基苯胺	N,N-二甲基苯胺
pK_b	9.30	9.60	9.62

前者既有电子效应,也有立体效应;后者则主要是立体效应所致。

③ 苯环上取代基,尤其是处于氨基邻、对位时,则主要体现了电子效应对碱性强度的影响。例如:

	对甲基苯胺	苯胺	对氯苯胺	对硝基苯胺	2,4-二硝基苯胺
pK_b	8.90	9.30	10.02	13.00	13.82

2. 烷基化

胺与卤代烷、醇等烷基化试剂反应时,氨基上的氢原子被烷基取代生成仲胺、叔胺和季铵盐的混合物。例如:

$$CH_3NH_2 \xrightarrow{CH_3X} (CH_3)_2NH \xrightarrow{CH_3X} (CH_3)_3N \xrightarrow{CH_3X} [(CH_3)_4N]^+X^-$$
伯胺　　　　　　仲胺　　　　　　叔胺　　　　　　季铵盐

工业上利用苯胺与甲醇在硫酸催化下，加热、加压制取 N-甲基苯胺和 N,N-二甲基苯胺：

$$\text{C}_6\text{H}_5\text{NH}_2 \xrightarrow[230℃,2.5\sim3.0\text{MPa}]{H_2SO_4/CH_3OH} \text{C}_6\text{H}_5\text{NHCH}_3$$

$$\text{C}_6\text{H}_5\text{NH}_2 \xrightarrow[230℃,2.5\sim3.0\text{MPa}]{H_2SO_4/2CH_3OH} \text{C}_6\text{H}_5\text{N(CH}_3)_2$$

当苯胺过量时，主要产物为 N-甲基苯胺，若甲醇过量，则主要产物为 N,N-二甲基苯胺。

3. 酰基化

伯胺、仲胺与酰卤、酸酐或酯等酰基化试剂反应时，氨基上的氢原子被酰基取代，生成 N-取代酰胺，称其为酰基化反应。叔胺氮上没有氢原子，所以不能发生酰基化反应。

$$\text{C}_6\text{H}_5\text{NH}_2 + (CH_3CO)_2O \longrightarrow \text{C}_6\text{H}_5\text{NHCOCH}_3 + CH_3COOH$$
乙酰苯胺

$$\text{C}_6\text{H}_5\text{NHCH}_3 + (CH_3CO)_2O \longrightarrow \text{C}_6\text{H}_5\text{N(CH}_3)\text{COCH}_3 + CH_3COOH$$
N-甲基乙酰苯胺

酰胺水解后可生成原来的胺。例如：

$$\text{C}_6\text{H}_5\text{N(CH}_3)\text{COCH}_3 \xrightarrow[H^+ \text{或} OH^-]{H_2O} \text{C}_6\text{H}_5\text{NH}_2 + CH_3COOH$$

由于苯胺易被氧化，而苯胺的酰基衍生物比较稳定，故在有机合成中常用酰基化反应来保护氨基。例如：

$$\text{4-CH}_3\text{C}_6\text{H}_4\text{NH}_2 \xrightarrow{(CH_3CO)_2O} \text{4-CH}_3\text{C}_6\text{H}_4\text{NHCOCH}_3 \xrightarrow{KMnO_4} \text{4-HOOCC}_6\text{H}_4\text{NHCOCH}_3 \xrightarrow[H^+]{H_2O} \text{4-HOOCC}_6\text{H}_4\text{NH}_2$$
对甲基苯甲酰胺　　对乙酰氨基苯甲酸　　对氨基苯甲酸

4. 磺酰化反应

与酰基化反应一样，伯胺或仲胺氮原子上的氢可以被磺酰基（$R-SO_2-$）取代，生成磺酰胺。该反应称为兴斯堡（Hinsberg）反应，常用于合成磺胺类药物。

$$\text{C}_6\text{H}_5\text{SO}_2\text{Cl} + RNH_2 \xrightarrow{NaOH} \text{C}_6\text{H}_5\text{SO}_2\text{NHR}$$
苯磺酰氯　　　　　　　　　　　苯磺酰胺

常用的磺酰化剂是苯磺酰氯或对甲苯磺酰氯，反应需在氢氧化钠或氢氧化钾溶液中进行。伯胺磺酰化后的产物能与氢氧化钠反应生成盐而使磺酰胺溶于碱液中。仲胺生成的磺酰胺不与氢氧化钠反应成盐，也就不溶于碱液中而呈固体析出。叔胺的氮原子上没有可与磺酰基置换的氢，故与磺酰氯不起反应，因此可用来分离和鉴别伯胺、仲胺、叔胺。

5. 与亚硝酸反应

由于亚硝酸不稳定、易分解，一般用亚硝酸钠与氢卤酸（或硫酸）反应生成亚硝酸。不同的胺与亚硝酸反应的产物不相同。

(1) 伯胺的反应 脂伯胺与亚硝酸反应,放出氮气,同时生成醇、烯烃或卤代烃等混合物。例如:

$$RNH_2 \xrightarrow[0\sim5℃]{NaNO_2/HX} RX + ROH + 烯 + N_2\uparrow$$

(2) 芳伯胺的反应 芳伯胺与亚硝酸在低温(0~5℃)及强酸溶液中反应,生成重氮盐(注:温度升高会分解而放出氮气生成酚),该反应称为重氮化反应。例如:

$$\text{C}_6\text{H}_5\text{—NH}_2 \xrightarrow[0\sim5℃]{NaNO_2/HX} \underset{\text{重氮盐}}{\text{C}_6\text{H}_5\text{—N}_2^+\text{X}^-} \xrightarrow[\triangle]{H_2O} \text{C}_6\text{H}_5\text{—OH} + N_2\uparrow$$

(3) 仲胺的反应 仲胺与亚硝酸反应都生成 N-亚硝基胺。

$$R_2NH \xrightarrow{NaNO_2/HX} \underset{N\text{-亚硝基胺}}{R_2N\text{—NO}} + H_2O$$

$$\xrightarrow[\triangle]{H_2O/H^+} R_2NH + HNO_2$$

N-亚硝基胺为黄色油状液体或固体,是一种致癌物。N-亚硝基胺与稀盐酸共热则分解成原来的仲胺,因此该反应可用于鉴别、分离和提纯仲胺。

(4) 脂叔胺的反应 脂叔胺与亚硝酸发生中和反应,生成不稳定的亚硝酸盐,容易水解成原来的叔胺,因此向脂叔胺中加入亚硝酸无明显实验现象发生。

$$R_3N \xrightarrow{HNO_2} [R_3NH]^+ NO_2^- \xrightarrow{H_2O} R_3N$$

(5) 芳叔胺的反应 芳叔胺与亚硝酸反应,生成对亚硝基胺。例如:

$$\text{C}_6\text{H}_5\text{—N(CH}_3)_2 \xrightarrow{HNO_2} \text{ON—C}_6\text{H}_4\text{—N(CH}_3)_2$$

对亚硝基-N,N-二甲基苯胺为绿色晶体。由于不同的胺与亚硝酸反应现象不同,可用于鉴别脂肪及芳香伯胺、仲胺、叔胺。

【知识链接】

N-亚硝基化合物

N-亚硝基化合物包括亚硝胺和亚硝酰胺两大类。亚硝酸盐在 pH 为 1~4 时和胃内胺类物质极易形成 N-亚硝胺。在经检验过的 100 多种亚硝基化合物中,有 80 多种有致癌作用。食物中过量的 N-亚硝基化合物是在食物储存过程中或在人体内合成的。在天然食物中 N-亚硝基化合物的含量极微,对人体是安全的。目前发现含 N-亚硝基化合物较多的食品有:烟熏鱼、腌制鱼、腊肉、火腿、腌酸菜等。食物中常见的亚硝基化合物多为挥发性,加热煮沸时随蒸气一起挥发,同时可加快分解使其失去致癌作用。一般煮沸 15~20min,即可消除食物中绝大部分亚硝基化合物。阳光照射也能有效破坏食物或食品中的亚硝基化合物。

---

6. 芳胺环上的亲电取代反应

氨基是强的邻对位定位基,它使芳环活化,容易发生亲电取代反应。

(1) 卤化反应 苯胺与氯和溴发生卤化反应,活性很高,不需要催化剂常温下就能进行,并直接生成三卤苯胺。

$$\text{C}_6\text{H}_5\text{NH}_2 + 3Cl_2 \xrightarrow{H_2O} \text{2,4,6-Cl}_3\text{C}_6\text{H}_2\text{NH}_2 + 3HCl$$

$$\underset{\text{苯胺}}{C_6H_5NH_2} + 3Br_2 \xrightarrow{H_2O} \underset{\text{2,4,6-三溴苯胺}}{2,4,6\text{-}Br_3C_6H_2NH_2} + 3HBr$$

溴化生成的三溴苯胺是白色沉淀，反应很灵敏，并可定量完成，常用于苯胺的定性鉴别和定量分析。若要制备一取代的苯胺，可先将氨基酰化，降低它的反应活性，再卤化，然后水解。

$$C_6H_5NH_2 \xrightarrow{CH_3COOH} C_6H_5NHCOCH_3 \xrightarrow[CH_3COOH]{Br_2} p\text{-}BrC_6H_4NHCOCH_3 \xrightarrow[\Delta]{H^+,H_2O} p\text{-}BrC_6H_4NH_2$$

(2) 硝化反应 苯胺硝化时，很容易被硝酸氧化，生成焦油状物质。因此，一般常将苯胺酰化后再硝化，以保护其不被氧化。硝化后，再水解，得到硝基取代的苯胺衍生物。例如：

$$C_6H_5NH_2 \xrightarrow{CH_3COOH} C_6H_5NHCOCH_3 \begin{cases} \xrightarrow[<5°C]{HNO_3,H_2SO_4} p\text{-}O_2NC_6H_4NHCOCH_3 \xrightarrow[\Delta]{H^+,H_2O} p\text{-}O_2NC_6H_4NH_2 \\ \xrightarrow[20°C]{HNO_3,(CH_3CO)_2O} o\text{-}O_2NC_6H_4NHCOCH_3 \xrightarrow[\Delta]{H^+,H_2O} o\text{-}O_2NC_6H_4NH_2 \end{cases}$$

在强酸性条件下，苯胺生成铵盐，硝化时不会被氧化。但成盐后形成的铵基（—NH$_3^+$）为间位定位基，同时也钝化了苯环，硝化需在较强烈的条件下才能进行。例如：

$$C_6H_5NH_2 \xrightarrow{H_2SO_4} C_6H_5\overset{+}{N}H_3HSO_4^- \xrightarrow{\text{发烟 } HNO_3,H_2SO_4} m\text{-}O_2NC_6H_4\overset{+}{N}H_3HSO_4^- \xrightarrow{OH^-} m\text{-}O_2NC_6H_4NH_2$$

(3) 磺化反应 苯胺直接磺化时，它首先与硫酸形成盐，得到的是间位氨基苯磺酸。要想使磺酸基进入氨基的邻、对位，必须先乙酰化，然后再磺化。如果在 160～180℃ 加热苯胺与硫酸生成的硫酸氢盐，也可得到对位取代产物——对氨基苯磺酸。这是工业上生产对氨基苯磺酸的方法。

$$C_6H_5NH_2 \xrightarrow{H_2SO_4} C_6H_5\overset{+}{N}H_3HSO_4^- \xrightarrow[-H_2O]{\Delta} C_6H_5NHSO_3H \xrightarrow{180°C} p\text{-}H_2NC_6H_4SO_3H$$

一般情况下，磺酸基进入氨基的对位。若对位已有取代基，则进入氨基的邻位；萘胺也会发生类似的反应。例如：

$$\text{1-萘胺硫酸氢盐} \xrightarrow[\text{回流}]{\text{二氯苯}} \text{4-氨基-1-萘磺酸}$$

对氨基苯磺酸的熔点很高（280～300℃ 分解），不溶于冷水，也不溶于酸的水溶液，能溶于碱的水溶液，呈现出不同于一般芳胺或芳磺酸的特征性质。这是由于对氨基苯磺酸分子实际上是以内盐形式存在的。这种内盐是强酸弱碱型的盐，在强碱性溶液中可形成磺酸钠盐，内盐被破坏。

$$\underset{SO_3^-}{\underset{|}{C_6H_4}}-NH_3^+ + NaOH \longrightarrow \underset{SO_3Na}{\underset{|}{C_6H_4}}-NH_2 + H_2O$$

生成的对氨基苯磺酸钠能溶于水，因此，对氨基苯磺酸可溶于碱的水溶液。对氨基苯磺酸是合成染料的中间体。

【问题与思考】

我们应该正确使用"氨""胺""铵"3个字，判断下列名称是否正确？将书写错误的名称改正过来。

(1) 氨气（水） (2) 氨根离子 (3) 氯化铵 (4) 甲氨 (5) 季铵盐
(6) 四乙基溴化铵 (7) 甲乙胺 (8) 乙二氨 (9) 氨基 (10) 仲胺

四、重要的胺

1. 苯胺

苯胺是无色油状液体，熔点-6.3℃，沸点184℃，相对密度1.02173（20℃/4℃），加热至370℃分解，稍溶于水，易溶于乙醇、乙醚等有机溶剂，暴露于空气中或日光下变为棕色。可用水蒸气蒸馏，蒸馏时加入少量锌粉以防氧化。提纯后的苯胺可加入10～15μg/mL的$NaBH_4$，以防氧化变质。

苯胺是重要的化工原料，主要用作医药和橡胶硫化促进剂，也是制备树脂和涂料的原料。苯胺对血液和神经的毒性非常强烈，可经皮肤吸收或经呼吸道引起中毒。

2. 己二胺

己二胺（1,6-己二胺）是重要的二元胺，白色片状结晶体，有氨臭，可燃，熔点42℃，沸点204℃，微溶于水，难溶于乙醇、乙醚和苯，在空气中易吸收水分和二氧化碳。

己二胺主要用于生产聚酰胺，如尼龙-66、尼龙-610等，也用于合成二异氰酸酯，还用作脲醛树脂、环氧树脂等的固化剂、有机交联剂等。

第三节 季铵盐和季铵碱及其应用

1. 季铵盐

叔胺与卤代烷反应，生成季铵盐。

$$R_3N + RX \longrightarrow R_4\overset{+}{N}X^- \xrightarrow{\triangle} R_3N + RX$$

季铵盐是白色晶体，可溶于水，不溶于非极性溶剂，加热时它分解为叔胺和卤代烷。季铵盐有很多用途，可用作植物生长的调节剂、表面活性剂、相转移催化剂等。此外，季铵盐还可以在细菌半透膜与水或空气的界面上定向分布，阻碍细菌的呼吸或切断其营养物质的来源，使细菌死亡，故季铵盐还可用作杀菌剂。

2. 季铵碱

季铵碱具有强碱性，其碱性和氢氧化钠相近。季铵碱不稳定，加热时易分解，当烷基中无β-H时，则分解成叔胺和醇，当烷基中有β-H时，加热则分解成叔胺和烯烃。

$$(CH_3)_4 \overset{+}{N}OH^- \xrightarrow{\triangle} (CH_3)_3N + CH_3OH$$

$$[(CH_3)_3\overset{+}{N}CH_2CH_3]OH^- \xrightarrow{\triangle} (CH_3)_3N + CH_2=CH_2 + H_2O$$

> 【知识链接】
>
> ### 表面活性剂
>
> 表面活性剂是在很低的浓度下能显著降低表面张力的物质。其分子由亲水基和疏水基（又名憎水基、亲油基）两部分组成，亲水基是易溶于水而不溶于非极性物质的基团，如羟基、氨基、磺酸基和羧基等；疏水基是与水没有或很少有亲和力，不溶于水而易溶于非极性物质的基团，如烃基等。
>
> 表面活性剂主要分为离子型表面活性剂和非离子型表面活性剂。季铵盐是常用的阳离子表面活性剂，主要是带有憎水基的阳离子产生表面活性作用。新洁尔灭就是一种阳离子表面活性剂，其结构式为：
>
> $$\left[C_6H_5CH_2 - \overset{\overset{\displaystyle CH_3}{|}}{\underset{\underset{\displaystyle CH_3}{|}}{N^+}} - C_{12}H_{25} \right] Br^-$$
>
> 新洁尔灭常温下为微黄色黏稠液体，能乳化脂肪、去除污秽，又能渗入细胞内部，引起细胞破裂或溶解，起到抑菌或杀菌作用。临床上用于皮肤、黏膜、创面、器皿及术前的消毒。

第四节 重氮和偶氮化合物

重氮和偶氮化合物分子中都含有—N≡N—官能团。

一、重氮和偶氮化合物的命名

当—N≡N—官能团两端都与烃基相连的化合物称为偶氮化合物，例如：

偶氮苯　　　偶氮甲烷　　　4-甲基-4′-羟基偶氮苯

当—N≡N—官能团只有一端与烃基相连，而另一端与其他基团相连的称为重氮化合物，其中以重氮盐尤为重要。例如：

氯化重氮苯(重氮苯盐酸盐)　　　　　重氮甲烷

苯重氮氨基苯

二、重氮盐

芳香族伯胺与亚硝酸在低温下缓慢反应，生成重氮盐，这个反应叫重氮化反应。例如：

$$\text{C}_6\text{H}_5-\text{NH}_2 + \text{NaNO}_2 + \text{HCl} \xrightarrow[\text{pH}<3]{<5℃} \text{C}_6\text{H}_5-\overset{+}{\text{N}}\equiv\text{NCl}^- + \text{NaCl} + \text{H}_2\text{O}$$

重氮盐很不稳定，反应通常在低温（0～5℃）下进行，温度稍高就会分解。干燥的重氮盐易爆炸，因而在合成中一般不将其结晶出来，直接进行下一步反应。

重氮盐的化学性质非常活泼，能发生许多反应，广泛应用于有机合成中，总体上可把重氮盐的反应分为两大类。

1. 放氮反应

放氮反应就是重氮盐中的重氮基—N_2X 被—OH、—H、—X、—CN 等原子或原子团取代，同时放出氮气的反应，因此又叫取代反应。

(1) 被羟基取代 将芳香族重氮盐在酸性水溶液中加热，就会发生水解，放出氮气，同时生成酚，该反应又称重氮盐的水解反应。

$$\text{C}_6\text{H}_5\text{—}N_2\text{HSO}_4 + H_2O \xrightarrow{H_2SO_4} \text{C}_6\text{H}_5\text{—OH} + N_2\uparrow + H_2SO_4$$

用该方法制酚一般是用重氮盐的硫酸盐，并且要在较浓的硫酸溶液（40%～50%）中进行，因为这样才能避免生成的酚与未反应的重氮盐发生偶合反应。如果用重氮苯的盐酸盐加热水解，除了得到酚外，常伴有副产物氯苯的生成，因此，重氮盐法制酚一般用其硫酸盐，而不用其氢卤酸盐。

重氮盐法制酚，常用来制备一些用常规方法不易制得的酚。例如：

[间溴苯磺酸钠 $\xrightarrow{\text{NaOH(s)}, 300℃}$ 间溴苯酚钠 $\xrightarrow{H^+}$ 间溴苯酚]

[间溴苯胺 $\xrightarrow{\text{NaNO}_2 + H_2SO_4}$ 间溴重氮盐 $\xrightarrow{H_2O, H_2SO_4}$ 间溴苯酚]

(2) 被氢原子取代 重氮盐与还原剂次磷酸（H_3PO_2）或甲醛碱溶液（HCHO-NaOH）作用，重氮基可被氢原子取代：

$$ArN_2HSO_4 + H_3PO_2 + H_2O \longrightarrow ArH + N_2\uparrow + H_3PO_3 + H_2SO_4$$
$$ArN_2Cl + HCHO + 2NaOH \longrightarrow ArH + N_2\uparrow + HCOONa + NaCl + H_2O$$

醇也能将重氮基还原成氢原子，但常伴随有副产物醚的生成：

$$ArN_2HSO_4 + C_2H_5OH \longrightarrow \begin{cases} ArH + N_2 + CH_3CHO + H_2SO_4 \\ ArOC_2H_5 + N_2 + H_2SO_4 \end{cases}$$

将重氮化反应与重氮基被氢原子取代的反应结合，在有机合成中可作为去掉氨基的方法，因此，该反应又称为脱氨基反应。利用氨基的性质和脱氨基反应，在有机合成中，常用来制备一些用其他方法不易制得的化合物。

(3) 被卤原子取代 重氮盐在 Cu_2X_2 催化下与相应的 HX 共热，芳香族重氮盐分解，重氮基可被卤原子取代放出氮气，这个反应称为桑德迈尔（Sandmeyer）反应。

[间甲苯胺 $\xrightarrow{\text{NaNO}_2 + HCl}$ 间甲基重氮盐 $\xrightarrow{Cu_2Cl_2 + HCl, 60℃}$ 间氯甲苯]

[3-氯苯胺 $\xrightarrow{\text{NaNO}_2 + HBr}$ 3-氯重氮盐 $\xrightarrow{Cu_2Br_2 + HBr, 100℃}$ 3-氯溴苯]

如果用铜粉代替 Cu_2X_2，加热重氮盐也可生成卤代烃，但产率较低，该反应称为伽特曼（Gattermann）反应。

[间甲基重氮溴 $\xrightarrow{Cu, \Delta}$ 间溴甲苯]

(4) 被氰基取代 重氮基被氰基取代的反应与卤素取代相似，也有桑德迈尔反应和伽特曼反应，不过用的是 KCN 代替相应的 HX。

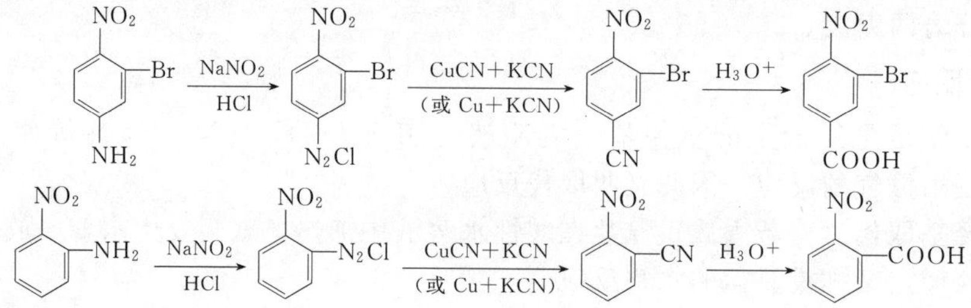

$$\underset{NH_2}{\overset{NO_2}{\underset{}{C_6H_3}}}\text{-Br} \xrightarrow[HCl]{NaNO_2} \underset{N_2Cl}{\overset{NO_2}{\underset{}{C_6H_3}}}\text{-Br} \xrightarrow[(\text{或 Cu+KCN})]{CuCN+KCN} \underset{CN}{\overset{NO_2}{\underset{}{C_6H_3}}}\text{-Br} \xrightarrow{H_3O^+} \underset{COOH}{\overset{NO_2}{\underset{}{C_6H_3}}}\text{-Br}$$

$$\underset{NH_2}{\overset{NO_2}{\underset{}{C_6H_4}}} \xrightarrow[HCl]{NaNO_2} \underset{N_2Cl}{\overset{NO_2}{\underset{}{C_6H_4}}} \xrightarrow[(\text{或 Cu+KCN})]{CuCN+KCN} \underset{CN}{\overset{NO_2}{\underset{}{C_6H_4}}} \xrightarrow{H_3O^+} \underset{COOH}{\overset{NO_2}{\underset{}{C_6H_4}}}$$

2. 保留氮反应

保留氮反应就是发生反应后，重氮基中的氮原子仍然保留在产物中，这里主要指的是还原反应和偶合反应。

(1) 还原反应 重氮基可被较弱的还原剂（$SnCl_2+HCl$、Na_2SO_3、$NaHSO_3$ 等）还原生成苯肼：

$$C_6H_5-N_2Cl \xrightarrow{SnCl_2+HCl} C_6H_5-NHNH_2 \cdot HCl \xrightarrow{NaOH} C_6H_5-NHNH_2$$

苯肼是一种常用的羰基试剂，也是合成药物、染料的重要原料。如果用较强的还原剂（$Zn+HCl$），则被还原成苯胺。

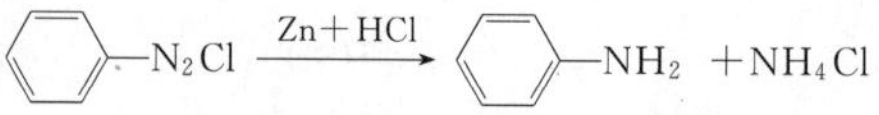

$$C_6H_5-N_2Cl \xrightarrow{Zn+HCl} C_6H_5-NH_2 + NH_4Cl$$

(2) 偶合反应 在微酸性、中性、微碱性溶液中，重氮盐正离子是亲电试剂，可与连有强推电子基的芳香族化合物如酚或芳胺在一定条件下发生亲电取代反应，生成具有颜色的偶氮化合物，这个反应又称偶联反应，如：

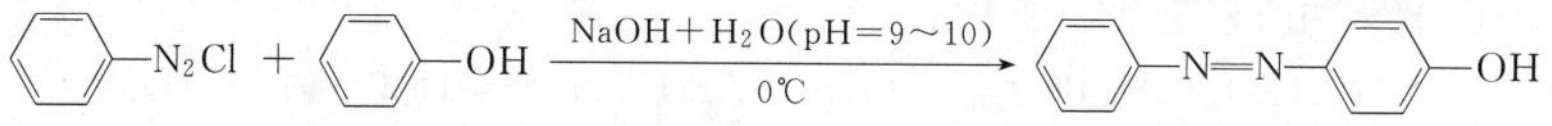

$$C_6H_5-N_2Cl + C_6H_5-OH \xrightarrow[0℃]{NaOH+H_2O(pH=9\sim10)} C_6H_5-N=N-C_6H_4-OH$$
对羟基偶氮苯（橘红色）

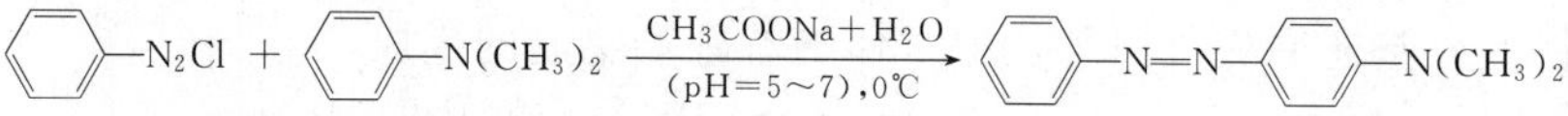

$$C_6H_5-N_2Cl + C_6H_5-N(CH_3)_2 \xrightarrow[(pH=5\sim7),0℃]{CH_3COONa+H_2O} C_6H_5-N=N-C_6H_4-N(CH_3)_2$$
对(N,N-二甲氨基)偶氮苯（黄色）

上述偶合反应中，重氮盐叫重氮组分，而酚和芳胺叫偶合（联）组分。

三、偶氮化合物

偶氮化合物因其分子中具有大的共轭体系，所以都有颜色。化合物中除了偶氮发色基团外，还有一些拉电子或推电子基团，它们本身不发色，但可使染料颜色变深或使染料水溶性增加而便于染色，这些基团，如羟基、磺酸基、羧基等称作助色基团。常用的有染料、酸碱指示剂、生物切片的染色剂等。

第五节 腈

1. 腈的命名

烃分子中的氢原子被氰基（$-C\equiv N$）取代生成的化合物称为腈。
腈的命名是根据所含碳原子数（包括氰基的碳）称为某腈。例如：

CH_3CH_2CN　　　　　$CH_3CH_2CH_2CN$　　　　　$C_6H_5CH_2CN$
　丙腈　　　　　　　　　　　丁腈 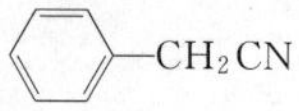　　　　　　　　　　苯乙腈

2. 腈的性质

氰基为碳氮三键（$C\equiv N$），与炔烃的碳碳三键相似。由于氮原子的电负性比碳原子大，

所以氰基是拉电子基团,故腈分子的极性大。低级腈为无色液体,高级腈为固体。腈的沸点与分子量相当的醇相近,但低于羧酸。低级腈能溶于水,但随着分子量的增加其溶解度迅速降低。腈也能溶解多种极性和非极性物质,并能溶解许多盐类,因此腈是一类优良的溶剂。

腈的化学性质比较活泼,可以发生水解、醇解、还原反应。

(1) 水解反应 腈在酸或碱的催化下,水解生成羧酸或羧酸盐。例如:

$$CH_3CH_2CH_2CN \xrightarrow[H^+]{H_2O} CH_3CH_2CH_2COOH$$

$$C_6H_5CH_2CN \xrightarrow[OH^-]{H_2O} C_6H_5CH_2COONa$$

(2) 醇解反应 腈在酸的催化下,与醇反应生成酯。例如:

$$CH_3CH_2CN \xrightarrow[H^+]{CH_3OH} CH_3CH_2COOCH_3 + NH_3$$

(3) 还原反应 腈催化加氢或用还原剂(如 LiAlH$_4$)还原,生成相应的伯胺,这是制备伯胺的一种方法。例如:

$$C_6H_5CN \xrightarrow{H_2/Ni} C_6H_5CH_2NH_2$$

第六节 含磷有机化合物

磷和氮是同族元素,就像硫和氧的关系一样,对应于含氮的有机物,也有一系列含磷的有机物。

一、含磷有机化合物的分类和命名

1. 分类

磷化氢(PH$_3$)中的氢被烃基取代,则得到与胺相应的下列四种衍生物:

RPH$_2$	R$_2$PH	R$_3$P	[R$_4$P]$^+$I$^-$
一级膦	二级膦	三级膦	四级膦化合物

上述化合物中,磷与碳原子直接相连。烷基膦化合物的结构,与胺类相似,磷原子为 sp^3 杂化状态,分子呈棱形。叔膦与卤代烷反应生成的季鏻盐,分子呈四面体型。磷酸分子中的氢被烃基取代的衍生物是磷酸酯。例如:

HO—P(=O)(OH)—OH	ROP(=O)(OH)$_2$	(RO)$_2$POH(=O)	(RO)$_3$P=O
磷酸	磷酸烷基酯	磷酸二烷基酯	磷酸三烷基酯

磷酸酯中与碳相连的是氧,而不是磷。

磷酸(或亚磷酸)分子中的—OH 被烃基取代的衍生物,叫膦酸(或亚膦酸)。例如:三价的磷酸有三种,称作亚磷酸[(HO)$_3$P]、亚膦酸[RP(OH)$_2$]和次亚膦酸(R$_2$POH):

HO—P(OH)—OH	R—P(OH)—OH	R—P(R)—OH
亚磷酸	烃基亚膦酸	二烃基次亚膦酸

这三种酸都有它们各自的衍生物,如酯类:

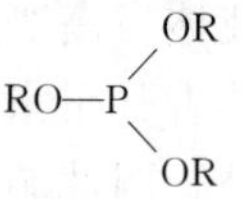

$$\underset{\text{亚磷酸酯}}{RO-P\begin{matrix}OR\\|\\OR\end{matrix}} \qquad \underset{\text{烃基亚膦酸酯}}{R-P\begin{matrix}OR\\|\\OR\end{matrix}} \qquad \underset{\text{二烃基次亚膦酸酯}}{R-P\begin{matrix}R\\|\\OR\end{matrix}}$$

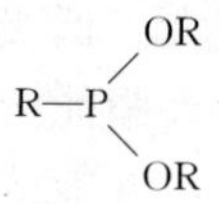

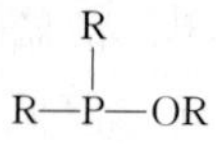

磷原子不能像氮原子那样同碳、氮、氧等原子形成含有 p-p π 键的稳定化合物，但磷原子具有利用 3d 轨道成键的能力，它可以与其他原子（如 O、S、N 等）形成含 d-p π 键的五价磷的化合物。

五价的磷酸也有三种：

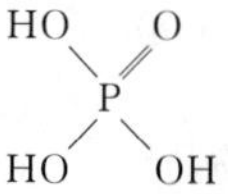

磷酸 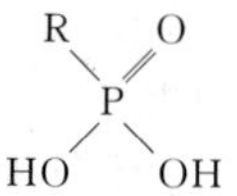　　　　　膦酸 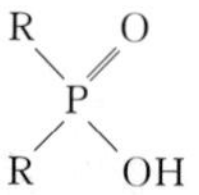　　　　　次膦酸

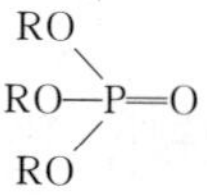

磷酸酯 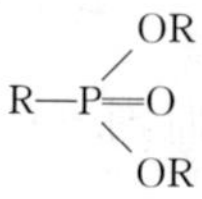　　　　膦酸酯 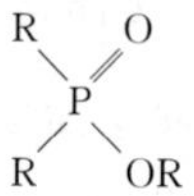　　　　次膦酸酯

五价的磷化物还有一类称为膦烷，膦烷中有相当于五卤代磷的五苯基膦和亚甲基三烃基膦等。

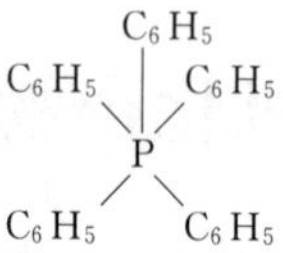

五苯膦 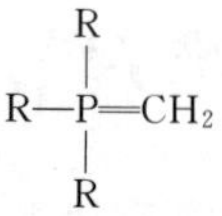　　　　亚甲基三烃基膦

有机磷化合物和有机氮化合物在性质上的区别，与含硫和含氧有机化合物间的区别类似，如胺有碱性，而膦几乎没有，它们不能使石蕊试纸变蓝；膦比胺易被氧化，在空气中就能被氧化成为膦酸或氧化膦。

2. 命名

有机磷化合物至今还缺乏一种简明、合乎逻辑而又得到国际公认的命名方法。这里根据我国沿用的有机磷化合物命名原则，并结合国际纯粹化学和应用化学联合会建议的命名原则，简述如下。

① 膦、亚膦酸和膦酸的命名，在相应的类名前加上烃基的名称。例如：

$(C_6H_5)_3P$

三苯膦　　　　苯膦酸

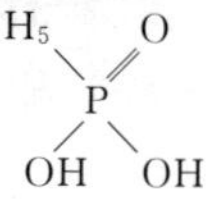

② 凡属含氧的酯基，都用前缀 O-烃基表示。例如：

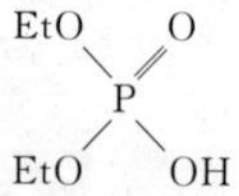

O,O-二乙基磷酸酯 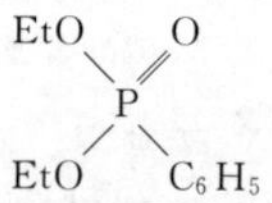　　　　O,O-二乙基苯膦酸酯

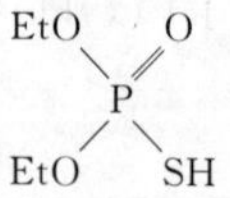

O,O-二乙基硫代磷酸酯 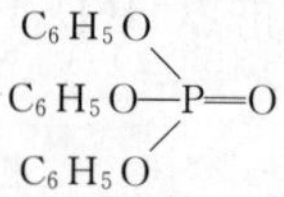　　　　O,O,O-三苯基磷酸酯

③ 如果含磷有机化合物分子中含有 P—X 或 P—N 键的化合物，可视为含氧酸中—OH 被—X、—NH$_2$ 取代而形成酰卤或酰胺。例如：

苯基亚膦酰氯　　　　　　　苯膦酰胺

二、含磷有机化合物的主要性质

含磷有机物的反应很多也很复杂，在此只介绍几种常见的重要反应。

1. 季鏻盐的生成

叔膦碱性较弱，但亲核性较强，易与 RX 起 S_N2 反应，生成季鏻盐。例如：

$$Ph_3P: + CH_3-Br \longrightarrow Ph_3\overset{+}{P}-CH_3 Br^-$$

溴化甲基三苯鏻

↑PCl₃

PhMgCl

2. 膦的氧化反应

低级的烷基膦如三甲膦能在空气中自燃，但芳膦如三苯膦就比较稳定，可溶于有机溶剂，熔点为80℃。三苯膦在过氧化氢或过氧酸等氧化剂的作用下，被氧化成氧化三苯膦，氧化三苯膦为白色结晶固体（熔点 156.5～157℃），在空气中相当稳定，它难溶于温水和乙醚中。

$$(C_6H_5)_3P: \xrightarrow[H_2O_2]{[O]} (C_6H_5)_3P=O$$

氧化三苯膦

三苯膦的氧化过程，实质上可以看成由磷原子上的未成键电子对与氧原子形成配键，并利用它的空 3d 轨道，接受氧原子的未成键电子对而形成的 d-p π 键。

3. 维狄希（Wittig）反应

溴化烷基三苯鏻在强碱作用下，生成磷叶立德，磷叶立德与醛、酮发生反应生成烯烃的反应称为维狄希反应。

$$Ph_3\overset{+}{P}-CH_3Br^- \xrightarrow{PhLi} Ph_3\overset{+}{P}-CH_2^- \rightleftharpoons Ph_3P=CH_2$$

$$Ph_3\overset{+}{P}-CH_2^- + O=\text{⟨环己基⟩} \longrightarrow CH_2=\text{⟨环己基⟩} + Ph_3P=O$$

维狄希反应的结果是醛、酮分子中的羰基氧被 R—C—R 取代。这是在分子中引入双键的重要方法，其特点是：①双键位置一定在羰基碳与叶立德中带电荷的碳之间；②Wittig 试剂中可带有不饱和基团等官能团却不受影响；③试剂温和，应用广泛。

三、生物体内含磷有机化合物

一切生物体内都含有磷的化合物，而且在生命过程中起着非常重要的作用。生物体内的磷不是以膦的形式存在，而是以磷酸单酯、二磷酸单酯或三磷酸单酯的形式存在的。

磷酸　　　　　　　二磷酸（焦磷酸）　　　　　　　三磷酸

二磷酸和三磷酸相当于磷酸的酸酐。

磷酸单酯　　　　　　　二磷酸单酯　　　　　　　三磷酸单酯

上述各式中的 R 多为比较复杂的基团，但三种磷酸酯中都有可以解离的氢，所以这些磷酸酯在水溶液中多以负离子形式存在，其解离程度决定于介质的酸度。

$$RO-\overset{\overset{O}{\|}}{\underset{OH}{P}}-OH \rightleftharpoons RO-\overset{\overset{O}{\|}}{\underset{OH}{P}}-O^- + H^+ \rightleftharpoons RO-\overset{\overset{O}{\|}}{\underset{O^-}{P}}-O^- + H^+$$

某些三磷酸单酯是生化反应中极为重要的物质，这些酯在特定酶作用下可以水解，水解时放出能量，供给机体各种不同的需要。例如，三磷酸腺苷水解为二磷酸腺苷时，由于发生 P—O 键断裂而放出能量，在生化反应中将这样的键叫"高能键"。

$$腺苷-\overset{\overset{O}{\|}}{\underset{OH}{P}}-O-\overset{\overset{O}{\|}}{\underset{OH}{P}}-O-\overset{\overset{O}{\|}}{\underset{OH}{P}}-OH + H_2O \rightleftharpoons 腺苷-\overset{\overset{O}{\|}}{\underset{OH}{P}}-O-\overset{\overset{O}{\|}}{\underset{OH}{P}}-OH + H_3PO_4 + 能量$$

三磷酸腺苷（ATP）　　　　　　二磷酸腺苷（ADP）

应该指出的是，物理化学中如果说一个键的能量高，就是指这个键很稳定，也就是键能高或者说键的强度大，但生化中说的"高能键"，并不是指它的强度，而是说在某些生物化学反应中它可以放出能量。一般磷酸酯水解时放出的能量为 8~16kJ/mol，而高能键的磷酸酯水解时可放出 33~54kJ/mol 的能量。许多生化过程，如光合作用、肌肉收缩、蛋白质的合成等都需要这些能量来完成。

复习题

1. 命名下列化合物。

(1) $(CH_3)_2NC_2H_5$　　(2) 环己基-N(CH₃)(C₂H₅)　　(3) $[(C_2H_5)_2N(CH_3)_2]^+OH^-$

(4) $H_3C-\bigcirc-N_2^+Cl^-$　　(5) $Br-\bigcirc-N(CH_3)_2$　　(6) $(CH_3)_2CH\underset{NH_2}{C}H(CH_3)_2$

2. 写出下列化合物的结构式。

(1) 胆胺　　(2) 胆碱　　(3) 4-羟基-4'-溴偶氮苯　　(4) N-甲基苯磺酰胺

(5) 乙酰苯胺　　(6) 对氨基苯磺酰胺

3. 将下列各组化合物按碱性强弱顺序排列。

(1) 苯胺　对甲氧基苯胺　己胺　环己胺

(2) 苯胺　乙酰苯胺　戊胺　环己胺

(3) 甲酰胺　甲胺　尿素　邻苯二甲酰亚胺

4. 完成下列反应方程式。

(1) $\bigcirc-NHCH_2CH_3 + CH_3I \longrightarrow ?$

(2) $H_3CO-\bigcirc-NHCH_3 + CH_3COCl \longrightarrow ?$

(3) $\bigcirc-NH_2 + HCl + NaNO_2 \xrightarrow[>5℃]{0～5℃} ? \xrightarrow[CH_3COONa]{C_6H_5-N(CH_3)_2} ?$

(4) $\bigcirc \xrightarrow[H_2SO_4(浓)]{HNO_3(浓)} ? \xrightarrow{Fe+HCl} \bigcirc-SO_2Cl \longrightarrow ?$

(5) $\bigcirc-CONH_2 \xrightarrow[\triangle]{Br_2+NaOH} ? \xrightarrow[0～5℃]{NaNO_2+HCl} ? \xrightarrow{CuCN-KCN} ? \xrightarrow[H^+]{H_2O} ?$

(6) $(CH_3)_2NC_2H_5 + CH_3CH_2I \longrightarrow$? $\xrightarrow{AgOH}$? $\xrightarrow{\triangle}$?

5. 完成下列合成（无机试剂可任取）。

(1) 由 ⌬—CH₃ 合成 2,6-二溴-4-甲基苯胺（Br, Br, NH₂, CH₃ 取代苯）

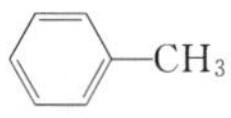

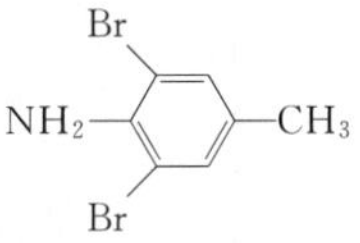

(2) 由  ⌬ 合成 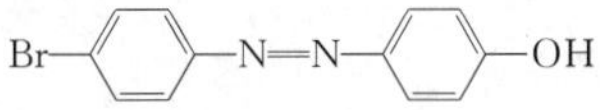 Br—⌬—N=N—⌬—OH

(3) 由 ⌬—NH₂ 合成 O₂N—⌬—COCl

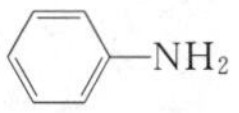

6. 用化学方法鉴别下列各组化合物。

(1) 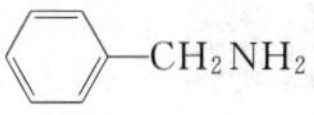 ⌬—CH₂NH₂ 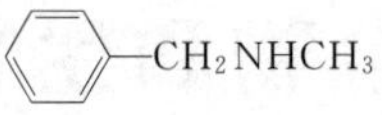   ⌬—CH₂NHCH₃ 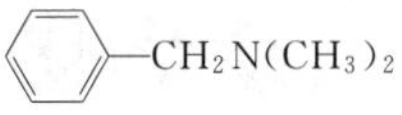   ⌬—CH₂N(CH₃)₂

(2) ⌬—NH₂   (环己基)—NH₂   (环己基)—CONH₂

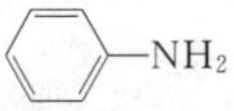

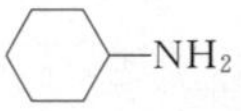

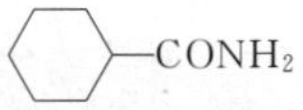

(3) 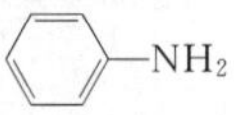 ⌬—NH₂   ⌬—OH   (环己基)—NH₂

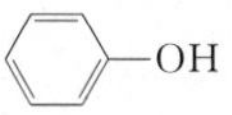

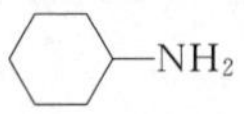

7. 试分离苯甲胺、苯甲醇、对甲苯酚的混合物。

8. 某化合物 A 的分子式为 $C_6H_{15}N$，能溶于稀盐酸，在室温下与亚硝酸作用放出氮气，而得到 B；B 能进行碘仿反应。B 和浓硫酸共热得到分子式为 C_6H_{12} 的化合物 C；C 臭氧化后再经锌粉还原水解得到乙醛和异丁醛。试推测 A、B、C 的构造式，并写出各步反应式。

9. 分子式为 $C_7H_7NO_2$ 的化合物 A，与 Fe+HCl 反应生成分子式为 C_7H_9N 的化合物 B；B 和 $NaNO_2$+HCl 在 0~5℃ 反应生成分子式为 $C_7H_7ClN_2$ 的 C；在稀盐酸中 C 与 CuCN 反应生成化合物 C_8H_7N（D）；D 在稀酸中水解得到酸 $C_8H_8O_2$（E）；E 用高锰酸钾氧化得到另一种酸 F；F 受热时生成分子式为 $C_8H_8O_3$ 的酸酐。试推测 A~F 的构造式，并写出各步反应式。

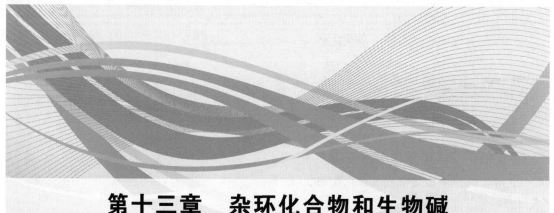

第十三章 杂环化合物和生物碱

知识目标

1. 掌握杂环化合物的结构、分类和命名，杂环化合物的化学性质；
2. 了解杂环化合物的物理性质、杂环化合物的衍生物和生物碱；
3. 了解杂环化合物和生物碱的广泛用途。

能力、思政与职业素养目标

1. 能根据杂环化合物的结构特征分析亲电取代反应活性；
2. 能利用杂环化合物的特性分析生化药物作用机理；
3. 能分析生物碱在工农业生产和日常生活中应用的实际案例；
4. 分析杂环化合物和生物碱的应用，培养学以致用，用以促学、学用相长的能力。

第一节 杂环化合物

杂环化合物是数量非常庞大的一类有机化合物，许多天然活性物质都是杂环化合物，它们在生命过程中起着非常重要的作用。比如在生物体中起重要作用的酶，在细胞复制和物种遗传中起主要作用的核酸，植物进行光合作用所必需的叶绿素，动物输送氧气的血红素都是重要的杂环化合物。另外，人体必需的各种维生素大多是杂环化合物。在各种天然和合成药物中，杂环化合物占有举足轻重的地位。

杂环化合物是指构成环的原子除碳原子外还含有其他原子的环状有机化合物。组成环的非碳原子叫杂原子，常见的杂原子有氧、硫、氮等。

一、杂环化合物的分类

杂环化合物种类较多，通常以杂环母环的结构为基础进行分类。根据杂环的数目分为单杂环和稠杂环。单杂环又根据成环的原子数目分为五元杂环和六元杂环。此外，还可按杂原子的种类和数目进行分类。表13-1列出了常见的杂环化合物的结构和名称。

表 13-1 常见的杂环化合物的母环结构和名称

类别	杂环母环
含一个杂原子的五元杂环	吡咯　　呋喃　　噻吩
含两个杂原子的五元杂环	吡唑　咪唑　噁唑　异噁唑　噻唑
五元稠杂环	吲哚　苯并呋喃　苯并咪唑　咔唑
含一个杂原子的六元杂环	吡啶　2H-吡喃　4H-吡喃
含两个杂原子的六元杂环	哒嗪　嘧啶　吡嗪　喹啉　异喹啉　喋啶　嘌呤
六元稠杂环	吖啶　吩嗪　吩噻嗪

二、杂环化合物的命名

1. 杂环母环的命名

杂环母环的名称通常采用音译法命名，即按外文名称的译音来命名，并用带 "口" 旁的同音汉字来表示环状化合物的名称。比如 furan 译为呋喃，pyrrole 译为吡咯等。

【问题与思考】

下列化合物中均含有杂环，你能说出它们所含杂环化合物的名称吗？

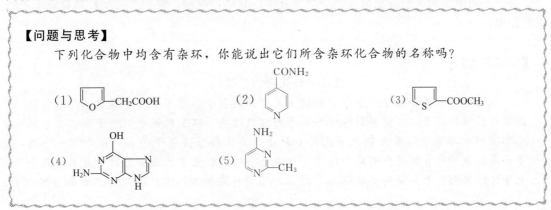

2. 取代杂环化合物的命名

连有取代基的杂环化合物的命名，是以杂环为母体，按一定规则给杂环进行编号，然后将取代基的位次、数目及名称写在杂环母环的名称前面。

① 当杂环上只有一个杂原子时，从杂原子开始顺着环用阿拉伯数字编号，并使取代基的位次之和最小，也可从靠近杂原子的碳原子开始用希腊字母 α、β、γ 等编号。

    4-甲基吡啶   2,5-二甲基呋喃
    (α-甲基吡啶)   (α,α'-二甲基呋喃)   8-羟基喹啉

② 当杂环上含有两个或两个以上相同的杂原子时，从连有取代基（或氢原子）的那个杂原子开始编号，顺次定位；若杂环上有不同杂原子时，则按 O、S、N 的次序编号，尽可能使杂原子的编号最小。

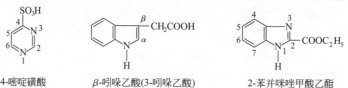

    4-甲基咪唑   4-甲基嘧啶   4-甲基噻唑

③ 连有取代基的杂环化合物命名时，也可将杂环作为取代基，以侧链为母体来命名。

    4-嘧啶磺酸 β-吲哚乙酸(3-吲哚乙酸)   2-苯并咪唑甲酸乙酯

④ 为区别杂环化合物的互变异构体，需标明杂环上与杂原子相连的氢原子所在的位置，并在名称前面加上标位的阿拉伯数字和大写 H 的斜体字。

    9H-嘌呤   7H-嘌呤

第二节　五元杂环化合物

含一个杂原子的典型五元杂环化合物是吡咯、呋喃和噻吩，它们的衍生物多具有重要的生理作用。

【知识阅读】
五元杂环化合物的结构

在吡咯、呋喃和噻吩分子中，构成五元环的碳原子和杂原子都是通过 sp^2 杂化轨道参与成键的，并以 σ 键牢固连接形成平面环状结构。环上的四个碳原子和一个杂原子都有一个垂直于环平面的未杂化的 p 轨道，其中每个碳原子的 p 轨道中有一个电子，而杂原子的 p 轨道中有两个电子，这五个 p 轨道相互从侧面重叠，形成具有六个电子的环状闭合大 π 键的共轭体系，它们的结构特点和苯相似，因此都具有芳香性。

另外，呋喃、噻吩与吡咯在结构上也有不同之处，呋喃中的氧原子和噻吩中的硫原子都有两对未共用电子对，其中一对参与形成大π键，另一对处于 sp² 杂化轨道内。吡咯、呋喃和噻吩的分子结构如图 13-1 所示。

图 13-1　吡咯、呋喃和噻吩的分子结构

一、五元杂环化合物的物理性质

吡咯、呋喃和噻吩分别存在于骨焦油、松木焦油和煤焦油中，都为无色液体，沸点分别为 131℃、31℃和 84℃，吡咯蒸气遇盐酸浸润过的松木片显红色，呋喃遇盐酸浸润过的松木片显绿色，该反应称为松木片反应，借此可鉴别吡咯、呋喃。噻吩在浓硫酸的存在下与靛红作用显蓝色。

吡咯、呋喃和噻吩都易溶于有机溶剂而在水中的溶解度不大，若溶解 1mL 吡咯、呋喃和噻吩，则分别需要 17mL、35mL 和 700mL 的水。它们的溶解度之所以不同，是由于杂环上的杂原子与水形成氢键的情况不同。吡咯氮原子上的氢易与水形成氢键，而呋喃没有这样的氢原子，呋喃氧原子的电负性大于噻吩硫原子，比噻吩易与水形成氢键，所以水溶性大于噻吩。

二、五元杂环化合物的化学性质

吡咯、呋喃和噻吩的环状体系中，五个原子共用六个电子，所以杂环上碳原子的电子云密度比苯环上碳原子的电子云密度大，比苯更容易发生亲电取代反应。

1. 亲电取代反应

吡咯、呋喃和噻吩都是"富电子"的芳香杂环，它们的亲电取代反应主要发生在 α-位上。由于杂原子的大小和电负性不同，对杂环的影响也不同，所以反应活性也不同。与苯比较，它们发生亲电取代反应的活性顺序是：吡咯＞呋喃＞噻吩＞苯。

(1) 卤代反应　在室温条件下，吡咯、呋喃和噻吩能与氯或溴发生激烈反应，得到多卤代物。将反应物用溶剂稀释并在低温下进行反应时，可以得到一氯代物或一溴代物。碘化反应需要在催化剂存在下进行。例如：

$$\underset{H}{\underset{|}{N}} + Br_2 \xrightarrow[0℃]{乙醚} \underset{H}{\underset{|}{\underset{BrBr}{N}}}\text{（Br Br）} + HBr$$

2,3,4,5-四溴吡咯

$$\underset{O}{\bigcirc} + Br_2 \xrightarrow[0℃]{二氧六环} \underset{O}{\bigcirc}-Br + HBr$$

α-溴呋喃

$$\underset{S}{\bigcirc} + Br_2 \xrightarrow{乙酸} \underset{S}{\bigcirc}-Br + HBr$$

α-溴噻吩

（2）硝化反应 在低温条件下，吡咯、呋喃和噻吩能与比较缓和的硝化剂硝酸乙酰酯（CH_3COONO_2）发生硝化反应，主要生成 α-硝基化合物。例如：

$$\underset{H}{\underset{|}{\text{吡咯}}} + CH_3COONO_2 \xrightarrow[5℃]{\text{乙酸酐}} \underset{H}{\underset{|}{\text{吡咯}}}\text{-}NO_2 + CH_3COOH$$

α-硝基吡咯

$$\text{呋喃} + CH_3COONO_2 \xrightarrow[-5\sim30℃]{\text{乙酸酐}} \text{呋喃-}NO_2 + CH_3COOH$$

α-硝基呋喃

$$\text{噻吩} + CH_3COONO_2 \xrightarrow[5℃]{\text{乙酸酐}} \text{噻吩-}NO_2 + CH_3COOH$$

α-硝基噻吩

（3）磺化反应 吡咯、呋喃和噻吩的磺化反应也需要在比较缓和的磺化剂作用下进行，通常用的磺化剂为三氧化硫和吡啶的配合物。噻吩在室温下可直接进行反应，生成可溶于水的 α-噻吩磺酸：

$$\underset{H}{\text{吡咯}} \xrightarrow[100℃]{N^+SO_3^-} \underset{H}{\text{吡咯-}SO_3H}$$

α-吡咯磺酸

$$\text{呋喃} \xrightarrow[100℃]{N^+SO_3^-} \text{呋喃-}SO_3H$$

α-呋喃磺酸

$$\text{噻吩} \xrightarrow[\text{室温}]{\text{浓}H_2SO_4} \text{噻吩-}SO_3H$$

α-噻吩磺酸

2. 加成反应

吡咯、呋喃和噻吩都很容易与氢气发生加成反应生成相应的饱和杂环。例如：

$$\underset{H}{\text{吡咯}} \xrightarrow[\text{高温,高压}]{H_2/Pd} \underset{H}{\text{四氢吡咯}}$$

四氢吡咯

$$\text{呋喃} \xrightarrow[\text{高温,高压}]{H_2/Pd} \text{四氢呋喃}$$

四氢呋喃

【知识拓展】

含有两个杂原子的五元杂环化合物

含有两个杂原子（其中至少有一个是氮原子）的五元杂环化合物称为唑。唑类中比较重要的有吡唑、咪唑、噻唑和噁唑。

吡唑　　　　　咪唑　　　　　噻唑　　　　　噁唑

1. **吡唑和咪唑的结构**

吡唑和咪唑的结构与吡咯类似，环上的碳原子和氮原子均以 sp^2 杂化轨道互相成键，构成平面五元环。其中一个氮原子的未共用电子对，占据没有参加杂化的 p 轨道，参与并形成了闭合的 π 电子共轭体系，而另一个氮原子上所具有的未共用电子对，占据 sp² 杂化轨道，未参与共轭体系的形成。吡唑和咪唑的原子轨道可表示为：

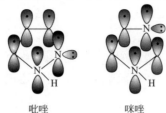

吡唑　　　　咪唑

2. 吡唑和咪唑的性质

吡唑和咪唑都溶于水，它们在水中的溶解度之所以比吡咯大，是因为环上有一个氮原子的未共用电子对未参与共轭体系的形成，因而与水形成氢键的能力比吡咯强。吡唑和咪唑均能形成分子间氢键，因此吡唑和咪唑都具有较高的沸点。

同理，吡唑和咪唑的碱性也都比吡咯强，能与强酸反应生成盐。咪唑（pK_b = 6.9）的碱性比吡唑（pK_b = 11.5）强，这是由于吡唑的两个相邻氮原子的吸电子诱导效应比咪唑更显著。吡唑和咪唑性质稳定，遇酸不聚合。

吡唑和咪唑均有互变异构现象，以甲基衍生物为例，氮上的氢原子可以在两个氮原子间互相转移，形成一对互变异构体。因此，吡唑环的 3 位和 5 位是等同的，咪唑环的 4 位和 5 位是等同的。两种互变异构体同时存在于平衡体系中，常称为 3(5)-甲基吡唑和 4(5)-甲基咪唑。

5-甲基吡唑　　　4-甲基咪唑　　　5-甲基咪唑　　　3-甲基吡唑

第三节　六元杂环化合物

一、含有一个杂原子的六元杂环化合物——吡啶

常见含有一个杂原子的六元杂环化合物主要有吡啶和 γ-吡喃，但比较重要的是吡啶。

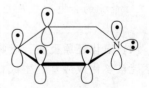

吡啶　　　　γ-吡喃

【知识阅读】　　　　　　吡啶的结构

吡啶是含一个杂原子的六元杂环化合物，它的结构与苯相似，为一个平面结构。杂环中的五个碳原子和一个氮原子均以 sp² 杂化轨道参与形成 σ 键，同时每个原子都有一个未参与杂化的 p 轨道垂直于环平面，每个 p 轨道中含有一个电子，这些 p 轨道相互平行并从侧面重叠形成一个具有六电子的闭合共轭体系，因此吡啶具有芳香性。但因杂

图 13-2　吡啶的结构

环上氮原子的电负性比碳原子的大,使吡啶环上碳原子的电子云密度相对降低,导致杂环是"缺电子"芳杂环,所以吡啶的芳香性不如苯。另外氮原子还有一对孤对电子在 sp^2 杂化轨道上,它决定着吡啶的某些特殊性质。吡啶的结构如图 13-2 所示。

1. 物理性质

吡啶存在于煤焦油中,是无色有恶臭的液体,相对密度为 0.982,熔点为 $-40℃$,沸点为 $115℃$。吡啶能与乙醇、乙醚等有机溶剂混溶,同时还能溶解许多极性和非极性化合物,是一种很重要的有机溶剂。

2. 化学性质

(1) 碱性 吡啶相当于环状叔胺,其环上的氮原子有一对未共用电子,能接受质子而显碱性。吡啶碱性比苯胺强,比脂肪族叔胺和氨都弱,能与无机酸反应生成盐。

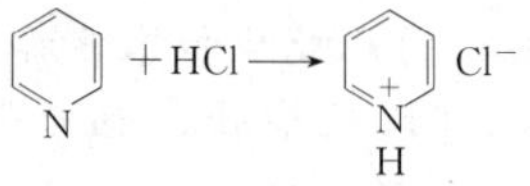

$$\text{吡啶} + HCl \longrightarrow \text{氯化吡啶}$$

(2) 亲电取代反应 吡啶也能与卤素、硝酸、硫酸等发生亲电取代反应,但比苯困难,主要发生在 β-位上,与硝基苯相似。

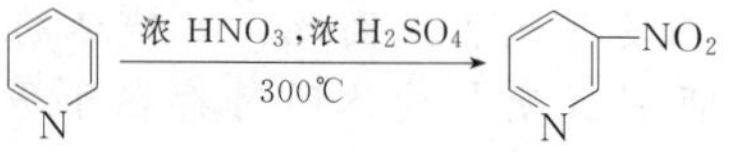

$$\text{吡啶} \xrightarrow[300℃]{\text{浓 } HNO_3, \text{浓 } H_2SO_4} \beta\text{-硝基吡啶}$$

【问题与思考】
为什么呋喃、噻吩及吡咯比苯容易进行亲电取代?吡啶却比苯难发生亲电取代?

(3) 亲核取代反应 由于吡啶环上氮原子的吸电子作用,环上碳原子的电子云密度降低,尤其在 2 位和 4 位上的电子云密度更低,因而环上的亲核取代反应容易发生,取代反应主要发生在 2 位和 4 位上。例如:

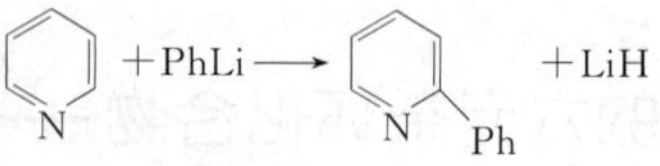

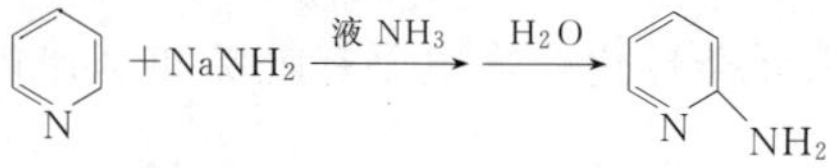

$$\text{吡啶} + PhLi \longrightarrow \text{2-苯基吡啶} + LiH$$

$$\text{吡啶} + NaNH_2 \xrightarrow[]{\text{液 } NH_3} \xrightarrow[]{H_2O} \text{2-氨基吡啶}$$

吡啶与氨基钠反应生成 2-氨基吡啶的反应称为齐齐巴宾(Chichibabin)反应,如果 2 位已经被占据,则反应发生在 4 位,得到 4-氨基吡啶,但产率低。

【问题与思考】
吡啶的亲电取代反应发生在 3 位,而亲核取代反应发生在 2 位和 4 位,为什么?

(4) 氧化还原反应 吡啶的抗氧化能力比苯强,很难被氧化,但当吡啶环上有烃基时,烃基能被氧化成羧基,生成相应的吡啶甲酸:

$$\text{2-乙基吡啶} \xrightarrow[\triangle]{KMnO_4/H_2O} \text{2-吡啶甲酸}$$

吡啶比苯容易被还原，在常温常压下就能与氢气发生反应，生成六氢吡啶：

六氢吡啶

【问题与思考】

六氢吡啶（哌啶）的碱性（$pK_b=2.7$）比吡啶增强了 10^6 倍，你能解释其中的原因吗？

二、含有两个氮原子的六元杂环化合物

含有两个氮原子的六元杂环化合物总称为二氮嗪。二氮嗪有哒嗪、嘧啶和吡嗪三种异构体，其中最重要的是嘧啶。

哒嗪　　嘧啶　　吡嗪

嘧啶的结构与吡啶相似，两个氮原子均以 sp^2 杂化轨道形成 σ 键，并都在一个 sp^2 杂化轨道中保留未共用电子对。嘧啶环中的两个碳原子和两个氮原子，各用含一个电子的 p 轨道从侧面重叠形成了闭合的大 π 键，具有芳香性。

嘧啶为无色晶体，熔点 22.5℃，易溶于水。

嘧啶的化学性质与吡啶相似，但由于两个氮原子的相互影响，降低了环上的电子云密度，使嘧啶的碱性（$pK_b=12.7$）比吡啶弱。而且，虽然嘧啶分子中存在两个氮原子，但却表现为一元碱，因为当第一个氮原子成盐后，将强烈地吸引电子，使第二个氮原子上的电子云密度降低，不再显碱性。嘧啶的亲电取代反应也比吡啶困难，而亲核取代反应则比吡啶容易。

【知识拓展】

稠杂环化合物

稠杂环化合物包括苯稠杂环和杂环稠杂环两类。苯稠杂环是由苯环与五元或六元杂环稠合而成；杂环稠杂环是由两个或两个以上杂环稠合而成。

1. 苯稠杂环化合物

常见的五元杂环和六元杂环与苯环稠合而成的苯稠杂环化合物主要有吲哚、喹啉和异喹啉等。

（1）吲哚

吲哚（苯并吡咯）的结构式为：

吲哚

吲哚存在于煤焦油中，纯净的吲哚为无色片状结晶，不溶于水，可溶于热水、乙醇及乙醚中，吲哚溶液在浓度极稀时，有花的香味，可作香料，但不纯的吲哚具有粪便气味。蛋白质腐败时能产生吲哚和 β-甲基吲哚（粪臭素）。

吲哚具有芳香性，性质与吡咯相似。如吲哚也有弱酸性，遇强酸发生聚合，能发生亲电取代反应，取代基主要进入 β-位，遇浸过盐酸的松木片显红色。

(2) 喹啉和异喹啉

喹啉和异喹啉都是由一个苯环和一个吡啶环稠合而成的化合物。

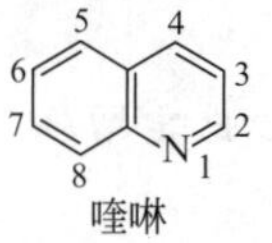

喹啉 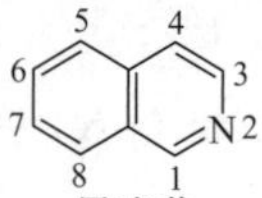　　　　异喹啉

喹啉为无色油状液体，有特殊气味，沸点 238℃。异喹啉也是无色油状液体，沸点 243℃。它们难溶于水，易溶于有机溶剂。喹啉分子中有吡啶结构，其化学性质与之相似。如喹啉也有碱性（$pK_b=9.1$），但其碱性不及吡啶强，也能发生亲电取代反应，反应比吡啶容易，主要在 C_5 位和 C_8 位发生。异喹啉是喹啉的同分异构体，化学性质与喹啉相似。许多重要的生物碱，如吗啡、小檗碱等的分子中都有异喹啉或氢化异喹啉的结构。

2. 稠杂环化合物

稠杂环化合物是由两个或两个以上杂环稠合而成的化合物。稠杂环化合物中最重要的是嘌呤。嘌呤是由嘧啶环和咪唑环稠合而成的。嘌呤分子中存在着以下互变异构体。

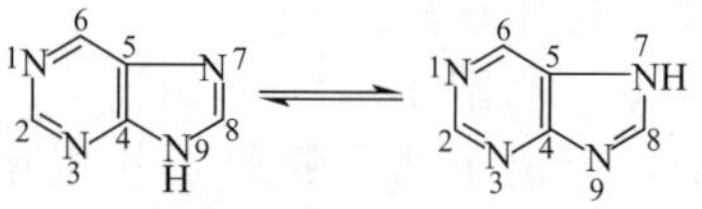

9H-嘌呤　　　　7H-嘌呤

嘌呤为无色晶体，熔点 217℃。由于分子中有三个氮原子的未共用电子对未参与共轭，所以易溶于水，难溶于有机溶剂。嘌呤既有弱酸性，又具有弱碱性，其酸性（$pK_a=8.9$）比咪唑强，其碱性（$pK_b=11.7$）比嘧啶强。

嘌呤本身在自然界是不存在的，但嘌呤的衍生物却广泛存在于动植物体内，并参与生命活动过程。例如：

(1) 尿酸

尿酸存在于鸟类及爬虫类的排泄物中，含量很多，人尿中也含少量。

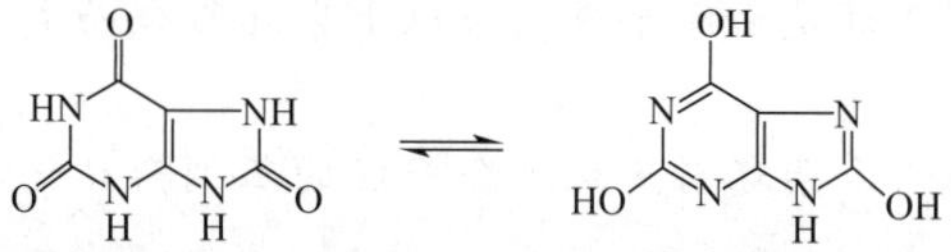

(2) 黄嘌呤

黄嘌呤存在于茶叶及动植物组织和人尿中。

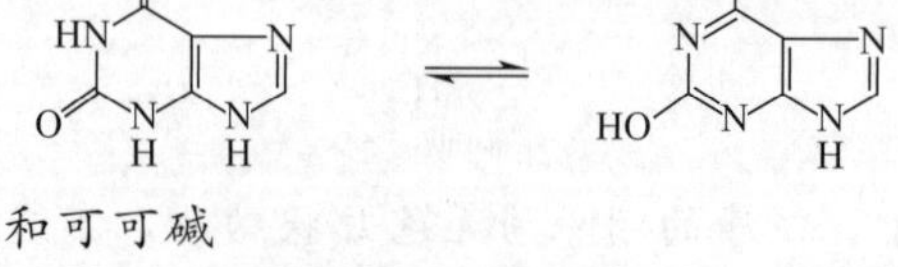

(3) 咖啡碱、茶碱和可可碱

三者都是黄嘌呤的甲基衍生物，存在于茶叶、咖啡和可可中，它们有兴奋中枢神经的作用，其中以咖啡碱的作用最强。

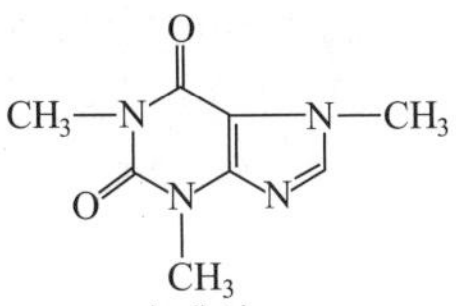

咖啡碱 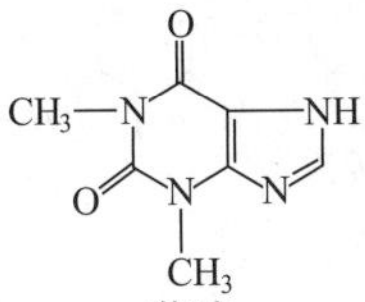　　　　　　　　　茶碱 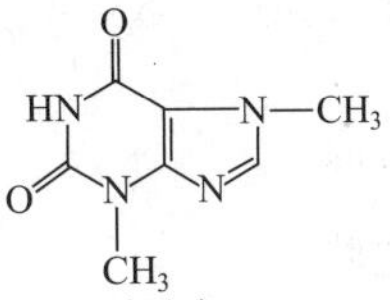　　　　　　　　　可可碱

(4) 腺嘌呤和鸟嘌呤

腺嘌呤和鸟嘌呤是核蛋白中的两种重要碱基。

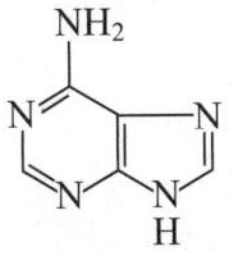

腺嘌呤(A) 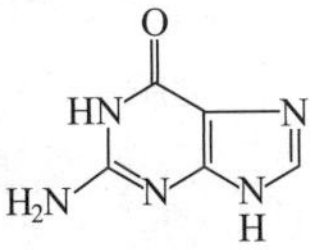　　　　　　鸟嘌呤(G)

第四节　重要的杂环化合物

1. 吡咯衍生物

吡咯的衍生物在自然界中分布很广，比如动物体中的血红素和植物体中的叶绿素都是吡咯衍生物，具有重要的生理活性。

卟吩是血红素和叶绿素分子结构的基本骨架，它是由 4 个吡咯环的 α-碳原子通过次甲基（—CH—）相连而成的复杂大共轭体系。卟吩环的 4 个氮原子通过配位键和共价键与金属离子结合，当吡咯环的 β-位连有取代基时，该环称为卟啉环。血红素是卟啉环与 Fe^{2+} 形成的络合物；叶绿素是卟啉环与 Mg^{2+} 形成的络合物，它们的结构式如下：

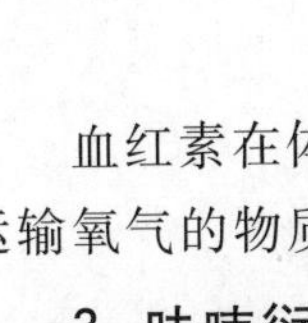

卟吩 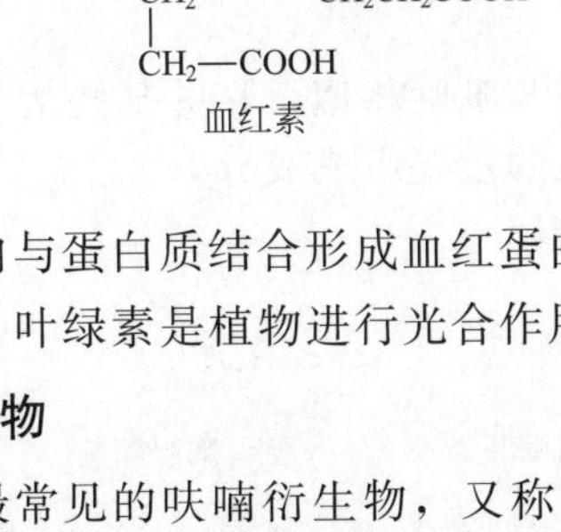　　　　　　　血红素 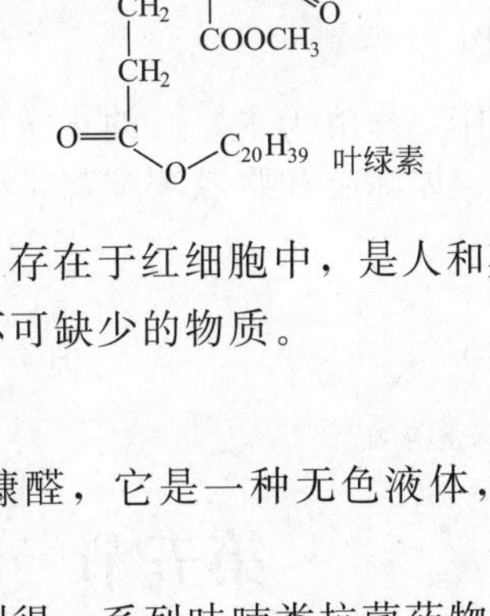　　　　　　　叶绿素a: R=CH_3　　叶绿素b: R=CHO　　叶绿素

血红素在体内与蛋白质结合形成血红蛋白，存在于红细胞中，是人和其他哺乳动物体内运输氧气的物质。叶绿素是植物进行光合作用不可缺少的物质。

2. 呋喃衍生物

呋喃甲醛是最常见的呋喃衍生物，又称为糠醛，它是一种无色液体，沸点为 161.7℃，在空气中易氧化变黑，是一种良好的溶剂。

糠醛是合成药物的重要原料，通过硝化可制得一系列呋喃类抗菌药物，如治疗泌尿系统感染的药物呋喃妥因、治疗血吸虫病的药物呋喃丙胺等。

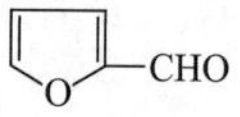

呋喃甲醛 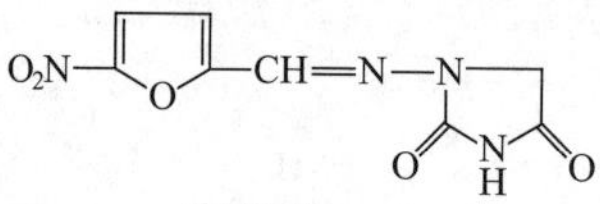　　呋喃妥因 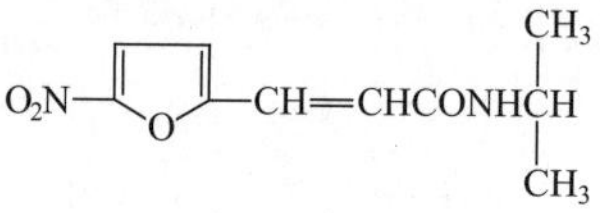　　呋喃丙胺

3. 咪唑衍生物

西咪替丁是比较重要的咪唑衍生物，又名甲氰咪胍，是临床上常用的第一代 H_2 受体拮抗剂、抗溃疡药，用于胃溃疡、十二指肠溃疡、上消化道出血等疾病的治疗。

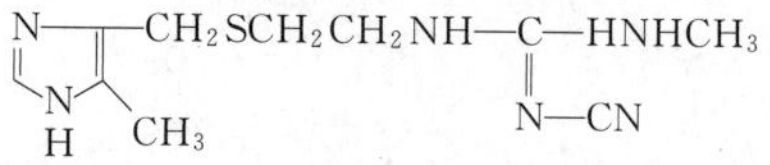

西咪替丁

4. 噻唑衍生物

噻唑是含一个硫原子和一个氮原子的五元杂环，它是无色、有吡啶臭味的液体，沸点为117℃，与水互溶，有弱碱性。青霉素是比较重要的噻唑衍生物。

青霉素是一类抗生素的总称，在结构上均具有一个活泼的四元环 β-内酰胺结构及与之稠合在一起的四氢噻唑环，这是青霉素具有抗菌作用的关键有效结构。通过改变烃基可以合成很多青霉素类药物，比如临床上常用的青霉素 G、青霉素 V、青霉素 O 等。

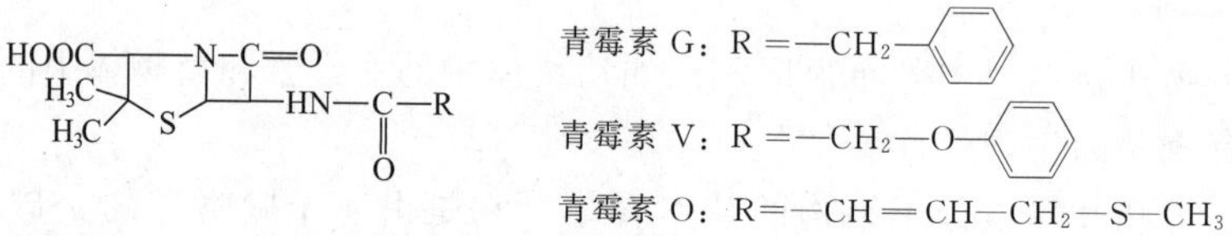

青霉素 G：R=—CH$_2$—C$_6$H$_5$

青霉素 V：R=—CH$_2$—O—C$_6$H$_5$

青霉素 O：R=—CH=CH—CH$_2$—S—CH$_3$

青霉素具有强酸性（$pK_a \approx 2.7$），在游离状态下不稳定（青霉素 O 例外），故在临床上常将其制成钠盐、钾盐或有机碱盐来使用。

5. 吡啶衍生物

烟酸和维生素 B_6 是比较重要的吡啶衍生物。烟酸是维生素 B 族的一种，它能扩张血管，促进细胞的新陈代谢，临床上主要用于维生素缺乏症的治疗。维生素 B_6 又名吡哆素，它包括吡哆醇、吡哆醛和吡哆胺三种物质，临床上常用于治疗各种原因引起的呕吐。

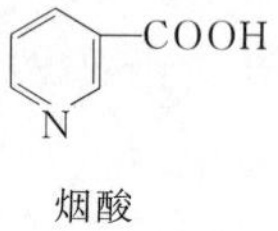

烟酸 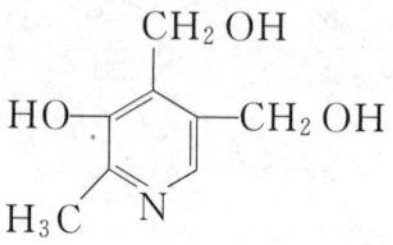　　吡哆醇 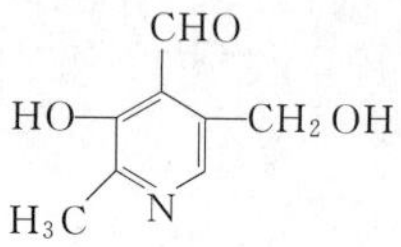　　吡哆醛 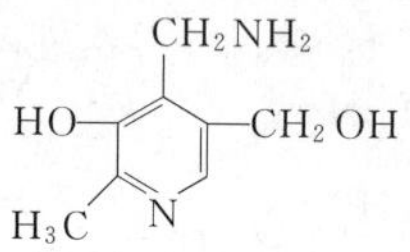　　吡哆胺

6. 嘧啶衍生物

嘧啶是无色晶体，易溶于水，它的化学性质与吡啶相似，它的某些衍生物有重要的生理活性，比如胞嘧啶、尿嘧啶和胸腺嘧啶都是核酸的重要组成成分。

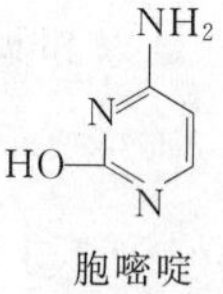

胞嘧啶 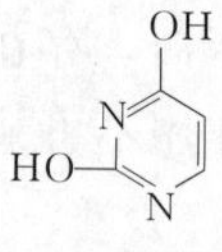　　尿嘧啶 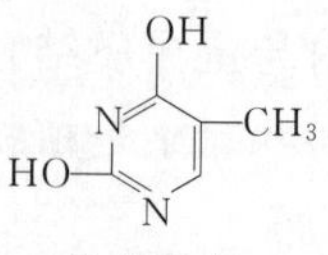　　胸腺嘧啶

第五节　生　物　碱

生物碱是一类存在于生物体内具有明显生理活性的复杂含氮有机化合物，由于它们主要

从植物中提取，所以也叫植物碱。生物碱是中草药的有效成分，在临床上被广泛使用。如麻黄中的麻黄碱可用于平喘止咳，罂粟中的吗啡碱可用于镇痛，黄连中的小檗碱可用于消炎、镇痛、清热去火等。

一、生物碱的一般性质

大多数生物碱为无色晶体，因分子中含有手性碳原子而具有旋光性，自然界中存在的生物碱一般是左旋体。生物碱有苦味，难溶于水，易溶于乙醇、乙醚、氯仿等有机溶剂。生物碱的结构比较复杂，种类繁多，但具有一些相似的化学性质。

1. 碱性

生物碱由于含有氮原子而多呈碱性，大多能与有机酸或无机酸结合生成盐。生物碱盐一般易溶于水。临床上常利用此特性将生物碱类药物制成盐类使用，如硫酸阿托品、盐酸吗啡等。

生物碱盐遇到强碱时，生物碱能游离出来，利用此法可进行生物碱的分离和提纯。

2. 沉淀反应

大多数生物碱或其盐溶液能与某些试剂反应生成难溶性的物质而沉淀下来。这些能与生物碱发生沉淀反应的试剂称为生物沉淀剂。生物沉淀剂多是复盐、杂多酸和某些有机酸，还有一些是氧化剂或脱水剂等。例如，氯化金、碘-碘化钾、碘化汞钾、磷钼酸、硅钨酸、氯化汞、碘化汞钾、苦味酸和鞣酸等。生物碱与一些生物沉淀剂作用呈不同颜色，如生物碱遇碘化汞钾多生成白色沉淀，与氯化金作用多生成黄色沉淀，可利用此反应对生物碱进行鉴别。

3. 颜色反应

生物碱能与一些试剂发生颜色反应，比如钒酸铵的浓硫酸溶液、浓硝酸、浓硫酸、甲醛、氨水等，利用此性质可鉴别生物碱。比如莨菪碱遇1%钒酸铵的浓硫酸溶液显红色，可待因遇甲醛-浓硫酸试剂显紫红色等。

二、重要的生物碱

1. 烟碱

烟碱又叫尼古丁，主要以苹果酸盐及柠檬酸盐的形式存在于烟草中。其结构式如下：

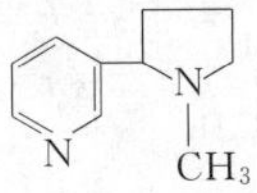

烟碱

烟碱为无色油状液体，沸点为246.1℃，有旋光性，天然的烟碱为左旋体。烟碱有剧毒，少量可使中枢神经兴奋，血压增高，多量可抑制中枢神经，导致心脏停搏而死亡。烟碱能被 $KMnO_4$ 氧化为烟酸，具有弱碱性，可与强酸作用成盐，与鞣酸、苦味酸等反应生成沉淀。

2. 麻黄碱

麻黄碱又名麻黄素，其分子中含有2个手性碳原子，有两对对映异构体，其结构式如下：

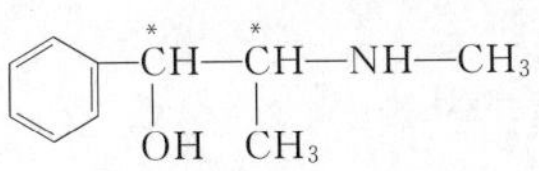

麻黄碱

麻黄碱为无色似蜡状固体，无臭，熔点为40℃，易溶于水，可溶于乙醇、氯仿、乙醚等有机溶剂。麻黄碱有扩张血管、兴奋交感神经、增高血压等作用，在临床上常用其盐酸盐治疗支气管哮喘、过敏性反应及低血压等。

3. 茶碱、可可碱和咖啡碱

它们均为黄嘌呤的 N-甲基衍生物。茶碱主要存在于茶叶中，咖啡碱主要存在于咖啡和茶叶中，可可碱主要存在于可可豆及茶叶中，它们都是带有苦味的物质，能溶于热水。茶碱、可可碱和咖啡碱均具有兴奋中枢神经、兴奋心脏和利尿作用。

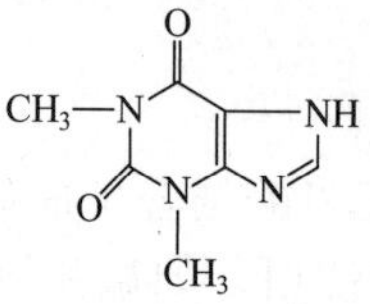

茶碱
(1,3-二甲基黄嘌呤)

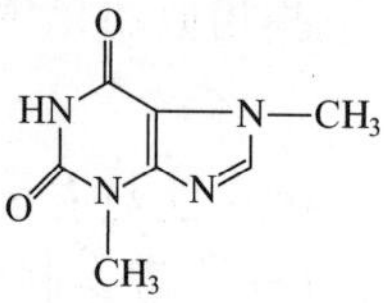

可可碱
(3,7-二甲基黄嘌呤)

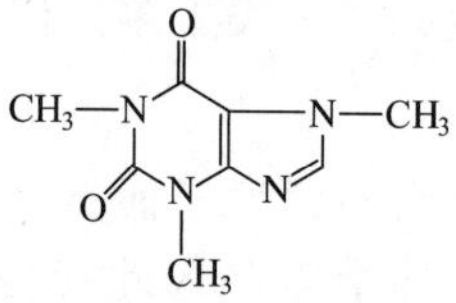

咖啡碱
(1,3,7-三甲基黄嘌呤)

4. 小檗碱

小檗碱又名黄连素，是黄连、黄柏等中草药的主要成分，是一种异喹啉生物碱。游离的小檗碱主要以季铵碱的形式存在，容易与酸作用形成盐。

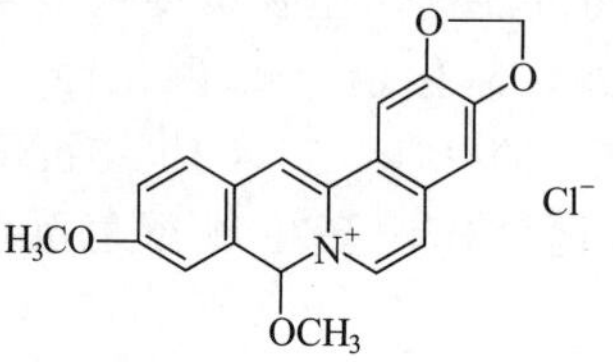

盐酸小檗碱

小檗碱为黄色结晶，能溶于水和乙醇，对痢疾杆菌、葡萄球菌有明显的抗菌作用，在临床上用于治疗细菌性痢疾和肠炎。

5. 莨菪碱

莨菪碱存在于莨菪、颠茄、曼陀罗、洋金花等茄科植物的叶中，是由莨菪醇和莨菪酸形成的酯。

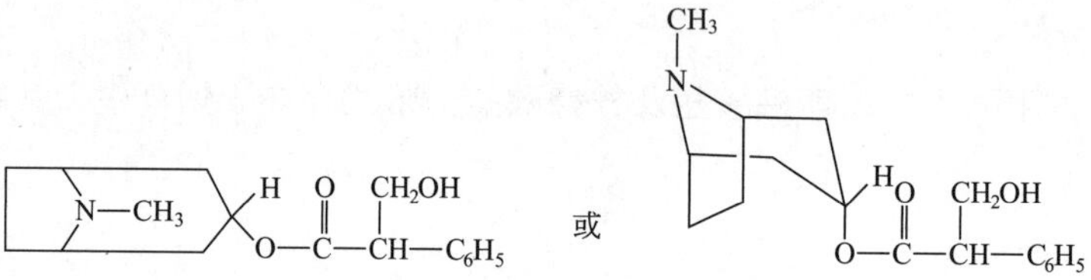

莨菪碱

莨菪碱为左旋体，在碱性条件下或受热时容易消旋化，消旋化的莨菪碱即为阿托品，又称颠茄碱。阿托品为人工合成的化合物，为长柱状晶体，难溶于水。临床上使用的硫酸阿托品为白色晶体粉末，易溶于水，用于治疗肠、胃平滑肌痉挛和十二指肠溃疡，也可用作有磷、锑中毒的解毒剂，在眼科用作散瞳剂。

复习题

1. 命名下列化合物。

(1) 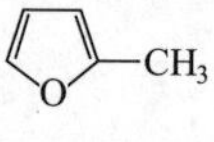 呋喃-CH_3 (2) 噻吩-C_2H_5 (3) 3,5-二甲基吡啶   (4) 3-吡啶甲酸

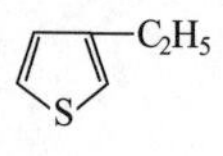

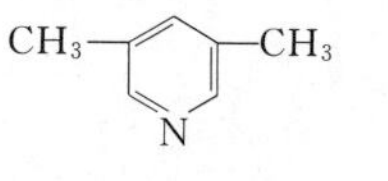

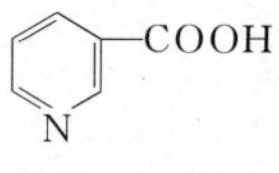

(5) [3-氨基喹啉] (6) [3-甲基吲哚] (7) [7-甲氧基-8-氨基喹啉]

(8) [5-氯异喹啉] (9) [2-乙酰基噻吩]

2. 写出下列化合物的构造式。
(1) 3-甲基吡咯 (2) α-噻吩磺酸 (3) γ-吡啶甲酸 (4) β-氯代呋喃 (5) β-吲哚乙酸 (6) 碘化 N,N-二甲基四氢吡咯 (7) 四氢呋喃 (8) 四氢吡咯 (9) 8-羟基喹啉

3. 下列化合物哪个可溶于酸？哪个可溶于碱？哪个既可溶于酸又可溶于碱？

(1) [尼古丁结构] (2) [腺嘌呤] (3) [吗啡结构] (4) [吲哚]

4. 写出下列各反应的产物。

(1) H_3C-呋喃-CHO $\xrightarrow{\text{浓NaOH}}$ (A) + (B)

(2) 呋喃-CHO $\xrightarrow[\text{NaOH}]{\text{CH}_3\text{CH}_2\text{CHO}}$ (A) $\xrightarrow{\Delta}$ (B)

(3) 噻吩 + $CH_3CH_2\overset{O}{\underset{}{C}}Cl$ $\xrightarrow{ZnCl_2}$ (A)

(4) 吡啶 + $CH_3\underset{I}{CHCH_3}$ $\longrightarrow$ (A)

(5) 吡咯 $\xrightarrow{K}$ (A) $\xrightarrow{C_2H_5I}$ (B)

5. 用化学方法区别下列各组化合物。
(1) 苯和噻吩 (2) 苯、噻吩、苯酚 (3) 吡咯和四氢吡咯 (4) 苯甲醛和糠醛

6. 把下列化合物按其碱性由强到弱排列成序。
甲胺、苯胺、吡咯、喹啉、吡啶、氨、乙腈

第十四章 糖 类

知识目标

1. 了解糖类的定义、分类、重要的单糖；
2. 掌握单糖的结构及其化学性质；
3. 理解二糖、多糖、淀粉和纤维素的性质与应用。

能力、思政与职业素养目标

1. 能利用糖的还原性鉴别还原糖、醛糖和酮糖；
2. 能应用成脎反应鉴别糖和确定糖的构型；
3. 能分析淀粉、纤维素结构上的不同导致它们性质的差异；
4. 懂得官能团的决定作用，培养解决问题抓关键的能力。

第一节 概 述

1. 糖类的概念

糖类是自然界存在最多的一类有机化合物，例如葡萄糖、蔗糖、淀粉、纤维素都属于糖类。从化学结构的特点来说，它们是多羟基的醛、酮或多羟基醛、酮的缩合物，分子中含有下列结构：

由于最初发现这一类化合物都是由碳、氢、氧三种元素组成的，而且分子中氢和氧的比例为 2∶1，它们都可以用 $C_n(H_2O)_m$ 的通式来表示，所以便将这类物质称为碳水化合物。但后来发现有些化合物，如鼠李糖（$C_6H_{12}O_5$），根据它的结构和性质应该属于碳水化合物，但组成并不符合上面通式；而有些化合物，如乙酸（$C_2H_4O_2$），虽然分子式符合上述通式，但从结构及性质上，则与碳水化合物完全不同。因此"碳水化合物"这一名词并不十分恰当。

2. 糖类的分类

糖类常根据它能否水解及水解后生成的物质是多羟基醛和多羟基酮来分类,可分为以下三类。

(1) 单糖 单糖是多羟基醛或多羟基酮,它不能水解成更小的分子,如葡萄糖、果糖等。

(2) 低聚糖 低聚糖是单糖的低聚体,也叫寡糖,水解后能生成几个分子(一般为2~9个)的单糖。最重要的低聚糖是二糖,如蔗糖、麦芽糖等。

(3) 多糖 多糖是单糖的高聚体,水解后能生成许多分子单糖,如淀粉、纤维素等。

【知识链接】

糖尿病及预防

糖尿病是由遗传因素、免疫功能紊乱、微生物感染及其毒素、自由基毒素、精神因素等各种致病因子作用于机体导致胰岛功能减退、胰岛素拮抗等而引发的糖、蛋白质、脂肪、水和电解质等一系列代谢紊乱综合征,临床上以高血糖为主要特点,典型病例可出现多尿、多饮、多食、消瘦等表现,即"三多一少"症状,糖尿病(血糖)一旦控制不好会引发糖尿病并发症,导致肾、眼、足等部位的衰竭病变,且无法治愈。患者应该定期监测血糖水平,及时控制,以防并发症的发生,不可忽视。严重患者可导致感染、心脏病变、脑血管病变、肾衰竭、双目失明、下肢坏疽等而成为致死致残的主要原因。

高渗综合征是病症的严重急性并发症,初始阶段可表现为多尿、多饮、倦怠乏力、反应迟钝等,随着机体失水量的增加病情急剧发展,出现嗜睡、定向障碍、癫痫样抽搐、偏瘫等类似脑卒中的症状,甚至昏迷。

第二节 单 糖

单糖是构成低聚糖和多聚糖的基本单元,因此了解单糖的结构和性质是研究糖类的基础。天然来源的单糖种类很多,按分子中所含碳原子数目可分为丙糖、丁糖、戊糖和己糖等。分子中含有醛基的叫醛糖,含有酮基的叫酮糖。戊糖中最重要的是核糖,己糖中最重要的是葡萄糖和果糖。

自然界中存在最广泛的单糖是葡萄糖(多羟基醛)、果糖(多羟基酮)和核糖。本节以葡萄糖和果糖为代表来讨论单糖。

一、单糖的结构

实验证明,葡萄糖的分子式为 $C_6H_{12}O_6$,为 2,3,4,5,6-五羟基己醛的基本结构;果糖为 1,3,4,5,6-五羟基-2-己酮的基本结构。其构造式如下:

$$CH_2-\overset{*}{C}H-\overset{*}{C}H-\overset{*}{C}H-\overset{*}{C}H-CHO$$
$$\ \ OH\ \ \ \ OH\ \ \ \ OH\ \ \ \ OH\ \ \ \ OH$$
葡萄糖

$$CH_2-\overset{*}{C}H-\overset{*}{C}H-\overset{*}{C}H-C-CH_2$$
$$\ \ OH\ \ \ \ OH\ \ \ \ OH\ \ \ \ OH\ \ \ \ \ \ \ \ OH$$
果糖

葡萄糖有四个手性碳原子,因此,它有 $2^4=16$ 个对映异构体。所以,只知道糖的构造式是不够的,还必须确定它的构型。

19 世纪末至 20 世纪初，费歇尔（E. Fischer）历时七年，对糖进行了系统的研究，确定了葡萄糖的结构：

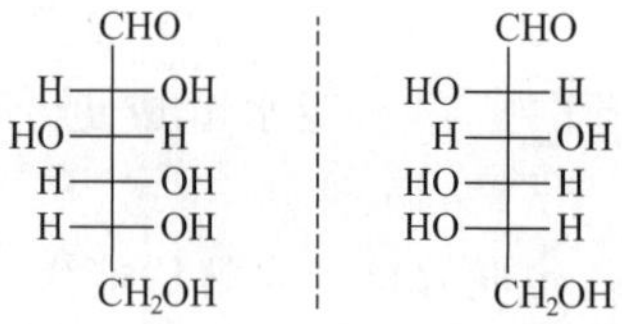

$$\begin{array}{c} \text{CHO} \\ \text{H}\!-\!\!\!-\!\text{OH} \\ \text{HO}\!-\!\!\!-\!\text{H} \\ \text{H}\!-\!\!\!-\!\text{OH} \\ \text{H}\!-\!\!\!-\!\text{OH} \\ \text{CH}_2\text{OH} \end{array} \quad \begin{array}{c} \text{CHO} \\ \text{HO}\!-\!\!\!-\!\text{H} \\ \text{H}\!-\!\!\!-\!\text{OH} \\ \text{HO}\!-\!\!\!-\!\text{H} \\ \text{HO}\!-\!\!\!-\!\text{H} \\ \text{CH}_2\text{OH} \end{array}$$

D-(+)葡萄糖　　L-(−)葡萄糖

虽然单糖分子的构型可以用 R/S 标记法把每个碳原子的构型都标记出来，但由于历史原因，糖类的名称常用俗名，构型习惯用 D/L 名称进行标记，即编号最大的手性碳原子上 OH 在右边的为 D-型，OH 在左边的为 L-型。

【知识拓展】

单糖构型的确定

糖的相对构型（D-系列和 L-系列）是以 D-(＋) 甘油醛和 L-(−) 甘油醛作为标准，将其进行一系列与糖类化合物有关联的反应而得到的。

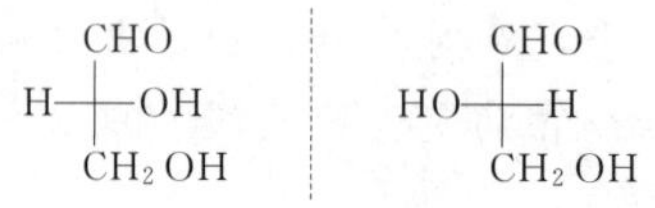

$$\begin{array}{c} \text{CHO} \\ \text{H}\!-\!\!\!-\!\text{OH} \\ \text{CH}_2\text{OH} \end{array} \quad \begin{array}{c} \text{CHO} \\ \text{HO}\!-\!\!\!-\!\text{H} \\ \text{CH}_2\text{OH} \end{array}$$

D-(＋)-甘油醛　　L-(−)-甘油醛
（Ⅰ）　　　　　（Ⅱ）

从如 D-(＋) 甘油醛出发，通过用 HCN 加成、水解、还原等方法，可各衍生出两个四碳糖 D-赤藓糖和 D-苏阿糖（转化过程不涉及手性碳化学键的断裂）。

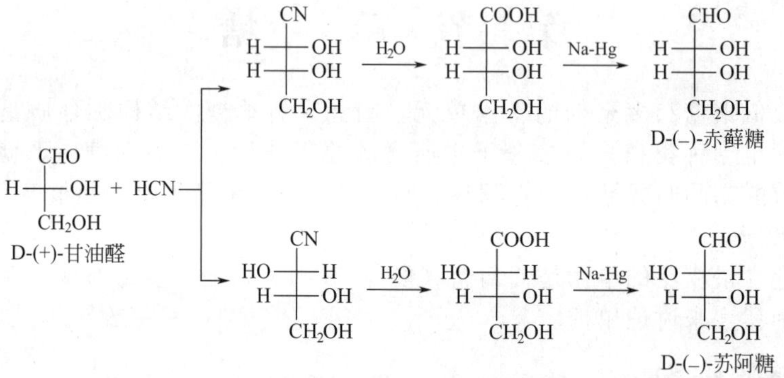

$$\begin{array}{c} \text{CHO} \\ \text{H}\!-\!\!\!-\!\text{OH} \\ \text{CH}_2\text{OH} \end{array} + \text{HCN} \longrightarrow$$

D-(+)-甘油醛

$$\begin{array}{c} \text{CN} \\ \text{H}\!-\!\!\!-\!\text{OH} \\ \text{H}\!-\!\!\!-\!\text{OH} \\ \text{CH}_2\text{OH} \end{array} \xrightarrow{\text{H}_2\text{O}} \begin{array}{c} \text{COOH} \\ \text{H}\!-\!\!\!-\!\text{OH} \\ \text{H}\!-\!\!\!-\!\text{OH} \\ \text{CH}_2\text{OH} \end{array} \xrightarrow{\text{Na-Hg}} \begin{array}{c} \text{CHO} \\ \text{H}\!-\!\!\!-\!\text{OH} \\ \text{H}\!-\!\!\!-\!\text{OH} \\ \text{CH}_2\text{OH} \end{array}$$

D-(−)-赤藓糖

$$\begin{array}{c} \text{CN} \\ \text{HO}\!-\!\!\!-\!\text{H} \\ \text{H}\!-\!\!\!-\!\text{OH} \\ \text{CH}_2\text{OH} \end{array} \xrightarrow{\text{H}_2\text{O}} \begin{array}{c} \text{COOH} \\ \text{HO}\!-\!\!\!-\!\text{H} \\ \text{H}\!-\!\!\!-\!\text{OH} \\ \text{CH}_2\text{OH} \end{array} \xrightarrow{\text{Na-Hg}} \begin{array}{c} \text{CHO} \\ \text{HO}\!-\!\!\!-\!\text{H} \\ \text{H}\!-\!\!\!-\!\text{OH} \\ \text{CH}_2\text{OH} \end{array}$$

D-(−)-苏阿糖

若继续从 D-赤藓糖和 D-苏阿糖出发，用 HCN 加成、水解、还原等同样方法，可各衍生出两个戊糖，共四个 D-戊醛糖，从四个 D-戊醛糖出发可各得两个己糖，共八个 D-己醛糖，如图 14-1 所示。

如果从 L-(−) 甘油醛，经过同样的方法可得八个 L-己醛糖。十六个己醛糖都经合成得到，其中十二个是费歇尔一个人取得的（于 1890 年完成合成），所以费歇尔被誉为"糖化学之父"，也因此获得了 1902 年的诺贝尔化学奖。

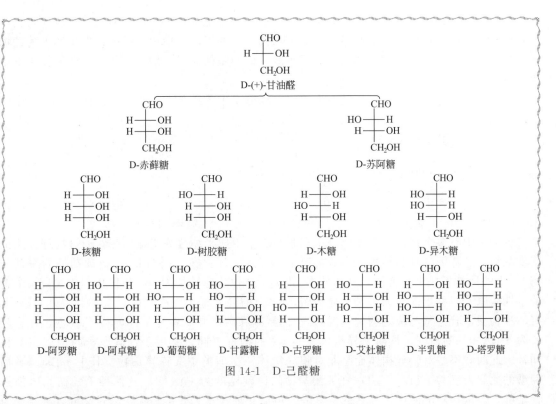

图 14-1 D-己醛糖

1. 葡萄糖

（1）开链式结构　葡萄糖的构造式如下：

$$CH_2(OH)-\overset{*}{C}H(OH)-\overset{*}{C}H(OH)-\overset{*}{C}H(OH)-\overset{*}{C}H(OH)-CHO$$

从自然界中得到的葡萄糖是右旋体，称右旋糖。它的构型为 D-型，构型式可用费歇尔投影式表示：

△ 代表—CHO
○ 代表—CH$_2$OH
短横线代表—OH
竖线代表碳链

【知识拓展】　　　　　　　　　　葡萄糖的变旋现象

将 D-(+)-葡萄糖的水溶液在不同的条件下结晶可得到两种物理性质不同的晶体，其中一种熔点为 146℃（25℃时结晶得到），另一种熔点为 150℃（98℃时结晶得到），它们新配置的水溶液的比旋光度分别为 +112°和 +18.7°，将两种溶液放置一些时间后再测定，比旋光度都发生变化，前者逐渐下降，而后者不断上升，直至都变为 +52.7°的恒定值。这种比旋光度随时间而发生变化的现象称变旋现象。葡萄糖的开链结构是无法解释变旋现象的，因为在溶液中葡萄糖是由环状结构转化成开链式结构的。

(2) 氧环式结构 从葡萄糖的开链式结构上分析,葡萄糖分子中含有醛基,应与席夫试剂发生显色反应;在无水的酸性条件下,应与两分子的甲醇反应生成缩醛,但事实上葡萄糖遇席夫试剂不显色,而且它只能与一分子甲醇(而不是两分子甲醇)在干燥氯化氢作用下生成缩醛。

为解释上述现象,很久以前就有人提议,糖分子中的羰基并不是游离的而是与分子中的羟基形成了具有氧环式结构的半缩醛或半缩酮。

醛糖   半缩醛

糖分子中有多个羟基,究竟哪一个羟基与羰基生成半缩醛或半缩酮呢?通过物理方法证明戊醛糖、己醛糖的环状结构大多数情况下都以六元环存在。例如 D-(＋)-葡萄糖的醛基是与 C_5 上的羟基形成半缩醛的,从而使 C_1 由 sp^2 杂化状态转变为 sp^3 杂化状态并成为一个新的手性碳原子,称半缩醛碳,又称异头碳,C_1 上的羟基称半缩醛羟基,又称苷羟基。C_1 上有两种构型,苷羟基与决定糖构型的 C_5 上的羟基在碳链同侧者为 α-D-(＋)-葡萄糖,在异侧者为 β-D-(＋)-葡萄糖。这两个异构体只是 C_5 的构型不同,其他手性碳原子的构型完全相同,因此两者不是对映异构体而是非对映异构体,在糖类中又称异头物。其中 α-D-(＋)-葡萄糖的比旋光度为＋112°,β-D-(＋)-葡萄糖的比旋光度为＋18.7°。这两种葡萄糖晶体都是稳定的,但是在水溶液中,环状的半缩醛式可以开环互变为开链醛式,醛式又可以再互变为半缩醛的环式,它既可以形成 α-异头物,也可以形成 β-异头物,即 α-型、β-构型两种葡萄糖在水中通过开链式可以互变。无论是 α-葡萄糖晶体还是 β-葡萄糖晶体配成的水溶液,都存在这样一个互变异构的平衡反应。当两种异头物的互变达到平衡时,混合物的总旋光度才不再继续改变。经测定动态平衡体系中 α-异头物约占 36.4％,β-异头物约占 63.6％,开链式极少(小于 0.01％),平衡时 D-(＋)-葡萄糖水溶液的比旋光度为＋52.7°。

α-构型   开链式   β-构型
37%   0.1%   63%
112°   19°
52°

D-(＋)-葡萄糖的典型醛类反应是由于有极少量醛式葡萄糖的存在,反应时醛式不断消耗,但可通过互变平衡得以再生直至反应完全。

(3) 环状结构的哈沃斯(Haworth)透视式 糖的半缩醛氧环式结构不能反映出各个基团的相对空间位置。为了更清楚地反映糖的氧环式结构,常用最直观的哈沃斯透视式表示。

α-D-(+)-吡喃葡萄糖   β-D-(+)-吡喃葡萄糖

糖的哈沃斯结构和吡喃相似,所以,六元环单糖又称为吡喃型单糖。

(4) 单糖的构象　研究证明，吡喃型糖的六元环主要是呈椅式构象存在于自然界的。

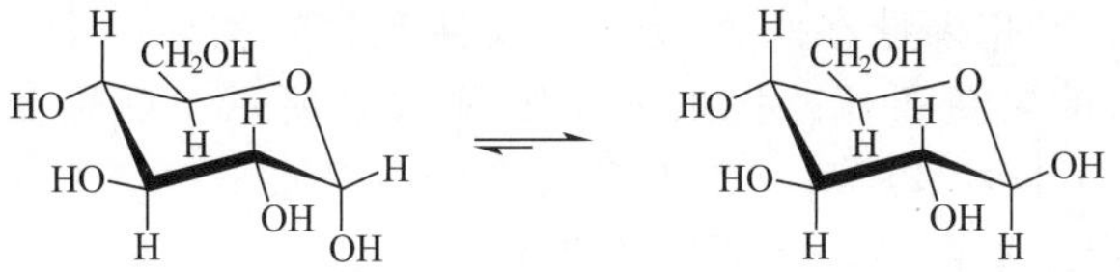

α-构型
37%

β-构型
63%

从 D-(+)-吡喃葡萄糖的构象可以清楚地看到，在 β-D-(+)-吡喃葡萄糖中，体积大的取代基—OH 和—CH$_2$OH 都在 e 键上；而在 α-D-(+)-吡喃葡萄糖中有一个—OH 在 a 键上，故 β-构型是比较稳定的构象，因而在平衡体系中的含量也较多。

【知识拓展】

吡 喃 糖

吡喃糖的环结构与环己烷相似，是一个非平面环状结构，物理方法已证明，α-D-(+)-吡喃葡萄糖具有椅式构象，C_1 和 C_5 上的羟基处在环的同侧。推知 β-D-(+)-吡喃葡萄糖也是椅式构象。从构象分析可知，D-(+)-吡喃葡萄糖的 β-异头物的所有体积大的基团（—CH$_2$OH、—OH）都连在 e 键上，而 α-异头物中却有一个苷羟基连在 a 键上，故 β-构型比 α-构型更稳定。这就很好地说明了为什么在平衡体系中 β-异头物占较大比例。

其他醛糖也都有 α-、β-异头物。例如，自然界中存在的另外两种己醛糖：D-(+)-甘露糖和 D-(+)-半乳糖，它们异头物的哈沃斯结构式如下：

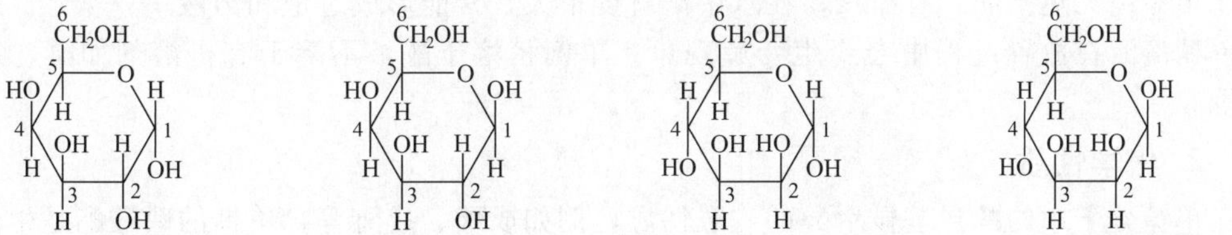

α-D-(+)-吡喃半乳糖　　β-D-(+)-吡喃半乳糖　　α-D-(+)-吡喃甘露糖　　β-D-(+)-吡喃甘露糖

哈沃斯式

2. 果糖

果糖的分子式也是 $C_6H_{12}O_6$，经化学方法证明它是己酮糖，其构造式为：

$$HOH_2C-\overset{O}{\overset{\|}{C}}-\overset{*}{C}HOH-\overset{*}{C}HOH-\overset{*}{C}HOH-CH_2OH$$

自然界中存在的果糖为左旋体，称左旋糖，也属 D-构型。D-(-)-果糖的构型为：

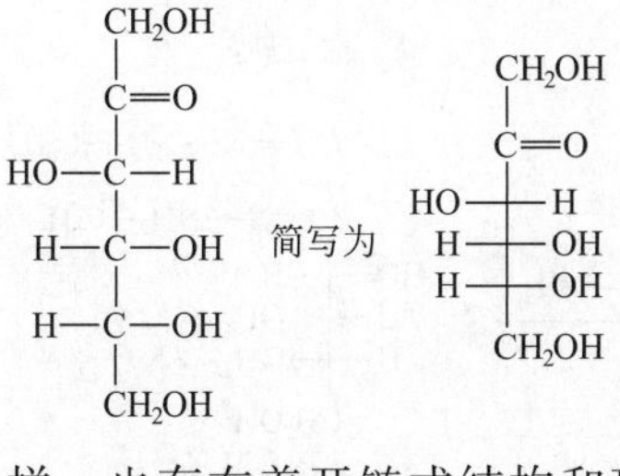

简写为

果糖在水溶液中和葡萄糖一样，也存在着开链式结构和环状结构。

酮糖也有变旋现象，以半缩酮形式存在。己酮糖可以五元氧环或六元氧环形式存在。经测定游离的果糖大多是六元氧环式结构，但它的衍生物常是五元氧环结构。五元氧环类似于呋喃环，故称呋喃糖。因此果糖在水溶液中有五种互变异构体，即 α-吡喃果糖、β-吡喃果糖、α-呋喃果糖、β-呋喃果糖和开链式果糖，如图 14-2 所示。D-果糖的 α-或 β-异构体是以 C_2 上新形成的苷羟基（半缩酮羟基）与决定糖构型的碳原子（C_5）上羟基的相对位置来确定的，它们在环同侧者为 α-构型，在环异侧者为 β-构型。

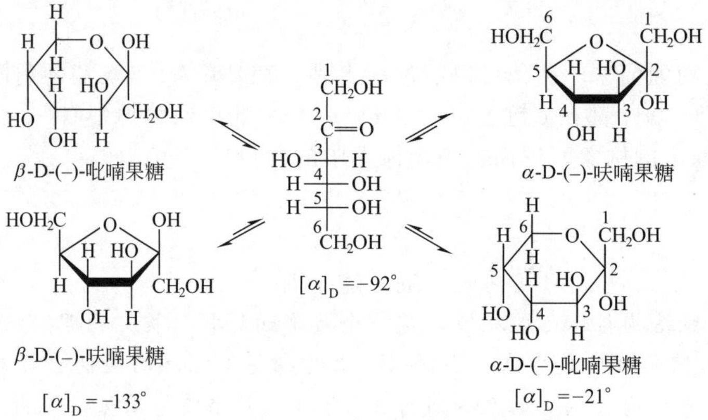

图 14-2 果糖的互变异构

二、单糖的性质

1. 物理性质

单糖是无色结晶，有甜味，在水中溶解度很大，常能形成过饱和溶液——糖浆。新配制的单糖溶液在放置过程中会产生变旋现象。单糖稍溶于醇，不溶于有机溶剂如醚、氯仿和苯等。

2. 化学性质

单糖分子中的醇羟基显示醇的一般性质，例如成酯、成醚等。单糖的磷酸酯是生成代谢过程中很重要的物质。单糖水溶液中开链式和氧环式的互变平衡混合物当受到不同试剂进攻时可以不同形式参与反应，既可按开链式结构发生反应（与斐林试剂、托伦试剂反应，成脎反应等），又可以氧环式发生反应（成苷反应）。

（1）成脎反应 单糖与苯肼反应生成的产物叫作脎，例如：

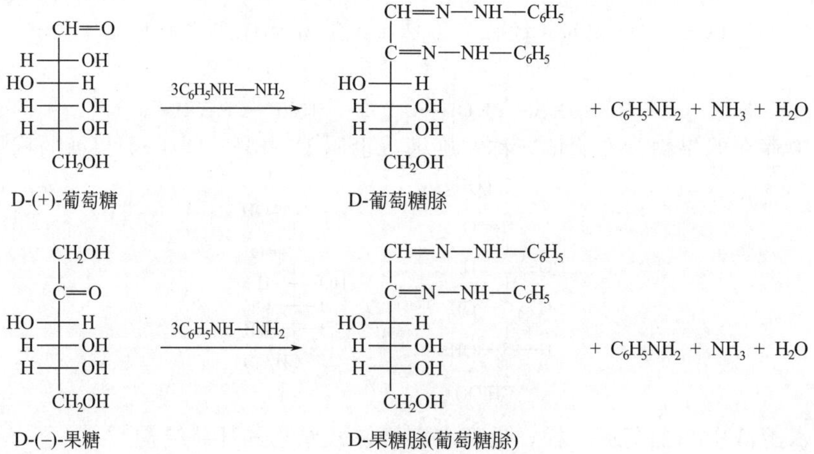

生成糖脎的反应发生在 C_1 和 C_2 上，不涉及其他的碳原子，所以，如果仅在第二个碳

上构型不同而其他碳原子构型相同的差向异构体，必然生成同一个脎。例如，D-葡萄糖、D-甘露糖、D-果糖的 C_3、C_4、C_5 的构型都相同，因此它们生成同一个糖脎。

$$
\begin{array}{ccc}
\text{CH=O} & \text{CH=O} & \text{CH}_2\text{OH} \\
\text{H——OH} & \text{HO——H} & \text{C=O} \\
\text{HO——H} & \text{HO——H} & \text{HO——H} \\
\text{H——OH} & \text{H——OH} & \text{H——OH} \\
\text{H——OH} & \text{H——OH} & \text{H——OH} \\
\text{CH}_2\text{OH} & \text{CH}_2\text{OH} & \text{CH}_2\text{OH} \\
\text{D-(+)-葡萄糖} & \text{D-(+)-甘露糖} & \text{D-(-)-果糖}
\end{array}
$$

糖脎为黄色结晶，不同的糖脎有不同的晶型，反应中生成的速率也不同。因此，可根据糖脎的晶型和生成的时间来鉴别糖。

(2) 氧化反应　醛糖与酮糖都能被像托伦试剂或斐林试剂这样的弱氧化剂氧化，前者产生银镜，后者生成氧化亚铜的砖红色沉淀，糖分子的醛基被氧化为羧基。

$$C_6H_{12}O_6 + Ag(NH_3)_2^+ \longrightarrow C_6H_{12}O_7 + Ag\downarrow$$

$$C_6H_{12}O_6 + Cu(OH)_2 \longrightarrow C_6H_{12}O_7 + Cu_2O\downarrow$$

酮糖能被托伦试剂或斐林试剂等弱氧化剂氧化，这是 α-羟基酮特有的反应。此反应可用作单糖的定性和定量测定，但不能用于鉴别醛糖和酮糖。

果糖之所以具有还原性，是因为果糖在稀碱溶液中可发生酮式-烯醇式互变，酮基不断地变成醛基（托伦试剂和斐林试剂都是碱性试剂），故酮糖能被这两种试剂氧化，其转化反应如下：

$$
\begin{array}{c}
\text{D-(+)-葡萄糖} \quad \xleftrightarrow[\text{OH}^-]{a} \quad \text{烯二醇中间体} \quad \xleftrightarrow[\text{OH}^-]{b} \quad \text{D-(+)-甘露糖} \\
64\% \qquad\qquad\qquad\qquad\qquad\qquad\qquad\qquad\qquad 3\% \\
\updownarrow c \; \text{OH}^-, -H_2O \\
\text{D-(-)-果糖} \\
31\%
\end{array}
$$

像果糖在稀碱溶液中发生酮式-烯醇式互变那样，酮基不断地变成醛基（相互转变），这样的异构体叫差向异构体，差向异构体在一定条件下相互转化的反应称为差向异构化。

差向异构化可应用于糖的合成，尤其是制备自然界中难得到的糖类。例如，可用差向异构化的方法从较易得到的阿拉伯糖制备很难得的核糖。

【知识拓展】

班氏试剂

班氏试剂是斐林试剂的改进，它是由硫酸铜、碳酸钠和柠檬酸钠配制成的蓝色溶液，同斐林试剂一样含有 Cu^{2+} 配离子，反应原理相同，但它比斐林试剂稳定，不需临时配制，使用方便。临床上常用班氏试剂来检验糖尿病患者的尿液中是否含有葡萄糖，并根据产生 Cu_2O 沉淀的颜色深浅以及量的多少来判断葡萄糖的含量。

【知识链接】

葡萄糖醛酸

葡萄糖在肝脏中酶的作用下，能被氧化为葡萄糖醛酸，即末端的羟甲基被氧化为羧基。葡萄糖醛酸在肝脏中能与一些有毒的物质，如醇、酚等结合成无毒的化合物，随尿排出体外，从而起到解毒和保护肝脏的作用。葡萄糖醛酸的药物名称为"肝泰乐"，可治疗肝炎、肝硬化及药物中毒。葡萄糖醛酸也可通过下列转换人工合成：

D-葡萄糖 —稀HNO₃→ D-葡萄糖二酸 —[H]→ D-葡萄糖醛酸

(3) 还原反应 单糖采用催化加氢、还原剂还原或电解还原，生成多元醇。酮糖还原后增加了一个手性碳原子，因此产物是差向异构体（只有一个手性碳原子的构型不同，其他手性碳原子的构型完全相同的立体异构体）的混合物。

D-(＋)-葡萄糖催化加氢生成 L-(－)-山梨醇，L-山梨醇经醋酸菌选择氧化生成 L-(－)-山梨糖。

L-山梨醇可作为食品添加剂以及制备非离子表面活性剂的重要原料。L-(－)-山梨糖可制维生素 C，故此法是以 D-(＋)-葡萄糖为原料制造维生素 C 的方法。

(4) 成苷反应 氧环式的醛糖、酮糖的苷羟基能与其他含羟基的化合物（如醇、酚）或含氮杂环化合物或含硫化合物作用，失水而生成缩醛或缩酮的反应称为成苷反应，其产物称为配糖物，简称为"苷"，全名为某糖某苷，与糖形成苷的非糖部分称为配基。例如，将少量干燥氯化氢通入 D-(＋)-葡萄糖的甲醇溶液中，则生成甲基-D-吡喃葡萄糖苷的 α-、β-两种异头物。异头碳与甲氧基所形成的键称为苷键。

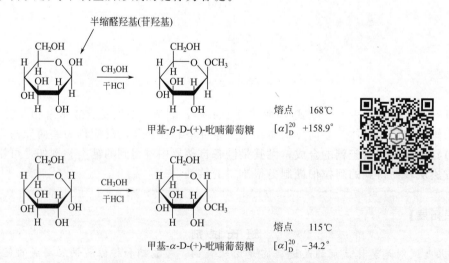

甲基-β-D-(+)-吡喃葡萄糖 熔点 168℃ $[\alpha]_D^{20}$ +158.9°

甲基-α-D-(+)-吡喃葡萄糖 熔点 115℃ $[\alpha]_D^{20}$ -34.2°

在中性或碱性水溶液中苷比较稳定。两种异头物不能通过开链式而互变，故没有变旋现象。苷不能与过量苯肼生成脎；对斐林试剂和托伦试剂呈负反应，即苷无还原性。但在酸作用下苷易水解生成糖和配基。用酶催化水解更迅速，而且有选择地水解苷键。例如，从酵母得到的 α-糖苷酶只水解 α-苷键，而 β-糖苷酶则专门水解 β-苷键。酶水解对测定低聚糖和多糖及其他配糖体中的糖苷键的构型很有用。

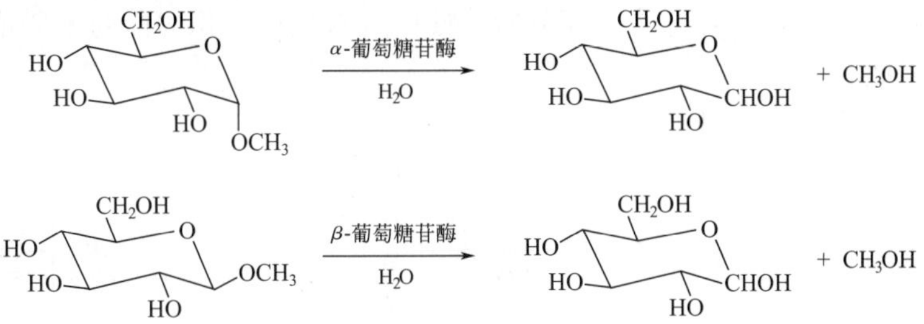

$$\text{（α-葡萄糖苷的结构式）} \xrightarrow[H_2O]{\alpha\text{-葡萄糖苷酶}} \text{（开链产物）} + CH_3OH$$

$$\text{（β-葡萄糖苷的结构式）} \xrightarrow[H_2O]{\beta\text{-葡萄糖苷酶}} \text{（开链产物）} + CH_3OH$$

【知识链接】

糖苷类化合物的药用价值

糖苷类化合物在自然界分布很广，大多数具有生物活性，是许多中草药的有效成分之一。如水杨苷有止痛功效；苦杏仁苷有止咳作用；葛根黄素具有改善心脑血管功能，同时也具有抗癌、降血糖等作用。此外，单糖与含氮杂环生成的糖苷是生命活动的重要物质——核酸的组成部分。

三、重要的单糖

1. 葡萄糖

葡萄糖是无色晶体，熔点146℃。天然葡萄糖是 D-型右旋糖，它广泛存在于蜂蜜及植物的种子、根、茎、叶、花及果实中（如成熟的葡萄中含20%～30%葡萄糖）。在动物和人体血液、脑脊髓和淋巴液中也含有葡萄糖。

淀粉在动物体内酶作用下水解生成葡萄糖，葡萄糖在体内氧化成水和 CO_2，为动物提供维持体温和活动的能量，它是维持生命不可缺少的物质。

葡萄糖是医药、食品工业的重要原料，在印染、制革、制镜工业中常作为还原剂。葡萄糖的工业制法是将淀粉经稀酸催化水解得黄褐色粗制品，再以水或乙醇重结晶制得纯净的葡萄糖。

2. 果糖

果糖是无色晶体，熔点102～104℃。天然果糖是 D-型左旋糖。水果汁和蜂蜜都含有丰富的果糖，其甜度比葡萄糖和蔗糖都大。在人体内 D-果糖迅速转化为 D-葡萄糖，但过多地食用果糖可导致体内胆固醇的增加。果糖与氢氧化钙生成的配合物 $C_6H_{12}O_6 \cdot Ca(OH)_2 \cdot H_2O$ 极难溶于水，可用于果糖的检验。

3. 半乳糖

天然半乳糖是 D-型右旋糖，无水半乳糖熔点为64℃，半乳糖存在于动物和人的乳汁、植物种子的营养组织及树胶中，它以低聚糖形式存在于乳糖（双糖）、棉子糖（存在于甜菜蜜糖中的散糖）中，以多聚糖形式存在于多聚半乳糖（琼脂）中。

第三节 二　糖

低聚糖可以看作是由几个相同或不同的单糖失水后的缩合产物，低聚糖中最重要的一类是二糖。二糖的物理性质和单糖相似，能形成晶体，易溶于水并有甜味。二糖是由两分子单糖通过苷键连接而成的化合物。根据它们的性质，自然界的二糖可分为还原性二糖与非还原性二糖两类。还原性二糖是一分子单糖的苷羟基与另一分子单糖的醇羟基脱水缩合的产物。

在这类二糖分子中，一分子单糖形成苷，而另一分子单糖仍保留苷羟基。这类二糖在水溶液中可以形成开链式，因此这类二糖具有单糖的性质，有变旋现象，能与苯肼成脎，能还原托伦试剂和斐林试剂。

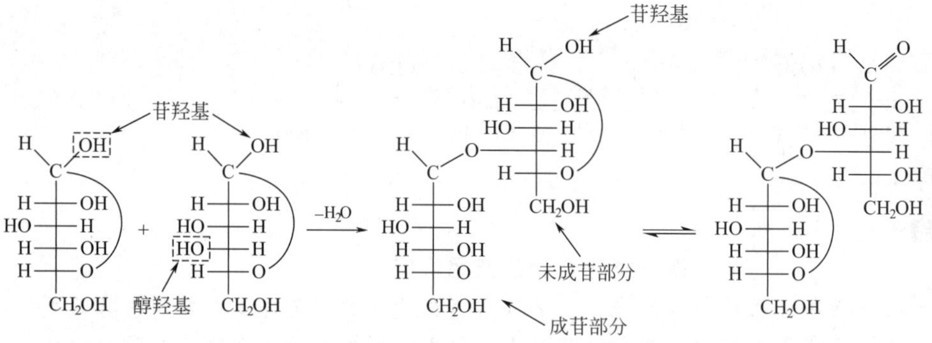

还原性二糖

非还原性二糖是由两个单糖分子都以苷羟基脱水缩合而成的二糖。二糖分子内不存在苷羟基，也就不能形成开链式，无变旋现象，不能与苯肼成脎，对托伦试剂和斐林试剂呈负反应。

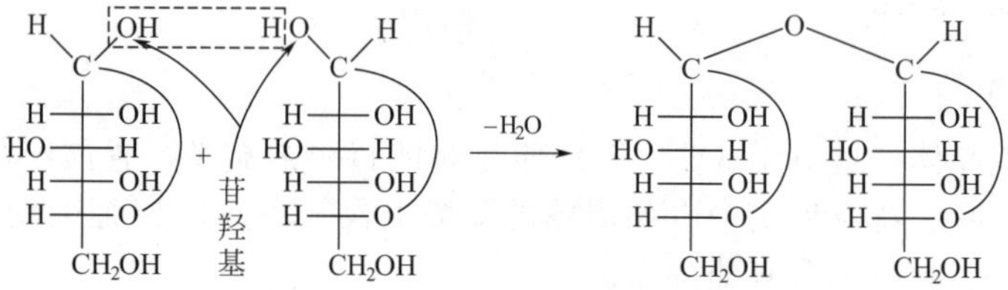

非还原性二糖

一、还原性二糖

1. 麦芽糖

麦芽糖分子式为 $C_{12}H_{22}O_{11}$，在自然界中不存在游离的麦芽糖，只有少量存在于麦芽中。通常麦芽糖是用含有淀粉较多的农产品如大米、玉米、薯类等作为原料，在淀粉酶（存在于大麦芽中）的作用下，约 60℃ 时，发生水解反应而生成的。

$$2(C_6H_{10}O_5)_n + nH_2O \xrightarrow[60℃]{淀粉酶} n\underset{\text{麦芽糖}}{C_{12}H_{22}O_{11}}$$

唾液中也有淀粉酶，也能使淀粉水解为麦芽糖，所以细嚼淀粉食物后常有甜味感。麦芽糖是由淀粉经淀粉酶水解生成的，是饴糖的主要成分，用于食品工业中。麦芽糖是无色晶体，熔点 140~145℃，其甜度低于蔗糖。

一分子麦芽糖水解可得到两分子 D-(＋)-葡萄糖，说明麦芽糖是两分子 D-(＋)-葡萄糖的缩水产物。

$$\underset{\text{麦芽糖}}{C_{12}H_{22}O_{11}} + H_2O \xrightarrow{H^+ 或酶} 2\underset{\text{葡萄糖}}{C_6H_{12}O_6}$$

麦芽糖是右旋糖，有变旋现象，能与苯肼成脎，具有还原性，与溴水反应生成麦芽糖酸。麦芽糖只能被 α-葡萄糖苷酶水解，说明它是 α-葡萄糖苷。麦芽糖是一分子 D-吡喃葡萄糖 C4 上的羟基与另一分子 α-D-吡喃葡萄糖的苷羟基的缩水产物。其结构式如下：

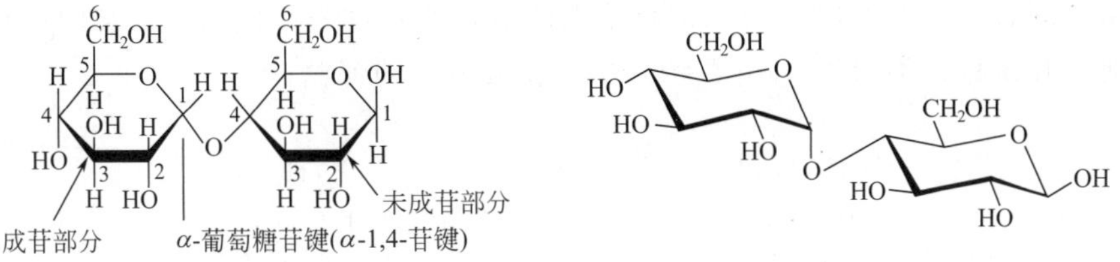

麦芽糖分子中的这种苷键称为 α-1,4-苷键。

2. 纤维二糖

纤维二糖是无色晶体，熔点 225℃，是右旋糖，自然界中没有游离的纤维二糖。纤维二糖是纤维素的基本组成单元，可通过纤维素部分水解得到。

纤维二糖的分子式为 $C_{12}H_{22}O_{11}$，其组成、化学性质与麦芽糖相似，即水解得两分子 D-($+$)-葡萄糖。纤维二糖也是还原性糖，用溴水氧化得纤维二糖酸。经研究证明两分子吡喃葡萄糖也是以 1,4-苷键相连。与麦芽糖唯一不同的是，纤维二糖只能被 β-葡萄糖苷酶水解，说明它是一个 β-葡萄糖苷，其结构式如下：

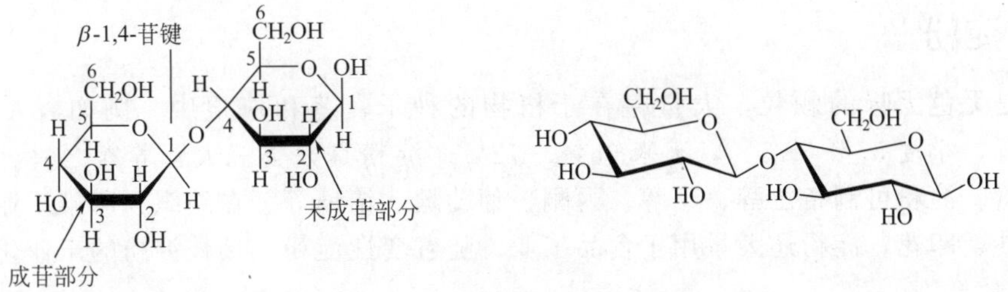

纤维二糖

虽然纤维二糖与麦芽糖的区别仅在于成苷的半缩醛羟基一个是 β-型、另一个是 α-型，但在生理上却有很大差别。麦芽糖具有甜味而纤维二糖是无味的，前者可在人体内被酶水解消化，后者则不能。

二、非还原性二糖

蔗糖的分子式为 $C_{12}H_{22}O_{11}$，是自然界中分布最广、最重要的二糖。它大量存在于植物的茎、叶、种子、根和果实内，其中以甘蔗的茎（含 14%～18%）和甜菜的块根（约含 12%～15%）中含量较多。工业上将甘蔗或甜菜经榨汁、浓缩、结晶等操作可制得食用蔗糖，也叫甜菜糖。蔗糖是无色晶体，熔点 180℃，易溶于水，其甜度仅次于果糖。蔗糖是非还原性糖。物理方法测定表明，蔗糖是 α-D-($+$)-吡喃葡萄糖与 β-D-($-$)-呋喃果糖以 1,2-苷键连接而成的二糖，其结构式如下：

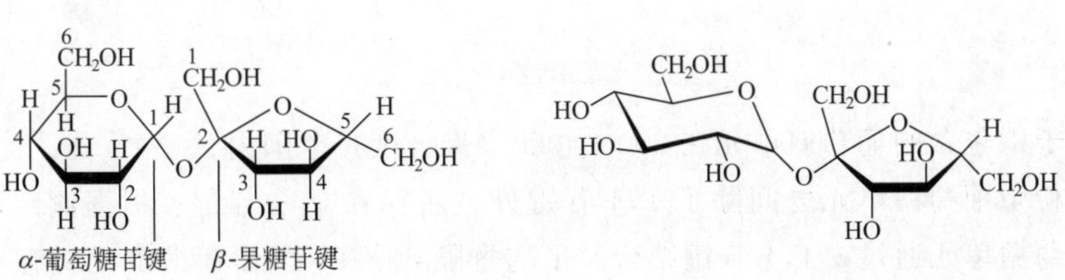

蔗糖

蔗糖是右旋糖，其水溶液的比旋光度为 $+66.5°$。蔗糖在酸或酶作用下水解后得到的葡萄糖和果糖的混合物是左旋的，所以常将蔗糖的水解产物称为转化糖。蜂蜜的主要成分是转化糖（葡萄糖和果糖的混合物 $[\alpha]_D^{20}=-20°$）和极少量的蔗糖。

$$C_{12}H_{22}O_{11} \xrightarrow{水解} C_6H_{12}O_6 + C_6H_{12}O_6$$

$$\text{蔗糖} \qquad \text{D-(+)-葡萄糖} \quad \text{D-(-)-果糖}$$

$$[\alpha]_D^{20} \quad +66.5° \qquad +52.7° \qquad -92.3°$$

第四节 多 糖

多糖是由许多单糖分子通过苷键结合而成的天然高分子化合物，在自然界中广泛存在。有些多糖是构成植物体骨干的物质，如纤维素、甲壳质等。有些多糖是动植物体内能源的主要储存形式，如淀粉、糖原等。

多糖不同于低聚糖，它们没有甜味，大多数难溶于水，有的能与水形成胶体溶液。多糖没有还原性和变旋现象。有些多糖的末端虽含有苷羟基，但因分子量很大，也不显示还原性和变旋现象。

一、淀粉

淀粉是无色无味的颗粒，大量存在于植物的种子、茎和块根中。例如，大米含淀粉 62%～82%，小麦 57%～75%，玉米 65%～72%。淀粉是人类三大营养素之一，也是重要的工业原料。淀粉可制备乙醇、丁醇、丙酮、葡萄糖、饴糖等。在纺织、印染工业中，淀粉浆用于浆纱、印花。淀粉还大量用于食品工业。随着变性淀粉、接枝淀粉的工业化，其用途愈来愈广。

淀粉不溶于一般的有机溶剂。淀粉能吸收空气中的水分，在水中加热至 60～68℃，其颗粒膨胀并产生悬浮液。当浓度增大时，可以变成黏稠的糊状液，使不透明的淀粉悬浮液变为透明的具有一定黏度的浆液，这种现象称为糊化。

从结构上看，淀粉可分为直链淀粉和支链淀粉两大类。直链淀粉是由葡萄糖单元通过 α-1,4-苷键连接起来的。这样的链由于分子内氢键的作用使其卷曲呈螺旋状，不利于水分子的接近，故不溶于冷水，但能溶于热水而不呈糊状，其结构式如下：

直链淀粉

直链淀粉分子中包含的葡萄糖单元在 200～4000（聚合度）范围内。

支链淀粉中葡萄糖单元之间除了 1,4-苷键外，还存在 1,6-苷键。根据测定，支链淀粉的主链是葡萄糖单元通过 α-1,4-苷键结合，平均每隔 20～25 个葡萄糖单元就有一个通过 α-1,6-苷键结合的支链。支链淀粉的聚合度一般是 600～6000，有的可高达 20000，其结构式如下：

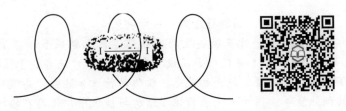

支链淀粉

具有高度分支的支链淀粉，易与水分子接近，故溶于水，与热水作用则膨胀成糊状。支链淀粉在淀粉中含量占 70%～90%，直链淀粉在淀粉中含量为 10%～30%。

淀粉的结构链端虽含有苷羟基，但因其分子量很大，故没有还原性。淀粉中的羟基能发生成酯、成醚、氧化等反应。淀粉也能发生水解，最终生成葡萄糖。由于它的特殊螺旋结构，淀粉还可以和碘等发生配合反应。

直链淀粉-I_2 蓝色配合物

淀粉与碘能发生很灵敏的颜色反应。这种特性在化学分析中用于鉴别碘的存在。淀粉遇碘显色，它们之间并未形成化学键，而是碘分子钻入了淀粉分子的螺旋链中的空隙，被吸附于螺旋内生成淀粉-I_2 配合物，从而改变了碘原有的颜色。配合物显示的颜色随淀粉的组成、聚合度的不同而异，直链淀粉-I_2 配合物呈蓝色，支链淀粉-I_2 则呈紫红色。

二、纤维素

纤维素是自然界中存在最多的一种多糖，是构成植物体的主要成分之一，如在棉花中纤维素含量 90% 以上，亚麻含 80%，木材含 50%。此外，果壳、种子皮、稻草、芦苇、甘蔗渣等其他植物体也含有大量的纤维素。自然界中纤维素通常与其伴生物如木质、半纤维素、果胶、油脂、蜡质、无机盐类等共存于植物体内，因此在工业生产中（如纺织印染工业、造纸工业和人造纤维工业等）需用碱或亚硫酸氢钙溶液处理除去杂质而得较纯的纤维素。

纤维素和淀粉类似，也是天然高分子化合物。它的分子量随其来源不同而不同，一般而言，其平均聚合度比淀粉大。纯纤维素是无色、无臭、无味的纤维状物质，不溶于水和一般的有机溶剂，因其分子内含有大量羟基，具有一定的吸湿性。纤维素是由许多 D-(+)-葡萄糖单元通过 β-1,4-苷键连接而成的直链大分子，其大分子链上外侧的羟基呈现相同的分布，当几条分子链靠近时，使分子链间有充分的氢键结合，故纤维素大分子链基本是线型的，具有刚性的链，且各分子链彼此缠绕成线样，纤维素的结构式可表示如下：

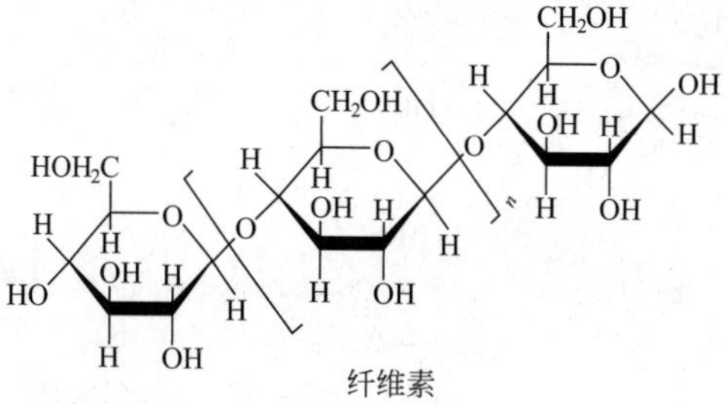

纤维素

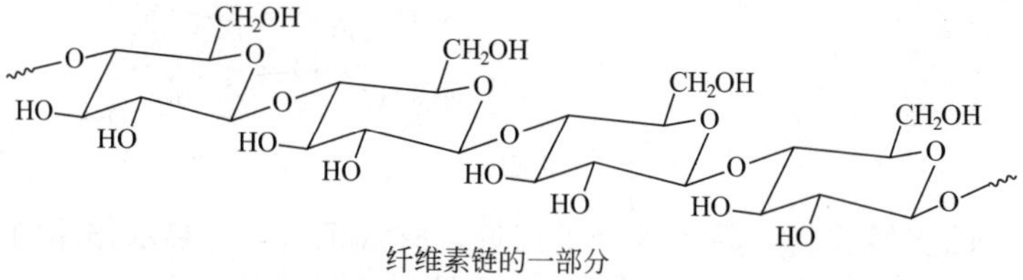

纤维素链的一部分

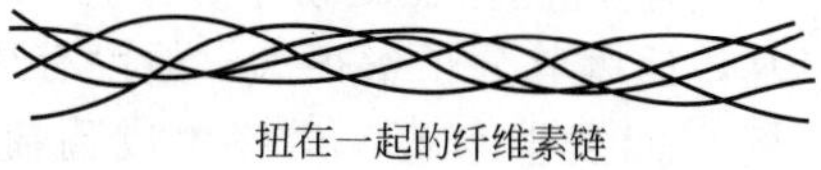

扭在一起的纤维素链

【知识链接】

动物纤维素——甲壳质

甲壳质俗称甲壳素，是一种多糖类生物高分子，属于氨基多糖，是由 2-乙酰氨基-2-脱氧-D-葡萄糖通过 β-1,4-苷键结合而成。在自然界中广泛存在于低等生物菌类、藻类的细胞，节肢动物虾、蟹、昆虫的外壳，软体动物（如鱿鱼、乌贼）的内壳和软骨，高等植物的细胞壁等。因为甲壳质的化学结构与植物中广泛存在的纤维素非常相似，故又称为动物纤维素，是自然界唯一带正电荷的可食性动物纤维素。

医学科学界誉其为继蛋白质、脂肪、糖类、维生素和无机盐之后的第六生命要素。甲壳质在医药领域有着广阔的应用前景，目前已研究证明甲壳质具有抗菌抗感染、降血压、降血脂、降血糖和防止动脉硬化、抗病毒等作用，小分子甲壳质还具有抗癌作用。医疗用品上可作隐形眼镜、人工皮肤、缝合线、人工透析膜和人工血管等。

复习题

1. 何谓变旋光现象？试以葡萄糖为例加以说明。
2. 有三个单糖和过量苯肼作用后，得到相同的脎，其中一个单糖的费歇尔投影式为：

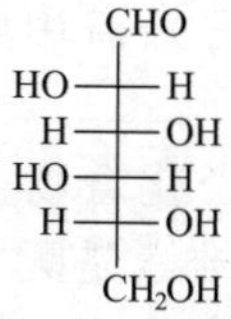

$$\begin{array}{c} CHO \\ HO-H \\ H-OH \\ HO-H \\ H-OH \\ CH_2OH \end{array}$$

试写出其他两个异构体的费歇尔投影式。

3. 写出丁醛糖和丁酮糖的立体异构体的投影式（开链式）。
4. 丁醛糖的立体异构体和过量苯肼作用，生成什么产物？请写出投影式。
5. 下列化合物哪些有还原性？

(1) 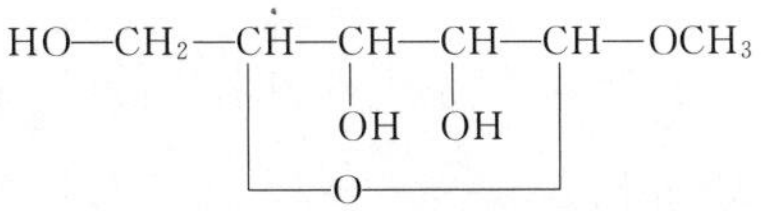 HO—CH₂—CH—CH—CH—CH—OCH₃
            | | |
            OH OH |
            |_____|
                 O

(2) 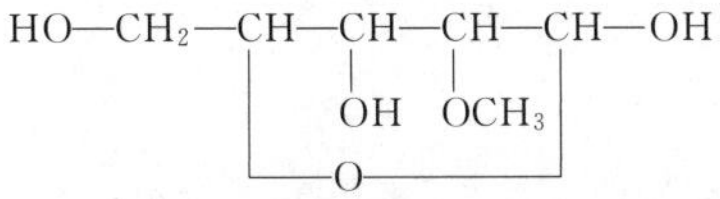 HO—CH₂—CH—CH—CH—CH—OH
            | | |
            OH OCH₃ |
            |_____|
                 O

(3) 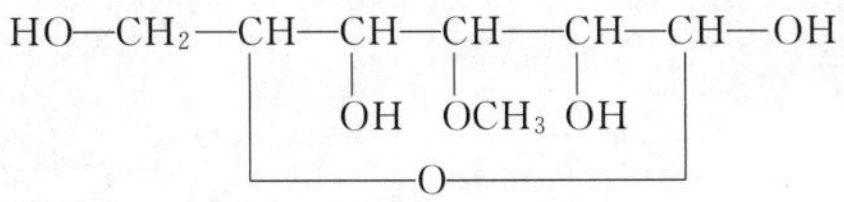 HO—CH₂—CH—CH—CH—CH—OH
            | | |
            OH OCH₃ OH
            |_____|
                O

6. 下列化合物哪些有变旋光现象？
(1) 蔗糖　(2) 麦芽糖　(3) 纤维素

7. 试写出 D-(+)-葡萄糖与下列试剂反应的主要产物。
(1) 羟胺　(2) 苯肼　(3) 溴水　(4) 硝酸　(5) 斐林试剂　(6) CH_3OH/HCl
(7) H_2/Ni　(8) $NaBH_4$

8. 用化学方法区别下列各组化合物。
(1) 葡萄糖和蔗糖　(2) 麦芽糖和蔗糖　(3) 蔗糖和淀粉　(4) 淀粉和纤维素
(5) 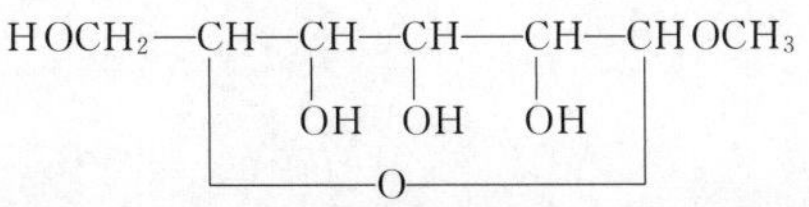 HOCH₂—CH—CH—CH—CHOCH₃ 和 HOCH₂—CH—CH—CH—CHOH
            | | | | | |
            OH OH OH   OH OH OCH₃
            |_____| |_____|
                O   O

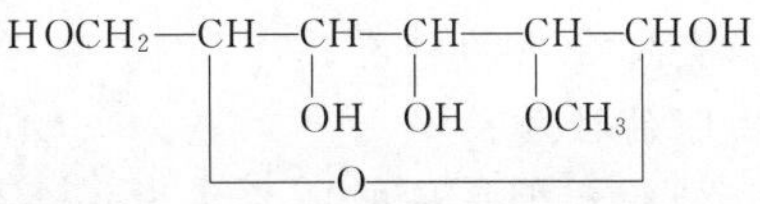

9. 有两个具有旋光性的丁醛糖（A）和（B），与苯肼作用生成相同的脎。用硝酸氧化，A 和 B 都生成含有四个碳原子的二元酸，但前者有旋光性，后者没有。试推测 A 和 B 的结构式。

第十五章 脂类化合物

 知识目标

1. 了解脂类化合物的种类；
2. 掌握油脂的性质；
3. 了解各种脂类化合物的性质及用途。

 能力、思政与职业素养目标

1. 能根据脂类化合物的性质确定脂类化合物的用途；
2. 能根据脂类化合物的性质解释相应的生化现象；
3. 能分析不同脂类化合物的生理作用；
4. 拓展脂类物质在体内代谢的专业知识，养成合理饮食、艰苦朴素的生活习惯。

脂类包括的范围很广，例如油脂、磷脂、胆固醇、蜡等。这些物质在化学组成和化学结构上也有很大差异，但它们都有共同的特性，即不溶于水，而易溶于乙醚、氯仿、苯等有机溶剂。用这些溶剂可将脂类物质从细胞和组织中萃取出来。脂类的这种特性，主要是由构成它的碳氢结构所决定的。

脂类具有重要的生物功能，它是构成生物膜的重要物质，几乎细胞所含的磷脂都集中在生物膜中。脂类物质，主要是油脂，是机体代谢所需燃料的储存形式和运输形式。脂类物质也可为动物机体提供溶解于其中的必需脂肪酸和脂溶性维生素。某些萜类及类固醇物质，如维生素A、维生素D、维生素E、维生素K、胆酸及固醇类激素具有营养、代谢及调节功能。存在于机体表面的脂类物质有防止机械损伤与防止热量散发等保护作用。脂类作为细胞的表面物质，与细胞识别和组织免疫等有密切关系。具有生物活性的某些维生素和激素也是脂类物质。

脂类可按不同组成分类，通常将它分为五类，即：

① 单纯脂　它是脂肪酸和醇类所形成的酯，其中甘油三酯通称油脂，系甘油的脂肪酸酯，而蜡则是高级醇的脂肪酸酯。

② 复合脂　除醇类、脂肪酸外，还含其他物质。如甘油磷脂类，含有甘油、脂肪酸、磷酸和某种氮物质。又如鞘磷脂类，由脂肪酸、鞘氨醇或其他衍生物、磷酸和某种含氮物质

组成。

③ 甾类和萜类及其衍生物，一般不含脂肪酸。

④ 衍生脂系指上述脂类物质的水解产物，如甘油、脂肪酸及其氧化产物、乙酰辅酶A。

⑤ 结合脂类即指分别与糖或蛋白质结合，一次形成的糖脂和脂蛋白。

第一节 油　　脂

油脂是脂肪酸甘油三酯的混合物。脂肪酸甘油三酯是典型的单纯酯，即脂肪酸和甘油所形成的酯，又叫脂酰甘油。一般天然油脂中95%为脂肪酸甘油三酯。

一般把常温下是液体的称作油、固体的称作脂。植物油脂是油料在成熟过程中由糖转化而形成的一种复杂的混合物。

油脂分布十分广泛，各种植物的种子、动物的组织和器官中都存在一定数量的油脂，特别是油料作物的种子和动物皮下的脂肪组织，油脂含量丰富。人体中的脂肪占体重的10%~20%。

一、油脂的组成

天然油脂的主要成分是甘油和三个脂肪酸组成的三酰甘油酯，还存在少量脂肪酸和甘油组成的一酯、二酯，分别称为一酰基甘油和二酰基甘油，也称为脂肪酸甘油一酯和脂肪酸甘油二酯。如棕榈油中三酰甘油酯占96.2%，其他甘油酯占1.4%。可可脂中三酰甘油酯占52%，其他甘油酯占48%。

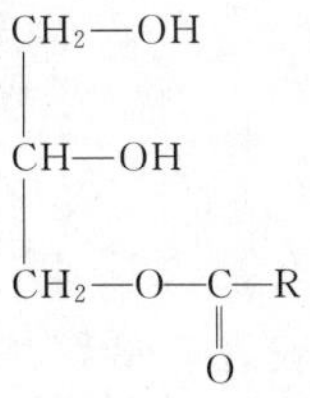

甘油一酯 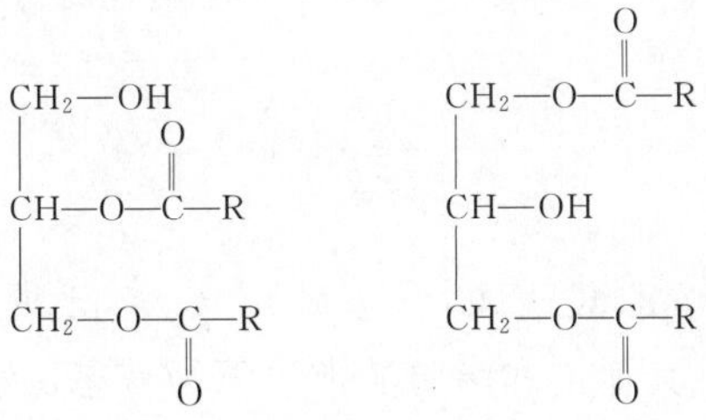　　　　甘油二酯 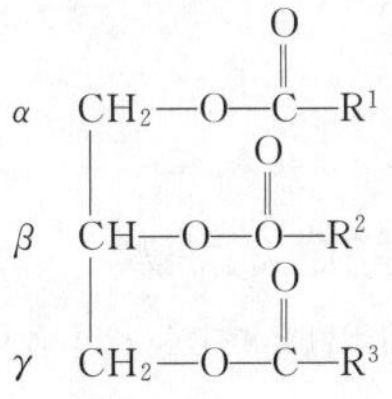　　　　　　　　　甘油三酯

在甘油三酯分子中，甘油基部分的分子量是41，其余部分即为脂肪酸基（RCOO—），脂肪酸基随甘油三酯种类不同而有很大变化，分子量为650~970，即脂肪酸占整个甘油三酯分子的94%~96%。脂肪酸在甘油三酯分子中占重要比重，而且对甘油三酯的物理和化学性质起比较大的影响，所以要认识油脂，必须首先了解脂肪酸的结构。

脂肪酸为天然油脂加水分解生成的脂肪族羧酸化合物的总称，属于脂肪族的一元羧酸。目前已发现的天然脂肪酸近200多种，广泛存在于动植物油脂中。天然脂肪酸绝大多数为偶碳直链的；碳链中不含双键的为饱和脂肪酸，含有双键的则称为不饱和脂肪酸。不饱和脂肪酸根据所含双键的多少，分为一烯酸、二烯酸、三烯酸和三烯以上脂肪酸。

甘油三酯中，若R^1、R^2、R^3相同，称为单纯甘油酯；R^1、R^2、R^3不相同，称为混合甘油酯。

1. 脂肪酸的数目

对大多数天然油脂来说，参与甘油酯形成的脂肪酸至少有三种以上，经过排列组合会有很多异构体。例如，当一种油脂只含有三种脂肪酸时，就会有十种混合甘油酯。随着脂肪酸数目的增加，混合甘油酯的数目会大大增加。天然油脂都是混合甘油酯的混合物。

2. 脂肪酸在油脂中的分布

在天然油脂中，脂肪酸在甘油的三个羟基上不是完全随机分布的。绝大多数的天然三酰基甘油是将甘油的 2 位羟基的位置优先提供给不饱和脂肪酸，饱和脂肪酸只出现在 1、3 的位置。

天然脂肪酸的结构特点一般是碳原子数为偶数，碳链为直链，碳链长度在 $C_{14} \sim C_{24}$ 之间，不饱和双键主要以顺式构型为主。多数不饱和脂肪酸中的双键一般为非共轭结构，共轭脂肪酸较少。

【知识拓展】

脂肪酸的表示方法

脂肪酸常用简写法表示。简写法的原则是：先写出碳原子的数目，再写出双键的数目，最后表明双键的位置。如：

$$Cx：y(z) \text{ 或 } Cx：y^{\triangle z}$$

C 表示碳元素，x 表示脂肪酸中碳原子的数目，y 表示双键的数目，z 表示双键的位置。

如软脂酸的简写是 C16：0 或 C16，表示软脂酸含有 16 个碳原子，无双键。

油酸的简写是 C18：1(9) 或 C18：$1^{\triangle 9}$ 表示这个脂肪酸是由 18 个碳原子组成的脂肪酸，含有一个碳碳双键，这个双键的位置在 $C_9 \sim C_{10}$ 之间。

花生四烯酸的简写是 C20：4(5,8,11,14) 或 C20：$4^{\triangle 5,8,11,14}$，表明花生四烯酸具有 20 个碳原子，在 $C_5 \sim C_6$、$C_8 \sim C_9$、$C_{11} \sim C_{12}$ 和 $C_{14} \sim C_{15}$ 之间各有一个不饱和双键的脂肪酸。

3. 天然脂肪酸的种类

(1) 低级饱和脂肪酸 主要有 C_2（乙酸）、C_4（丁酸）、C_6（己酸）、C_8（辛酸）、C_{10}（癸酸）、C_{12}（月桂酸）。除月桂酸外，其他饱和脂肪酸常温下为液态，水溶性较好。低级饱和脂肪酸挥发性强，往往有特殊气味，主要分布于乳脂、椰子油及月桂酸类油脂（如棕榈仁油和巴巴苏油）中。

(2) 高级饱和脂肪酸 主要有 C_{14}（豆蔻酸）、C_{16}（软脂酸）、C_{18}（硬脂酸）、C_{20}（花生酸）、C_{22}（山嵛酸）、C_{24}（掬焦油酸）。这些饱和脂肪酸常温下为固态（蜡状），无气味，主要存在于植物油和动物脂中。

(3) 单不饱和脂肪酸 主要有 C 14：1（豆蔻油酸）、C 16：1（棕榈油酸）、C 18：1（油酸）。这些脂肪酸常温下为液态，无气味，主要存在于植物油、鱼类及海产生物中。

(4) 多不饱和脂肪酸 较重要的多不饱和脂肪酸有 C 18：2（亚油酸）、C 18：3（亚麻酸）、C 20：4（花生四烯酸）、C 22：6（DHA）、C 20：5（EPA）等。这些脂肪酸常温下及在冰箱中都为液态。亚油酸、亚麻酸和花生四烯酸主要分布在植物油中，DHA、EPA 主要产自深海鱼油和海生动物脂中。已发现上述脂肪酸对机体正常的生长发育有至关重要的作用，都是机体所需的功能性物质。

4. 脂肪酸的营养功能

(1) 必需脂肪酸 人体生长所必需的、具有特殊的生理功能，在人体内不能合成，必须由食物供给的脂肪酸称为必需脂肪酸，例如亚油酸和亚麻酸。

必需脂肪酸最好的来源是植物油。在棉子油、大豆油、玉米胚油、芝麻油、米糠油中都含有较多的亚油酸,近年来还发现红花籽油中含亚油酸可达到 70% 以上,加入红花籽油的调和油很受消费者的欢迎,如表 15-1 所示。

表 15-1　常用食用油脂中必需脂肪酸的含量　　　　　　　　　　　　单位:%

油脂种类	油酸	亚油酸	亚麻酸	油脂种类	油酸	亚油酸	亚麻酸
花生油	41.2	37.6		葵花籽油(寒冷地区)	15	70	
菜籽油	14~19	12~24	1~10	葵花籽油(温暖地区)	65	20	1~10
芝麻油	35~49.4	37.7~48.4		红花籽油	21	73	
棉籽油	18~30.7	44.9~50		大豆油	22~30	50~60	

(2) 其他功能性脂肪酸　现已发现一些 n3 或 ω3 系列的多不饱和脂肪酸(从甲基端数起,最后一个不饱和双键的位置在第三个和第四个碳原子之间的脂肪酸)对人体有特殊的功能。

> **【知识链接】**
>
> **功能性脂肪酸——DHA 和 EPA**
>
> 　　DHA 是二十二碳六烯酸,俗称脑黄金。自 20 世纪 90 年代以来,DHA 一直是儿童营养品的一个焦点,最早揭示 DHA 奥秘的是英国脑营养研究所克罗夫特教授和日本著名营养学家奥由占美教授。他们的研究结果表明:DHA 是人的大脑发育、成长的重要物质之一。
>
> 　　EPA 是二十碳五烯酸。EPA 具有帮助降低胆固醇和甘油三酯的含量,促进体内饱和脂肪酸代谢,具有降低血液黏稠度、增进血液循环、提高组织供氧而消除疲劳的作用,还可以防止脂肪在血管壁的沉积,预防动脉粥样硬化的形成和发展,预防脑血栓、脑出血、高血压等心血管疾病。因此 EPA 被认为是对心血管疾病有良好预防效果的一种高不饱和脂肪酸。
>
> 　　DHA 和 EPA 的最主要来源是深海鱼,如鲣鱼、沙丁鱼、乌贼、鳕鱼等都含有较多数量的 DHA 和 EPA。但由于鱼油脂肪酸成分复杂,提纯与精制困难,使得价格居高不下。现在世界上许多科学家都在致力于从微生物中大量培养这类功能性脂肪酸,我们期望不久的将来,可以用较低廉的价格得到 DHA 和 EPA。

二、油脂的物理性质

1. 熔点、凝固点

物质从固态转变为液态时的温度称为该物质的熔点,反之,从液态转变为固态时的温度称为凝固点。熔化和凝固是可逆的物理过程。

(1) 熔点　油脂是混合甘油酯的混合物,且存在同质多晶现象,所以没有确切的熔点,而只是一个大致的范围。几种常见的烹饪用油脂的熔点如表 15-2 所示。

表 15-2　几种常见的烹饪用油脂的熔点

油脂	熔点/℃	油脂	熔点/℃
棉籽油	-6~4	椰子油	20~28
花生油	0~3	猪脂	36~48
大豆油	-18~-15	牛脂	43~51
菜籽油	-5~-1	羊脂	44~55
芝麻油	-7~-3	奶油	28~36

油脂熔点范围主要是由油脂中的脂肪酸组成、分布决定。构成脂肪酸的碳原子数目越多，油脂的熔点也就越高。油脂中脂肪酸的饱和程度越高，油脂的熔点也就越高。双键的位置越向碳链中部移动，熔点降低越多。

油脂的熔点与人体消化吸收率之间的关系为：熔点低于37℃，消化吸收率为97%~98%；熔点在40~50℃，消化吸收率为90%；熔点高于50℃，很难消化吸收。由于熔点较高的油脂特别是熔点高于体温的油脂较难消化吸收，如果不趁热食用，就会降低其营养价值。

（2）凝固点 由于油脂在低温凝固时存在过冷现象且低于熔点温度，油脂结晶才易析出，所以油脂的凝固点一般比熔点略低，如牛油的熔点为40~50℃，而凝固点是30~42℃。在使用油脂时应注意油脂的凝固点范围，要将温度控制在凝固点范围以上，以保证食品的外观质量。

2. 发烟点、闪点与燃点

（1）发烟点 发烟点是指在避免通风并备用特殊照明的实验装置中觉察到冒烟时的最低加热温度。油脂大量冒烟的温度通常略高于油脂的发烟点。食用油脂发烟的原因主要是由小分子物质的挥发引起的。小分子物质的来源有：原先油脂中混有的，如未精炼的毛油中存在着的小分子物质（往往是毛油在储存过程中酸败后的分解物）；由于油脂的热不稳定性，导致出现热分解产生的。所以，油炸用油应该尽量选择精炼油，避免使用没有经过精炼的毛油，同时还应该尽量选择热稳定性高的油脂。油脂纯净程度越高，发烟点越高。食用油脂中常常含有游离的脂肪酸、非皂化物质、甘油单酯等小分子物质，这些物质的存在都可使油脂的发烟点下降。如当油脂中游离脂肪酸含量不超过0.05%时，发烟点在220℃左右；当游离脂肪酸含量达到0.6%时，油脂的发烟点则下降到160℃。随着加热时间延长，发烟点会越来越低。同一种油脂随着加热次数的增多，发烟点逐渐下降。油脂用量越少，升温越快，其发烟点也容易下降。油脂精炼程度越高，发烟点越高。长时间储存会降低油脂的发烟点。

（2）闪点 闪点是指释放挥发性物质的速度可能点燃但不能维持燃烧的温度，即油的挥发物与明火接触，瞬时发生火花，但又熄灭时的最低温度。

（3）燃点 油脂的燃点是指油脂的挥发物可以维持连续燃烧5s以上的温度。不同油脂的发烟点、闪点、燃点是不同的。在烹饪加工时，油脂的加热温度是有限制的，一般在使用中最多加热到其发烟点，温度再高，轻则无法操作，重则导致油脂燃烧甚至爆炸。在烹饪加工中，特别是油炸烹饪时，油炸用油的发烟点是非常重要的。几种常见油脂的发烟点、闪点、燃点如表15-3所示。

表15-3 几种常见油脂的发烟点、闪点、燃点

油脂	发烟点/℃	闪点/℃	燃点/℃	油脂	发烟点/℃	闪点/℃	燃点/℃
牛脂	—	265	—	豆油（精制）	256	326	356
玉米胚芽油（粗制）	158	294	346	菜籽油（粗制）	—	265	—
玉米胚芽油（精制）	227	326	389	菜籽油（精制）	—	305	—
豆油（压榨油粗制）	181	296	351	椰子油	—	216	—
豆油（萃取油粗制）	210	315	351	橄榄油	199	321	361

3. 色、香、味特点

（1）油脂的颜色 纯净的油脂是无色的。油脂的色泽来自脂溶性维生素。如果油料中含有叶绿素，油就呈现绿色；如含有的是类胡萝卜素，油的颜色就呈现黄到红色。由于油脂在精炼过程中会脱去大部分颜色，所以用精炼过的油脂加工食品时，油脂本身对菜肴的颜色影响不大，能体现出菜肴本身原料的色泽。油炸加工时食物的上色主要还是在高温条件下烹饪原料发生了黄色的化学反应，这些反应往往与糖类物质有关。

（2）油脂的味——滋味 纯净的油脂也是无味的。油脂的味来自两方面，天然油脂中由

于含有各种微量成分，导致出现各种异味。经过储存的油脂酸败后会出现苦味、涩味。

（3）油脂的香——气味　烹饪用油脂都有其特有的气味。油脂的香气来源于天然油脂的气味。天然油脂本身的气味主要是由油脂中的挥发性低级脂肪酸及非酯成分引起的。如芝麻油的香味主要是由乙酰吡嗪类物质产生的。菜籽油的香味主要是由含硫化合物（甲硫醇）产生的。另外，油脂在储存中或高温加热时，会氧化、分解出许多小分子物质，而发出各种臭味，可能会影响烹饪菜肴的质量。油脂经过精制加工后，往往无味，这是因为精炼加工除去了毛油中的挥发性小分子的缘故。

三、油脂的化学性质

油脂的化学名称为脂肪酸甘油三酯。油脂是酯类，具有酯的化学反应，如水解、酯交换等反应，同时，油脂的性质很大程度上是其脂肪酸性质的加合。脂肪酸是一元酸，可起羧酸的所有化学反应，如成盐、酯化、酰卤等反应。

1. 水解和皂化反应

（1）酸水解

$$\begin{array}{c} CH_2-O-\overset{O}{\overset{\|}{C}}-R^1 \\ CH-O-\overset{O}{\overset{\|}{C}}-R^2 \\ CH_2-O-\overset{O}{\overset{\|}{C}}-R^3 \end{array} \xrightarrow{H_2O/H^+} \begin{array}{c} CH_2-OH \\ CH-OH \\ CH_2-OH \end{array} + R^1COOH + R^2COOH + R^3COOH$$

此反应在酸水解条件下是可逆的，已经水解的甘油与游离脂肪酸可再次结合生成一脂肪酸甘油酯、二脂肪酸甘油酯。

（2）碱水解（皂化反应）

$$\begin{array}{c} CH_2-O-\overset{O}{\overset{\|}{C}}-R^1 \\ CH-O-\overset{O}{\overset{\|}{C}}-R^2 \\ CH_2-O-\overset{O}{\overset{\|}{C}}-R^3 \end{array} \xrightarrow{NaOH} \begin{array}{c} CH_2-OH \\ CH-OH \\ CH_2-OH \end{array} + R^1COONa + R^2COONa + R^3COONa$$

在碱性条件下，水解反应不可逆，水解出的游离脂肪酸与碱结合生成脂肪酸盐，即肥皂，所以我们把这个反应称为皂化反应。

【知识拓展】

油脂的皂化值

完全皂化1g油脂所消耗的氢氧化钾的毫克数称为皂化值。油脂的皂化值可以用下式表示：

$$皂化值 = \frac{3 \times 56 \times 1000}{脂肪酸的平均分子量}$$

其中3代表一分子的油脂的脂肪酸数目，56是氢氧化钾的分子量。

油脂的皂化值是评价油脂组成的重要指标。油脂的皂化值与油脂的脂肪酸的平均分子量成反比。油脂的皂化值越大，说明组成油脂的脂肪酸的平均分子量越小，碳链越短。每一种油脂都有其相应的皂化值，如果实测值与标准值不符，说明掺有杂质。对大多数食用油脂来说，脂肪酸的平均分子量为200左右。乳脂中含有较多的低级脂肪酸，所以，乳脂的皂化值较大。

> **【知识链接】**
>
> **油脂的水解对其品质的影响**
>
> 在加工高脂肪含量的食品时，如混入强碱，会使产品带有肥皂味，影响食品的风味。在油脂的储藏与烹饪加工时，油脂都会不同程度地发生水解反应。如未精炼油脂在存放过程中由于油脂中混有水和分泌脂酶的微生物，如曲霉和木霉，会产生游离脂肪酸，使油脂受到破坏。如果油脂中含有较多的低级脂肪酸，就会出现特殊的脂肪臭。例如，乳脂就容易发生水解性酸败，其中的丁酸具有强烈的酸败臭味。在烹饪过程中，尤其是用热油煎炸含水分的食品时，油脂也会发生水解反应，生成游离脂肪酸。油脂温度越高、烹饪时间越长，水解作用越强烈；而且出现游离脂肪酸后，油脂的氧化速率加快，会分解出更多的小分子物质，使油脂的发烟点降低。

2. 加成反应——氢化反应

由于植物油的稳定性较差，在食品加工中应用范围较窄，所以，在油脂工业中常利用其与 H_2 的加成反应——氢化反应对植物油进行改性。

氢化反应过程如下式所示：

$$-CH=CH- + H_2 \longrightarrow -CH_2-CH_2-$$

$$\begin{array}{c} CH_2-O-\overset{O}{\underset{\|}{C}}-C_{17}H_{33} \\ CH-O-\overset{O}{\underset{\|}{C}}-C_{17}H_{33} \\ CH_2-O-\overset{O}{\underset{\|}{C}}-C_{17}H_{33} \end{array} + 3H_2 \longrightarrow \begin{array}{c} CH_2-O-\overset{O}{\underset{\|}{C}}-C_{17}H_{35} \\ CH-O-\overset{O}{\underset{\|}{C}}-C_{17}H_{35} \\ CH_2-O-\overset{O}{\underset{\|}{C}}-C_{17}H_{35} \end{array}$$

氢化反应后的油脂，熔点上升，固体脂的数量增加，这样就可得到稳定性更高的氢化油或硬化油。氢化反应除了用来生产人造奶油、起酥油外，还可用来生产稳定性高的煎炸用油。如稳定性较差的大豆油氢化后的硬化油的稳定性大大提高，用它来代替普通煎炸用油，使用寿命会大大延长。

3. 酯交换反应

油脂的酯交换反应是指三酰甘油酯上的脂肪酸残基在同分子间及不同分子间进行交换，使三酰甘油酯上的脂肪酸发生重排，生成新的三酰甘油酯的过程。在较高温度下（＜200℃）加热一定时间即可完成。用甲醇钠作催化剂，则在50℃、30min 内完成。

由于油脂的三酰甘油酯脂肪酸的位置直接影响油脂的消化性和特性，所以通过酯交换反应，可以改善油脂的加工工艺特性，提高其营养价值。如改性后的羊脂熔化特性得到改善，可以用作代可可脂。改性后的猪脂中的饱和脂肪酸倾向随机分布，油脂的熔点范围扩大，改善了塑性，充气性提高，工艺性更好。同时，饱和脂肪酸位置的改变，也有利于油脂的消化。

4. 油脂的酸败

油脂及含油食品在储存过程中，由于化学或生物化学因素影响，会逐渐劣化甚至丧失食用价值，表现为油脂颜色加深、味变苦涩、产生特殊的气味，我们把这种现象称为油脂的酸败。

油脂酸败的类型有水解型酸败、酮酸酸败和氧化型酸败。

(1) 水解型酸败 水解型酸败是指含低级脂肪酸较多的油脂被微生物

污染或脂肪含水过高，都可以使油脂发生水解，生成游离的脂肪酸和甘油。游离的低级脂肪酸如丁酸、己酸、辛酸、癸酸等会产生令人不愉快的刺激性气味而造成油脂的变质，这种酸败称为水解型酸败，如奶油、椰子油等容易出现这种水解型酸败。

(2) 酮酸酸败 酮酸酸败是指油脂水解后产生的饱和脂肪酸，在一系列酶的催化下发生氧化，最终生成具有特殊刺激性臭味的酮酸和甲基酮，所以称为酮酸酸败，也叫生物氧化酸败。其反应式如下：

$$RCH_2CH_2COOH \xrightarrow[O_2]{微生物} RCHCH_2COOH \xrightarrow{-H_2} RCCH_2COOH \xrightarrow{-CO_2} RCCH_3$$
$$\qquad\qquad\qquad\qquad\qquad OH \qquad\qquad\qquad\quad O \qquad\qquad\qquad\quad O$$

以上两种油脂的酸败，多数是由于微生物污染造成的。一般含水和蛋白质较多或油脂没有经过精制及含杂质较多的食品，易受微生物的污染，引起水解型酸败和酮酸酸败。

(3) 氧化型酸败 氧化型酸败即油脂自动氧化。油脂中不饱和脂肪酸暴露在空气中，易发生自动氧化过程，生成过氧化物，过氧化物连续分解，产生低级醛酮类化合物和羧酸，这些物质使油脂产生很强的刺激性臭味，尤其是醛类气味更为突出，氧化后的油脂，感官性质甚至理化性质都会发生改变，这种反应称为油脂的氧化型酸败。氧化型酸败是油脂及富含油脂食品经长期储存最容易发生质变的原因。

第二节 磷 脂

磷脂是分子中含有磷酸的复合脂。磷脂按其组成中含有的醇不同，可分为甘油磷脂和非甘油磷脂（鞘氨醇磷脂）两类（见表15-4）。

表 15-4 两类磷脂的分子组成（分子数）

类别	组成相同		组成相同或不尽相同	
	脂肪酸	磷酸	醇类	其他
甘油磷脂	2	1	甘油	胆碱、乙醇胺、丝氨酸和肌醇等
鞘氨醇磷脂	1	1	鞘氨醇	胆碱

一、甘油磷脂

甘油磷脂即磷酸甘油酯，它是生物膜的主要组分。

1. 甘油磷脂的组成

这类化合物中所含甘油的第三个羟基被磷酸酯化，另两个羟基为脂肪酸酯化，其中的磷酸再与氨基醇或肌醇结合。

甘油磷脂的结构通式为：

$$\begin{array}{c} \qquad\qquad O \\ \qquad O \quad CH_2-O-C-R^1 \\ R^2-C-O-CH \\ \qquad CH_2-O-P-O-X \\ \qquad\qquad\quad O \end{array}$$

R^1、R^2 分别为脂肪酸残基；X 为含氮碱分子的残基。

从甘油磷脂结构可以看出，一个甘油磷脂分子同时存在极性部位与非极性部位。甘油磷脂的两条长的碳氢链构成非极性尾部，其余部分构成它的极性头部，属两亲分子。卵黄及植物油脂中的卵磷脂是食品加工中常用的天然乳化剂。

2. 甘油磷脂的性质

纯的甘油磷脂都是白色蜡状固体，它们溶于含有少量水的多数非极性溶剂中。用氯仿-甲醇混合溶剂很容易从组织、细胞中将甘油磷脂提取出来。

（1）水解作用　甘油磷脂的水解作用分为三种：用弱碱水解甘油磷脂生成脂肪酸的金属盐；用强碱水解则生成脂肪酸、乙醇胺和磷酸甘油；酶促水解。

（2）氧化作用　暴露在空气中的甘油磷脂，由于其中所含不饱和脂肪酸被氧化，形成过氧化物，最终形成黑色过氧化物的聚合物。

3. 重要的甘油磷脂

（1）卵磷脂　卵磷脂也叫磷脂酰胆碱或胆碱磷酸甘油酯，是动植物中分布最广泛的磷脂，主要存在于动物的卵、植物的种子（如大豆）及动物的神经组织中，因其在蛋黄中含量最多，故得此名。卵磷脂的 X 基团是胆碱。卵磷脂的分子结构：

$$\begin{array}{l} CH_2-O-\overset{\overset{\displaystyle O}{\|}}{P}-OCH_2\overset{+}{N}(CH_3)_3 \\ \underset{O^-}{|} \\ CH-O-\overset{\displaystyle O}{\overset{\|}{C}}-R \\ CH_2-O-\overset{\displaystyle O}{\overset{\|}{C}}-R' \end{array}$$

α-卵磷脂

在化学结构上，油酸、硬脂酸、亚油酸等不同的脂肪酸与甘油结合将生成不同的卵磷脂，所以卵磷脂不是指一种化合物，而是一类化合物的总称。

卵磷脂分子中的 R 脂肪酸是饱和脂肪酸，如硬脂酸或软脂酸；R′脂肪酸是不饱和脂肪酸，如油酸、亚油酸、亚麻酸或花生四烯酸等。纯净的卵磷脂是吸水性很强的无色蜡状物，溶于乙醚、乙醇，不溶于丙酮。由于卵磷脂中含有不饱和脂肪酸，稳定性差，遇空气容易氧化，所以在食品中常用作抗氧化剂。卵磷脂的胆碱残基具有亲水性，脂肪酸残基具有憎水性，是两亲物质，具有很好的乳化性，如大豆磷脂中含有的卵磷脂是很好的乳化剂。

（2）脑磷脂（磷脂酰乙醇胺或乙醇胺磷酸甘油酯）　脑磷脂的分子结构：

$$\begin{array}{l} CH_2-O-\overset{\overset{\displaystyle O}{\|}}{P}-OCH_2CH_2\overset{+}{N}H_3 \\ \underset{O^-}{|} \\ CH-O-\overset{\displaystyle O}{\overset{\|}{C}}-R \\ CH_2-O-\overset{\displaystyle O}{\overset{\|}{C}}-R' \end{array}$$

α-脑磷脂

脑磷脂的结构和卵磷脂很相似，只有碱基部分不同。其性质和卵磷脂也很接近。

脑磷脂的组成中 R^1、R^2 通常为软脂酸、硬脂酸、油酸及少量二十碳四烯酸。其水解产物一般为甘油、磷酸、脂肪酸和氨基乙醇。脑磷脂在空气中易被氧化，变为黑棕色，是两亲分子，具有乳化性。

二、鞘氨醇磷脂类

鞘氨醇磷脂类简称鞘磷脂类。在鞘磷脂中，鞘氨醇氨基以酰胺键连接到一脂肪酸上，其羟基以酯键与磷酰胆碱相连。

鞘氨醇，即 2-氨基-4-十八碳烯-1,3 二醇，因有氨基，故呈碱性。

神经酰胺，是构成鞘磷脂类的母体结构。其结构是由鞘氨醇氨基以酰胺键与一长链（$C_{18} \sim C_{26}$）脂肪酸羧基相连。

鞘磷脂，是鞘脂类的典型代表，它是高等动物组织中含量最丰富的鞘脂类物质。

鞘磷脂的极性头部是磷酰胆碱或磷酰乙醇胺，因此，鞘磷脂的性质与卵磷脂和脑磷脂的性质相似。

第三节 蜡

1. 蜡的存在与作用

植物的茎叶和果实的外部，有一层蜡薄膜，它能保持植物体内的水分，也防止外界的水分聚集侵蚀。昆虫的外壳、动物的皮毛、鸟类的羽毛中都存在着蜡。

2. 蜡的组成

蜡是大于 C_{16} 的高碳脂肪酸与高碳醇形成的酯。天然蜡中还含有少量的游离高碳脂肪酸和脂肪醇。

3. 蜡的性质

常温下蜡是固态，能溶于乙醚、苯、氯仿等有机溶剂中，不溶于水。蜡不易发生皂化反应，也不能被解脂酶水解。

4. 高碳脂肪醇

天然高碳脂肪醇多数以酯或醚的形态存在于动植物体内。海洋水生动物如鲸类、鲨类的体内也储有大量的以酯和醚的形态存在的脂肪醇。香鲸的脑油中含有大量的鲸脑油〔棕榈酸十六醇酯，$CH_3(CH_2)_{14}COO(CH_2)_{15}CH_3$〕；鲨鱼的油中含有鲨肝醇、鲨油醇；鲸鱼的肝油中含有大量的鲸肝醇：

$$\begin{array}{ccc}
CH_2OCH_2(CH_2)_{14}CH_3 & CH_2O(CH_2)_8CH=CH(CH_2)_7CH_3 & CH_2O(CH_2)_{17}CH_3 \\
| & | & | \\
CHOH & CHOH & CHOH \\
| & | & | \\
CH_2OH & CH_2OH & CH_2OH \\
\text{鲸肝醇} & \text{鲨肝醇} & \text{鲨油醇}
\end{array}$$

高碳醇与环氧乙烷反应得到的聚氧乙烯醇，再转化成硫酸酯的钠盐，是很好的表面活性剂：

$$ROH + nCH_2\text{—}CH_2 \xrightarrow{} R(OCH_2CH_2)_n OH \xrightarrow{SO_2} R(OCH_2CH_2)_n OSO_3H \xrightarrow{NaOH} R(OCH_2CH_2)_n OSO_3Na$$
$$\underset{O}{\diagdown\!\diagup}$$

$$(R=C_6 \sim C_{16}, n=3 \sim 4)$$

高碳脂肪醇转变成高碳脂肪胺，可作为阳离子表面活性剂。

一些正构的高碳醇有一些特殊的用途，如 C_{30} 醇是植物生长促进剂，C_{20} 醇也可用作抗氧剂的原料。

5. 蜡的用途

蜡可以作为化工原料，用于造纸、防水剂、光泽剂的制备，蜡也是高碳脂肪酸与高碳脂肪醇的来源。蜡也可以用于水果涂层，达到长期保鲜的作用。

6. 重要的蜡

蜂蜡：棕榈酸（软脂酸）三十烷醇酯 $C_{15}H_{31}CO_2C_{30}H_{61}$，熔点 62～65℃，存在于蜜蜂体内。由蜂房制得的蜂蜡是 $C_{26} \sim C_{28}$ 酸和 $C_{30} \sim C_{32}$ 醇的酯 $C_{25}H_{51}C_{27}H_{55}COOC_{30}H_{61}$

$C_{32}H_{65}$。

巴西蜡：C_{26} 酸与 C_{30} 醇形成的酯 $C_{25}H_{51}COOC_{30}H_{61}$，熔点 83～90℃。

鲸蜡：主要是软脂酸与 C_{16} 醇的酯 $C_{15}H_{31}COOC_{16}H_{33}$，熔点 41～46℃，存在于鲸鱼头中。

中国白蜡：软脂酸与 C_{26} 醇的酯 $C_{15}H_{31}COOC_{26}H_{53}$。

复习题

1. 脂类按组成不同如何分类？
2. 什么是必需脂肪酸？人体中必需脂肪酸的主要来源是什么？
3. 甘油磷脂的结构通式是什么？有什么结构特点？
4. 蜡的组成与物理性质是什么？

第十六章 氨基酸和蛋白质

知识目标

1. 熟悉氨基酸的分类及命名；掌握氨基酸的性质；
2. 理解蛋白质的一、二、三、四级结构及性质。

能力、思政与职业素养目标

1. 能应用显色反应鉴别氨基酸和蛋白质；
2. 能分析人体内氨基酸缺乏时将导致的疾病种类；
3. 能应用蛋白质的性质解释、分析生理现象；
4. 拓展我国首次人工合成牛胰岛素的知识链接，培养民族自豪感与科技自信。

第一节 氨 基 酸

分子中既含有氨基又含有羧基的化合物称为氨基酸。

一、氨基酸的分类和命名

根据分子中烃基的结构不同，氨基酸可分为脂肪族氨基酸、芳香族氨基酸和杂环氨基酸；根据分子中所含氨基和羧基的数目不同，氨基酸又可分为中性氨基酸（氨基和羧基的数目相等）、碱性氨基酸（氨基的数目多于羧基的数目）、酸性氨基酸（羧基的数目多于氨基的数目）。

在脂肪族氨基酸中根据氨基和羧基的相对位置，氨基酸可分为 α-氨基酸、β-氨基酸、γ-氨基酸、ω-氨基酸。

$$\underset{\substack{|\\ NH_2}}{CH_3CHCOOH} \qquad \underset{\substack{|\\ NH_2}}{CH_2CH_2COOH} \qquad \underset{\substack{|\\ NH_2}}{CH_2CH_2CH_2COOH}$$

α-氨基丙酸　　　　　　β-氨基丙酸　　　　　　　　γ-氨基丁酸

自然界中的氨基酸有 200 余种，其中绝大部分是脂肪族氨基酸，但组成人体蛋白质的氨基酸仅有 20 余种。表 16-1 中列出了组成生物体的氨基酸。

氨基酸的系统命名法是以羧酸作为母体，氨基作为取代基来命名的，但氨基酸通常根据其来源或某些特性而采用俗名。

$$\begin{array}{ccc}
(CH_3)_2CHCH_2CHCOOH & HOOCCH_2CH_2CHCOOH & HSCH_2CHCOOH \\
\quad\quad\quad\quad | & \quad\quad\quad\quad | & \quad\quad | \\
\quad\quad\quad\quad NH_2 & \quad\quad\quad\quad NH_2 & \quad\quad NH_2 \\
\text{4-甲基-2-氨基戊酸} & \text{2-氨基戊二酸} & \text{2-氨基-3-巯基丙酸} \\
\text{(亮氨酸)} & \text{(谷氨酸)} & \text{(半胱氨酸)}
\end{array}$$

表 16-1 蛋白质中的氨基酸

名称	R	缩写符号	等电点(pI)
甘氨酸	—H	Gly	5.97
丙氨酸	—CH$_3$	Ala	6.02
缬氨酸①	—CH(CH$_3$)$_2$	Val	5.96
亮氨酸①	—CH$_2$CH(CH$_3$)$_2$	Leu	5.98
异亮氨酸①	—CH(CH$_3$)CH$_2$CH$_3$	Ile	6.02
丝氨酸	—CH$_2$OH	Ser	5.68
苏氨酸①	—CH(OH)CH$_3$	Thr	5.60
半胱氨酸	—CH$_2$SH	Cys	5.02
胱氨酸	—CH$_2$SSCH$_2$—	Cys-Cys	5.06
甲硫氨酸①	—CH$_2$CH$_2$SCH$_3$	Met	5.06
天冬氨酸	—CH$_2$COOH	Asp	2.98
谷氨酸	—CH$_2$CH$_2$COOH	Glu	3.22
天冬酰胺	—CH$_2$CONH$_2$	Asn	5.41
谷酰胺	—CH$_2$CH$_2$CONH$_2$	Gln	5.70
赖氨酸①	—CH$_2$CH$_2$CH$_2$CH$_2$NH$_2$	Lys	9.74
组氨酸	—CH$_2$-(咪唑基)	His	7.59
精氨酸	—CH$_2$CH$_2$CH$_2$NHC(NH)NH$_2$	Arg	10.76
苯丙氨酸①	—CH$_2$—C$_6$H$_5$	Phe	5.16
酪氨酸	—CH$_2$—C$_6$H$_4$—OH	Tyr	5.67
色氨酸①	—CH$_2$-(吲哚基)	Trp	5.88
脯氨酸	(完整结构，吡咯烷-2-甲酸)	Pro	6.30
羟基脯氨酸	(完整结构，4-羟基吡咯烷-2-甲酸)	Hyp	6.33

① 人体不能合成而必须由食物来供给的氨基酸。

【知识链接】

赖氨酸和异亮氨酸

赖氨酸为碱性必需氨基酸,可调节人体代谢平衡。在食物中添加少量赖氨酸,可以刺激胃蛋白酶和胃酸的分泌,提高胃液分泌功效,使食欲增强,促进幼儿生长与发育。赖氨酸还能提高钙的吸收及其在体内的积累,加速骨骼生长。在医药上赖氨酸可作为利尿剂的辅助药物,治疗因血中氯化物减少而引起的铅中毒,还可与酸性药物生成盐来减弱不良反应,与蛋氨酸合用可以抑制重症高血压病。鱼肉、豆类制品、脱脂牛奶、杏仁、花生、南瓜子、芝麻中含赖氨酸较多。

异亮氨酸能治疗神经障碍、食欲不振和贫血,在肌肉蛋白质代谢中特别重要,并能调节糖和能量的平衡,帮助提高体能,增进肌肉的生长发育,加快创伤愈合,治疗肝功能衰竭,提高血糖水平。它广泛应用于医药和食品领域,近年来在运动食品行业中作为运动食品的添加剂得到广泛的运用。异亮氨酸在鸡蛋、黑麦、全麦、大豆、糙米、鱼类和奶制品中含量较多。

二、氨基酸的结构

氨基酸是蛋白质水解的最终产物,是组成蛋白质的基本单位。从蛋白质水解物中分离出来的二十种氨基酸,除脯氨酸和羟脯氨酸外,这些天然氨基酸在结构上的共同特点如下。

① 与羧基相邻的碳原子上都有一个氨基,因而称为氨基酸。

$$R-CH-COOH$$
$$|$$
$$NH_2$$

② 除甘氨酸外,其他所有氨基酸分子中的 α-碳原子都为不对称碳原子,所以,氨基酸都具有旋光性;每一种氨基酸都具有 D-型和 L-型两种立体异构体。目前已知的天然蛋白质中氨基酸都为 L-型。

三、氨基酸的重要理化性质

1. 物理性质

氨基酸都是无色晶体,熔点较高,一般为 200~300℃,加热至熔点易熔化分解脱羧放出 CO_2。除少数外,一般都能溶于水、强酸及强碱溶液,难溶于乙醇、乙醚、石油醚和苯等有机溶剂。有的如甘氨酸具有甜味,有的无味甚至有苦味,而谷氨酸的钠盐味道鲜美,是调味品"味精"的主要成分。

2. 化学性质

氨基酸分子中既含有羧基又含有氨基,因此它除了具有羧基和氨基的一般反应外,由于羧基和氨基的相互影响,使氨基酸还具有一些特殊的性质。

(1) 两性电离和等电点 氨基酸分子中含有酸性的羧基和碱性的氨基,因此既可与碱反应又可与酸反应,是两性化合物。氨基酸分子中的氨基与羧基可以作用成盐,这种由分子内部酸性基团和碱性基团相互作用所形成的盐,称为内盐:

$$R-CH-COO^-$$
$$|$$
$$NH_3^+$$

两性离子(内盐)

内盐分子中既存在正离子部分又有负离子部分,所以内盐又称为两性离子。这种离子结构导致了氨基酸具有低挥发性、高熔点和难溶于有机溶剂的性质。

在水溶液中,氨基酸可以发生两性电离:可逆地解离出正离子为碱式电离;解离出负离子为酸式电离。解离的程度和方向取决于溶液的 pH。在不同的 pH 水溶液中,氨基酸带电情况不同,在电场中的行为也不同。在酸性溶液中主要以正离子存在而向负极移动;在碱性溶液中主要以负离子状态存在而向正极移动。这样,当将溶液的 pH 调节到某一特定值时,氨基酸的酸式电离和碱式电离程度相等,分子中的正离子数和负离子数正好相当,氨基酸主要以电中性的偶极离子存在,电场中既不向正极移动又不向负极移动,这个特定的 pH 值就称为氨基酸的等电点,常用 pI 表示。

氨基酸在溶液中的存在形式随 pH 的变化可表示如下：

$$\underset{\substack{\text{阴离子}\\ pH>pI}}{\underset{NH_2}{RCHCOO^-}} \underset{OH^-}{\overset{H^+}{\rightleftharpoons}} \underset{\substack{\text{两性离子}\\ pH=pI}}{\underset{NH_3^+}{RCHCOO^-}} \underset{OH^-}{\overset{H^+}{\rightleftharpoons}} \underset{\substack{\text{阳离子}\\ pH<pI}}{\underset{NH_3^+}{RCHCOOH}}$$

等电点是氨基酸的一个重要的理化常数，不同结构的氨基酸等电点不同。酸性氨基酸的等电点约为 2.8～3.2；碱性氨基酸的等电点约为 7.6～10.8；中性氨基酸的等电点一般在 5.0～6.5 之间。在等电点时，氨基酸的酸式电离和碱式电离程度相等，氨基酸呈电中性，但其水溶液却不是中性的，pH 不等于 7。在等电点时，氨基酸的溶解度最小，最易从溶液中析出沉淀。因此，根据不同氨基酸具有不同的等电点这一特性，可通过调节溶液的 pH，使不同的氨基酸在各自的等电点结晶析出以分离提纯氨基酸。

(2) 成肽反应 一分子氨基酸中的氨基与另一分子氨基酸中的羧基之间脱水缩合而成的酰胺键（—CONH—）称为肽键，所生成的化合物称为肽，该反应称为成肽反应。例如：

$$H_2NCH-[OH+H]-NCHCOOH \xrightarrow{-H_2O} H_2NCH-\underset{\substack{|\\R}}{\overset{\substack{||\\O}}{C}}-\underset{H}{N}-CHCOOH$$
$$\qquad\qquad\qquad\qquad\qquad\qquad\qquad\qquad\qquad\qquad\qquad\text{肽键}$$

由两分子氨基酸形成的肽称为二肽。两个以上氨基酸由多个肽键结合起来形成的肽称为多肽，分子量高于 10000 的肽一般称为蛋白质。

两种不同氨基酸成肽时，由于组合方式和排列顺序不同而生成两种互为异构体的二肽。如甘氨酸和丙氨酸组成的二肽有以下两种异构体：

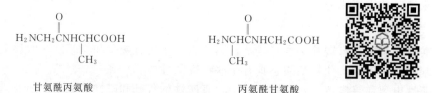

　　　甘氨酰丙氨酸　　　　　　丙氨酰甘氨酸

多种氨基酸分子由于连接方式和数量不同可以形成成千上万个多肽，这也是只有二十几种 α-氨基酸就能形成数目十分巨大的蛋白质群的原因。

在多肽中，通常将带有游离氨基的一端写在左边称为 N 端，将带有游离羧基的一端写在右边称为 C 端。多肽中的每个氨基酸单位称为氨基酸残基，氨基酸残基的数目等于成肽的氨基酸分子数目。多肽命名时以含有完整羧基的氨基酸为母体即 C 端氨基酸，从 N 端开始，将其他氨基酸残基的"酸"字改为"酰"字，依次列在母体名称前面。例如：

$$\underset{\substack{|\\CH_3}}{H_2NCHC}-NHCH_2\overset{\substack{O\\||}}{C}-NHCHCOOH$$
$$\qquad\qquad\qquad\qquad\underset{CH(CH_3)_2}{|}$$

丙氨酰甘氨酰缬氨酸

为了简便，也可用氨基酸的中文词头或英文缩写符号表示，氨基酸之间用"—"或"·"隔开。如上述三肽的名称可简写为丙—甘—缬或丙·甘·缬（Ala·Gly·Val）。对较复杂的多肽一般只用俗名。

(3) 茚三酮反应 α-氨基酸与茚三酮的水合物在溶液中共热，经一系列反应，最终生成蓝紫色的共振稳定的阴离子（含亚氨基的氨基酸，如脯氨酸与茚三酮呈黄色）。这是鉴别 α-氨基酸最灵敏、最简便的方法。凡含有 α-氨酰基结构的化合物，如多肽和蛋白质都有此显色反应。

该反应中释放的 CO_2 的量与氨基酸的量成正比，故又可以作为氨基酸的定量分析方法。

> 【问题与思考】
> 亮氨酸水溶液中存在哪些离子和哪些分子？调节 pH>6.02 时，亮氨酸以什么形式存在？调节 pH<6.02 时，亮氨酸又以什么形式存在？

第二节 蛋 白 质

蛋白质是生物体内必不可少的重要成分，是构成生物体最基本的结构物质和功能物质（见表16-2）。人体中物质组分与比例（中年人）为：水55%，蛋白质19%，脂肪19%，糖类<1%，无机盐7%。

表 16-2 蛋白质在生物体中所占比例

生物体名称	蛋白质占干重比例/%	生物体名称	蛋白质占干重比例/%
人体	45	酵母菌	14～50
细菌	50～80	白地菌	50
真菌	14～52		

蛋白质是一种生物功能的主要体现者，它参与了几乎所有的生命活动过程：作为生物催化剂（酶），代谢调节作用，免疫保护作用，物质的转运和存储，运动与支持作用，参与细胞间的信息传递。另外，外源蛋白质有营养功能，可作为生产加工的对象。

蛋白质主要有 C、H、O、N 和 S，有些蛋白质含有少量磷或金属元素铁、铜、锌、锰、钴、钼，个别蛋白质还含有碘。蛋白质的元素组成比例为碳50%，氢7%，氧23%，氮16%，硫0～3%，其他微量。

一、蛋白质的分类

1. 按外形分类

（1）**球状蛋白质** 外形接近球形或椭圆形，溶解性较好，能形成结晶，大多数蛋白质属于这一类。

（2）**纤维状蛋白质** 分子类似纤维或细棒，它又可分为可溶性纤维状蛋白质和不溶性纤维状蛋白质。

2. 按组成分类

（1）**简单蛋白** 又称为单纯蛋白质，只含由 α-氨基酸组成的肽链，不含其他成分。

① 清蛋白和球蛋白 广泛存在于动物组织中，易溶于水，后者微溶于水，易溶于稀酸。

② 谷蛋白和醇溶谷蛋白 谷蛋白不溶于水，易溶于稀酸、碱，醇溶谷蛋白可溶于70%～80%乙醇中。

③ 精蛋白和组蛋白 碱性蛋白质，存在于细胞核中。

④ 硬蛋白 存在于各种软骨、腱、毛、发、丝等组织中，分为角蛋白、胶原蛋白、弹性蛋白和丝蛋白。

(2) 结合蛋白 由简单蛋白与其他非蛋白成分结合而成。

① 色蛋白 由简单蛋白与色素物质结合而成，如血红蛋白、叶绿蛋白和细胞色素等。

② 糖蛋白 由简单蛋白与糖类物质组成，如细胞膜中的糖蛋白等。

③ 脂蛋白 由简单蛋白与脂类结合而成，如血清 a-脂蛋白、血清 b-脂蛋白等。

④ 核蛋白 由简单蛋白与核酸结合而成，如细胞核中的核糖核蛋白等。

⑤ 磷蛋白 由简单蛋白质和磷酸组成，如胃蛋白酶、酪蛋白、角蛋白、弹性蛋白、丝心蛋白等。

3. 按功能分类

蛋白质可分为活性蛋白和非活性蛋白。

4. 按营养价值分类

蛋白质可分为完全蛋白和不完全蛋白。

二、蛋白质的结构

由于蛋白质是以肽键相连而形成的多肽高分子化合物，分子量一般在 10000 以上，并且组成蛋白质分子的氨基酸种类、数目、排列的顺序及肽键的立体结构都各不相同，因此蛋白质分子的结构十分复杂，通常分为一、二、三、四级结构。一级结构也称初级结构，二、三、四级结构又称作高级结构或空间结构。

1. 一级结构

蛋白质的一级结构实际上是指许多氨基酸按一定顺序用肽键连接的多肽链。蛋白质不同，多肽链中的 α-氨基酸种类和数目及多肽链数目也不相同。蛋白质的一级结构不仅决定着蛋白质的二、三、四级结构，而且对它的生物功能起着决定性的作用。

测定多肽氨基酸的技术都可以应用于蛋白质。继 1955 年桑格（F. Sanger）首次确定了胰岛素的完整结构后，又相继获得了多种蛋白质的一级结构。例如从动物体内分泌出来的一种可以降低血液中葡萄糖浓度的激素——牛胰岛素，它是由两个长链组成的，其中 A 链（21 个 α-氨基酸）和 B 链（30 个 α-氨基酸）通过 S—S 链相连。牛胰岛素的结构如图 16-1 所示。

核糖核酸酶由 124 个氨基酸组成。糜蛋白酶由 241 个氨基酸组成。γ-球蛋白是一种复杂的抗体，其氨基酸的顺序也已破译，爱德尔曼（G. Edelman）证明此抗体共含有 1320 个氨基酸（由四个链组成，其中两个含 446 个氨基酸，另两个含有 214 个氨基酸），他因此成就获得了 1973 年的诺贝尔奖。

2. 二级结构

蛋白质的二级结构涉及肽链在空间的优势构象和所呈现的形状。在一个肽链中的 \C=O 和另一个肽链的 \N—H 之间可形成氢键，正是由于这种氢键的存在维持了蛋白质的二级结构。它包括 α-螺旋、β-折叠、β-转角及无规则卷曲等。蛋白质中最常见的是 α-螺旋体与 β-折叠片状的两种空间结构。

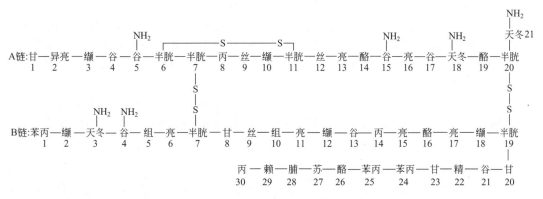

图 16-1 牛胰岛素结构

L. Pauling 和 E. J. Corey 根据 X 射线衍射法对纤维蛋白质分子进行了研究，在严格遵守键长与键角的基础上提出肽链是以 α-螺旋形成的空间构象，如图 16-2(a) 所示，螺环每圈由 3.6 个氨基酸单位构成，相邻两个螺旋圈之间的距离为 0.54nm，每一个氨基酸单位的氨基与相隔的第五个氨基酸单位的羧基形成氢键，氢键取向几乎与中心轴平行并维持着蛋白质的二级结构。螺旋一般可有左、右手螺旋之分，右手螺旋通常比左手螺旋更稳定，所以天然蛋白质中 α-螺旋多半是右手螺旋。

β-折叠是一种肽链相对伸展的结构，在两条肽链或一条肽链之间的 C=O 与 N—H 形成氢键。两条肽链可以是平行的也可以是反平行的，从能量角度分析，以反平行结构更为稳定，如图 16-2(b) 所示为 β-折叠结构。

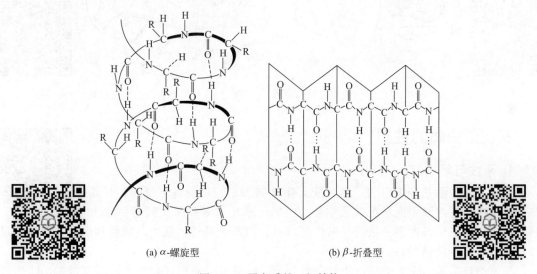

(a) α-螺旋型　　　　　　(b) β-折叠型

图 16-2 蛋白质的二级结构

3. 三级结构

实际上蛋白质分子很少以简单的 α-螺旋或 β-折叠型结构存在，而是在二级结构的基础上进一步卷曲折叠，构成具有特定构象的紧凑结构，称之为三级结构。维持三级结构的力来自氨基酸侧链之间的相互作用，主要包括二硫键、氢键、正负离子间的静电引力（离子键）、疏水基团间的亲和力（疏水键）等，这些作用总称为副键。其中二硫键是蛋白质三级结构中唯一的共价键，将其断开约需要 209.3～416.6kJ/mol 的能量。其他键都比较弱，容易受到外界条件（温度、溶剂、pH、盐浓度等）的影响而被破坏。

测定蛋白质的三级结构是一件十分复杂的工作。1957年肯笃（J. Kendrew）用X射线衍射技术成功地测定了肌红蛋白的三级结构，同期珀汝茨（M. Perutz）又成功测定了更复杂的携氧蛋白质-血红蛋白的三级结构。1962年肯笃与珀汝茨因出色的工作成就获得了诺贝尔化学奖。肌红蛋白的三级结构如图16-3所示。

用X射线衍射法测定蛋白质晶体的空间结构是近年来分子生物学的重大突破，为此已颁发过四次诺贝尔奖。1971~1973年我国科学工作者也成功地用X射线衍射法完成了猪胰岛素晶体结构的测定工作。

4. 四级结构

蛋白质分子作为一个整体所含有的肽链不止一条。由多条三级结构的肽链聚合而成特定构象的分子叫作蛋白质的四级结构，其中每一条肽链称为一个亚基。维持四级结构的主要是静电引力，在亚基之间进行聚合时，必须在空间结构上满足镶嵌互补。血红蛋白的四级结构如图16-4所示。

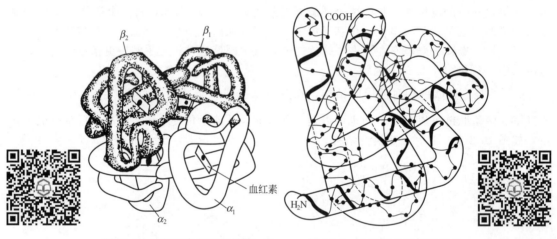

图16-3 肌红蛋白的三级结构　　图16-4 血红蛋白的四级结构

三、蛋白质的性质

1. 两性与等电点

蛋白质是由氨基酸组成的，多肽链上有N端和C端，侧链上可能还有某些极性基团，在溶液中能进行碱式或酸式电离，因此与氨基酸类似会呈现出两性。分子中碱性基团占多数时是碱性蛋白质，溶液显碱性，反之，酸性基团占多数则是酸性蛋白质，溶液显酸性。

通常通过溶液pH的调节，使蛋白质分子以偶极离子的形式存在，这时溶液的pH为该蛋白质的等电点（pI表示）。每种蛋白质由于所含氨基酸的种类，酸、碱性基团不同，都有其特定的等电点。表16-3列出了几种蛋白质的等电点。蛋白质在等电点时，溶解度最小，可从溶液中析出，利用这一性质可以进行蛋白质的分离与提纯。

2. 胶体的性质

蛋白质是生物高分子，分子粒径在1~100nm左右，属于胶体，因而具有胶体一系列的化学行为与特性，如布朗运动、丁铎尔现象与电泳现象、不能透过半透膜以及具有吸附能力等。

表 16-3　几种蛋白质的等电点

蛋白质	等电点(pI)	蛋白质	等电点(pI)	蛋白质	等电点(pI)
胃蛋白酶	2.5	麻仁球蛋白	5.5	麦麸蛋白	7.1
鸡卵清蛋白	4.9	玉米醇溶蛋白	6.2	核糖核酸酶	9.4
乳酪蛋白	4.6	麦胶蛋白	6.5	细胞色素C	10.8
牛胰岛素	5.3	血红蛋白	7.0		

蛋白质胶粒表面有许多可电离的极性基团，在一定 pH 值的溶液中，分子表面一般带有同性电荷，由于同性电荷相互排斥，使蛋白质胶粒不易接近，不易聚集而沉淀。另外，蛋白质表面的极性基团易与水结合形成一层水化膜，它使蛋白质胶粒被水化膜隔开而不会碰撞结聚成大颗粒，所以它在水中不易沉淀，能形成较稳定的亲水性胶体。利用所具有的胶体性质可以进行蛋白质的分离与提纯。

3. 沉淀反应

蛋白质分子由于带有电荷和能形成水化膜，在水溶液中可形成稳定的胶体。如果在蛋白质溶液中加入适当的试剂，破坏了蛋白质的水化膜或中和蛋白质表面的电荷，则蛋白质就会沉淀下来。当在蛋白质溶液中加入中性盐如硫酸铵、硫酸钠、氯化钠等，使水化膜被破坏，电荷被中和，这种由于加入盐而使蛋白质从溶液中沉淀出来的现象称为盐析。盐析是可逆的，被沉积出来的蛋白质分子结构无变化，只要消除沉淀因素，沉淀即会重新溶解。有机溶剂如乙醇、丙酮也有破坏水化膜的作用，使蛋白质沉淀，在低温及短时间内这种沉淀是可逆的，但长时间后则成为不可逆沉淀。少量的重金属盐如氯化汞、硝酸银、醋酸铅等和某些生物碱如苦味酸、单宁酸、三氯乙酸等也能与蛋白质发生反应，生成不溶盐沉淀析出，这些沉淀都是不可逆沉淀。

4. 变性作用

天然蛋白质因受物理因素（加热、高压、紫外线、激光照射、高压等）和化学因素（强酸、强碱、重金属盐、生物碱及有机溶剂等）的作用，使蛋白质分子内部原有的高能结构发生变化，蛋白质的理化性质和生理功能都随之改变或丧失，使蛋白质凝聚出现沉淀，但并未导致蛋白质一级结构的变化，这个过程称为蛋白质的变性。变性发生后蛋白质的一级结构不变，只是蛋白质的氢键等次级键被破坏后变为松散而无序的结构，即高级结构被破坏，原来处于分子内部的疏水基团大量暴露在分子表面，使得蛋白质不能与水相溶而失去水化膜，发生凝固或沉淀。

一般来说，蛋白质在变性的初期，变性作用不过于剧烈，分子构象未受到深度的破坏（只是三级结构受损，而二级结构未变），那么还有可能恢复原来的结构和性质，即这种变性是可逆性变性。如果变性已导致它们二级结构的破坏，原蛋白质的结构和性质不能恢复，则属于不可逆性变性。

5. 颜色反应

蛋白质中有多种不同的氨基酸和酰胺键，在不同试剂作用下可以发生各种特有的颜色反应，利用这些反应可以鉴别蛋白质。

(1) **双缩脲反应**　蛋白质与强碱和稀硫酸铜溶液发生反应，生成紫色化合物。

(2) **黄蛋白质反应**　蛋白质加硝酸先产生白色沉淀而后逐渐变黄，再加碱则颜色变为橙色，这是含芳环氨基酸特别是含有酪氨酸和苯丙氨酸的蛋白质所特有的反应。

(3) **米伦反应**　米伦试剂是硝酸汞、亚硝酸汞、硝酸和亚硝酸的混合物。蛋白质与其反应产生白色沉淀，加热后沉淀变成红色，这是由于酪氨酸中的酚羟基与汞形成了有色化合物。含酚羟基的氨基酸（酪氨酸）和含酪氨酸的蛋白质都有此反应。

（4）乙醛酸反应 在蛋白质中加入乙醛酸，并沿试管壁慢慢加入浓硫酸，在两液层之间就会出现紫色环，这是由于吲哚基的化合物和乙醛酸缩合所致。氨基酸中只有色氨酸中有吲哚基，因此该反应可用于检查蛋白质中是否含有色氨酸残基。

1. 名词解释。
   (1) 蛋白质的一级结构　　　　(2) 等电点
2. 氨基酸具有两性，既具有碱性又具有酸性，但它们的等电点都不等于7，这是什么原因？
3. 什么是必需氨基酸？
4. 简述蛋白质的主要生物功能。
5. 蛋白质的一级结构和空间结构指的是什么？它们之间关系如何？

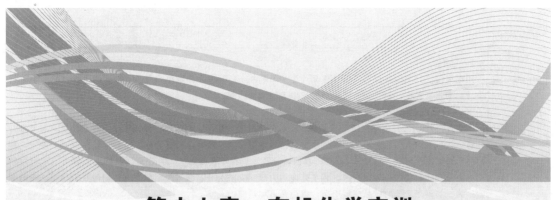

第十七章 有机化学实训

 知识目标

1. 掌握有机反应的基本操作方法及技能;
2. 掌握物质物理常数(熔点、沸点、折射率、旋光度等)的测定方法及技能;
3. 掌握物质的常用分离方法(蒸馏、减压蒸馏、水蒸气蒸馏、萃取、升华、色谱分离等)及技能。

 能力、思政与职业素养目标

1. 培养学生对常用仪器的基本装配及操作能力;
2. 培养学生分析问题、解决问题的能力;
3. 培养学生对实训数据分析、推理及总结能力;
4. 培养严谨治学、精益求精的工匠精神;
5. 了解有机工业生产流程,培养严守操作规程的工作作风;
6. 培养团队协作能力与解决实际突发事件的创新能力。

项目一 有机化学实训基本操作技术

任务1-1 熔点的测定

任务名称	熔点的测定		学时	2
实训目的	1. 了解熔点测定的意义 2. 掌握测定熔点的基本操作			
实训仪器 实训试剂	1. 仪器:提勒管、酒精灯、温度计、熔点管 2. 试剂:液体石蜡、苯甲酸、固体未知样			
实训方案	资讯	固体物质在大气压力下加热熔化时的温度称为熔点。严格地说,熔点是物质固液两相在大气压力下平衡共存时的温度,在此温度下固体的分子(或离子、原子)获得足够的动能以克服分子(或离子、原子)间的结合力而液化。物质从开始熔化至完全熔化的温度范围称为熔点范围(又称熔点距离)。纯粹的固体化合物一般都有固定的熔点,而且熔点距离很小,0.5~1℃。 当有杂质存在时,化合物的熔点往往较纯物质低,熔点距离也会增大。因此,从测定固体物质的熔点便可鉴定其纯度。 如果两种物质具有相同或相近的熔点,可以测定其混合物熔点来判别它们是否为同一物质。 因为相同的两种物质以任何比例混合时,其熔点不变;相反,两种不同物质的混合物,通常熔点会降低,熔点范围也会增大。		

续表

任务名称		熔点的测定	学时	2
实训方案	实施计划	1. 毛细管法 用毛细管法测出的熔点，除了受样品纯度的影响外，还受到晶体颗粒的大小、样品的多少、装入毛细管中样品的紧密程度，以及加热液体浴的速率等因素的影响。 （1）样品的装填 　　取少许（约0.1g）干燥待测的样品放在干燥清洁的表面皿上，用玻璃钉研成细末后聚成小堆，将毛细管开口一端垂直插入样品堆中，即有少许样品挤入毛细管中。然后将毛细管开口向上轻轻在桌面上敲击，使样品落入管底；另取一根长约40cm干净的玻璃管，垂直于表面皿上，将装有样品的毛细管由上端自由落下，重复几次，使样品装填紧密，装填高度约为2～3mm为止。装入样品如有空隙则传热不均匀，影响测定结果。黏附于管外的样品应擦干净，以免污染加热液。 （2）仪器装置和加热液体（浴液） 　　在实训室中常用的毛细管法测定熔点装置主要用提勒（Thiele）管，如图17-1所示。 　　提勒管管口装有开口的塞子，温度计插入塞子中，刻度面向塞子开口，其水银球位于上下两个叉管之间。管内装入加热液体（浴液），其液面高度达上叉管处即可。 　　所用浴液为易导热液体，常用的有浓硫酸、甘油、液体石蜡、硅油等，视所需温度而选用。如果在140℃以下，可用甘油或液体石蜡。浓硫酸可达250℃，但热的浓硫酸有强的腐蚀性，使用时应特别注意安全。 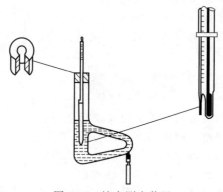 图17-1　熔点测定装置 （3）熔点的测定 　　在提勒管中加入浴液，并固定在铁架上，把装好样品的毛细管紧贴在温度计水银球旁边，毛细管中的样品应位于水银球中间。 　　用酒精灯小火在提勒管弯曲支管的底部加热，开始时升温速率可快些（每分钟上升5～6℃），待离熔点约10～15℃时，调整火焰使每分钟上升1～2℃，愈接近熔点升温速率应愈慢，每分钟约0.2～0.3℃，仔细观察温度上升和毛细管中样品的情况。当毛细管中的样品柱开始塌落和湿润，接着出现小液滴时，表示样品开始熔化（即始熔），记下始熔的温度，继续观察，待固体样品恰好完全消失，熔化成透明液体（即全溶）时，再记下全熔时的温度，从始熔到全熔的温度范围即为该样品的熔点范围。例如，对苯二酚的始熔温度是173℃，全熔温度是174℃，则对苯二酚的熔点记作173～174℃。 　　要注意观察在加热过程中是否有萎缩、变色、发泡、升华、炭化等现象，并如实记录。每个样品至少要测定两次。每一次测定必须用新的毛细管另装样品，不得将已测过熔点的毛细管冷却，待其中样品固化后再做第二次测定用，因为某些化合物在加热过程中有些部分分解，有些经加热会转变为具有不同熔点的其他结晶形式。 　　测定未知物熔点时，应同时装填2～3根毛细管，先用一根粗测得其熔点近似值，待浴液温度下降约30℃后，换用第二根和第三根毛细管进行精确测定。 　　进行混合样品熔点的测定至少要测定三种比例（1∶9、1∶1和9∶1），还有两点要注意：一是温度计不能在高温时取出突然冷却，否则水银柱迅速下降，往往会引起水银柱断成数段或温度计破裂；二是加热的液体（浴液）必须冷却后才可倒入回收瓶中。

任务名称		熔点的测定	学时	2

实施计划	2. 显微熔点测定法 用毛细管法测定熔点,其优点是仪器简单,方法简便;缺点是不能观察晶体在加热过程中的变化情况。用放大镜式微量熔点测定仪可克服这一缺点。放大镜式微量熔点测定仪由显微镜(或放大镜)和加热器(电热板)两部分组成,如图17-2所示。 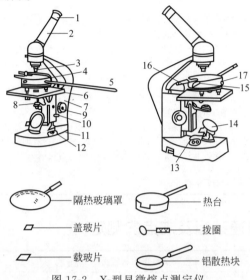 图17-2 X-型显微熔点测定仪 1—目镜;2—棱镜检偏部件;3—物镜;4—热台;5—温度计;6—载热台;7—镜身; 8—起偏振件粗动手轮;9—止紧螺钉;10—底座;11—波段开关;12—电位器旋钮; 13—反光镜;14—拨动圈;15—上隔热玻璃;16—地线柱;17—电压表 此法的优点是:可测微量及高熔点(室温~350℃)样品的熔点,可以观察样品在加热过程中的变化情况,如结晶水合物的脱水、晶型的变化和样品的分解等。 测定熔点时,先将洁净干燥的玻璃载片放在一个可移动的支持器内,载片上放微量样品,调节支持器的把手,使样品位于电热板的中心空洞上,用一薄的覆片盖住样品,再放上隔热玻璃罩。调节镜头,使显微镜的焦点对准样品。通电加热,并调节变压器控制加热速率。当接近样品熔点时,控制温度上升速率为1~2℃/min,样品结晶的棱角开始变圆时为初熔,结晶形状完全消失为全熔。 测定完毕后,停止加热,稍冷后用镊子夹出隔热玻璃罩和玻璃载片,将一厚铝盖放在电热板上,加快冷却,然后洗净玻璃片,以备再用。

实训方案

数据记录与处理	1. 毛细管法

样品	实验次数	始熔温度	熔完温度
苯甲酸	1		
	2		
	3		
未知样	1		
	2		
	3		

2. 显微熔点测定法

样品	实验次数	始熔温度	熔完温度
苯甲酸	1		
	2		
	3		
未知样	1		
	2		
	3		

续表

任务名称		熔点的测定	学时	2
实训方案	实训说明	1. 熔点管必须洁净。如含有灰尘等,能产生 4~10℃的误差 2. 熔点管底未封好会产生漏管 3. 样品粉碎要细,填装要实,否则产生空隙,不易传热,造成熔程变大 4. 样品不干燥或含有杂质,会使熔点偏低,熔程变大 5. 样品量太少不便观察,而且熔点偏低;太多会造成熔程变大,熔点偏高 6. 升温速率应慢,让热传导有充分的时间。升温速率过快,熔点偏高 7. 熔点管壁太厚,热传导时间长,会产生熔点偏高 8. 使用硫酸作加热浴液要特别小心,不能让有机物碰到浓硫酸,否则使浴液颜色变深,有碍熔点的观察。若出现这种情况,可加入少许硝酸钾晶体共热后使之脱色。采用浓硫酸作热浴,适用于测熔点在 220℃以下的样品。若要测熔点在 220℃以上的样品可用其他热浴液		
要点回顾		1. 测定熔点对确定某些化合物的纯度与鉴定有机物有何作用? 2. 固体样品在纸上研细装样是否合适,为什么? 3. 是否可以把第一次测定熔点时已熔化了的有机物冷却固化后再做第二次测定,为什么? 4. 测定熔点造成的误差与哪些因素有关?升温太快对它有何影响,为什么? 5. 测定熔点时,若遇下列情况将会产生什么结果?请说明原因。 (1)毛细管内装样品太多 (2)样品研得不细或装填不紧密		

任务 1-2 普通蒸馏及沸点的测定

任务名称		普通蒸馏及沸点的测定	学时	2
实训目的		1. 了解普通蒸馏的原理和意义 2. 初步掌握蒸馏装置的装配和拆卸的规范操作 3. 了解测定沸点的意义 4. 掌握常量法(即蒸馏法)及微量法测定沸点的原理和方法		
实训仪器 实训试剂		1. 仪器:直形冷凝管(300mm)、蒸馏头、圆底烧瓶(150mL)、接液管、锥形瓶(100mL) 2. 试剂:乙醇 60mL、沸石(2~3 粒)、水		
实训方案	资讯	纯的液态物质在一定压力下具有确定的沸点,不同的物质具有不同的沸点。蒸馏操作就是利用不同物质的沸点差异对液态混合物进行分离和纯化。当液态混合物受热时,由于低沸点物质易挥发,首先被蒸出,而高沸点物质因不易挥发或挥发出的少量气体易被冷凝而滞留在蒸馏瓶中,从而使混合物得以分离。不过,只有当组分沸点相差在 30℃以上时,蒸馏才有较好的分离效果。如果组分沸点差异不大,就需要采用分馏操作对液态混合物进行分离和纯化。 需要指出的是,具有恒定沸点的液体并非都是纯化合物,因为有些化合物相互之间可以形成二元或三元共沸混合物,而共沸混合物不能通过蒸馏操作进行分离。通常,纯化合物的沸程(沸点范围)较小(约 0.5~1℃),而混合物的沸程较大。因此,蒸馏操作既可用来定性地鉴定化合物,也可用以判定化合物的纯度。 利用乙醇(沸点 78.5℃)与水的沸点相差较大,用普通蒸馏法将大部分乙醇在 77~88℃蒸出,收集 78~80℃馏分得到 95%的乙醇。		
	实施计划	1. 蒸馏装置及安装 (1)蒸馏装置 蒸馏装置如图 17-3 所示,主要包括下列三个部分。 ①蒸馏烧瓶:为容器,液体在瓶内受热气化,蒸气经支管或蒸馏头的侧管进入冷凝管,支管与冷凝管间靠单孔塞子相连,支管伸出塞子外 2~3cm。蒸馏烧瓶的大小应根据蒸馏的液体的体积来决定,通常所蒸馏的液体的体积相当于烧瓶体积的 1/3~2/3。 ②冷凝管:由烧瓶中蒸出的气体在冷凝管中被冷凝为液体。液体的沸点高于 140℃时用空气冷凝管,低于 140℃时用水冷凝管。冷凝管下端侧管为进水口,上端的侧管为出水口,安装时,出水口应向上才可保证套管内充满水。普通蒸馏常用直形冷凝管。 ③接收器:最常用的是锥形瓶,收集冷凝后的液体。欲收集几个组分,就应准备几个接收器,其中所需馏分必须用干净的并事先称量好的容器来接收,接收器的大小与可能得到的馏分的多少相匹配。若馏出液有毒、易挥发、易燃、易吸潮或放出有毒、有刺激性气味的气体时,应根据具体情况,在安装接收器时,采取相应的措施妥善解决。		

任务名称		普通蒸馏及沸点的测定	学时	2
实训方案	实施计划	根据要蒸馏的液体的性质,正确选用热源,对蒸馏的效果和安全都有重要关系。热源的选择,主要根据液体沸点的高低和各种热源的特点来考虑。 (2)装配方法 ①准备好所用的全部仪器、设备:根据液体的沸点选择好热源、冷凝器及温度计;根据液体的体积选择好蒸馏烧瓶和接收器。选好三个合适的塞子:一个适合于蒸馏烧瓶口,插入温度计;一个要适合于冷凝管的上口,套在蒸馏烧瓶的支管上,支管口应伸出塞子2～3cm;一个要适合于接收器的上口,套在冷凝器的下口管上,管口应伸出塞子2～3cm。 如用水冷凝管,应将其进出水口外套上橡皮管,进水口橡皮管连接到水龙头上,出水口橡皮管通入水槽中。 ②组装仪器:用铁三脚架、升降台或铁圈定下热源的高度和位置。 根据热源,调节铁架台上铁圈的位置,将蒸馏烧瓶固定在合适的位置上,夹子应夹在烧瓶支管以上的瓶颈处且不应夹得太紧。 装配有温度计的塞子塞在蒸馏烧瓶口上,调节温度计的位置,使水银球的上沿恰好位于蒸馏烧瓶支管口下沿所在的水平线上。 根据蒸馏烧瓶支管的位置,用另一铁架台夹稳冷凝管(通常用双爪夹夹持冷凝管),不应夹得太紧且应夹在冷凝管的中部较为稳妥。冷凝管的位置应与蒸馏烧瓶的支管尽可能地处于同一直线上,随后松开双夹挪动,重复数次使其与蒸馏烧瓶连接好重新旋紧。 最后,将接液管接到冷凝管上,再在接液管下端安放好接收器并应使接液管口伸进接收器中,不应高悬在接收器上方,更不要在接液管下口处配上塞子塞在只有一个开口的接收器上。因为这样,整套装置中无一处与大气相通,构成封闭体系。 综上所述,装配顺序是:由上而下、由头至尾,即由热源→烧瓶→冷凝管→接液管→接收器。 2. 蒸馏操作 (1)测乙醇水溶液相对密度。 测定乙醇水溶液的相对密度d_1,查表找出乙醇水溶液的含量。 (2)安装蒸馏装置并加料 根据乙醇水溶液的量选好合适的圆底烧瓶,将上面的乙醇水溶液倒入150mL圆底烧瓶里,加几粒沸石。按图17-3(a)所示装好蒸馏装置,通入冷却水(冷却水的流速不宜过大造成浪费,只要保证蒸气能够充分冷却即可)。 (3)蒸馏并收集馏分 水浴加热,开始可以把水温调高点,边加热边注意观察蒸馏瓶里的现象和温度计水银柱上升的情况。加热一段时间后,液体沸腾,蒸汽前沿逐渐上升,待达到温度计水银球时,温度计水银柱急剧上升,这时要适当调低温度,使温度略为下降,让水银球上的液滴和蒸气达到平衡,使蒸气不是立即冲出蒸馏烧瓶的支口,而是冷凝回流。 此时,水银球上保持有液滴。待温度稳定后再稍调高水温进行蒸馏。控制流出液滴以每秒1～2滴为宜。 当温度计读数上升至77℃时,换一个已称量过的干燥的接收瓶,收集77～88℃馏分,测定其相对密度d_2。 将蒸馏得到的77～88℃馏分的乙醇以上方法再蒸馏一次,收集78～80℃的馏分,测定其相对密度d_3,比较d_1、d_2、d_3,说明其含量有何变化。称量收集乙醇的量,计算乙醇的回收率。

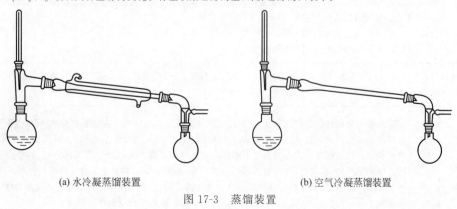

(a) 水冷凝蒸馏装置　　　　　　　(b) 空气冷凝蒸馏装置

图17-3　蒸馏装置

续表

任务名称		普通蒸馏及沸点的测定	学时	2
实训方案	实施计划	（4）用95％工业乙醇做对比实训 　　用80mL 95％工业乙醇进行蒸馏，观察温度计的变化与上述实验有何不同。操作步骤同以上各步骤。当瓶内剩下的液体约0.5～1mL时，水浴温度不变，温度计读数会突然下降，即可停止蒸馏，切不可待瓶内液体完全蒸干。计算回收率。 　　3. 沸点的测定——常量法 　　测定液体沸点通常用蒸馏的方法。测定时只要准确记录气液两相平衡时的温度即可，因此此法也叫常量法（如试样很少时，需要用微量法测定。微量法沸点，可采用熔点测定仪的装置）。取一根直径3～4mm、长7～8cm的毛细管，用小火封闭其一端，作沸点管的外管，放入欲测定的样品4～5滴，在此管中放入一根长约8～9cm、直径约1mm的上端封闭的毛细管作内管。把该微量沸点管贴于温度计水银球旁，装入浴液中。加热，由于气体膨胀，内管中有断断续续的小气泡冒出，到达样品的沸点时，将出现一连串的小气泡，此时应停止加热，使浴液温度自行下降，气泡逸出的速率即渐渐减慢，仔细观察，最后一个气泡出现而刚欲缩回至内管的瞬间，表示毛细管内液体的蒸气压与大气压平衡时的温度，即是此液体的沸点。
	实训说明	1. 加热前，先向冷凝管缓缓通入冷水，把上口流出的水引入水槽中。然后加热，最初宜用小火，以免蒸馏烧瓶因局部受热而破裂。慢慢增大火力使之沸腾进行蒸馏，调节火焰或调整加热电炉的电压，使蒸馏速率以每秒钟自接液管滴下1～2滴蒸馏液为宜。收集所需温度范围的馏液。 　　2. 如果维持原来加热温度，不再有蒸馏液蒸出，温度突然下降时，就应停止蒸馏，即使杂质量很少，也不能蒸干。否则，容易发生意外事故。 　　3. 蒸馏完毕，先停火，后停止通水。拆卸仪器，其程序和装配时相反，即按次序取下接收器、接液管、冷凝管和蒸馏烧瓶。
要点回顾		1. 什么叫沸点？沸点和大气压有什么关系？文献上记载的某物质的沸点温度是否即为你所在地区该物质的沸点温度？ 　　2. 蒸馏时为什么蒸馏瓶所盛液体的量不应超过其容积的2/3，也不少于1/3？ 　　3. 蒸馏时加入沸石的作用是什么？如果蒸馏前忘记加沸石，能否立即将沸石加至近沸腾的液体中？当重新进行蒸馏时，用过的沸石能否继续使用？ 　　4. 为什么蒸馏时最好控制馏出液的速率为每秒1～2滴？ 　　5. 如果液体具有恒定的沸点，那么能否认为它是单纯物质？ 　　6. 在进行蒸馏操作时应注意什么问题？（从安全和效果两方面考虑。） 　　7. 在装置中，把温度计水银球插至液面上或者在蒸馏头支管上方是否正确？这样会发生什么问题？ 　　8. 当加热后有蒸馏液出来时，才发现冷凝管未通水，能否马上通水？如果不行，应怎么办？

任务1-3　呋喃甲醛的精制

任务名称		呋喃甲醛的精制——减压蒸馏操作技术	学时	2
实训目的		1. 学习减压蒸馏的基本原理 2. 掌握减压蒸馏的基本操作 3. 掌握呋喃甲醛的精制操作技术		
实训仪器 实训试剂		1. 仪器：克氏蒸馏头、蒸馏烧瓶(50mL)、Y形管、直形冷凝管、真空接液管、接收瓶、接引管、抽气真空泵 2. 试剂：呋喃甲醛20mL、沸石(2～3粒)、水		
实训方案	资讯	有些有机化合物热稳定性较差，常常在受热温度还未到达其沸点时就已发生分解、氧化或聚合。对这类化合物的纯化或分离就不宜采取常压蒸馏的方法而应该在减压条件下进行蒸馏。减压蒸馏又称真空蒸馏，可以将有机化合物在低于其沸点的温度下蒸馏出来。减压蒸馏尤其适合于蒸馏沸点高、热稳定性差的有机化合物。呋喃甲醛，亦名糠醛，无色液体，沸点161.7℃，久置会被缓慢氧化而变为棕褐色甚至黑色，同时往往含有水分，所以在使用前常需作蒸馏纯化。由于它易被氧化，最好采用减压蒸馏以便在较低温度下蒸出。但若蒸出温度太低，其蒸气的冷凝液化又显得麻烦，所以需要选择一合适的馏出温度。

任务名称	呋喃甲醛的精制——减压蒸馏操作技术	学时	2

资讯	考虑用 25℃ 左右的自来水冷却时，蒸气的温度必须在 50℃ 以上才会有较好的冷凝效果，故可把蒸馏温度选择在 55℃ 左右。先在图 17-4 中的左线上找到 55℃ 的点，再在中线中找出 162℃ 的点，使直尺边缘经过这两个点，则直尺的边缘与右线相交的点大体相当于 17mmHg（2266.5Pa），这个真空度普通油泵都可达到，故可将减压蒸馏的条件初步定为 55℃/17mmHg。 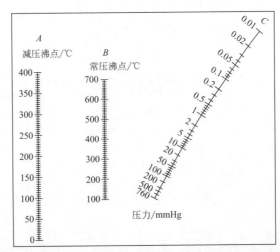 图 17-4　液体在常压和减压下沸点近似关系图（1mmHg≈133Pa）
实训方案	
实施计划	1. 装置的安装 选用 100mL 蒸馏瓶、150℃ 温度计、双股尾接管，用 25mL 和 50mL 圆底烧瓶分别作为前馏分和正馏分的接收瓶，以水浴为热浴，按照如图 17-5 所示安装装置。 2. 加料 小心地将克氏蒸馏头直上口的橡皮塞连同毛细管一起轻轻拔下（注意不要碰断毛细管），通过三角漏斗加入待蒸呋喃甲醛 40mL，取下三角漏斗，重新装好毛细管。 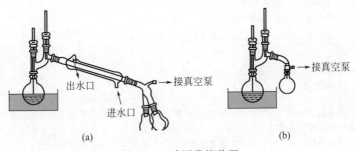 图 17-5　减压蒸馏装置 3. 水泵减压蒸除低沸物 打开毛细管上螺旋夹，打开装配有温度计的塞子塞在蒸馏烧瓶口上，调节温度计的位置，使水银球的上沿恰好位于蒸馏烧瓶支管口下沿所在的水平线上。 根据蒸馏烧瓶支管的位置，用另一铁架台夹夹稳冷凝管（通常用双爪夹夹持冷凝管），不应夹得太紧且应打开安全瓶上活塞。开启水泵，再缓缓关闭安全瓶上活塞。此时毛细管下端应有成串的小气泡逸出。如气泡太大，可通过螺旋夹做适当调整。当系统压强稳定后根据压力计的读数，用直尺在图 17-4 中求出该压力下的近似沸点。开启冷却水，点燃煤气灯，缓缓升温蒸馏，控制温度计读数使勿达到所求得的沸点。如该装置中未安装压力计，则一般应在温度计读数达到约 50℃ 时停止蒸馏。移去热源热浴，打开毛细管上螺旋夹，打开安全瓶上的活塞，关闭水泵。

任务名称		呋喃甲醛的精制——减压蒸馏操作技术	学时	2
实训方案	实施计划	4. 改换油泵、检漏密封、稳定工作压力 拔去尾接管支管上的水泵抽气管，改接油泵（见图17-6）抽气管，再检漏密封，使系统压力稳定在17mmHg。 图 17-6　减压蒸馏油泵防护装置 （安全瓶　冷却阱　真空计　吸收塔　缓冲瓶　连真空泵） 5. 蒸馏和接收 蒸馏接收53～56℃的馏分，然后结束实训，计算呋喃甲醛的回收率。		
	实训说明	1. 如水泵减压蒸馏的温度超过50℃，必须冷却后再接入油泵系统，否则接入油泵后可能因内部压强大幅度降低而急剧沸腾，使未经分馏的物料冲入冷凝管和接收瓶中。 2. 如真空度不能稳定在17mmHg，则可使其稳定在一个尽可能接近的数值上，并据此求出应该接收的正馏分的沸点。 3. 如温度计未经校正，读数会有误差，则应根据具体情况接收一个相近的稳定馏分。		
要点回顾		1. 具有什么性质的化合物需用减压蒸馏进行提纯？ 2. 使用水泵减压蒸馏时，应采取什么预防措施？ 3. 当减压蒸完所要的化合物后，应如何停止减压蒸馏？为什么？		

任务1-4　松节油的水蒸气蒸馏

任务名称		松节油的水蒸气蒸馏——水蒸气蒸馏操作技术	学时	4
实训目的		1. 了解水蒸气蒸馏原理 2. 初步掌握水蒸气蒸馏装置的安装和操作 3. 学习松节油的水蒸气蒸馏操作		
实训仪器 实训试剂		仪器：三口烧瓶（500mL）、蒸馏头、长颈烧瓶（250mL）、接液管、直型冷凝管（300mm）、T形管、锥形瓶（150mL）、螺旋夹、长玻璃管（1m） 试剂：松节油、沸石（2～3粒）、水		
实训方案	资讯	将水蒸气通入不溶于水的有机物中或使有机物与水经过共沸而蒸出，这个操作过程称为水蒸气蒸馏。水蒸气蒸馏是分离和提纯液态或固态有机物的一种方法。 根据分压定律，当水与有机物混合共热时，其蒸气压为各组分之和。即 $$p_{混合物} = p_{水} + p_{有机物}$$ 如果水的蒸气压和有机物的蒸气压之和等于大气压，混合物就会沸腾，有机物和水就会一起被蒸出。显然，混合物沸腾时的温度要低于其中任一组分的沸点。换句话说，有机物可以在低于其沸点的温度条件下被蒸出。从理论上讲，馏出液中有机物（$W_{有机物}$）与水（$w_{水}$）的质量比，应等于两者的分压（$p_{有机物}$和$p_{水}$）与各自分子量（$M_{有机物}$和$M_{水}$）乘积之比： $$\frac{W_{有机物}}{W_{水}} = \frac{p_{有机物} \times M_{有机物}}{p_{水} \times M_{水}}$$ 由于有机物与水共热沸腾的温度总在100℃以下，因此，水蒸气蒸馏操作特别适用于在高温下易发生变化的有机物分离。当然，有机物还须具有至少为0.7kPa（5mmHg）的蒸气压，且不溶于水。此外，那些含有大量树脂状杂质、直接用蒸馏或重结晶等方法难以分离的混合物也可以采用水蒸气蒸馏的方法来分离。		

任务名称	松节油的水蒸气蒸馏——水蒸气蒸馏操作技术	学时	4

实训方案	资讯	松节油是一种天然精油,它是一种重要的工业原料。纯的松节油是透明无色具有芳香味的液体,相对密度为 0.86~0.87,折射率为 1.4670~1.4710。松节油与乙醚、酒精、苯、二硫化碳、四氯化碳等有机溶剂互溶。 松节油是通过蒸馏方法从松柏科植物的松脂中提取的液体,主要成分是萜烯。刚出厂的松节油为无色、有特异臭味的液体,存储时间过久或暴露在空气中会导致颜色逐渐变黄以及臭味加重。 松节油具有许多特有的化学活性,可作为化工原料合成樟脑、松油醇、香料、合成树脂等,被广泛应用于有机化工领域,也可用于减轻肌肉痛、关节痛、神经痛以及扭伤等医药材料。
	实施计划	1. 安装水蒸气蒸馏装置并加料 量取 10mL 工业松节油粗品,加入 250mL 圆底烧瓶中,并加水 30mL。在水蒸气发生器或 500mL 蒸馏烧瓶中加入约占其容量四分之三的热水,并加入适量沸石。 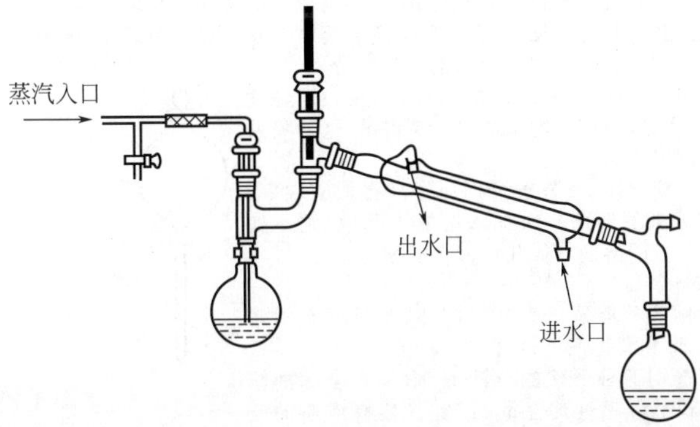 图 17-7 水蒸气蒸馏装置 2. 蒸馏 按图 17-7 装好装置,检查装置是否漏气,待装置不漏气后旋开 T 形管上的螺旋夹,加热至沸腾,当有大量水蒸气从 T 形管的支管逸出时,立即将螺旋夹旋紧。这时水蒸气进入圆底烧瓶开始蒸馏(可以看到烧瓶中的物质有翻腾现象)。在蒸馏过程中,如由于水蒸气冷凝而使烧瓶内液体量增加,以至超过烧瓶容积的三分之一时,或者水蒸气蒸馏速度不快时,可用小火加热烧瓶或者先把烧瓶中混合物预热至接近沸腾,然后再通入蒸汽,但在加热过程中要注意瓶内溅跳现象,如果溅跳剧烈,则不应加热,以免发生意外。蒸馏速度以每秒 2~3 滴为宜。 在操作时,要随时注意安全管中的水柱是否发生不正常的上升现象,以及烧瓶中的溶液是否发生倒吸现象,蒸馏部分混合物溅飞是否厉害。一旦发生不正常,应立即旋开螺旋夹,移去热源,找出原因加以排除,才能继续蒸馏。 3. 收集馏分 当馏出液无明显油珠,当蒸馏烧瓶中的液体澄清透明不再浑浊时,即可停止蒸馏,这时应先旋开 T 形管上螺旋夹,再移去热源,冷却后,拆卸装置。 4. 分离馏出物 用分液漏斗分离出松节油,并量取其体积,计算蒸馏回收率。
	实训说明	1. 水蒸气发生器中一定要配置安全管。可选用一根长玻璃管作安全管,管子下端要接近水蒸气发生器底部。使用时,注入的水不要过多,一般不要超出其容积的 2/3。 2. 水蒸气发生器与烧瓶之间的连接管路应尽可能短,以减少水蒸气在导入过程中的热损耗。 3. 导入水蒸气的玻璃管应尽量接近圆底烧瓶底部,以利提高蒸馏效率。 4. 在蒸馏过程中,如果有较多的水蒸气因冷凝而积聚在圆底烧瓶中,可以用小火隔着石棉网在圆底烧瓶底部加热。 5. 实训中,应经常注意观察安全管。如果其中的水柱出现不正常上升,应立即打开 T 形管,停止加热,找出原因,排除故障后再重新蒸馏。 6. 停止蒸馏时,一定要先打开 T 形管,然后停止加热。如果先停止加热,水蒸气发生器因冷却而产生负压,会使烧瓶内的混合液发生倒吸。
要点回顾		1. 水蒸气蒸馏的基本原理是什么?有何意义?与一般蒸馏有何不同? 2. 安全管和 T 形管各起什么作用? 3. 如何判断水蒸气蒸馏的终点? 4. 停止水蒸气蒸馏时,在操作的顺序上应注意些什么?为什么?

任务 1-5　三组分混合物的分离

任务名称	三组分混合物的分离——萃取操作技术	学时	2
实训目的	1. 熟悉多组分混合物分离的原理和方法 2. 初步掌握分液漏斗的使用和萃取操作		
实训仪器 实训试剂	1. 仪器：烧杯(100mL)、烧杯(50mL)、锥形瓶(50mL)、分液漏斗(250mL) 2. 试剂：甲苯、苯胺、苯甲酸、盐酸(4mol/L)、NaOH(6mol/L)		
实训方案	资讯	萃取是分离和提纯有机化合物常用的操作之一。应用萃取可以从固体或液体混合物中提取出所需要的物质，也可以用来洗去混合物中少量的杂质。 　　萃取是利用物质在两种不互溶(或微溶)溶剂中分配特性的不同来达到分离、提纯或纯化目的的一种操作。萃取常用分液漏斗进行。 　　设溶液由有机化合物 X 溶解于溶剂 A 构成。要从其中萃取 X，可选择一种对 X 溶解度极好，而与溶剂 A 不相混溶和不起化学反应的溶剂 B，把溶液放入分液漏斗中，加入溶剂 B，充分振荡，静置后，由于 A 和 B 不相混溶，故分成两层，利用分液漏斗进行分离。 　　此过程中 X 在 B、A 两相间的浓度比，在一定温度下，为一常数，叫作分配系数，以 K 表示，这种关系叫作分配定律。 　　依照分配定律，要节省溶剂而提高提取的效率，用一定分量的溶剂一次加入溶液中萃取，则不如把这个分量的溶剂分成几份做多次萃取好。 　　1. 仪器装置 　　最常用的萃取器皿为分液漏斗，常见的有圆球形、圆筒形和梨形三种，如图 17-8 所示。 　　无论选用何种形状的分液漏斗，加入全部液体的总体积不得超过其容量的 3/4。盛有液体的分液漏斗应妥善放置，否则玻璃塞及活塞易脱落，而使液体倾洒，造成不应有的损失。正确的放置方法通常有两种，如图 17-9 所示。但不论如何放置，从漏斗口接收放出液体的容器内壁都应贴紧漏斗颈。 　　2. 操作要点 　　选择容积较液体体积大 1～2 倍的分液漏斗，检查玻璃塞和活塞芯是否与分液漏斗配套，如不配套，往往漏液根本无法操作，待确认可以使用后方可使用。 　　将活塞芯擦干，并在上面薄薄地涂上一层润滑脂，如凡士林(注意：不要涂进活塞孔里)，将活塞芯塞进活塞，旋转数圈使润滑脂均匀分布(呈透明状)后将活塞关闭好，再在塞芯的凹槽处套上一直径合适的橡皮圈，以防活塞芯在操作过程中因松动漏液或因脱落使液体流失造成实验的失败。 　　需要干燥的分液漏斗时，要特别注意拔出活塞芯，检查活塞是否洁净、干燥，不合要求者，经洗净干燥后方可使用。 　　3. 操作方法 　　将含有机化合物的溶液和萃取剂(一般为溶液体积的 1/3)，依次自上而下倒入分液漏斗中，装入量约占分液漏斗体积的 1/3，塞上玻璃塞。注意：玻璃塞上如有侧槽，必须将其与漏斗上端口径的小孔错开。 　　取下漏斗，用右手握住漏斗上口径，并用手掌顶住塞子，左手握住漏斗活塞处，用拇指和食指压紧活塞，并能将其自由地旋转，如图 17-10 所示。

图 17-8　常见的萃取器

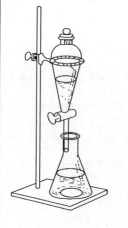

图 17-9　分液漏斗的正确静置方法　　　　图 17-10　振荡分液漏斗

续表

任务名称	三组分混合物的分离——萃取操作技术	学时	2

资讯	将漏斗稍倾斜(下部支管朝上),由外向里或由里向外振摇,以使两液相之间的接触面增加,提高萃取效率。在开始时摇振要慢,每摇几次以后,就要将漏斗上口向下倾斜,下部支管朝向斜上方的无人处,左手仍握在支管处,食指、拇指两指慢慢打开活塞,使过量的蒸气逸出,这个过程称为"放气",如图 17-11 所示。 这对低沸点溶剂如乙醚或者酸性溶液用碳酸氢钠或碳酸钠水溶液萃取放出二氧化碳来说尤为重要,否则漏斗内压力将大大超过正常值,玻璃塞或活塞就可能被冲脱使漏斗内液体损失。待压力减小后,关闭活塞。振摇和放气重复几次,至漏斗内超压很小,再剧烈振摇 2~3min,最后将漏斗仍按图 17-9 所示静置。 移开玻璃塞或旋转带侧槽的玻璃塞使侧槽对准上口径的小孔。待两相液体分层明显、界面清晰时,缓缓旋转活塞放出下层液体,收集在大小适当的小口容器中,下层液体接近放完时要放慢速率,放完后要迅速关闭活塞。 取下漏斗,打开玻璃塞,将上层液体由上口倒出,收集在另一容器中。一般宜用小口容器,大小也应当事先选择好。 萃取次数一般 3~5 次,在完成每次萃取后一定不要丢弃任何一层液体,以便一旦搞错还有挽回的机会。 图 17-11 分液漏斗的放气 二、三组分混合物(甲苯、苯胺、苯甲酸)的信息。 甲苯为无色液体,其沸点 110.6℃,密度 0.867g/cm³(20℃);苯胺为无色液体,沸点 184.4℃,密度 1.022g/cm³(20℃);苯甲酸为无色晶体,沸点 249℃,熔点 122.13℃。 甲苯不溶于水且比水轻。苯胺与盐酸反应得到的盐酸盐可溶于水中,加碱后又可与水分层。苯甲酸与碱反应得到的盐溶于水,加酸后又可析出。本实训利用上述性质,用萃取方法将它们从混合物中分离出来,进一步精制即得到纯产品。
实训方案 - 实施计划	1. 取混合物(大约25mL)放入烧杯中,充分搅拌下逐滴加入 4mol/L 盐酸,使混合物溶液 pH=3,将其转移至分液漏斗中,静置,分层,水相放锥形瓶中待处理(Ⅰ)。向分液漏斗中的有机相加入适量的水,洗去附着的酸,分离弃去洗涤液,边振荡边向有机相逐滴加入饱和碳酸氢钠溶液,使 pH=8~9,静置,分层。将有机相分出,置于一干燥的锥形瓶中,(请问此是何物? 该选用何种方法进一步精制?)被分出的水相置于小烧杯中(Ⅱ)。 2. 将置于小烧杯的水相(Ⅱ)在不断搅拌下,滴加 4mol/L 盐酸,至溶液 pH=3,此时有大量白色沉淀析出,过滤。(选择何法进行纯化,此是何化合物?) 3. 将上述第一次置于锥形瓶待处理的水相(Ⅰ),边振荡边加入 6mol/L 氢氧化钠,使溶液 pH=10,静置,分层,弃去水层,将有机相置于锥形烧瓶中。
实训说明	1. 若使用低沸点、易燃的溶剂,操作时附近的火都应熄灭,并且当实训室中操作者较多时,要注意排风,保持空气流通。 2. 上层液一定要从分液漏斗上口倒出,切不可从下面活塞放出,以免被残留在漏斗颈下的第一种液体所沾污。 3. 分液时一定要尽可能分离干净,有时在两相间可能出现的一些絮状物应与弃去的液体层放在一起。 以下任一操作环节都可能造成实训失败。 ①分液漏斗不配套或活塞润滑脂未涂好造成漏液或无法操作。 ②对溶剂和溶液体积估计不准,使分液漏斗装得过满,振摇时不能充分接触,妨碍该化合物对溶剂的分配过程,降低萃取效果。 ③忘记把玻璃活塞关好就将溶液倒入,待发现后已大部分流失。 ④振摇时,上口气孔未封闭,致使溶液漏出,或者不经常开启塞子放气,使漏斗内压力增大,溶液自玻璃塞缝隙渗出,甚至冲掉塞子。溶液漏失,漏斗损坏,严重时会产生爆炸事故。 ⑤静置时间不够,两液分层不清晰时分出下层,不但没有达到萃取目的,反而使杂质混入。 ⑥放气时,尾部不要对着人,以免有害气体对人造成伤害。
要点回顾	1. 若用下列溶剂萃取水溶液,它们将在上层还是下层? 乙醚、氯仿、丙酮、己烷、苯 2. 在三组分混合物分离实训中,各组分的性质是什么? 在萃取过程中发生的变化是什么?

任务 1-6 粗萘的提纯

任务名称	粗萘的提纯——重结晶操作技术		学时	2
实训目的	1. 了解非水溶剂重结晶法的一般原理 2. 练习冷凝管的安装和回流操作 3. 熟练掌握保温过滤和减压过滤的基本操作			
实训仪器 实训试剂	1. 仪器:圆底烧瓶(100mL)、烧杯(100mL)、球形冷凝管(300mm)、热水漏斗、水浴锅 2. 试剂:粗萘、活性炭、乙醇(70%)			

实训方案	资讯	1. 重结晶的原理
		  利用被纯化物质与杂质在同一溶剂中的溶解性能的差异,将其分离的操作称为重结晶。重结晶是纯化固体有机化合物最常用的一种方法。
		  固体有机物在溶剂中的溶解度受温度的影响很大。一般来说,升高温度会使溶解度增大,而降低温度则使溶解度减小。如果将固体有机物制成热的饱和溶液,然后使其冷却,这时,由于溶解度下降,原来热的饱和溶液就变成了冷的过饱和溶液,因而有晶体析出。就同一种溶剂而言,对于不同的固体化合物,其溶解性是不同的。重结晶操作就是利用不同物质在溶剂中的不同溶解度,或者经热过滤将溶解性差的杂质滤除;或者让溶解性好的杂质在冷却结晶过程仍保留在母液中,从而达到分离纯化的目的。
		2. 萘的提纯
		  纯净的萘为无色晶体,熔点为80.2℃。工业萘由于含有杂质而呈红色或褐色。利用萘在乙醇中能溶解(良溶剂),而在水中溶解较少(不良溶剂)的性质,配制成70%乙醇溶液作混合溶剂。将粗萘溶于热的乙醇溶液中,加活性炭脱色,趁热过滤除去活性炭及不溶性杂质,其余杂质则在冷却后萘结晶析出时留在母液中除去。		

	实施计划	1. 溶解粗品
		  在装有回流冷凝管的圆底烧瓶中,放入 3g 粗萘,加入 20mL 70%乙醇和 1~2 粒沸石,接通冷凝水。
		  在水浴上加热至沸,并不时振摇瓶中物,以加速溶解。若所加的乙醇不能使粗萘完全溶解,则应从冷凝管上端继续加入少量70%乙醇(注意添加易燃溶剂时应预防火灾),每次加入乙醇后应略微振摇并继续加热,观察是否可完全溶解,待完全溶解后,再多加 5mL 70%乙醇。
		2. 活性炭脱色
		  移去热源,稍冷后取下冷凝管,向烧瓶中加入少许活性炭,并稍加摇动,再重新在水浴上加热煮沸 5min。
		3. 趁热过滤
		  趁热用配有玻璃漏斗的热水漏斗和折叠滤纸过滤,用少量热的70%乙醇润湿折叠滤纸后,将上述萘的热溶液滤入干燥的 100mL 锥形瓶中(注意这附近不应有明火),滤完后用少量热的70%乙醇洗涤容器和滤纸。
		4. 结晶并减压过滤
		  盛滤液的锥形瓶用塞子塞紧,自然冷却,最后再用冰水冷却。用布氏漏斗抽滤(滤纸应先用70%乙醇润湿,吸紧),用少量70%乙醇洗涤。
		5. 干燥晶体并测熔点
		  抽干后将结晶移至表面皿上,放在空气中晾干或放在干燥器中,待干燥后测其熔点,称其质量并计算回收率。滤液应注意回收。		

	实训说明	1. 热过滤操作是重结晶过程中的另一个重要的步骤。热过滤前,应将漏斗事先充分预热。热过滤时操作要迅速,以防止由于温度下降使晶体在漏斗上析出。 2. 热过滤后所得滤液应让其静置冷却结晶。如果滤液中已出现絮状结晶,可以适当加热使其溶解,然后自然冷却,这样可以获得较好的结晶。 3. 选择适当的溶剂是重结晶过程中一个重要的环节。所选溶剂应该具备以下条件:不与待纯化物质发生化学反应;待纯化物质和杂质在所选溶剂中的溶解度有明显的差异,尤其是待纯化物质在溶剂中的溶解度应随温度的变化有显著的差异;另外,溶剂应容易与重结晶物质分离。如果所选溶剂不仅满足上述条件,而且经济、安全、毒性小、易回收,那就更加理想。 4. 如果所选溶剂是水,则可以不用回流装置。若使用易挥发的有机溶剂,一般都要采用回流装置。 5. 在采用易挥发溶剂时通常要加入过量的溶剂,以免在热过滤操作中,因溶剂迅速挥发导致晶体在过滤漏斗上析出。另外,在添加易燃溶剂时应该注意避开明火。 6. 溶液中若含有色杂质,会使析出的晶体污染;若含树脂状物质更会影响重结晶操作。遇到这种情况,可以用活性炭来处理。通常,活性炭在极性溶液(如水溶液)中的脱色效果较好,而在非极性溶液中的脱色效果要差一些。需要指出的是,活性炭在吸附杂质的同时,对待纯化物质也同样具有吸附作用。因此,在能满足脱色的前提下,活性炭的用量应尽量少。		
	要点回顾	假设有一化合物极易溶解在热乙醇中,但难溶于冷乙醇或水中,对此化合物应怎样进行重结晶?		

任务 1-7 植物色素的提取及色谱分离

任务名称	植物色素的提取及色谱分离——分离色谱操作技术	学时	3
实训目的	1. 熟悉从植物中提取天然色素的原理和方法 2. 掌握分液漏斗使用和萃取操作 3. 掌握柱色谱分离操作 4. 掌握薄层色谱操作		
实训仪器 实训试剂	1. 仪器：分液漏斗(250mL)、研钵、色谱柱、薄层(10cm×4cm 的硅胶板) 2. 试剂：绿色植物叶、正丁醇、乙醇(95%)、石油醚(60~90℃)、丙酮、苯、硅胶 G、中性氧化铝、1%羧甲基纤维素钠水溶液		
实训方案	资讯	一、色谱法基本原理及方法 　　色谱法也称色层法或层析法，是分离、提纯和鉴定有机化合物的重要方法之一。色谱法最初源于对有色物质的分离，因而得名。 　　色谱法有许多种类，但基本原理是一致的，即利用待分离混合物中的各组分在某一物质中(此物质称作固定相)的亲和性差异，如吸附性差异、溶解性(或称分配作用)差异等，让混合物溶液(此相称作流动相)流经固定相，使混合物在流动相和固定相之间进行反复吸附或分配等作用，从而使混合物中的各组分得以分离。根据不同的操作条件，色谱法可分为柱色谱、纸色谱、薄层色谱；根据流动相不同可分为气相色谱和液相色谱。 　　1. 柱色谱法 　　选一合适色谱柱，洗净干燥后垂直固定在铁架台上，层析柱下端置一吸滤瓶或锥形瓶。如果色谱柱下端没有砂芯横隔，就应取一小团脱脂棉或玻璃棉，用玻璃棒将其推至柱底，然后再铺上一层约 1cm 厚的砂。关闭色谱柱底端的活塞，向柱内倒入溶剂至柱高的 3/4 处。然后将一定量的吸附剂(或支持剂)用溶剂调成糊状，并将其从色谱柱上端向柱内一匙一匙地添加，同时打开色谱柱下端的活塞，使溶剂慢慢流入锥形瓶。在添加吸附剂的过程中，可用木质试管夹或套有橡皮管的玻璃棒轻轻敲振色谱柱，促使吸附剂均匀沉降。添加完毕，在吸附剂上面覆盖约 1cm 厚的砂层。整个添加过程中，应保持溶剂液面始终高出吸附剂层面，如图 17-12 所示。 　　2. 薄层色谱法 　　将 5g 硅胶 G 在搅拌下慢慢加入 12mL 1%的羧甲基纤维素钠(CMCNa)水溶液中，调成糊状。然后将糊状浆液倒在洁净的载玻片上，用手轻轻振动，使涂层均匀平整，大约可铺 8cm×3cm 载玻片 6~8 块。室温下晾干，然后在 110℃烘箱内活化 0.5h。 　　用低沸点溶剂(如乙醚、丙酮或氯仿等)将样品配成 1%左右的溶液，然后用内径小于 1mm 的毛细管点样。点样前，先用铅笔在色谱板上距末端 1cm 处轻轻画一横线，然后用毛细管吸取样液在横线上轻轻点样，如果要重新点样，一定要等前一次点样残余的溶剂挥发后再点样，以免点样斑点过大。一般斑点直径不大于 2mm。如果在同一块薄层板上点两个样，两斑点间距应保持 1~1.5cm 为宜。干燥后就可以进行色谱展开。 　　以广口瓶作展器，加入展开剂，其量以液面高度 0.5cm 为宜。在展开器中靠瓶壁放入一张滤纸，使器皿内易于达到汽-液平衡。滤纸全部被溶剂润湿后，将点过样的薄层板斜置于其中，使点样一端朝下，保持点样斑点在展开剂液面之上，盖上盖子，如图 17-13 所示。当展开剂上升至离薄层板上端约 1cm 处时，将薄层板取出，并用铅笔标出展开剂的前沿位置。待薄层板干燥后，便可观察斑点的位置。如果斑点无颜色，可将薄层板放在装有几粒碘晶的广口瓶内盖上瓶盖。当薄层板上出现明显的暗棕色斑点后，即可将其取出，并马上用铅笔标出斑点的位置。然后计算各斑点的 R_f 值。 　　二、植物色素的基本信息 　　绿色植物的茎、叶中含有胡萝卜素等色素。植物色素中的胡萝卜素 $C_{40}H_{56}$ 有三种异构体，即 α-胡萝卜素、β-胡萝卜素和 γ-胡萝卜素，其中 β-胡萝卜素含量较多，也最重要。β-胡萝卜素具有维生素 A 的生理活性，其结构是两分子的维生素 A 在链端失去两分子水结合而成的，在生物体内 β-胡萝卜素受酶催化即形成维生素 A，目前 β-胡萝卜素亦可工业生产，可作为维生素 A 使用。叶绿素 a($C_{55}H_{72}MgN_4O_5$)和叶绿素 b($C_{55}H_{70}MgN_4O_5$)，它们都是吡咯衍生物与金属镁的配合物，是植物光合作用所必需的催化剂。 图 17-12　柱色谱装置 图 17-13　薄层色谱装置
	实施计划	1. 色素的提取 ①取 5g 新鲜的绿色植物叶子在研钵中捣烂，用 30mL(2+1)的石油醚-乙醇分几次浸取。 ②把浸取液过滤，滤液转移到分液漏斗中，加等体积的水洗涤一次，洗涤时要轻轻振荡，以防止乳化，弃去下层的水-乙醇层。 ③石油醚层再用等体积的水洗两次，以除去乙醇和其他水溶性物质。

任务名称		植物色素的提取及色谱分离——分离色谱操作技术	学时	3
实训方案	实施计划	④有机相用无水硫酸钠干燥后转移到另一锥形瓶中保存,取一半做柱色谱分离,其余留作薄层分析。 2. 色素的分离 (1)柱色谱分离 用25mL色谱柱,20g中性氧化铝装柱。先用(9+1)的石油醚-丙酮脱洗,当第一个橙黄色带流出时,换一接收瓶接收,它是胡萝卜素,约用洗脱剂50mL(若流速慢,可用水泵稍减压)。换用(7+3)的石油醚-丙酮洗脱,当第二个棕黄色带流出时,换一接收瓶接收,它是叶黄素,约用洗脱剂200mL。再换用(3+1+1)的正丁醇-乙醇-水洗脱,分别接收叶绿素a(蓝绿色)和叶绿素b(黄绿色),约用洗脱剂30mL。 (2)薄层色谱分析 在10cm×4cm硅胶板上,分离后的胡萝卜素点样用(9+1)的石油醚-丙酮展开,可出现1~3个黄色斑点。分离后的叶黄素点样,用(7+3)的石油醚-丙酮展开,一般可呈现1~4个点。取4块板,一边点色素提取液点,另一边分别点柱层分离后的4个试液,用(8+2)的苯-丙酮展开,或用石油醚展开,观察斑点的位置并排列出胡萝卜素、叶绿素和叶黄素的R_f值大小的次序。		
	实训说明	1. 柱色谱法分离混合物应该考虑到吸附剂的性质、溶剂的极性、柱子的大小尺寸、吸附剂的用量以及洗脱的速率等因素。 2. 吸附剂的选择一般要根据待分离的化合物的类型而定。例如酸性氧化铝适合于分离羧酸和氨基酸等酸性化合物;碱性氧化铝适合于分离胺;中性氧化铝则可用于分离中性化合物。硅胶的性能比较温和,属无定形多孔物质,略具酸性,适合于极性较大的物质分离。例如醇、羧酸、酯、酮、胺等。 3. 薄板色谱法除了用于分离提纯外,还可用于有机化合物的鉴定,也可以用于寻找柱色谱分离条件。在有机合成中,还可用来跟踪反应进程。 4. 点样时,所用毛细管管口要平整,点样动作要轻快敏捷。否则易使斑点过大,产生拖尾、扩散等现象,影响分离效果。		
要点回顾		1. 查阅文献了解色谱分离法的优点有哪些? 2. 设计一个色谱分离法的完整案例。		

任务1-8 工业酒精的提纯

任务名称		工业酒精的提纯——分馏操作技术	学时	2
实训目的		1. 学习分馏的基本原理,掌握蒸馏与分馏的区别 2. 掌握分馏的基本操作 3. 掌握工业酒精的提纯操作技术		
实训仪器实训试剂		1. 仪器:刺形分馏柱、圆底烧瓶、蒸馏头、温度计、直形冷凝管、长颈漏斗、接引管、锥形瓶 2. 试剂:工业酒精30mL、沸石(2~3粒)、水		
实训方案	资讯	简单蒸馏只能对沸点差异较大的混合物作有效的分离,而采用分馏柱进行蒸馏则可对沸点相近的混合物进行分离和提纯,这种操作方法称为分馏(fractional distillation)。简单地说,分馏就是多次蒸馏,利用分馏技术甚至可以将沸点相距1~2℃的混合物分离开来。 当混合物受热沸腾时,其蒸气首先进入分馏柱。由于柱内外存在温差,柱内蒸气中高沸点组分受柱外空气的冷却而被冷凝,并流回至烧瓶,从而导致继续上升的蒸气中低沸点组分的含量相对增加。这一个过程可以看作是一次简单的蒸馏。当高沸点冷凝液在回流途中遇到新蒸上来的蒸气时,两者之间发生热交换,上升的蒸气中,同样是高沸点组分被冷凝,低沸点组分继续上升。这又可以看作是一次简单蒸馏。蒸气就是这样在分馏柱内反复地进行着汽化、冷凝和回流的过程,或者说,重复地进行着多次简单蒸馏。因此,只要分馏柱的效率足够高,从分馏柱上端蒸出的蒸气组分就能接近低沸点单组分的纯度,而高沸点组分仍回流到蒸馏烧瓶中。 需要指出的是,由于共沸混合物具有恒定的沸点,与蒸馏一样,分馏操作也不可用来分离共沸混合物。 利用常压下水的沸点为100℃,乙醇的沸点为78.3℃,故利用分馏的原理可以提纯工业酒精。		

	任务名称	工业酒精的提纯——分馏操作技术	学时	2
实训方案	实施计划	1. 分馏装置及安装 分馏装置如图 17-14 所示，主要由圆底烧瓶、刺形分馏柱、蒸馏头、冷凝管、接引管和接收器等仪器组成。 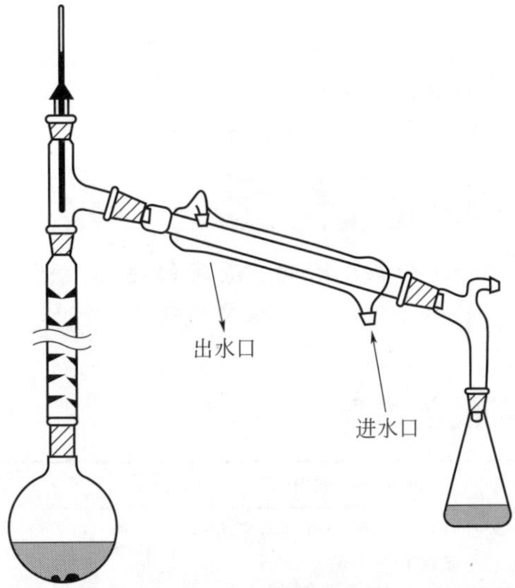 图 17-14 分馏装置 分馏装置的安装由热源开始，从下向上依次为酒精灯、铁圈（铁架台）、石棉网、圆底烧瓶、刺形分馏柱、蒸馏头、带温度计的有孔塞子，调节温度计的高度，使温度计水银球的上缘恰好与蒸馏头支管的下缘相齐。 根据蒸馏头支管的位置，用另一铁架台夹稳冷凝管的中部，然后在冷凝管的末端连接上接引管，接引管下端插入馏分接收器（锥形瓶）。 2. 分馏操作 ①在 250mL 圆底烧瓶中，加入 40mL 工业酒精，再加入 2～3 粒沸石，按图 17-14 装好分馏装置。 ②用水浴慢慢加热，蒸馏瓶内液体开始沸腾后，蒸气慢慢进入分馏柱中，此时要仔细控制加热强度，使温度慢慢上升，以保持分馏柱中有一个均匀的温度梯度。 ③当冷凝管中有蒸馏液流出时，迅速记录温度计所示的温度。控制加热强度，使馏出液慢慢均匀地以 1～2 滴/s 的速度流出。 ④收集馏出液，注意记录柱顶温度及接收器馏出液总体积，继续蒸馏，记录馏出液的温度和体积。将不同馏分分别量出体积，以馏出液体积为横坐标，温度为纵坐标，绘制分馏曲线。 ⑤当大部分乙醇蒸出后，温度迅速上升，达到水的沸点，注意及时更换接收器。 ⑥当温度计温度超过 80℃且快速上升时停止分馏，应先停止加热，再停止通水，按照安装顺序相反的方向拆卸仪器。
	实训说明	1. 分馏装置的安装顺序一般先从热源开始，从下到上，从左到右。 2. 在仪器装配时，应使分馏柱尽可能与实验台面垂直，以保证上面冷凝下来的液体与下面上升的气体进行充分的热交换和质交换，进而提高分离效率。 3. 分馏一定要缓慢进行，控制恒定的加热速度，以保证每 2～3s/滴馏出液的速度，以保证分馏柱中的气液相可以进行充分地换热与传质，最终得到比较好的分馏效果。 4. 分馏操作开始时，应先通冷凝水再加热，而停止分馏操作时，应先停止加热，再停止通冷凝水。 5. 分馏装置的拆卸顺序与安装顺序相反。
	要点回顾	1. 分馏操作时影响分离效率的因素有哪些？ 2. 若加热太快，馏出液每秒钟的滴数超过要求量，用分馏法分离两种液体的能力会显著下降，为什么？ 3. 为了取得较好的分馏效果，为什么分馏柱必须保持回流液？ 4. 在分离两种沸点相近的液体时，为什么装有填料的分馏柱比不装填料的分馏效率高？ 5. 在分馏时通常用水浴或油浴加热，它比直接用火加热的优势是什么？

项目二 有机化合物性质实训

知识目标

1. 熟悉有机化合物的检验方法；
2. 掌握有机化合物性质及鉴定的方法和技能。

能力、思政与职业素养目标

1. 培养学生有机化合物分析、检验、鉴定的能力；
2. 培养学生对实训数据分析、推理及总结能力

任务 2-1　醇和酚的性质

任务名称	醇和酚的性质		学时	2
实训目的	1. 掌握醇和酚在性质上的异同及其鉴别方法 2. 认识羟基与烃基的相互影响			
实训仪器 实训试剂	仪器：试管架、试管、恒温水浴锅 试剂：甲醇、乙醇、正丁醇、辛醇、钠、酚酞指示剂、5% $K_2Cr_2O_7$、异丙醇、冰醋酸、浓 H_2SO_4 饱和食盐水、仲丁醇、叔丁醇、卢卡斯(Lucas)试剂、5% NaOH 溶液、10% $CuSO_4$ 溶液、乙二醇、甘油、苯酚、10% NaOH、溴水、1% KI 溶液、苯、蒸馏水、浓 HNO_3、5% Na_2CO_3、0.5% $KMnO_4$ 溶液、$FeCl_3$			
实训方案	资讯	醇分子中烃基(—OH)上的氢可以被金属钠置换，生成醇钠并放出氢气。这一反应有时也用作醇的定性反应。醇与浓盐酸—氯化锌溶液作用，生成相应的氯化物，在醇的定性检验中有其独特的地位。醇的结构对反应的速率有明显的影响。$$RCH_2OH + HCl \xrightarrow[20℃]{ZnCl_2} 不起作用$$ $$R_2CHOH + HCl \xrightarrow[20℃]{ZnCl_2} R_2CHCl + H_2O \quad 缓慢$$ $$R_3COH + HCl \xrightarrow[20℃]{ZnCl_2} R_3CCl + H_2O \quad 立即反应$$ 一元醇中伯醇被氧化成醛，仲醇被氧化成酮，叔醇不被氧化。 酚类分子中的羟基(—OH)直接与苯环上的碳原子相连，由于受芳环的影响，因而酚与醇的性质不同，最显著的特点是酚具有弱酸性，与三氯化铁发生颜色反应，而且各种酚产生不同的颜色，多数酚呈现红、蓝、紫或绿色。颜色的产生是由于形成电离度很大的络合物，例如：$$\text{C}_6\text{H}_5\text{OH} + FeCl_3 \longrightarrow H_3[Fe(OAr)_6] + HCl$$ 酚羟基使苯环活化，比较容易发生卤代、硝化及磺化等亲电取代反应。			
	实施计划	1. 醇的性质 (1) 比较醇的同系物在水中的溶解度 在四支试管中各加入水 2mL，然后分别滴加甲醇、乙醇、丁醇、辛醇各 10 滴，振摇并观察溶解情况，如已溶解再加 10 滴观察之，从而可得出什么结论？ (2) 醇钠的生成及水解 在干燥试管中，注入 1mL 无水乙醇，并投入表面新鲜的金属钠一小粒，观察现象，放出什么气体？如何检验它？待金属钠完全消失后，向试管中加入水 2mL，并滴入 2 滴酚酞指示剂，解释观察到的现象。 (3) 醇的氧化			

任务名称		醇和酚的性质	学时	2
实训方案	实施计划	在试管中加入5滴5%$K_2Cr_2O_7$和1滴H_2SO_4,混匀后加入乙醇3~4滴,再振荡之,将试管置水浴中微热,观察溶液颜色的变化,并在试管口注意产品气体,写出有关化学反应式。以异丙醇作同样反应,结果如何? (4)醇的酯化 在试管中将2mL乙醇和2mL冰醋酸混合,并加入10滴浓H_2SO_4,混匀后在60~70℃水浴里微热10min,然后倾入内盛5mL饱和食盐水的试管中,观察现象,注意产品气味,写出有关反应式。 (5)与卢卡斯试剂的作用 在三支干燥试管中,分别加入10滴正丁醇、仲丁醇和叔丁醇,立即各加入1mL卢卡斯试剂,试管口塞上塞子,振荡后静置,温度最好保持在26~27℃,观察其变化,注意在最初5min及1h后,混合物有何变化?记下混合液变浑浊和出现分层的时间。 (6)多元醇与$Cu(OH)_2$的作用 在两支试管中各加入3mL 5% NaOH溶液及5滴10% $CuSO_4$溶液,配制成新鲜的$Cu(OH)_2$,然后再分别加入乙二醇及甘油各5滴,振荡试管,观察现象。 2. 酚的性质 (1)苯酚的酸性 取苯酚的饱和水溶液一滴用pH试纸测定其pH值。 将苯酚的饱和水溶液各1mL置于两支试管中,一支试管留作实训对照,在另一支试管中逐滴滴入10%的NaOH溶液,并同时振荡至溶液变清亮为止(解释溶液变清理由)。在此清亮的溶液中,再通入CO_2至溶液呈酸性,又有何现象发生?解释之,并写出有关反应式。 (2)苯酚与溴水作用 取苯酚的饱和水溶液2滴于试管中用水稀释到2mL,逐滴加入饱和溴水,直到析出的白色沉淀转变为淡黄色为止。将混合物煮沸1~2min,以除去过量的溴,静置,冷却后又有沉淀析出,再在此混合液中滴入1% KI溶液数滴及苯1mL,用力振荡,沉淀溶于苯中,析出的I_2使苯层呈紫色。 以异丙醇作同样反应,结果如何? (3)苯酚的硝化 取苯酚0.5g放入试管中,滴入20滴浓H_2SO_4,摇匀,在沸水浴中加热5min,不断振荡,使磺化完全。冷却后,加水3mL,小心,逐滴加入2mL浓HNO_3,并不断振荡之,再在沸水浴上加热至溶液呈黄色后,取出试管,放冷,有黄色苦味酸结晶析出。 (4)苯酚的氧化 取苯酚的饱和水溶液1滴置于试管中,加5滴5% Na_2CO_3及10滴0.5% $KMnO_4$溶液,振荡并观察现象。 (5)苯酚与$FeCl_3$作用 取苯酚的饱和水溶液1滴置于试管中,并逐滴滴入$FeCl_3$溶液,观察颜色变化。
	实训说明	1. 如果反应停止后溶液中仍有残余的钠,应该先用镊子将钠取出放在酒精中破坏,然后加水。否则,金属钠遇水,反应剧烈,不但影响实训结果,而且不安全。 2. 含碳原子数在六个以下的低级醇类均溶于卢卡斯试剂,作用后能生成不溶的氯代烷,反应液出现浑浊,静置后分层。此试剂可用作各种醇的鉴别和比较。 3. 苯酚和溴水作用,生成微溶于水的2,4,6-三溴苯酚白色沉淀: 滴加过量溴水,则白色沉淀会转化为淡黄色的难溶于水的四溴化物:

任务名称	醇和酚的性质	学时	2
要点回顾	1. 用卢卡斯试剂检验伯、仲、叔醇的实训成功的关键何在？对于六个碳以上的伯、仲、叔醇是否都能用卢卡斯试剂进行鉴别？ 2. 与氢氧化铜反应产生绛蓝色是邻羟基多元醇的特征反应，此外，还有什么试剂能起类似的作用。		

任务 2-2　醛和酮的性质

任务名称		醛和酮的性质	学时	2
实训目的		1. 了解醛和酮的化学性质 2. 掌握鉴别醛和酮的化学方法		
实训仪器 实训试剂		仪器：试管架、试管、恒温水浴装置 试剂：$NaHSO_3$、乙醛、丙酮、3-戊酮、稀 HCl、2,4-二硝基苯肼、环己酮、苯甲醛、二苯酮、氨脲盐酸盐、NaAc、庚醛、3-己酮、苯乙酮、蒸馏水、10% NaOH、I_2-KI、乙醇、正丁醇、甲醛、稀氨水、品红试剂、异丙醇、叔丁醇、铬酸		
实训方案	资讯	醛和酮都含有羰基，因此它们具有许多相似的化学性质。例如：都能与 2,4-二硝基苯肼反应而析出晶体。但由于在醛基上连有一个氢原子，故醛的化学性质较酮活泼，易被弱氧化剂氧化，如醛基与托伦试剂和斐林试剂反应；能与品红亚硫酸试剂发生颜色反应，而酮不发生这些反应。 具有 CH_3—CO—R(H)结构的醛、酮或 CH_3—CH(OH)—R(H)结构的醇都能发生在碱性溶液中与碘作用生成碘仿的反应，碘仿为黄色固体，有特臭，易识别，称此反应为碘仿反应。 丙酮在碱性溶液中能与亚硝酰铁氰化钠作用显红色，此反应用作检验丙酮的存在。		
	实施计划	1. 醛和酮的亲核加成反应 (1) 与 $NaHSO_3$ 的加成 在 3 支试管中，各装入 2mL 新配制的饱和 $NaHSO_3$ 溶液，分别滴加样品 6～8 滴，剧烈摇匀，置冰水中冷却，观察有无沉淀析出，比较其析出的相对速度，并解释之。分别写出反应方程式。 样品：乙醛、丙酮、3-戊酮。 滤出乙醛与 $NaHSO_3$ 的加成物，加入 2～3mL 稀 HCl，注意有什么气味产生？为什么？这反应在实际上有何意义？ (2) 与 2,4-二硝基苯肼的加成 在 4 支试管中，各装入 1mL 2,4-二硝基苯肼溶液，分别加入样品 1～2 滴(不溶于水的固体样品则加 10mg 左右，再另加乙醇 2～3 滴以助溶解)，摇匀，静置。观察有无结晶析出，并注意结晶的颜色(若无沉淀生成可用少许棉花塞好试管口后，微微加热之)，分别写出反应方程式。 样品：丙酮、环己酮、苯甲醛、二苯酮。 丙酮试样生成结晶后，继续滴加丙酮，边加边摇，沉淀会不会溶解？为什么？ (3) 与氨脲的加成 将 0.5g 氨脲盐酸盐，结晶 0.75g NaAc 溶于 4～5mL 蒸馏水中(如果浑浊则过滤)，分装于三支小试管中，各加样品 2 滴，摇匀，观察有无沉淀生成，写出反应方程式。 样品：庚醛、3-己酮、苯乙酮。 2. 醛和酮的 α-H 的活泼性——碘仿反应 在装有 3mL 蒸馏水的试管中，加入样品 3～5 滴，滴入 6 滴 10% NaOH 溶液使呈碱性，再逐滴滴入 I_2-KI 溶液，边滴边摇，直至反应液能保持淡黄色为止，继续轻摇，淡黄色逐渐消失随之出现淡黄色沉淀，同时挥发出一种特殊的碘仿气味。 若未发现沉淀，则将反应液微热至 60℃ 左右，静置观察。 若溶液的淡黄色已褪完但又无沉淀析出，则应追加几滴 I_2-KI 溶液，再微热之，静置观察。分别写出生成碘仿的反应方程式。 样品：丙酮、乙醛、乙醇、正丁醇。 3. 区别醛和酮的化学反应 (1) 品红反应 在装有 1mL 品红试剂的试管中，加入样品 1～2 滴，摇匀，放置数分钟，观察颜色的变化。		

任务名称	醛和酮的性质	学时	2
实施计划	样品:甲醛水溶液、乙醛水溶液、丙酮。 (2)与托伦试剂反应 加 2mL 10% $AgNO_3$ 溶液与 2~3 滴 10% NaOH 溶液于试管中,不断振摇,逐滴加入 4% 的稀氨水,至其沉淀刚刚溶完为止,即得托伦试剂。 将托伦试剂分装于 4 支十分清洁的试管中,各加样品 2~4 滴,摇匀,若无变化,可放温水(约 40℃)中微微温热几分钟,观察有什么现象产生,写出醛被氧化的反应方程式。 样品:甲醛水溶液、乙醛水溶液、丙酮、环己酮。 剩余的试剂或反应混合液应立即用大量水冲入水沟中。 (3)铬酸反应 在盛有 1mL 丙酮的试管中,加入 2 滴(或约 10mg)样品,不断摇动,加入铬酸试剂 2 滴,试剂的橙黄色消失并显出蓝绿色沉淀(或浑浊),表示阳性反应。(为什么?) 样品:乙醛水溶液、环己酮、乙醇、异丙醇、叔丁醇。		
实训方案	1. 醛和大多数酮以及低级环酮都会在 15min 内生成加成产物。 2. 析出结晶的颜色往往和醛、酮分子中的共轭链有关。非共轭的酮如环己酮,生成黄色沉淀;共轭酮如二苯酮,生成橙至红色沉淀;具有长共轭链的羰基化合物则生成红色沉淀。但是,试剂本身就是橙红色的,对于沉淀的颜色就应该小心判断。此外,在个别情况下,强酸性或强碱性化合物会使未反应的试剂沉淀析出。 3. 五个碳以上的醛易形成结晶析出,加热会促进此反应。50℃时丙酮样品约需 1h 才能反应完全。 4. 进行品红反应时,应注意: ①含 1~3 个碳的醛很敏感,微量存在即呈阳性反应,其他醛则需 0.5~1mg 左右。一些特殊的醛如对氨基苯甲醛、香草醛等不显阳性反应。 ②某些酮和不饱和化合物以及易吸附 SO_2 的物质能使希夫试剂复原。 ③有无机酸存在时将大大降低反应的灵敏性。试剂的配制和试剂与醛反应显色的过程是:		
实训说明	品红(有色) → 希夫试剂(无色) → 紫红色(带蓝影) 希夫试剂与醛作用生成了另一种紫红色化合物并非恢复品红原来的颜色。但是,所生成的紫红色染料与试剂中过量的 SO_2 作用,醛能成为 H_2SO_3 加成物而脱下,则染料又变回希夫试剂;所以,反应液静置后会逐渐褪色。 加入过量的无机酸,能使醛类与希夫试剂的反应产物分解褪色;唯独甲醛与希夫试剂的反应产物在强酸条件下仍不褪色。 5. 醛和酮与托伦试剂反应切勿放灯焰上直接加热,也不宜温热过久。因试剂受热会生成有爆炸危险的雷酸银。 6. 若试管不够洁净,则不能生成银镜,仅出现黑色絮状沉淀。 托伦试剂可用以区别醛和酮。但要注意,易氧化的糖、多羟基酚、氨基酚和其他具有还原性的有机物也会呈阳性反应。具有 SH 和 CS 基团的有机物会形成 AgS 沉淀而干扰此反应,某些芳胺也会呈阳性反应。		
要点回顾	1. 醛和酮与氨脲的加成实训中为什么要加入 NaAc? 2. 醛和酮的卤仿反应中,为什么不选用 Cl_2 和 Br_2 而选用 I_2? 配制试剂时为什么还要加入 KI? 3. 是否任何一种醛和酮都会发生碘仿反应? 为什么? 4. 配制托伦试剂时,用稀 NaOH 代替稀氨水可以吗? 为什么?		

任务 2-3　羧酸及羧酸衍生物的性质

任务名称	羧酸及羧酸衍生物的性质	学时	2
实训目的	1. 熟悉羧酸及其衍生物的性质 2. 掌握羧酸及其衍生物的特征反应及鉴别方法		
实训仪器 实训试剂	仪器:试管架、试管、恒温水浴装置 试剂:NaOH、碳酸钠、盐酸、硫酸、高锰酸钾、乙酰氯、硝酸银、甲酸、乙酸、草酸、苯甲酸、草酸、乙酸酐、乙醇		
实训方案	资讯	1. 羧酸分子中由于羧基中羟基氧上的孤对电子和羰基形成 p-π 共轭体系,电子向羰基转移,增大了氢氧键极性,氢易以质子形式解离,故显酸性。不同结构的羧酸其酸性强弱不同。 2. 羧酸一般不能氧化,但有些羧酸,如甲酸、草酸等,由于结构的特殊性,易被高锰酸钾氧化,所以具有还原性。 3. 草酸在加热到一定程度时容易发生脱羧反应,可用石灰水加以检验。 4. 羧酸衍生物分子中都含有酰基,所以都可以发生水解、醇解和氨解反应,生成羧酸、酯和酰胺。反应速率:酰卤＞酸酐＞酯＞酰胺。
	实施计划	1. 酸性反应 将甲酸、乙酸各 5 滴及草酸 0.2g 分别溶于 2mL 水中,然后用洗净的玻璃棒分别蘸取相应的酸液在同一条刚果红试纸上画线,比较各线条的颜色和深浅程度。 2. 成盐反应 取 0.2g 苯甲酸晶体放入盛有 1mL 水的试管中,加入 10% 的氢氧化钠数滴,振荡并观察现象。然后再加 10% 的盐酸数滴,振荡并观察现象。 3. 氧化反应 在三支试管中分别放置 0.5mL 甲酸、乙酸以及由 0.2g 草酸和 1mL 水所配成的溶液,然后分别加入 1mL (1:5)的稀硫酸和 2~3mL 0.5% 的高锰酸钾溶液,加热至沸,观察现象,比较速率。 4. 脱羧反应 在装有导气管的干燥硬质大试管中,放入固体草酸少许,将试管稍微倾斜,夹在铁架上,然后加热,导气管插入另一盛有饱和石灰水的小试管或小烧杯中,观察石灰水的变化。 5. 水解反应 (1)酰卤水解 取 1mL 水于试管中,加入 4 滴乙酰氯,观察现象。在水解后的溶液中滴加 5% 硝酸银 2 滴,有何现象发生? (2)酸酐水解 取 1mL 水于试管中,加入 5 滴乙酸酐,先勿摇,观察后振摇,微热,嗅其味。 6. 醇解反应 (1)酰卤醇解:取 1mL 无水乙醇于干燥试管中,沿管壁慢慢滴入 10 滴乙酰氯(反应过猛,可将试管浸入冷水中)。加 2mL 水,用 20% Na_2CO_3 溶液中和反应液至中性,嗅其味。 (2)酸酐醇解:取 0.5mL 乙酸酐于干燥试管中,加 1mL 无水乙醇,水浴加热至沸,冷却后用 10% 氢氧化钠中和对石蕊试纸呈弱碱性,嗅其味。 7. 氨解反应 (1)酰卤氨解:取 5 滴苯胺于干燥试管中,慢慢滴入 5 滴乙酰氯,待反应结束后,加入 5mL 水,观察现象。 (2)酸酐氨解:取 5 滴苯胺于干燥试管中,加入 10 滴乙酸酐,混合,加热至沸,冷却后,加入 2mL 水,观察现象(若无晶体析出可用玻璃棒摩擦试管内壁)。
	实训说明	1. 乙酰氯在滴加时要缓慢,因为乙酰氯的反应活性强,反应十分剧烈。 2. 酸酐的氨解反应要在十分洁净的试管中进行,否则,很难观察到现象。 3. 取用试剂时一定要小心,因为部分试剂腐蚀性很强。 4. 在甲酸分子中除含有羧基官能团外,还含有醛基官能团。
要点回顾		1. 甲酸、乙酸、草酸哪一个酸性强? 为什么? 2. 甲酸和草酸为什么具有还原性。 3. 比较酰卤和酸酐的水解、醇解、氨解的反应活性。

项目三 综合应用实训

知识目标

1. 熟悉有机化合物的制备、精制方法；
2. 掌握有机化合物制备操作常用仪器及装配方案；
3. 掌握有机化合物制备设计方法。

能力、思政与职业素养目标

1. 培养学生规范、整洁、严谨及实事求是的工作作风及能力；
2. 培养学生分析问题、解决问题的能力；
3. 培养学生树立有机化学品生产开发的意识及能力。

任务 3-1 肉桂酸的合成和提取

任务名称	肉桂酸的合成和提取		学时	4
实训目的	1. 了解肉桂酸的制备原理及方法 2. 掌握回流、热过滤、重结晶操作 3. 掌握水蒸气蒸馏的原理及应用。			
实训仪器 实训试剂	仪器：100 mL 三口烧瓶、球形冷凝管、直形冷凝管、温度计、蒸馏头、接收管、50mL 锥形瓶、布氏漏斗、吸滤瓶、培养皿			
	试剂：苯甲醛、乙酐、乙酸钾（或碳酸钾）、乙酸钠、浓盐酸、活性炭			
实训方案	资讯	肉桂酸又名 β-苯丙烯酸，有顺式和反式两种异构体。通常以反式形式存在，为无色晶体，熔点133℃。肉桂酸是香料、化妆品、医药、塑料和感光树脂等的重要原料。肉桂酸的合成方法有多种，实训室里常用珀金(Peruin)反应来合成肉桂酸。以苯甲醛和乙酐为原料，在无水醋酸钾(钠)的存在下，发生缩合反应，即得肉桂酸。 反应时，酸酐受醋酸钾(钠)的作用，生成酸酐负离子；负离子和醛发生亲核加成生成 β-羟基酸酐，然后再发生失水和水解作用得到不饱和酸。		
		珀金法制肉桂酸具有原料易得、反应条件温和、分离简单、产率高、副反应少等优点，工业上也采用此法。 由于乙酐遇水易水解，催化剂乙酸钾(钠)易吸水，故要求反应器是干燥的。如有条件，乙酐和苯甲醛最好用新蒸馏的，催化剂可进行熔融处理。		

任务名称	肉桂酸的合成和提取	学时	4
资讯	本实训中,反应物苯甲醛和乙酐的反应活性都较小,反应速度慢,必须提高反应温度来加快反应速度。但反应温度又不宜太高,一方面由于乙酐和苯甲醛的沸点分别为140℃和178℃,温度太高会导致反应物的挥发;另一方面,温度太高,易引起脱羧、聚合等副反应,故反应温度一般控制在150～170℃左右。合成得到的粗产品通过水蒸气蒸馏、重结晶等方法提纯精制。		
实训方案	实施计划	1. 常量法 首先将三口烧瓶、球形冷凝管烘干。在干燥的100mL三口烧瓶中依次加入4.2g(0.03mol)苯甲醛和5.5mL(0.06mol)乙酐,将混合物稍作振荡、安装好反应装置,在空气浴上小火加热,使反应物保持微微沸腾,反应温度始终控制在150～170℃并保持1h。 反应液稍作冷却后,加入50mL热水,边搅拌边加入碳酸钠固体(5～6g),调节反应液的pH在8左右,加入一匙活性炭粉末,将反应装置改成直接水蒸气蒸馏装置。加热进行水蒸气蒸馏并同时进行脱色,直至无油状物馏出(馏出液回收)。残液如有固体析出或体积较少可以补加少量热水,此反应液趁热过滤,滤液冷却后,用浓盐酸中和(约5mL浓HCl),至pH=2～3。用冷水浴冷却后,抽滤,用少量水洗涤滤饼,抽干。固体在低于100℃烘干,称重。也可用水或乙醇作重结晶。产量约为2.5g。 2. 半微量法 用14#标准磨口仪器,改用50mL三口烧瓶,反应物用量为常量法的1/2～2/3,操作步骤与常量法相似。		
	实训装置	为了有效地控制反应过程中的温度,温度计必须插入反应液中。装置见图17-15。由于蒸气温度高于130℃,用不通水的球形冷凝管代替空气冷凝管。 后处理中,水蒸气蒸馏是为了除去少量的油状物杂质,故采用在反应瓶中加入水直接蒸馏方式。装置见图17-16。 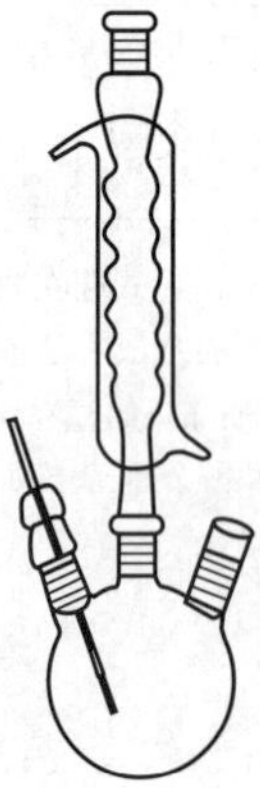 图17-15 制备肉桂酸的装置 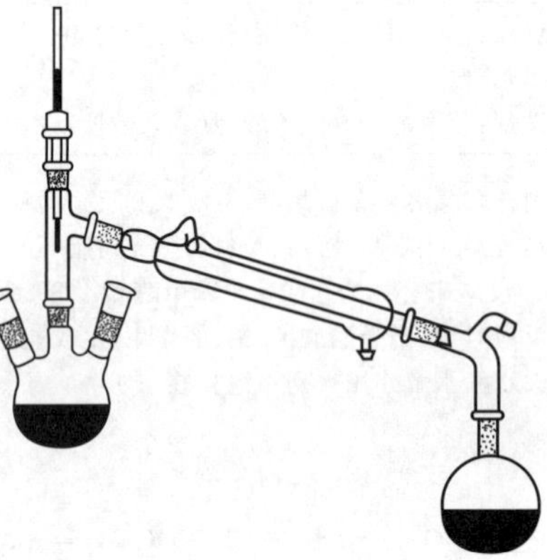　　图17-16 直接水蒸气蒸馏装置		
	实训说明	1. 苯甲醛放久后易氧化生成苯甲酸,所以在使用前一定要预先蒸馏。 2. 催化剂无水碳酸钾预先要烘干、活化。 3. 保温过程中要注意观察反应混合物的状况,若发现未变色或无固体析出时,可补加少量乙酐。		
实训结果与讨论	纯肉桂酸(反式)为无色晶体,熔点135～136℃。称重,计算产率,测定熔点。		
要点回顾	1. 为什么乙酐和苯甲醛要在实训前重新蒸馏才能使用? 2. 简述此反应的机理,并说明此反应中醛的结构特点。 3. 是否能用氢氧化钠代替碳酸钠中和反应混合物?为什么? 4. 水蒸气蒸馏除去什么物质?		

任务 3-2 黄连素的提取

任务名称	黄连素提取	学时	4
实训目的	1. 学习从中草药提取生物碱的原理和方法 2. 学习减压蒸馏的操作技术 3. 进一步掌握索氏提取器的使用方法,巩固减压过滤操作		
实训仪器 实训设备 实训试剂	仪器:索氏提取器、台秤、试管、烧杯、大烧杯、量筒(100mL)、滤纸筒、蒸发皿、150℃温度计 设备:电炉、普通蒸馏装置、水浴装置、抽滤装置 药品:黄连(中草药)、95%乙醇、浓盐酸、醋酸(1%)、pH试剂、冰块、丙酮		
资讯	黄连素(也称小檗碱),属于生物碱,是中草药黄连的主要有效成分。其中含量可达4%~10%。除了黄连中含有黄连素以外,黄柏、白屈菜、伏牛花、三颗针等中草药中也含有黄连素,其中以黄连和黄柏含量最高。 黄连素有抗菌、消炎、止泻的功效。对急性菌痢、急性肠炎、百日咳、猩红热等各种急性化脓性感染和各种急性外眼炎症都有效。 黄连素是黄色针状体,微溶于水和乙醇,较易溶于热水和热乙醇中,几乎不溶于乙醚。黄连素的盐酸盐、氢碘酸盐、硫酸盐、硝酸盐均难溶于冷水,易溶于热水,故可用水对其进行重结晶,从而达到纯化的目的。 黄连素在自然界多以季铵碱的形式存在,结构如下: 从黄连中提取黄连素,往往采用适当的溶剂(如乙醇、水、硫酸等)。在脂肪提取器中连续抽提,然后浓缩,再加以酸进行酸化,得到相应的盐。粗产品可以采取重结晶等方法进一步提纯。 黄连素被硝酸等氧化剂氧化,转变为樱红色的氧化黄连素。黄连素在强碱中部分转化为醛式黄连素,在此条件下,再加几滴丙酮,即可发生缩合反应,生成丙酮与醛式黄连素缩合产物的黄色沉淀。		
实训方案 实施计划	1. 连续萃取 称取20g已磨细的黄连粉末,装入索氏提取器的滤纸筒内,在提取器的烧瓶中加入100mL 95%的酒精和几块沸石,装好索氏提取器,接通冷凝水,加热,连续抽提1~1.5h,待冷凝液刚刚虹吸下去时,立即停止加热,冷却。 2. 回收乙醇 装好蒸馏装置,水浴加热蒸馏,回收大部分乙醇约70mL(沸点78℃)。直到残留物呈棕红色糖浆状。 3. 析出黄连素盐酸盐 向残留物中加入1%醋酸30mL,加热溶解,趁热过滤,以除去不溶物,再向溶液中滴加浓盐酸,至溶液浑浊为止(约需10mL),放置冷却(最好用冰水)。即有黄色针状体的黄连素盐酸盐析出。抽滤、结晶用冰水洗涤两次,再用丙酮洗涤一次即得黄连素盐酸盐粗品。 4. 精制 将粗产品(未干燥)放入100mL烧杯中,加入30mL水,加热至沸,搅拌沸腾几分钟,趁热抽滤,滤液用盐酸调节pH值为2~3,室温下放置几小时,有较多橙黄色结晶析出后抽滤,滤渣用少量冷水洗涤两次,烘干即得成品。 5. 产品检验 (1)取盐酸黄连素少许,加浓硫酸2mL,溶解后加几滴浓硝酸,即呈樱红色溶液。 (2)取盐酸黄连素约50mg,加蒸馏水5mL,缓缓加热,溶解后加20%氢氧化钠溶液2滴,显橙色,冷却后过滤,滤液加丙酮4滴,即发生浑浊。放置后生成黄色的丙酮黄连素沉淀。		
实训说明	1. 滤纸筒既要紧贴器壁,又能方便取放。被提取物高度不能超过虹吸管,否则被提取物不能被溶剂充分浸泡,影响提取效果。被提取物亦不能漏出滤纸筒,以免堵塞虹吸管。 2. 如果晶形不好,可用水重结晶一次。		
要点回顾	1. 从黄连中提取黄连素的原理是什么? 2. 黄连素为何种生物碱类化合物?		

任务 3-3 乙酸乙酯的制备和含量测定

任务名称	乙酸乙酯的制备和含量的测定	学时	4
实训目的	1. 通过学习乙酸乙酯的合成,加深对酯化反应的理解 2. 了解提高可逆反应转化率的实训方法 3. 掌握蒸馏、分液、干燥等操作		
实训仪器 实训试剂	仪器:圆底烧瓶、冷凝管、温度计、蒸馏头、温度计套管、分液漏斗、酒精灯、接液管、锥形瓶 试剂:冰醋酸 12mL(12.6g,0.21mol)、无水乙醇 19mL(15g,0.32mol)、浓硫酸(5mL)、饱和碳酸钠溶液、饱和氯化钙溶液、饱和食盐水、无水硫酸镁		

实训方案

资讯

乙酸乙酯是一种工业用途很广泛的化合物,也是重要的溶剂,具有快干、低毒的特点。用于清漆、人造革、硝基纤维、氯化橡胶和某些乙烯树脂的溶剂,也用作染料、药物和香料的原料。

有机酸酯可用醇和羧酸在少量无机酸催化下直接酯化制得。当没有催化剂存在时,酯化反应很慢;当采用酸催化剂时,就可以大大地加快酯化反应的速度。酯化反应是一个可逆反应。为使平衡向生成酯的方向移动,常常使反应物之一过量,或将生成物从反应体系中及时除去,或者两者兼用。

本实训利用共沸混合物,反应物之一过量的方法制备乙酸乙酯。其主要反应有:

$$CH_3COOH + C_2H_5OH \xrightleftharpoons[120℃]{浓 H_2SO_4} CH_3COOC_2H_5 + H_2O$$

特点:

1. 可逆反应,采取如下措施使反应向右进行:
   A. 增加反应物的浓度(C_2H_5OH 过量);
   B. 减少生成物的浓度(蒸去乙酸乙酯)。
2. 存在两个副反应:

   A. $C_2H_5OH \xrightleftharpoons[140℃]{浓 H_2SO_4} C_2H_5OC_2H_5 + H_2O$

   措施:控温在 120~130℃ 之间。

   B. 浓硫酸将有机物碳化。

   措施:加浓硫酸时,慢慢滴加并振荡。

   实际发生的过程:

   $$C_2H_5OH + H_2SO_4 \rightleftharpoons C_2H_5O-SO_2-OH \quad 硫酸氢乙酯$$

   $$C_2H_5O-SO_2-OH + CH_3COOH \xrightarrow[\text{(过量)}]{120℃} CH_3COOC_2H_5 + H_2O$$

效果:第一,乙醇不被蒸发;第二,减少了碳化反应;第三,反应达成一系列动态平衡,能连续、匀速进行。

浓 H_2SO_4 作为催化剂,参与了第一个反应,所以是过量的。

实施计划

1. 回流

在 100mL 圆底烧瓶中[1],如图 17-17 所示,加入 12mL 冰醋酸和 19mL 无水乙醇,混合均匀后,将烧瓶放置于冰水浴中,分批缓慢地加入 5mL 浓 H_2SO_4,同时振摇烧瓶。混匀后加入 2~3 粒沸石,安装好回流装置,打开冷凝水,用电热套加热,保持反应液在微沸状态下回流 30~40min。

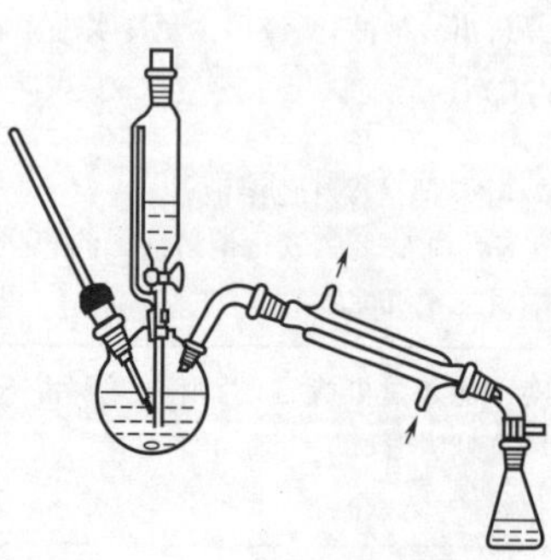

图 17-17 滴加蒸馏装置 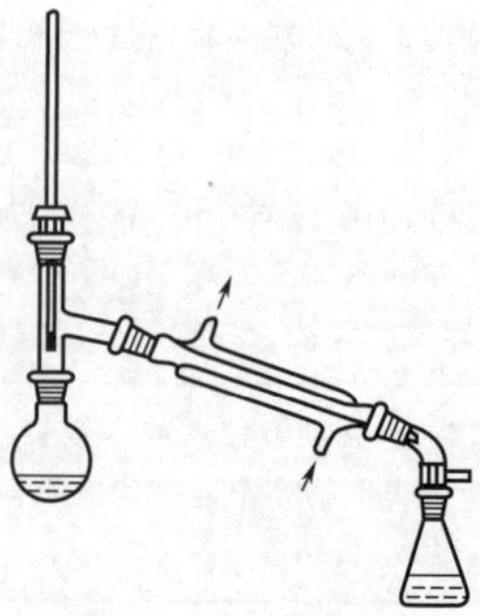   图 17-18 蒸馏装置    图 17-19 洗涤分液装置

任务名称	乙酸乙酯的制备和含量的测定	学时	4
实训方案	**实施计划** 2. 蒸馏 反应完成后,冷却近室温,将装置改成蒸馏装置,如图 17-18 所示,用电热套或水浴加热[2],收集 70~79℃ 馏分。 3. 乙酸乙酯的精制 (1)中和 在粗乙酸乙酯中慢慢地加入约 10mL 饱和 Na_2CO_3 溶液[3],直到无二氧化碳气体逸出后,再多加 1~3 滴[4]。然后将混合液倒入分液漏斗中(如图 17-19 所示),静置分层后,放出下层的水层。 (2)水洗 用约 10mL 饱和食盐水洗涤酯层[5],充分振摇,静置分层后,分出水层。 (3)洗去乙醇 再用约 20mL 饱和 $CaCl_2$ 溶液分两次洗涤酯层[6],静置后分去水层。 (4)干燥 酯层由漏斗上口倒入一个 50mL 干燥的锥形瓶中,并放入 2g 无水 $MgSO_4$ 干燥[7],配上塞子,然后充分振摇至液体澄清。 (5)蒸馏 将干燥后的油层倒入干燥的 50mL 圆底烧瓶中,加入沸石,安装普通蒸馏装置,加热蒸馏,收集 74~79℃ 的馏分,产量约 10~12g。 纯乙酸乙酯为无色透明有香味的液体,b.p. 77.2℃,d_4^{20} 0.901,n_D^{20} 1.3723。		
	实训说明 1. 圆底烧瓶、冷凝管应是干燥的。 2. 注意控制温度,温度不宜太高,否则会增加副产物乙醚的量。 3. 在馏出液中除了酯和水外,还含有未反应的少量乙醇和乙酸,也还有副产物乙醚。故必须用碱来除去其中的酸。 4. 可保证完全中和产品中的乙酸。多余的碳酸钠在后续的洗涤过程可被除去。也可用石蕊试纸检验产品是否呈碱性。 5. 饱和食盐水主要洗涤粗产品中的少量碳酸钠。产品中若带有碳酸钠,下一步用饱和氯化钙溶液洗涤时,就会生成碳酸钙沉淀,沉淀很细悬浮于水和乙酸乙酯中,使水和乙酸乙酯的界限不清,这将给分离带来困难。饱和食盐水洗涤时,还可洗除一部分水。此外,由于饱和食盐水的盐析作用,乙酸乙酯在饱和食盐水中的溶解度比在水中要小,可大大降低乙酸乙酯在洗涤时的损失。 6. 氯化钙与乙醇形成络合物而溶于饱和氯化钙溶液中,由此除去粗产品中所含的乙醇。 7. 乙酸乙酯与水或醇可分别生成共沸混合物,若三者共存则生成三元共沸混合物。因此,酯层中的乙醇不除净或干燥不够时,由于形成低沸点的共沸混合物,从而影响酯的产率。		
要点回顾	1. 在本实训中硫酸起什么作用? 2. 为什么乙酸乙酯的制备中要使用过量的乙醇?若采用醋酸过量的做法是否合适?为什么? 3. 蒸出的粗乙酸乙酯中主要有哪些杂质?如何除去它们? 4. 能否用浓的氢氧化钠溶液代替饱和碳酸钠溶液来洗涤蒸馏液? 5. 用饱和氯化钙溶液洗涤,能除去什么?为什么先用饱和食盐水洗涤?用水代替饱和食盐水行吗?		

任务 3-4　阿司匹林（乙酰水杨酸）的制备与纯化

任务名称	阿司匹林(乙酰水杨酸)的制备与纯化	学时	4
实训目的	1. 学习利用酚类的酰化反应制备乙酰水杨酸的原理和制备方法 2. 掌握重结晶、减压过滤、洗涤、干燥、熔点测定等基本实训步骤		
实训仪器 实训试剂	仪器:锥形瓶、烧杯、温度计、电热套、布氏漏斗、抽滤瓶、表面皿、真空泵、玻棒 试剂:水杨酸、乙酸酐、浓硫酸(98%)、浓盐酸(36.46%)、乙酸乙酯、饱和碳酸钠溶液、1%三氯化铁溶液		

任务名称	阿司匹林(乙酰水杨酸)的制备与纯化	学时	4

| 实训方案 | 资讯 | 乙酰水杨酸即阿司匹林,可通过水杨酸与乙酸酐反应制得。

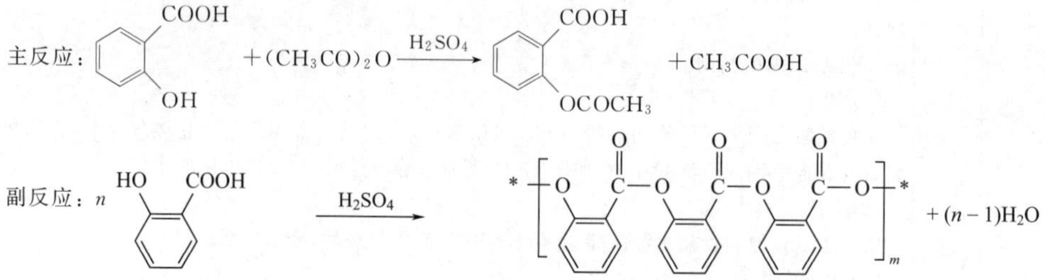

主反应: 水杨酸(COOH, OH) + $(CH_3CO)_2O$ $\xrightarrow{H_2SO_4}$ 乙酰水杨酸(COOH, OCOCH$_3$) + CH_3COOH

副反应: n 水杨酸(HO, COOH) $\xrightarrow{H_2SO_4}$ 聚合物 $+(n-1)H_2O$

在生成乙酰水杨酸的同时,水杨酸分子之间也可以发生缩合反应,生成少量的聚合物。乙酰水杨酸能与碳酸钠反应生成水溶性盐,而副产物聚合物不溶于碳酸钠溶液,利用这种性质上的差异,可把聚合物从乙酰水杨酸中除去。

粗产品中还有杂质水杨酸,这是由于乙酰化反应不完全或由于在分离步骤中发生水解造成的。它可以在各步纯化过程和产物的重结晶过程中被除去。与大多数酚类化合物一样,水杨酸可与三氯化铁形成深色络合物,而乙酰水杨酸因酚羟基已被酰化,不与三氯化铁显色,因此,产品中残余的水杨酸很容易被检验出来。 |
|---|---|---|
| | 实训装置 | 如图 17-20(a)所示安装反应装置,反应结束后如图 17-20(b)所示进行抽滤,最后如图 17-20(c)所示进行干燥。

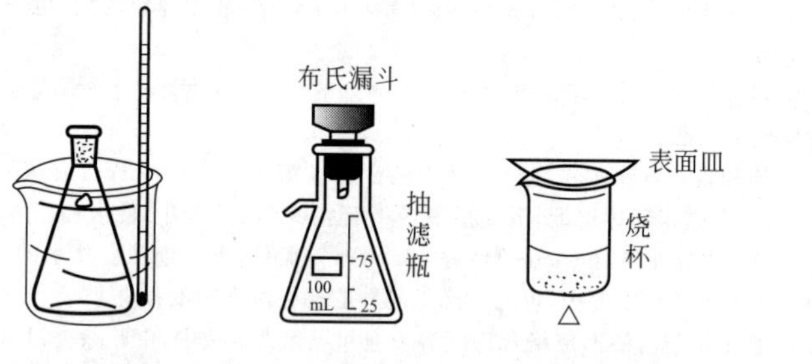

(a) 反应装置   (b) 抽滤装置   (c) 干燥装置
图 17-20 阿司匹林制备装置 |
| | 实施计划 | 在 125mL 的锥形瓶中加入 2g 水杨酸、5mL 乙酸酐、5 滴浓硫酸,小心旋转锥形瓶使水杨酸全部溶解后,在水浴中加热 5~10min,控制水浴温度在 85~90℃。取出锥形瓶,边摇边滴加 1mL 冷水,然后快速加入 50mL 冷水,立即进入冰浴冷却。若无晶体或出现油状物,可用玻棒摩擦内壁(注意必须在冰水浴中进行)。待晶体完全析出后用布氏漏斗抽滤,用少量冰水分两次洗涤锥形瓶后,再洗涤晶体,抽干。

将粗产品转移到 150mL 烧杯中,在搅拌下慢慢加入 25mL 饱和碳酸钠溶液,加完后继续搅拌几分钟,直到无二氧化碳气体产生为止。抽滤,副产物聚合物被滤出,用 5~10mL 水冲洗漏斗,合并滤液,倒入预先盛有 4~5mL 浓盐酸和 10mL 水配成溶液的烧杯中,搅拌均匀,即有乙酰水杨酸沉淀析出。用冰水冷却,使沉淀完全。减压过滤,用冰水洗涤 2 次,抽干水分。将晶体置于表面皿上,蒸汽浴干燥,得乙酰水杨酸产品。称重,约 1.5g,测熔点 133~135℃。

取几粒结晶加入盛有 5mL 水的试管中,加入 1~2 滴 1% 的三氯化铁溶液,观察有无颜色反应。

为了得到更纯的产品,可将上述晶体的一半溶于少量(2~3mL)乙酸乙酯中,溶解时应在水浴上小心加热,如有不溶物出现,可用预热过的小漏斗趁热过滤。将滤液冷至室温,即可析出晶体。如不析出晶体,可在水浴上稍加热浓缩,然后将溶液置于冰水中冷却,并用玻棒摩擦瓶壁,结晶后,抽滤析出的晶体,干燥后再测熔点,应为 135~136℃。 |

任务名称		阿司匹林(乙酰水杨酸)的制备与纯化	学时	4
实训方案	实训说明	1. 要严格执行加样顺序,否则,水杨酸就会被浓硫酸氧化。 2. 本实训的几次结晶都比较困难,要有耐心。在冰水冷却下,用玻棒充分摩擦器皿壁才能结晶出来。 3. 由于产品微溶于水,所以水洗时,要用少量冷水洗涤,用水不能太多。 4. 第一次的粗产品不用干燥,即可进行下步纯化,第二步的产品可用蒸汽浴干燥。 5. 在最后重结晶操作中,可用微型玻璃漏斗过滤,以避免用大漏斗黏附的损失。 6. 最后的重结晶物可用乙醇溶解,并加水析晶。 方法是:将晶体放入磨口锥形瓶中,加入 10mL 95%乙醇及 1~2 颗沸石,接上球形冷凝管,在水浴中加热溶解后,移去火源,取下锥形瓶,滴入冷蒸馏水至沉淀析出,再加入 2mL 冷蒸馏水,析出完全后,抽滤,以少量冷蒸馏水洗涤晶体两次,抽干,取出晶体,用滤纸压干,再用蒸汽浴干燥,称重。		
要点回顾		1. 本实训为什么不能在回流下长时间反应? 2. 反应后加水的目的是什么? 3. 第一步的结晶的粗产品中可能含有哪些杂质? 4. 当结晶困难时,可用玻棒在器皿壁上充分摩擦,即可析出晶体。试述其原理?除此之外,还有什么方法可以让其快速结晶?		

任务 3-5 从茶叶中提取咖啡因

任务名称		从茶叶中提取咖啡因	学时	4
实训目的		1. 了解从茶叶中提取咖啡因的原理和方法 2. 初步掌握索氏提取器的安装与操作方法 3. 初步掌握升华操作		
实训仪器 实训试剂		仪器:索氏提取器、蒸发皿、水浴锅、球型冷凝管(300mm)、圆底烧瓶(100mL)、蒸发皿、漏斗、电子天平、毛细管、熔点测定仪 试剂:茶叶末、生石灰粉、乙醇(95%)		
实训方案	资讯	茶叶中含有多种生物碱,其中以咖啡碱(又称咖啡因)为主,约占 1%~5%。另外还含有 11%~12%的丹宁酸(又名鞣酸)。咖啡碱是弱碱性化合物,易溶于氯仿、水及乙醇等,微溶于苯;丹宁酸易溶于水和乙醇,但不溶于苯。 含结晶水的咖啡因是无色针状结晶,味苦,能溶于水、乙醇、氯仿等。在 100℃时失去结晶水,并开始升华,120℃时升华相当显著,至 178℃时升华很快。无水咖啡因的熔点为 234.5℃。 为了提取茶叶中的咖啡因往往利用适当的溶剂(氯仿、乙醇、苯等)在脂肪提取器中连续抽提,然后蒸去溶剂,即得粗咖啡因,利用升华可进一步提纯。
	实施计划	1. 用索氏提取器提取粗咖啡因 (1)称取绿茶叶末 10g,装入滤纸筒,上口用滤纸盖好,将滤纸筒放入提取器中,在圆底烧瓶内加乙醇 80mL。仪器装置如图 17-21 所示。 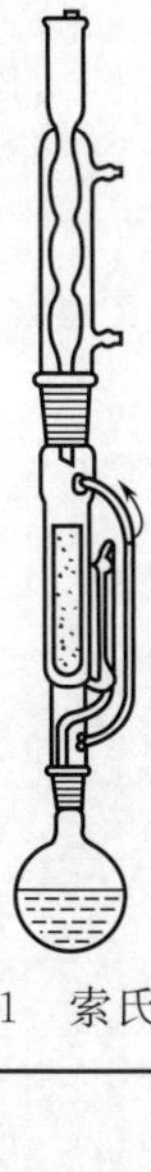 图 17-21 索氏提取器 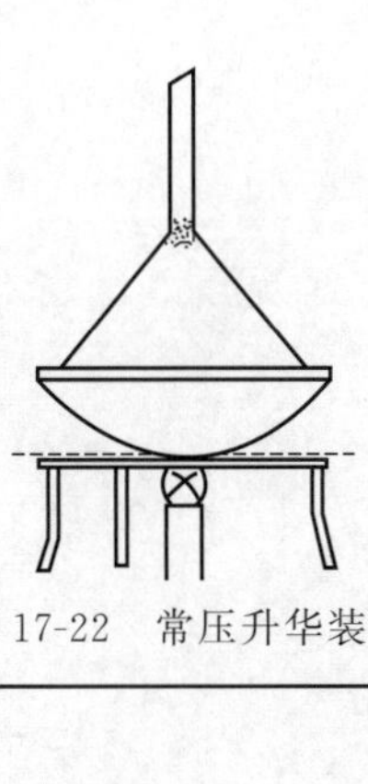　图 17-22 常压升华装置 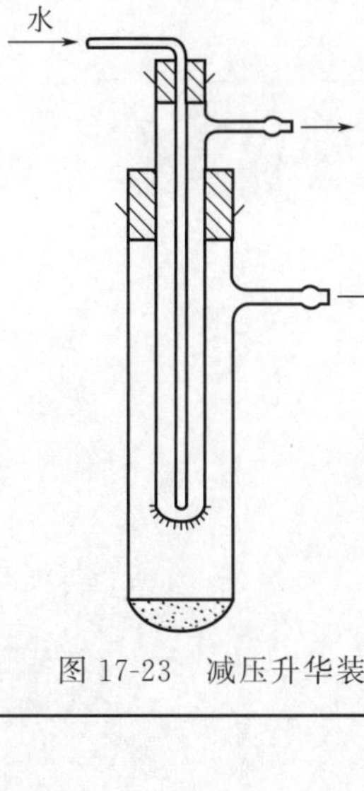　图 17-23 减压升华装置

任务名称	从茶叶中提取咖啡因	学时	4
实训方案	实施计划	（2）用水浴加热使乙醇沸腾。乙醇蒸气通过蒸气上升管进入冷凝管,蒸气被冷凝为液体滴入提取器中积聚起来,溶液流回烧瓶。经过多次虹吸,咖啡因被富集到烧瓶中。 （3）回流约2~3h后,当提取器内溶液的颜色变得很淡时,即可停止回流。待提取器内的溶液刚刚虹吸下去时,立即停止加热。 （4）将仪器改成蒸馏装置,蒸馏回收抽提液中的大部分乙醇。将残液倾入蒸发皿中,拌入生石灰粉4g,将蒸发皿移到灯焰上烧片刻,除去水分。冷却后,擦去沾在边上的粉末,以免在升华时污染产品。 2.用升华法提纯咖啡因 （1）在装有粗咖啡因的蒸发皿上,放一张穿有许多小孔的圆滤纸,再把玻璃漏斗盖在上面,漏斗颈部塞一小团疏松的棉花。装置如图17-22所示。 （2）在石棉网上或沙浴上小心地将蒸发皿加热,逐渐升高温度,使咖啡因升华。（温度不能太高,否则滤纸会炭化变黑,一些有色物质也会被带出来,使产品不纯。）咖啡因通过滤纸孔,遇到漏斗内壁,重新冷凝为固体,附在漏斗内壁和滤纸上。当观察到纸上出现大量白色针状晶体时,停止加热。 （3）冷到100℃左右,揭开漏斗和滤纸,仔细地把附在纸上及漏斗内壁上的咖啡因用小刀刮下。 （4）将蒸发皿中残渣加以搅拌,重新放好滤纸和漏斗,用较大的火再加热片刻,使升华完全。此时火不能太大,否则蒸发皿内大量冒烟,产品既受污染,又遭损失。 （5）合并两次升华所收集的咖啡因,称量并测熔点。 咖啡因的升华提纯也可采用图17-23所示的减压升华装置。将粗咖啡因放入具支试管的底部,把装好的仪器放入油浴中,浸入的深度以指形冷凝管的底部与油表面同一水平为佳。冷凝管通入冷却水,开动流水泵进行抽气减压,并加热油浴至180~190℃。咖啡因升华凝结在指形冷凝管上。升华完毕,小心取出冷凝管,将咖啡因刮到洁净的表面皿上。
	实训说明	1.待升华物质要经充分干燥,否则在升华操作时部分有机物会与水蒸气一起挥发出来,影响分离效果。 2.在蒸发皿上覆盖一层布满小孔的滤纸,主要是为了在蒸发皿上方形成一温差层,使逸出的蒸气容易凝结在玻璃漏斗壁上,提高物质升华的收率。必要时,可在玻璃漏斗外壁上敷上冷湿布,以助冷凝。 3.为了达到良好的升华分离效果,最好采取砂浴或油浴而避免用明火直接加热,使加热温度控制在待纯化物质的三相点温度以下。如果加热温度高于三相点温度就会使不同挥发性的物质一同蒸发,从而降低分离效果。 4.氧化钙起吸水和中和的作用,以除去部分杂质。
要点回顾		1.索氏提取器萃取的原理是什么？它和一般的泡浸萃取比较有哪些优点？ 2.进行升华操作时应注意什么问题？

附　录

附录一　乙醇溶液相对密度与质量分数对应表

质量分数/%	相对密度 15℃	相对密度 20℃	相对密度 25℃	质量分数/%	相对密度 15℃	相对密度 20℃	相对密度 25℃	质量分数/%	相对密度 15℃	相对密度 20℃	相对密度 25℃
0	0.9991	0.9982	0.9970	34	0.9501	0.9468	0.9433	68	0.8766	0.8724	0.8681
1	0.9972	0.9963	0.9951	35	0.9483	0.9449	0.9414	69	0.8742	0.8699	0.8657
2	0.9954	0.9945	0.9933	36	0.9465	0.9430	0.9395	70	0.8718	0.8676	0.8633
3	0.9936	0.9927	0.9915	37	0.9446	0.9411	0.9375	71	0.8695	0.8652	0.8609
4	0.9919	0.9910	0.9898	38	0.9427	0.9391	0.9355	72	0.8671	0.8628	0.8585
5	0.9903	0.9894	0.9881	39	0.9408	0.9371	0.9335	73	0.8647	0.8604	0.8561
6	0.9887	0.9878	0.9865	40	0.9388	0.9351	0.9314	74	0.8623	0.8580	0.8537
7	0.9872	0.9862	0.9849	41	0.9368	0.9331	0.9293	75	0.8599	0.8556	0.8513
8	0.9858	0.9847	0.9834	42	0.9348	0.9310	0.9272	76	0.8574	0.8532	0.8488
9	0.9843	0.9833	0.9819	43	0.9327	0.9289	0.9251	77	0.8550	0.8507	0.8464
10	0.9830	0.9819	0.9804	44	0.9306	0.9268	0.9229	78	0.8526	0.8483	0.8439
11	0.9817	0.9805	0.9789	45	0.9285	0.9247	0.9208	79	0.8501	0.8458	0.8415
12	0.9804	0.9791	0.9775	46	0.9264	0.9225	0.9186	80	0.8477	0.8424	0.8390
13	0.9791	0.9778	0.9761	47	0.9242	0.9204	0.9164	81	0.8452	0.8409	0.8366
14	0.9779	0.9764	0.9747	48	0.9221	0.9182	0.9142	82	0.8427	0.8384	0.8341
15	0.9767	0.9751	0.9733	49	0.9199	0.9159	0.9120	83	0.8402	0.8359	0.8316
16	0.9754	0.9738	0.9719	50	0.9177	0.9138	0.9098	84	0.8377	0.8334	0.8290
17	0.9743	0.9725	0.9706	51	0.9155	0.9115	0.9075	85	0.8352	0.8309	0.8265
18	0.9731	0.9712	0.9691	52	0.9133	0.9093	0.9053	86	0.8326	0.8283	0.8239
19	0.9719	0.9699	0.9678	53	0.9111	0.9071	0.9030	87	0.8300	0.8258	0.8214
20	0.9707	0.9686	0.9664	54	0.9088	0.9048	0.9007	88	0.8275	0.8232	0.8188
21	0.9694	0.9673	0.9649	55	0.9066	0.9025	0.8985	89	0.8249	0.8205	0.8162
22	0.9682	0.9659	0.9635	56	0.9043	0.9002	0.8962	90	0.8222	0.8178	0.8135
23	0.9669	0.9645	0.9619	57	0.9021	0.8979	0.8939	91	0.8195	0.8152	0.8108
24	0.9656	0.9631	0.9605	58	0.8998	0.8957	0.8916	92	0.8168	0.8125	0.8081
25	0.9642	0.9616	0.9589	59	0.8975	0.8934	0.8893	93	0.8141	0.8098	0.8054
26	0.9628	0.9601	0.9573	60	0.8952	0.8911	0.8869	94	0.8113	0.8069	0.8026
27	0.9614	0.9586	0.9557	61	0.8929	0.8888	0.8846	95	0.8085	0.8041	0.7998
28	0.9599	0.9570	0.9541	62	0.8906	0.8865	0.8823	96	0.8056	0.8013	0.7969
29	0.9584	0.9554	0.9524	63	0.8883	0.8841	0.8799	97	0.8027	0.7984	0.7940
30	0.9568	0.9538	0.9506	64	0.8859	0.8818	0.8776	98	0.7997	0.7954	0.7910
31	0.9552	0.9521	0.9489	65	0.8836	0.8794	0.8752	99	0.7966	0.7923	0.7880
32	0.9536	0.9504	0.9471	66	0.8813	0.8771	0.8729	100	0.7935	0.7892	0.7849
33	0.9518	0.9486	0.9452	67	0.8789	0.8747	0.8705				

附录二 常见共沸物

一、二元共沸物

组分 A(沸点)	组分 B(沸点)	共沸点/℃	共沸物质量组成 A	共沸物质量组成 B	组分 A(沸点)	组分 B(沸点)	共沸点/℃	共沸物质量组成 A	共沸物质量组成 B
水(100℃)	苯(80.6℃)	69.3	9%	91%	乙醇(78.3℃)	苯(80.6℃)	68.2	32%	68%
	甲苯(231.08℃)	84.1	19.6%	80.4%		氯仿(61℃)	59.4	7%	93%
	氯仿(61℃)	56.1	2.8%	97.2%		四氯化碳(76.8℃)	64.9	16%	84%
	乙醇(78.3℃)	78.2	4.5%	95.5%		乙酸乙酯(77.1℃)	72	30%	70%
	丁醇(117.8℃)	92.4	38%	62%	甲醇(64.7℃)	四氯化碳(76.8℃)	55.7	21%	79%
	异丁醇(108℃)	90.0	33.2%	66.8%		苯(80.6℃)	58.3	39%	61%
	仲丁醇(99.5℃)	88.5	32.1%	67.9%	乙酸乙酯(77.1℃)	四氯化碳(76.8℃)	74.8	43%	57%
	叔丁醇(82.8℃)	79.9	11.7%	88.3%		二硫化碳(46.3℃)	46.1	7.3%	92.7%
	烯丙醇(97.0℃)	88.2	27.1%	72.9%	丙酮(56.5℃)	二硫化碳(46.3℃)	39.2	34%	66%
	苄醇(205.2℃)	99.9	91%	9%		氯仿(61℃)	65.5	20%	80%
	乙醚(34.6℃)	110(最高)	79.76%	20.24%		异丙醚(69℃)	54.2	61%	39%
	二氧六环(101.3℃)	87	20%	80%	己烷(69℃)	苯(80.6℃)	68.8	95%	5%
	四氯化碳(76.8℃)	66	4.1%	95.9%		氯仿(61℃)	60.0	28%	72%
	丁醛(75.7℃)	68	6%	94%	环己烷(80.8℃)	苯(80.6℃)	77.8	45%	55%
	三聚乙醛(115℃)	91.4	30%	70%					
	甲酸(100.8℃)	107.3(最高)	22.5%	77.5%					
	乙酸乙酯(77.1℃)	70.4	8.2%	91.8%					
	苯甲酸乙酯(212.4℃)	99.4	84%	16%					

二、三元共沸物

组分(沸点) A	组分(沸点) B	组分(沸点) C	共沸物质量组成 A	共沸物质量组成 B	共沸物质量组成 C	共沸点/℃
水(100℃)	乙醇(78.3℃)	乙酸乙酯(77.1℃)	7.8%	9.0%	83.2%	70.3
		四氯化碳(76.8℃)	4.3%	9.7%	86%	61.8
		苯(80.6℃)	7.4%	18.5%	74.1%	64.9
		环己烷(80.8℃)	7%	17%	76%	62.1
		氯仿(61℃)	3.5%	4.0%	92.5%	55.6
	正丁醇(117.8℃)	乙酸乙酯(77.1℃)	29%	8%	63%	90.7
	异丙醇(82.4℃)	苯(80.6℃)	7.5%	18.7%	73.8%	66.5
	二硫化碳(46.3℃)	丙酮(56.4℃)	0.81%	75.21%	23.98%	38.04

附录三 常用有机溶剂的沸点及相对密度

名称	沸点/℃	相对密度	名称	沸点/℃	相对密度
甲醇	64.9	0.7914	苯	80.1	0.8786
乙醇	78.5	0.7893	甲苯	110.6	0.8669
乙醚	34.5	0.7137	二甲苯(o、m、p)	140.0	—
丙酮	34.5	0.7899	氯仿	61.7	1.4832
乙酸	117.9	1.0492	四氯化碳	76.5	1.5940
醋酸酐	139.5	1.0820	二硫化碳	46.2	1.263240
乙酸乙酯	77.0	0.9003	正丁醇	117.2	0.8089
二氧六环	101.7	1.0337	硝基苯	210.8	1.2037

附录四　常用有机溶剂在水中的溶解度

溶剂名称	温度/℃	在水中的溶解度	溶剂名称	温度/℃	在水中的溶解度
庚烷	15.5	0.005%	硝基苯	15	0.18%
二甲苯	20	0.011%	氯仿	20	0.81%
正己烷	15.5	0.014%	二氯乙烷	15	0.86%
甲苯	10	0.048%	正戊醇	20	2.6%
氯苯	30	0.049%	异戊醇	18	2.75%
四氯化碳	15	0.077%	正丁醇	20	7.81%
二硫化碳	15	0.12%	乙醚	15	7.83%
乙酸戊酯	20	0.17%	乙酸乙酯	15	8.30%
乙酸异戊酯	20	0.17%	异丁醇	20	8.50%
苯	20	0.175%			

参 考 文 献

[1] 王微宏等. 有机化学. 第 2 版. 北京:化学工业出版社,2020.
[2] 高职高专化学编写组. 有机化学. 第 5 版. 北京:高等教育出版社,2019.
[3] 赵骏,杨武德. 有机化学. 北京:中国医药科技出版社,2018.
[4] 汪小兰. 有机化学. 第 5 版. 北京:高等教育出版社,2017.
[5] 邓超澄,高吉仁,吴小琼. 有机化学. 第二版. 西安:西安交通大学出版社,2017.
[6] 邬瑞斌,徐伟刚. 有机化学. 第三版. 北京:科学出版社,2015.
[7] 高鸿宾等. 有机化学. 第 4 版. 北京:高等教育出版社,2005.
[8] 邢其毅等. 基础有机化学. 第 3 版. 北京:高等教育出版社,2005.
[9] 曾昭琼. 有机化学. 第四版. 北京:高等教育出版社,2004.
[10] 朱红军等. 有机化学微型实验. 第 3 版. 北京:化学工业出版社,2019.
[11] 王俊儒,马柏林,李炳奇等. 有机化学实验. 2 版. 北京:高等教育出版社,2012.
[12] 孟启,韩国防. 基础化学实验(中). 北京:化学工业出版社,2015.
[13] 高职高专化学编写组. 有机化学实验. 第 4 版. 北京:高等教育出版社,2013.
[14] 马祥梅等. 有机化学实验. 北京:化学工业出版社,2020.